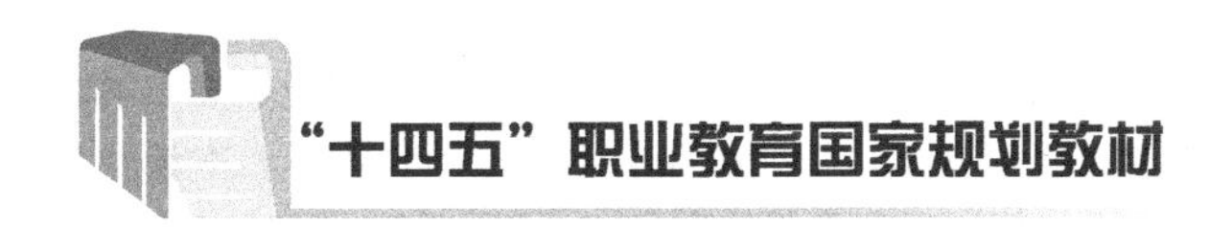

石油化工基础

SHIYOU HUAGONG JICHU

颉林　李薇　主编

化学工业出版社
·北京·

内容简介

《石油化工基础》是面向石油化工类高职高专院校学生的基本职业素质培养教材，目的是提升学生对石油化工生产过程的基本认识，培养基本职业岗位素质。本教材包括基础化学、化工单元过程及设备、石油炼制、基础石化产品的生产和高分子材料5章，基本达到了以石油化工产业链为主体，涵盖基础化学、化工单元知识、石油炼化及其产品的“三位一体”的教材定位目标。书稿中还附有“拓展知识”“想一想，练一练”等，使内容更灵活有趣，方便自学和教学。

图书在版编目（CIP）数据

石油化工基础/颉林，李薇主编. —北京：化学工业出版社，2019.8（2024.9重印）

高职高专“十三五”规划教材

ISBN 978-7-122-34641-4

Ⅰ.①石… Ⅱ.①颉…②李… Ⅲ.①石油化工-高等职业教育-教材 Ⅳ.①TE65

中国版本图书馆CIP数据核字（2019）第106669号

责任编辑：王海燕　窦　臻　　装帧设计：王晓宇

责任校对：杜杏然

出版发行：化学工业出版社（北京市东城区青年湖南街13号　邮政编码100011）

印　　装：北京盛通数码印刷有限公司

787mm×1092mm　1/16　印张16¼　彩插1　字数436千字　　2024年9月北京第1版第5次印刷

购书咨询：010-64518888　　售后服务：010-64518899

网　　址：http://www.cip.com.cn

凡购买本书，如有缺损质量问题，本社销售中心负责调换。

定　　价：39.90元

前言

石油化工主要是以石油为原料，生产石油产品和石油化工产品。石油产品主要有燃料油（汽油、煤油、柴油等）和润滑油以及液化石油气、石蜡、沥青、石油焦等。这些产品主要是在石油炼制过程中加工出来的。石油化工产品是以炼油厂提供的原料油为原料，首先加工成以乙烯、丙烯、丁二烯、苯、甲苯、二甲苯为代表的基本化工原料，然后以基本化工原料生产三大合成材料（塑料、合成纤维、合成橡胶）及多种有机化工原料。石油化工是典型的技术密集型和资源密集型产业，是国家经济发展的命脉，在国防工业和民生领域都起到至关重要的作用。

《石油化工基础》遵循以原油加工为源头，生产烯烃、芳烃等为中游，三大合成材料为下游的石油化工产业链知识为主体，以基础化学和化工单元知识为基础，形成“三位一体”的知识构架。本书是面向石油化工类高职高专院校学生的基本职业素质培养教材，尤其为非石油化工类专业的学生开设，目的是提升学生对石油化工生产过程的基本认识，培养基本职业岗位素质。同时，利用现代教育技术手段，更好、更全面地体现石油化工领域基本过程和新工艺、新技术、新产品等的发展应用，教材设计以学习者为中心，充分利用现代信息技术，达成教和学的最高实效。

本书由三部分组成。一是石油化工生产过程涉及的基础化学知识（第一章）；二是石油化工生产过程涉及的化工单元基本过程及设备（第二章）；三是石油和油品的基本知识、石油产品的加工以及基础石油化工产品和三大高分子合成材料的生产原理、工艺过程、性能与用途（第三、第四、第五章）。

本书由兰州石化职业技术学院陈淑芬（第一章）、李薇（第二章）、颉林（第三章和第四章）、张海亮（第五章）编写。颉林和李薇负责本书的统稿工作。本书在编写过程中得到了兰州石化职业技术学院孟石老师的大力支持，还有许多同志对本书提出了宝贵建议，在此一并表示诚挚的感谢。

由于编者能力、水平、经验、时间有限，不足之处在所难免，恳请专家和读者批评指正。

编者

2019 年 6 月

前言

目录

第一章　基础化学 ······ 001

第一节　化学的基本概念 ······ 002

一、分子和原子 ······ 002

二、原子量和元素 ······ 003

三、混合物和纯净物 ······ 005

四、单质和化合物 ······ 006

五、化学式和分子量 ······ 006

六、质量守恒定律 ······ 007

七、化学方程式 ······ 008

八、物质的聚集状态 ······ 009

九、物质的量和摩尔质量 ······ 009

第二节　化学反应 ······ 010

一、化学反应中的能量变化 ······ 010

二、化学反应速率 ······ 012

三、化学平衡 ······ 014

第三节　物质的结构 ······ 017

一、原子核外电子的排布 ······ 017

二、元素周期律 ······ 018

三、化学键 ······ 021

第四节　电解质溶液和电离平衡 ······ 022

一、溶液及其浓度表示 ······ 022

二、电解质的概念 ······ 023

三、水的电离和溶液的酸碱性 ······ 023

四、酸碱电离理论 ······ 024

五、 一元弱酸（碱）的电离平衡 ······ 024

六、酸碱指示剂 ······ 026

第五节　氧化还原反应 ······ 026

一、常用元素的化合价 ······ 026

二、氧化还原反应的特点 ······ 027

三、原电池 ······ 028

四、电解池 ······ 029

第六节　有机化合物 ······ 030

一、有机化合物的含义和特性 ······ 031

二、有机化合物的来源 …… 031
三、有机化学中的基本概念 …… 032
四、有机化合物的分类 …… 035
五、有机化合物的命名 …… 036
六、有机化合物的物理性质 …… 041
七、有机化合物的典型反应 …… 043
八、重要有机化合物及其用途 …… 047
参考文献 …… 059

第二章　化工单元过程及设备 …… 060
第一节　流体输送机械 …… 060
一、流体及流体输送的机械 …… 060
二、液体输送机械 …… 061
三、气体输送机械 …… 064
第二节　传热 …… 070
一、传热在化工生产中的应用 …… 070
二、热量传递的基本方式 …… 071
三、工业上常见的换热方式 …… 072
四、间壁式换热器 …… 073
五、列管式换热器 …… 077
第三节　非均相混合物的分离 …… 079
一、非均相混合物的分离的工业应用 …… 079
二、沉降及其设备 …… 079
三、过滤及其设备 …… 082
四、其他气体净制设备 …… 088
第四节　蒸发 …… 091
一、蒸发及其特点 …… 091
二、蒸发的应用 …… 091
三、蒸发的流程 …… 091
四、蒸发器 …… 092
五、多效蒸发 …… 095
第五节　液体蒸馏 …… 097
一、蒸馏 …… 097
二、精馏的原理及流程 …… 098
三、板式精馏塔 …… 099
第六节　气体吸收 …… 102
一、吸收在化工生产中的应用 …… 103
二、吸收-解吸工艺流程 …… 103
三、吸收剂的选择 …… 104

四、填料塔 …… 104
参考文献 …… 106

第三章　石油炼制 …… 107
第一节　炼油厂原料及产品 …… 108
一、炼油厂原料 …… 108
二、炼油厂产品 …… 114
三、炼油过程 …… 117
第二节　原油蒸馏 …… 119
一、原油蒸馏产品 …… 119
二、原油蒸馏方法及特点 …… 120
三、原油蒸馏工艺流程 …… 122
四、原油蒸馏技术进展 …… 123
第三节　催化裂化 …… 124
一、催化裂化工艺特点 …… 125
二、催化裂化生产原理 …… 125
三、催化裂化工艺流程 …… 127
四、催化裂化（FCC）新技术 …… 128
第四节　催化重整 …… 131
一、催化重整工艺特点 …… 132
二、催化重整生产原理 …… 133
三、催化重整工艺流程 …… 134
四、催化重整技术发展 …… 137
第五节　催化加氢 …… 138
一、加氢精制 …… 139
二、加氢裂化 …… 140
三、催化加氢技术的发展方向 …… 142
第六节　热加工过程 …… 143
一、热加工基本原理 …… 143
二、热裂化过程 …… 144
三、减黏裂化过程 …… 144
四、焦炭化过程 …… 144
五、延迟焦化技术发展方向 …… 145
参考文献 …… 147

第四章　基础石化产品的生产 …… 148
第一节　石油烃类的热裂解 …… 148
一、概述 …… 148
二、烃类裂解过程的化学反应 …… 151
三、烃类裂解的原料 …… 153

四、裂解过程的操作条件 …… 154
五、烃类裂解的工艺流程 …… 157
第二节　裂解气的分离 …… 162
一、裂解气的组成及分离方法 …… 162
二、裂解气的压缩与制冷 …… 164
三、裂解气的气体净化 …… 167
四、裂解气的深冷分离 …… 171
第三节　丁二烯的生产 …… 173
一、概述 …… 173
二、萃取精馏的基本原理 …… 174
三、萃取精馏操作时应注意的问题 …… 174
四、工艺流程 …… 175
第四节　石油芳烃的生产 …… 180
一、概述 …… 180
二、催化重整法 …… 180
三、裂解汽油加氢法 …… 186
四、对二甲苯的生产 …… 189
第五节　甲醇的生产 …… 193
一、概述 …… 193
二、合成气的制备 …… 194
三、合成气生产甲醇的原理 …… 194
四、生产甲醇的操作条件 …… 195
五、生产甲醇的工艺流程 …… 197
参考文献 …… 198

第五章　高分子材料 …… 199
第一节　高分子材料概述 …… 200
一、认识高分子材料 …… 200
二、高分子化合物的合成与命名 …… 204
三、高分子材料的工业生产 …… 208
第二节　塑料 …… 213
一、概述 …… 213
二、重要的通用塑料 …… 217
第三节　橡胶 …… 227
一、概述 …… 227
二、重要的橡胶 …… 230
第四节　纤维 …… 236
一、概述 …… 236
二、重要的合成纤维 …… 239

第五节　其他高分子材料 …… 243
一、涂料 …… 243
二、胶黏剂 …… 245
参考文献 …… 248

二维码数字资源目录

序号	名　　称	资源类型	页码
M1-1	乙醇分子	微课	002
M1-2	黄鸣龙反应	微课	012
M1-3	环丙烷分子	微课	037
M1-4	环丁烷分子	微课	037
M1-5	乙醇分子	微课	038
M1-6	甲胺分子	微课	039
M1-7	三甲胺分子	微课	039
M1-8	氯苯分子	微课	040
M1-9	醇分子间的氢键	动画	042
M1-10	甲烷分子	微课	048
M1-11	乙烯分子	微课	049
M1-12	丁二烯分子	微课	049
M1-13	乙炔分子	微课	050
M1-14	苯分子	微课	051
M1-15	苯酚分子	微课	053
M2-1	离心泵	动画	061
M2-2	隔膜泵	动画	062
M2-3	齿轮泵拆装	视频	063
M2-4	离心式鼓风机	视频	066
M2-5	往复式压缩机	动画	067
M2-6	离心式压缩机	动画	068
M2-7	套管换热器	动画	073
M2-8	蛇管换热器	动画	074
M2-9	列管换热器	动画	074
M2-10	板式换热器	动画	075
M2-11	固定管板式换热器	动画	077
M2-12	浮头式换热器	动画	077
M2-13	重力沉降槽	视频	080
M2-14	板式精馏塔	动画	099
M2-15	吸收-解吸流程	动画	103
M2-16	填料塔	动画	104
M3-1	闪蒸过程	动画	120
M3-2	简单蒸馏	动画	120

续表

序号	名　称	资源类型	页码
M3-3	原油蒸馏分离工艺	微课	122
M3-4	原油二级脱盐脱水工艺原理流程	动画	123
M3-5	催化剂微观图	图片	126
M3-6	催化裂化生产装置	视频	127
M3-7	催化裂化反应-再生工艺	微课	127
M3-8	重整催化剂微观图	图片	134
M3-9	催化重整生产装置	视频	135
M3-10	重整装置原料预处理流程	动画	135
M3-11	连续催化重整反应系统工艺流程	动画	136
M3-12	加氢装置	视频	139
M3-13	催化裂化柴油加氢处理流程	动画	140
M3-14	加氢裂化反应工艺	微课	141
M4-1	鲁姆斯 SRT 型裂解炉基本结构	动画	158
M4-2	鲁姆斯 SRT 型裂解炉虚拟仿真	视频	158
M4-3	油急冷塔系统	动画	161
M4-4	水急冷塔及稀释蒸汽发生系统	动画	161
M4-5	氨蒸气压缩制冷系统	动画	165
M4-6	乙烯四段压缩工艺流程	动画	166
M4-7	三元复叠制冷系统	动画	166
M4-8	乙炔加氢脱除工艺流程	动画	169
M4-9	甲烷化反应流程	动画	170
M4-10	顺序分离工艺流程	动画	171
M4-11	前脱乙烷工艺流程	动画	172
M4-12	前脱丙烷工艺流程	动画	172
M4-13	乙腈法分离丁二烯工艺流程	动画	176
M4-14	NMP 法抽提丁二烯工艺流程	动画	179
M4-15	固定床搅拌半再生重整工艺流程	动画	184
M4-16	芳烃抽提过程	动画	186
M4-17	裂解汽油加氢工艺流程	动画	189
M4-18	歧化或烷基化转移流程	动画	191
M4-19	C8 芳烃异构化工艺流程	动画	191
M4-20	移动床吸附分离工艺流程	动画	193
M4-21	低压法甲醇合成的工艺流程	动画	197
M5-1	小分子与高分子的结构	动画	202
M5-2	天然橡胶图	图片	202
M5-3	蚕丝	图片	202
M5-4	棉花	图片	202

续表

序号	名　　称	资源类型	页码
M5-5	塑料的应用	图片	203
M5-6	橡胶的应用	图片	203
M5-7	纤维的应用	图片	203
M5-8	乙烯自由基聚合	动画	205
M5-9	单螺杆挤出机	动画	216
M5-10	注塑机	动画	216
M5-11	低密度聚乙烯聚合	动画	218
M5-12	Spheripol 工艺流程	动画	221
M5-13	聚合工段工艺流程	动画	221
M5-14	低温乳液聚合丁苯橡胶工艺流程	动画	233
M5-15	水溶液法生产尼龙-66 盐工艺流程	动画	238

第一章 基础化学

知识目标

- 了解化学的定义、分类和基本概念。
- 掌握化学反应过程中的能量变化、速率、平衡及其影响因素；溶液的概念、酸碱的定义和水溶液的特点。
- 熟悉原子核外电子排布的特点、元素周期律和元素性质的周期性、常用元素的化合价及化学键的形成；氧化还原反应的特点及其应用。
- 初步掌握有机化合物的官能团特征、命名、沸点、取代反应、加成反应等。
- 了解有机化合物的基本概念、物理性质、典型有机反应和重要有机化合物的性质及用途。

技能要求

- 具备一定的化学基础知识，初步了解化学在生活和石油化工生产中的应用。
- 能根据影响化学反应速率和平衡的因素优化生产过程。
- 了解常见的酸碱指示剂，并能用其判断溶液的酸碱性。
- 能根据氧化还原反应的特点组装简单的原电池和电解池。
- 能根据有机化合物命名的规则命名和书写简单有机化合物名称和结构式。
- 能认识常见有机官能团，了解典型有机化学反应与官能团的关系，并能初步应用有机化合物的结构与性能的关系。

人类的生活和社会的进步发展与化学有着不解之缘。钻木取火、烧煮食物、烧制陶器、冶炼金属、制备高聚物、合成药物、研发功能材料等都与化学密切相关。化学知识的广泛应用，极大地促进了社会生产力的发展，提高了人们的生活质量，成为人类文明与进步的标志之一。化学作为一门基础学科，对科学技术和社会生活的方方面面都有着巨大的影响。

【化学的理解】

中国物理化学家和化学教育家傅鹰说：“化学可以给人以知识，而化学史可以给人以智慧。”

1. 化学的定义

“化学”一词从字面解释就是“变化的科学”。日常看到的汽油挥发、蜡烛熔化、铁铸成锅、灯泡发光等现象只是物质的形状、状态发生了变化，但并没有生成其他物质，将这种没有新物质生成的变化称为物理变化。而木柴燃烧、食物变质、钢铁生锈、粮食酿酒等过程中物质的组成、结构发生了改变，将这种有新物质生成的变化称为化学变化。物理变化伴随着物质的形态变化（分子间距发生变化），如碘升华、石油分馏和焰色反应等。化学变化不但伴随着物质的形态变化，还常伴有放热、发光、变色、产生气体和析出沉淀等现象，如岩石风化、节日焰火和铝的钝化等。

因此，化学是在分子、原子和离子层次上研究物质的组成、结构、性质、变化规律以及变化过程中能量关系的科学。

2. 化学的分类

根据研究对象、手段、目的和任务不同，传统上化学分为无机化学、有机化学、分析化学和物理化学四个分支学科，一般称为四大化学。

① 无机化学：研究无机物的组成、结构、性质及变化规律。

② 有机化学：研究有机物的来源、制备、结构、性能、应用以及有关理论和方法学。

③ 分析化学：鉴定物质的组成，测定物质的含量，表征物质的结构。

④ 物理化学：从物理角度分析化学原理，探索、归纳、研究化学的基本规律和理论。

化学各分支学科的界限是人为规定的，四大化学不仅相互之间有交叉，而且还与物理学、生物学、医药学、材料学、冶金学、建筑学、地质学等学科相互渗透，从而产生了许多交叉学科，如量子化学、结构化学、生物化学、药物化学、材料化学、高分子化学、金属有机化学、冶金物理化学、食品化学、环境化学、地球化学、水处理化学等。

第一节 化学的基本概念

一、分子和原子

世界由物质构成，那么物质又是由什么构成的呢？通过长期的实践和科学研究，人们终于认识并证实，一切物质都是由相应的微粒构成的，就好比建筑物是由一砖一瓦构成的。

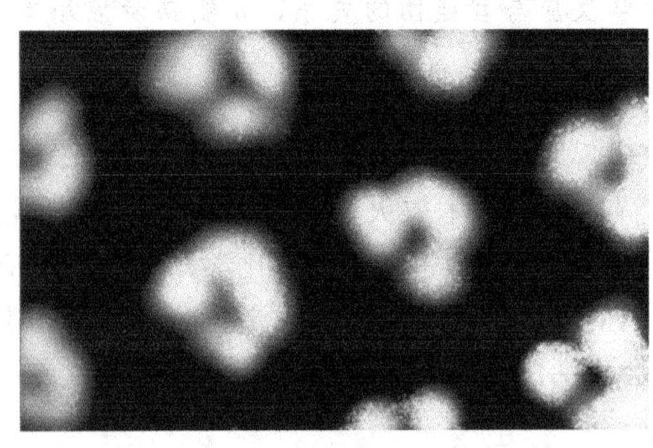

图 1-1 扫描隧道显微镜下的苯分子图像

分子是构成物质的一种粒子，生命必需的氧气、水、蔗糖等都是由分子组成的。分子的体积很小，一滴水（按 20 滴水的体积为 1mL 计算）里大约有 1.67×10^{21} 个水分子。如果十亿人来数一滴水中的水分子，每人每分钟数 100 个，日夜不停，需要数三万多年才能数完。如果拿水分子的大小跟乒乓球相比，就如乒乓球跟地球相比一样。分子这么小，显然用肉眼无法直接看见。随着科学仪器的发展，可将分子放大几十万倍，观察到分子的图像，切实证明了分子的存在。图 1-1 为扫描隧道显微镜下的苯分子图像。

分子之间有一定的间隔。例如，100mL 酒精和 100mL 水混合后体积小于 200mL，可以设想是由于构成酒精和水的分子之间具有空隙，当这两种分子混合时，有的分子挤占了空隙，从而使酒精和水混合后的总体积小于混合前的体积之和。此外，大多数物质都具有热胀冷缩的现象，正是物质分子间的间隔受热时增大，遇冷时减小的缘故。气态物质往往分子间的间隔很大，而液态和固态物质的分子间间隔都很小。

分子不是静止存在的，而是不断运动的。一杯水和一块糖放在桌子上，看似静止不动，实则水分子和糖分子都在不断地运动。把糖放入水中，糖能够溶解就是这个原因。

由分子构成的物质在发生物理变化时，组成物质的分子本身没有变化。例如水蒸发变成水蒸气时，水分子本身没有变，水的化学性质也没有变；蔗糖溶于水时，蔗糖分子和水分子都没有变，化学性质也都没有变。由分子构成的物质在发生化学变化时，分子起了变化，变成了其他物质的分子。例如，硫在氧气中燃烧时，硫和氧气的分子都发生了变化，生成了二氧化硫分子，因此硫和氧气的化学性质不能保持。所以分子是保持物质化学性质的最小粒子。同种物质的分子性质相同，不同种物质的分子性质不同。

分子是很小的，是否还可以再分呢?

实验证明，持续加热氧化汞，氧化汞分子会分解为更小的氧粒子和汞粒子。这些粒子重新进行组合，每 2 个氧粒子结合成 1 个氧分子，许多个汞粒子聚集成金属汞。在化学反应中不能把氧粒子或汞粒子进一步再分成更小的粒子了。将这种在化学反应中不能再分的粒子叫作原子。原子的体积也很小，如果有可能把一亿个氧原子排成一行，其长度也只有 1cm 多一些。

在化学变化中分子发生了变化，生成了新的分子，但原子并没有发生变化，仍然是原来的原子。因此，原子是化学变化中的最小粒子，是元素化学性质的最小单位。分子是由原子组成的。

课程思考

以下反应哪个不是化学变化?

反应(a) $CH_4 + 2O_2 \longrightarrow CO_2 + 2H_2O$

反应(b) ${}_1^2H + {}_1^3H \longrightarrow {}_2^4He + {}_0^1n$(中子)$+E$

这两个反应在变化过程中都发生了质变。在反应(a) 中生成了新的分子，但原子并没有发生变化，即没有引起元素的改变，故属于化学变化；而在反应(b) 中原子是可再分的，即由一种元素变成了另外的元素，不属于化学变化，属于核裂变。

简而概之，化学变化的特点是物质的分子组成或原子、离子的结合方式发生改变，即化学变化的本质是断裂旧键和生成新键；原子核的组成不变，即化学变化中的最小粒子是原子。

综上所述，有些物质是由分子构成的，如水、氧气、蔗糖等；还有一些物质是由原子直接构成的，如金属汞、惰性气体等。

二、原子量和元素

众所周知，氧分子是由氧原子构成的，二氧化碳分子是由碳原子和氧原子构成的。在化学变化中原子不可再分，那么如果用其他方法原子是否可以再分呢?

科学实验证明，原子是由居于原子中心带正电荷的原子核和核外带负电荷的电子构成的，如图 1-2 所示。由于原子核所带电量与核外电子的电量相等，电性相反，因此原子作为一个整体不显电性。不同种类的原子，其原子核所带的电荷数不同。例如氢原子的原子核带 1 个单位的正电荷，核外有 1 个带负电的电子；氧原子的原子核带 8 个单位的正电荷，核外有 8 个带负电的电子。同一种原子的原子核所带正电荷数是相同的。

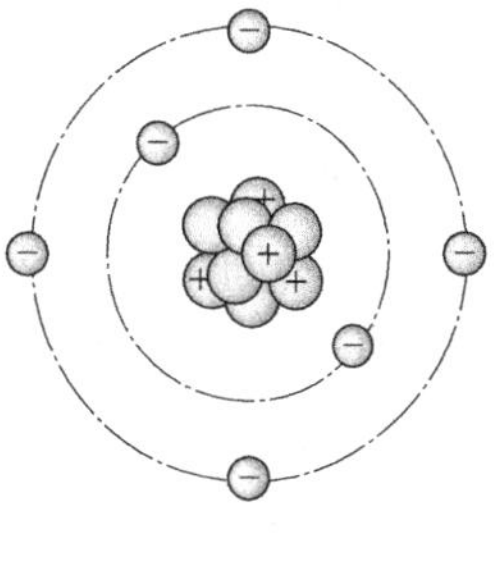

图 1-2 波尔 (Bohr) 原子模型

原子核比原子小得多，原子核的半径约为原子半径的十万分之一。如果假设原子是一座庞大的体育场，那么原子核只相当于体育场中央的一只蚂蚁。因此，原子内部有很大的空间，电子就在这个空间里围绕原子核作高速旋转。

原子核虽小，但并不简单，它是由质子和中子两种粒子构成的。每个质子带 1 个单位的正电荷，中子不带电。可见原子核所带的正电荷数（核电荷数）就等于核内质子的数目。几种原子的构成见表 1-1。

核电荷数＝核内质子数＝中性原子的核外电子数

表 1-1　几种原子的构成

原子种类	原子核		核外电子数
	质子数	中子数	
氢	1	0	1
碳	6	6	6
氧	8	8	8
钠	11	12	11
镁	26	30	26

原子虽然很小，但也有一定的质量。不同原子的质量各不相同，见表 1-2。

表 1-2　几种原子的质量

原子种类	1 个原子的质量/kg	原子种类	1 个原子的质量/kg
氢	1.674×10^{-27}	氧	2.657×10^{-26}
碳	1.993×10^{-26}	铁	9.288×10^{-26}

这样小的数字，书写和使用都很不方便，就像用吨为单位表示一粒稻谷的质量一样。简单的解决方法是选择一个跟稻谷质量接近的单位来衡量稻谷的质量。同理，衡量各种原子的质量，最好能选用一种跟原子质量相近的“砝码”。因而科学家想到选择一种原子的质量作为比较的标准来衡量其他原子的质量。也就是说，不直接用原子的实际质量，而采用以一种原子的质量作为比较标准，得到其他原子质量跟它的比值。经过研究与实践，国际上一致同意以碳 12 原子（原子核内有 6 个质子和 6 个中子）质量的 1/12（约 1.66×10^{-27}kg）作为标准，其他原子的质量跟它比较所得的值，就是这种原子的原子量（也称相对原子质量）。例如，氢原子的质量约等于碳 12 原子质量的 1/12，所以氢的原子量约等于 1；氧原子的质量约等于碳 12 原子质量的 1/12 的 16 倍，所以氧的原子量约等于 16；铁原子的质量约等于碳 12 原子质量的 1/12 的 56 倍，所以铁的原子量约等于 56。常见元素的原子量见表 1-3。

质子（1.673×10^{-27}kg）和中子（1.675×10^{-27}kg）的质量大约相等，都约等于碳 12 原子质量的 1/12，即约等于 1 个氢原子的质量。电子的质量非常小（9.109×10^{-31}kg），仅相当于质子（或中子）质量的 1/1836，因此原子的质量主要集中在原子核上。

原子量＝质子数＋中子数

直到人们认识了原子和原子内部结构以后，才对组成万物的基本物质——元素有了进一步理解。因为同种原子具有相同的核电荷数，所以元素是具有相同核电荷数（即核内质子数）的一类原子的总称。现今世界上物质的种类超过了三千万种，但组成这些物质的元素并不多。到目前为止，已发现的元素约有一百余种，这三千多万种物质都是由这一百余种元素组成的。

地壳主要是由氧、硅、铝、铁、钙、钠、钾、镁、氢等各种元素所组成，含量相差很大，如图 1-3 所示。含量最多的元素是氧，几乎占地壳的一半，因此氧在自然界中起着至关重要的作用。但是，如果以为含量少的元素在自然界里起着次要作用那就大错特错了。如碳、氢和氮是生物细胞的主要成分，可这三种元素在地壳中的质量分数却不到 1%。

元素有一百多种，如果用文字表示各种元素以及由它们组成的物质将十分麻烦。人们经过多年的使用和修改，确定了一套符号来表示各种元素。

国际上统一采用元素拉丁文名称的第一个大写字母来表示元素；如果几种元素名称的第一个字母相同，可再附加一个小写字母来区别。例如，用 C 表示碳元素，Ca 表示钙元素；用 S 表示硫元素，Si 表示硅元素等，这种符号叫作元素符号。

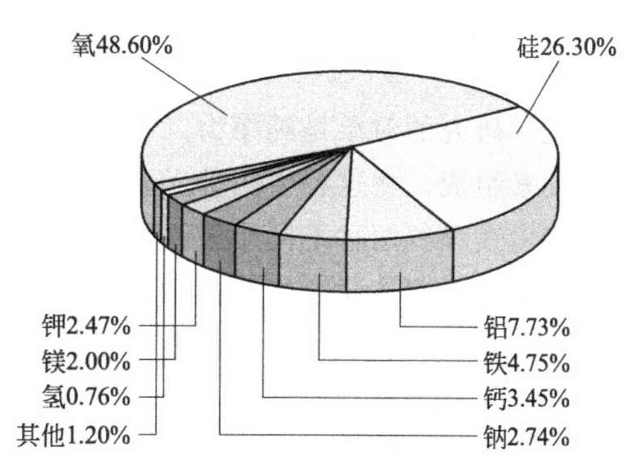

图 1-3　地壳中各元素的质量分数

书写元素符号时应当注意，第二个字母必须小写，以免混淆。例如，Co 表示钴元素，如果写成 CO，就表示一氧化碳了。

元素符号既表示一种元素，还表示该元素的一个原子。

表 1-3　常见元素的名称、元素符号和原子量

元素名称	元素符号	原子量	元素名称	元素符号	原子量	元素名称	元素符号	原子量
氢	H	1	硅	Si	28	铁	Fe	56
氦	He	4	磷	P	31	铜	Cu	63.5
氮	N	14	硫	S	32	锌	Zn	65
氧	O	16	钠	Na	23	银	Ag	108
氟	F	19	镁	Mg	24	钡	Ba	137
氖	Ne	20	铝	Al	27	金	Au	197
氯	Cl	35.5	钾	K	39	汞	Hg	201
氩	Ar	40	钙	Ca	40	铅	Pb	207
碳	C	12	锰	Mn	55			

三、混合物和纯净物

混合物由两种或多种物质混合而成，没有固定的组成，混合物中各物质都保持其原有性质。例如，空气是氧气、氮气、二氧化碳等多种成分组成的混合物，各种成分间没有发生化学反应，各自保持原来的性质。

纯净物是由一种物质组成的，纯净物具有固定的物理性质和化学性质。例如，氧气、硝酸钾、氯化钠等都是纯净物。

分子的知识可以帮助我们比较深入地理解混合物和纯净物的概念。由分子构成的物质，如果是由不同种分子构成的就是混合物，由同种分子构成的就是纯净物。例如，空气中含有氧气、氮气、二氧化碳等物质的不同分子，所以空气是混合物；而氧气只是由氧气分子构成，所以氧气是纯净物。

化学中研究任何一种物质的性质，通常都采用纯净物。因为一种物质里如果含有杂质，就会影响这种物质固有的某些性质。

实际上，完全纯净的物质是不存在的，通常所谓的纯净物是指含杂质很少的具有一定纯度的物质。为了适应生产和实验的需要，可以用物理或化学的方法，使不纯物质变为比较纯的物质。例如，用作半导体材料的硅，就是从含硅元素的矿物里提纯的。硅的质量分数可高达 99.999999999%，这种硅叫作高纯硅。

四、单质和化合物

化学研究的对象是纯净物。有些纯净物的组成比较单一，例如氧气由氧元素组成，水银由汞元素组成。将这种由同种元素组成的纯净物叫作单质。有些物质的组成比较复杂，例如氧化镁由镁和氧两种不同元素组成，氯酸钾由钾、氯和氧三种元素组成。像这种由不同元素组成的纯净物叫作化合物。由两种元素组成的化合物中如果其中一种是氧元素则称为氧化物。如氧化镁、二氧化碳等都是氧化物。

课程思考

臭氧是单质还是化合物？它是由哪种元素组成的？

自然界中有些元素的单质不止一种。例如，氧元素组成的单质有氧气和臭氧，碳元素组成的单质有金刚石和石墨，磷元素组成的单质有白磷和红磷等。这种由同样的单一化学元素组成，因排列方式不同，而具有不同性质的单质称为同素异形体。

同素异形体之间的性质差异主要表现在物理性质上，化学性质上也有活性的差异。例如磷的两种同素异形体，红磷和白磷的着火点分别是 240℃和 40℃，但是充分燃烧之后的产物都是五氧化二磷；白磷有剧毒，可溶于二硫化碳，红磷无毒，却不溶于二硫化碳。

同素异形体之间在一定条件下可以相互转化，这种转化是一种化学变化。如从石墨中分离出的石墨烯，是目前自然界最薄、强度最高的材料，被称为“黑金”，是“新材料之王”，必将在社会生产的各种领域大有作为。

同素异形体之间的相互转化有时会给人类带来危害。最典型的例子是白锡在 13.2℃时开始转化为灰锡，低温或已有少量灰锡时这种转变加速。由于白锡是金属晶体，密度较大，而灰锡是金刚石型的原子晶体，密度较小，所以白锡在低温转化为灰锡时体积迅速膨胀，生成的灰锡呈粉末状，造成锡制品的损坏。在不明真相的年代，这种现象被称为“锡瘟”。1873 年英国的温菲尔德·斯科特·汉考克（Winfield Scott Hancock）率领的南极探险队，由于用锡焊制的油桶在低温下发生“锡瘟”致使燃油泄漏而遇难。

五、化学式和分子量

元素可以用元素符号来表示，那么由元素组成的各种单质和化合物怎样来表示呢？由于一种纯净物质的元素组成和元素的质量之比或原子个数之比是一定的，为便于认识和研究，在化学上也可用元素符号来表示其组成。例如，O_2、H_2O、CO_2、MgO、NaCl 分别表示氧气、水、二氧化碳、氧化镁、氯化钠的组成。这种用元素符号表示物质组成的式子称为化学式。

各种物质的化学式是通过实验的方法测定物质的组成后得出的。一种物质只能用一个化学式表示。例如，水的化学式 H_2O，表明在水分子中：

$$氢原子数：氧原子数=2:1，氢的质量：氧的质量=(1\times2):16=1:8$$

单质是由同种元素组成的。金属单质和固态非金属单质习惯上就用元素符号表示其化学式。例如铁单质用 Fe 表示，硫单质用 S 表示；稀有气体是由单原子构成的，故也用元素符号表示其化学式。例如氦气和氖气分别用 He 和 Ne 表示。有些非金属气体的分子中含有两个或两个以上的原子，因而这些单质的化学式可以用 N_2（氮气）、O_3（臭氧）、I_2（碘）表示。右下角标的小数字表示这种单质的一个分子中所含的原子数。

化合物是由不同元素组成的。在写一个化合物的化学式时，首先必须知道这种化合物是由哪几种元素组成的，其次要知道组成这种化合物的不同元素的原子个数比。书写时，先写出组成这种化合物的各元素的元素符号，然后在每种元素符号的右下角标用数字标明组成这种化合物的各种元素的原子个数比（如果是 1 个原子，则“1”可以省略）。

书写由金属元素和非金属元素组成的化合物的化学式时，一般把金属的元素符号写在左方，非金属的元素符号写在右方。例如，氯化钠的化学式是 NaCl，硫化锌的化学式是 ZnS。

还应注意，元素符号右下角标的数字和元素符号前面的数字在意义上是完全不同的。例如，O_2 表示 2 个氧原子构成 1 个氧分子；2O 表示 2 个氧原子；$3O_2$ 表示 3 个氧分子。

化学式中各原子的原子量的总和就是分子量。可见分子量也是以碳 12 原子的质量作标准，进行比较而得的相对质量。

根据化学式可以进行以下计算：

① 计算物质的分子量。

例如，氯化钠 NaCl 的分子量为

$$23+35.5=58.5$$

② 计算组成物质的各元素质量比。

例如，二氧化碳 CO_2 中碳元素和氧元素的质量比为

$$12:(16\times2)=3:8$$

③ 计算物质中某一元素的质量分数。

例如，化肥硝酸铵 NH_4NO_3 中氮元素的质量分数为

$$\frac{14\times2}{80}\times100\%=35\%$$

六、质量守恒定律

化学反应的本质是有新物质生成，那么反应物的质量同生成物的质量之间究竟有什么关系呢？通过下面的实验可以探讨这个问题。

【实验 1-1】

把装有无色 NaOH 溶液的小试管小心地放入盛有蓝色 $CuSO_4$ 溶液的锥形瓶中，将锥形瓶放到托盘天平上用砝码平衡。取下锥形瓶并将其倾斜，使两种溶液混合，NaOH 与 $CuSO_4$ 反应生成蓝色沉淀。再把锥形瓶放到托盘天平上，观察后发现反应前后天平都是平衡的，如图 1-4 所示。这说明反应前物质的总质量跟反应后物质的总质量相等。

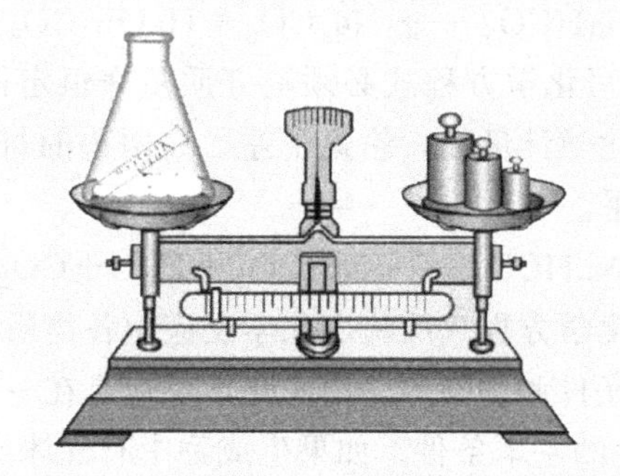

图 1-4 NaOH 溶液跟 $CuSO_4$ 溶液反应前后质量的测定

无数实验证明，参加化学反应的各物质的质量总和，等于反应后生成的各物质的质量总和，这个规律称为质量守恒定律，它是自然界普遍存在的基本定律之一。在任何与周围隔绝的体系中，不论发生何种变化或过程，其总质量始终保持不变。或者说，任何变化包括化学反应和核反应都不能消除物质，只是改变了物质的原有形态或结构，所以该定律又被称为物质不灭定律。

为什么物质在发生化学反应前后，各物质的质量总和相等呢？这是因为化学反应的过程，是反应物的原子重新组合而生成产物的过程。换言之，在一切化学反应中，反应前后原子的种类没有改变，原子的数目没有增减，原子的质量也没有变化。所以，化学反应前后各物质的质量总和必然相等。

七、化学方程式

对于一个化学反应，不仅需要知道反应条件、哪些物质参加了反应和生成了哪些物质，还要知道各物质之间的质量关系。质量守恒定律恰好揭示了化学反应中的反应物和生成物的质量关系。

根据质量守恒定律，可以利用物质的化学式来表示具体的化学反应，这种用化学式来表示化学反应的式子叫作化学方程式。例如木炭在 O_2 中燃烧生成 CO_2，该反应的化学方程式为：

$$C+O_2 \xrightarrow{\text{点燃}} CO_2$$

这个式子不仅表明了反应物、生成物和反应条件，同时通过分子量还可以表示各物质之间的质量关系，即各物质之间的质量比。

$$C \quad + \quad O_2 \xrightarrow{\text{点燃}} CO_2$$

$$16 \quad : (16\times2) : (12+16\times2)$$

$$16 \quad : \quad 32 \quad : \quad 44$$

即每 12 份质量的 C 跟 32 份质量的 O_2 完全反应，能生成 44 份质量的 CO_2。

书写化学方程式遵守两个原则：一是必须以客观事实为基础；二是遵守质量守恒定律，即方程式两边各种原子的数目必须相等。

以 $NaHCO_3$ 受热分解的反应为例，说明书写化学方程式的具体步骤。

① 写出反应物和生成物的化学式。根据实验事实，在式子的左边写出反应物的化学式，在右边写出生成物的化学式。如果反应物或生成物不止一种，就分别用加号把它们连接起来，并在式子左、右两边之间画一条带箭头的短线。

$$NaHCO_3 \longrightarrow Na_2CO_3+H_2O+CO_2$$

② 配平化学方程式。书写化学方程式必须遵守质量守恒定律。因此，式子左、右两边的化学式前面要配上适当的化学计量数，使式子左、右两边的每一种元素的原子总数相等，这个过程叫化学方程式的配平。

$$2NaHCO_3 \longrightarrow Na_2CO_3+H_2O+CO_2$$

只有经过配平，才能使化学方程式反映出化学反应中各物质间的质量关系。

③ 注明化学反应发生的条件和物态等。由于化学反应是在一定条件下发生的，所以需要在化学方程式中注明反应发生的基本条件。如果生成物中有气体或固体，要用气体符号“↑”和沉淀符号“↓”表示出来，即在气体物质或固体物质化学式右边标注“↑”或“↓”。

$$2NaHCO_3 \xrightarrow{\triangle} Na_2CO_3 + H_2O + CO_2\uparrow$$

如果反应物和生成物中都有气体或固体，气体生成物就不需注“↑”。同理固体生成物也不需注“↓”。例如：

$$S + O_2 \xrightarrow{点燃} SO_2$$

$$4P + 5O_2 \xrightarrow{点燃} 2P_2O_5$$

在溶液中进行的化学反应，有难溶或不溶物质生成时，用“↓”号表示。例如：

$$AgNO_3 + HCl \longrightarrow AgCl\downarrow + HNO_3$$

八、物质的聚集状态

自然界中的物质通常以三种聚集状态存在，即固态、液态和气态。物质为何有三态？按照分子运动论的观点，物质由大量分子组成，分子每时每刻都在不停地运动。由于运动分子之间距离的不同，分子间的作用力也不同；分子间距离越小，作用力越强，分子的无规则运动程度越低，反之亦然。

固体分子间的距离最小，分子间作用力较强，分子只能在固定的平衡位置上振动。因此，可以从宏观上看到固体具有一定的形状和体积，且不易被压缩。

气体分子间距离最大，分子间作用力最弱，其无规则运动程度最大。所以从宏观上看，气体可以无限制膨胀，均匀地充满任意形状的容器；气体本身没有具体的形状，而且易被压缩。

液体的分子间距离介于气体和固体之间，其分子间作用力与固体分子间作用力比要弱得多，而与气体分子间作用力比要强一些。因此，液体分子没有平衡位置，所以液体在宏观上具有一定的体积和流动性，其形状随容器的形状而定，且难以压缩。

由此可知，物质的气、液、固三种聚集状态决定于物质分子间距的大小，而分子间距的大小与外界条件密切相关。因此，物质究竟处于何种状态，取决于物质本身的性质和外界条件。例如，在常温常压下，O_2 是气体，H_2O 是液体，而 NaCl 是固体。当外界条件改变时，物质可以从一种聚集状态改变成另一种聚集状态。例如，在常压下将水加热到 100℃时，水就会变成气体即水蒸气；若降低温度到 0℃以下，水就会变成固体即冰。随着温度、压力的变化，各物质分子间作用力的强弱和分子运动的剧烈程度都会相应地发生变化，从而导致物质聚集状态的变化。

九、物质的量和摩尔质量

物质之间所发生的化学反应是由肉眼不能看到的分子、原子或离子之间按一定的数目关系进行的。实验室中不论是单质还是化合物，都是可以用称量器具称量的。所以，在分子、原子、离子与可称量的物质之间一定存在某种联系。那么，它们之间是通过什么建立起联系的呢？正是“物质的量”这个物理量将一定数目的分子、原子或离子等微观粒子与可称量的物质联系起来。

在日常生产、生活和科学研究中，人们常常根据需要使用不同的计量单位。例如，用千米、米、毫米等来计量长度；用时、分、秒等来计量时间；用千克、克等来计量质量。1971年，在第十四届国际计量大会上决定用“摩尔（mol）”作为计量原子、分子或离子等微观粒子的“物质的量”的单位。

物质的量的符号为 n，实际上表示含有一定数目粒子的集体。实验表明，在 0.012kg ^{12}C 中所含有的碳原子数约为 6.02×10^{23} 个。如果在一定量的粒子集体中所含有的粒子数与 0.012kg ^{12}C 中所含有的碳原子数相同，即表示其为 1mol。例如：

1molO 中约含有 6.02×10^{23} 个 O 原子；

1molH_2O 中约含有 6.02×10^{23} 个 H_2O 分子；

1molH^+ 中约含有 6.02×10^{23} 个 H^+。

1mol 任何粒子的粒子数称为阿伏伽德罗（Avogadro）常数，符号为 N_A，通常使用 6.02×10^{23}/mol 这个近似值。

物质的量、阿伏伽德罗常数与粒子数（符号为 N）之间存在下述关系：

$$n=\frac{N}{N_A}$$

由此式子可知，物质的量是粒子数与阿伏伽德罗常数之比。例如，3.01×10^{23} 个 N_2 的物质的量为 0.5mol。

1mol 不同物质中所含的分子、原子或离子的数目虽然相同，但由于不同粒子的质量不同，因此 1mol 不同物质的质量也不同。

1mol ^{12}C 的质量是 0.012kg，即 6.02×10^{23} 个 ^{12}C 的质量是 0.012kg。利用 1mol 任何粒子集体中都含有相同数目的粒子这个关系，可以推知 1mol 任何粒子的质量。例如，1 个 ^{12}C 与 1 个 H 的质量比约为 12∶1，1mol ^{12}C 与 1molH 含有的原子数目相同，因此 1mol ^{12}C 与 1molH 的质量比也约为 12∶1。而 1mol ^{12}C 的质量是 12g，所以 1molH 的质量就是 1g。

同理，1molO 的质量为 16g，1molNa 的质量为 23g，1molO_2 的质量为 32g，1molNaCl 的质量为 58.5g 等。

对于离子，由于电子的质量很小，当原子得到或失去电子变成离子时，电子的质量可略去不计。因此，1molNa^+ 的质量为 23g，1molCl^- 的质量为 35.5g，1molSO_4^{2-} 的质量为 96g。

综上可知，1mol 任何粒子或物质的质量以克为单位时，在数值上都与该粒子的原子量或分子量相等。我们将单位物质的量的物质所具有的质量叫作摩尔质量。也就是说，物质的摩尔质量是该物质的质量与该物质的物质的量之比。摩尔质量的符号为 M，常用的单位为 g/mol 或 kg/mol。例如：Na 的摩尔质量为 23g/mol，NaCl 的摩尔质量为 58.5g/mol，SO_4^{2-} 的摩尔质量为 96g/mol。

物质的量（n）、物质的质量（m）和物质的摩尔质量（M）之间存在着下式所表示的关系：

$$M=\frac{m}{n}$$

第二节 化学反应

一、化学反应中的能量变化

在化学反应中发生物质变化的同时还伴随有能量的变化。这种能量变化，通常以热能、光能、电能等形式表现出来。例如，NaOH 和 HCl 溶液反应放出大量的热；镁条在 O_2 中燃烧发出耀眼的白光；铜锌原电池的外电路有电流通过等。人们利用化学反应，有时是为了制备所需要的物质，有时却主要是为了利用化学反应所释放出的能量。人类的祖先从钻木取火开始就已经在利用化学反应所释放出的能量了。在当今社会中，人类所需要的绝大部分能量都是由化学反应产生的，特别是煤、石油和天然气等化石燃料或其化工制品燃烧所产生的能量。在人类对能源的需求越来越大的今天，研究化学反应及其能量变化，对于我们如何合理利用能源以及开发新能源等具有重要意义。

化学反应中的能量变化，绝大多数表现为热量的变化。将有热量放出的化学反应称为放热反应，比如铝片与盐酸的反应；将吸收热量的化学反应称为吸热反应，比如 $Ba(OH)_2$ 与 NH_4Cl 的反应。当外界大气压力恒定时，在敞开容器中发生化学反应时所放出或吸收的热量称为反应热，用符号 ΔH 表示，单位一般采用 kJ/mol。

为什么有的化学反应会放出热量，而有的化学反应却需要吸收热量呢？这是由于在化学反应过程中，当反应物分子间的化学键断裂时，需要克服原子间的相互作用，这一过程需要吸收能量；当原子重新结合成生成物分子，即新化学键形成时，这一过程需要释放能量。例如，H_2 与 Cl_2 反应生成 HCl 的反应：

$$H_2(g)+Cl_2(g) \longrightarrow 2HCl(g)$$

1molH_2 分子中的化学键断裂时需要吸收 436kJ 的能量，1molCl_2 分子中的化学键断裂时需要吸收 243kJ 的能量，而 2molHCl 分子中的化学键形成时要释放 431kJ/mol×2mol=862kJ 的能量。该反应的能量变化见图 1-5。

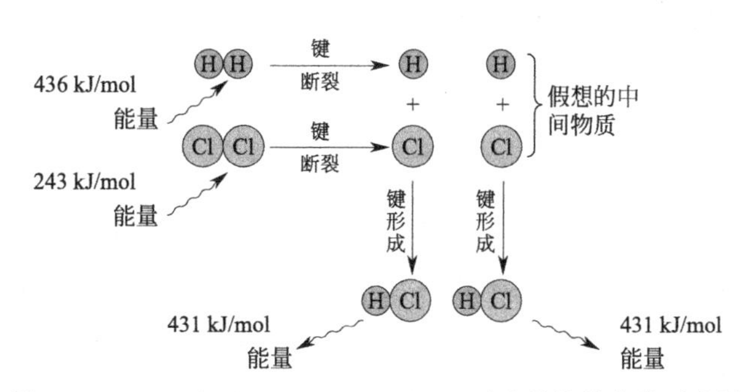

图 1-5　$H_2(g)+Cl_2(g) \longrightarrow 2HCl(g)$ 反应的能量变化示意图

该反应的反应热等于生成物分子形成时所释放的总能量与反应物分子断裂时所吸收的总能量之差 $\Delta H=862-(436+243)=183$(kJ/mol)，即该反应放出 183kJ/mol 的热量。

当任一化学反应完成时，生成物释放的总能量比反应物吸收的总能量大，该反应为放热反应。对于放热反应，由于反应后放出热量而使反应本身的能量降低，因此人为规定放热反应的 $\Delta H<0$，即上述反应的反应热为 $\Delta H=-183$kJ/mol。

反之，对于吸热反应，由于反应通过加热、光照等吸收能量，而使反应本身的能量升高，因此人为规定吸热反应的 $\Delta H>0$。例如，1molC 与 1mol 水蒸气反应生成 1molCO 和 1molH_2，需要吸收 131.5kJ 的热量，即该反应的反应热为 $\Delta H=+131.5$kJ/mol。

综上所述，如果反应物所具有的总能量大于生成物所具有的总能量，在发生化学反应时有一部分能量就会转变成热能等形式释放出来，这就是放热反应。如果反应物所具有的总能量小于生成物所具有的总能量，在发生化学反应时反应物就需要吸收能量才能转化为生成物，这就是吸热反应。化学反应中的能量变化见图 1-6。

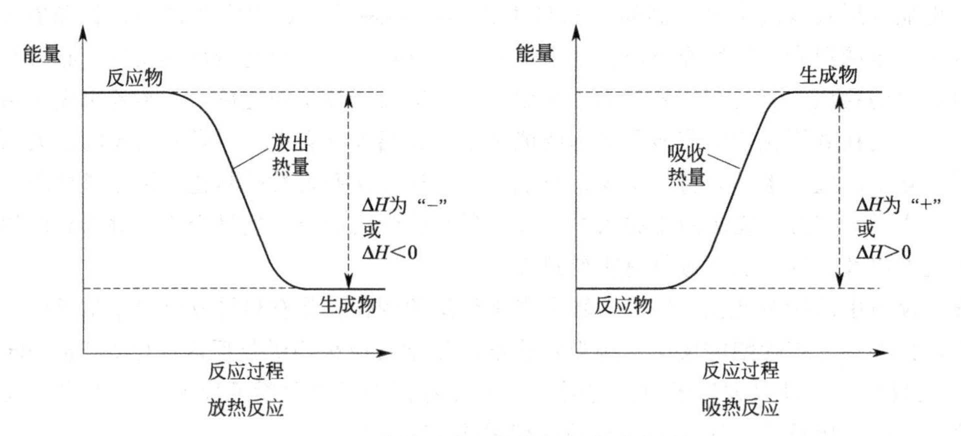

图 1-6　化学反应中的能量变化示意图

由此可见，化学反应的过程，也可看成是“贮存”在物质内部的能量转化为热能等而被释放出来，或者是热能等转化为物质内部的能量而被“贮存”起来的过程。

【黄鸣龙还原反应】

1945 年，黄鸣龙在美国从事 Wolff-Kishner 还原法的研究中取得突破性成果，国际上称之为 Wolff-Kishner-黄鸣龙还原法（也称黄鸣龙还原法）。黄鸣龙还原法是数千个有机化学人名反应中以中国人命名的反应，通过改良，黄鸣龙反应可在常压下进行，而且可缩短反应时间，提高反应产率（可达 90%）。

二、化学反应速率

不同的化学反应进行的速率很不相同。有的反应几乎在瞬间就能完成，如炸药的爆炸、酸碱中和等；也有些反应进行得很慢，如岩石的风化、煤和石油的形成等。此外，即使是同一反应在不同的条件下，反应速率也不相同。例如钢铁在室温下氧化缓慢，在高温下则迅速被氧化。在化工生产中，往往需要增大反应速率以缩短生产时间；另外，对于一些不利的反应，如对设备腐蚀、塑料老化等反应，又要设法抑制其进行。因此，研究化学反应速率的问题是很有必要的。

化学反应速率是衡量化学反应进行快慢程度的物理量，反映了在单位时间内反应物或生成物的变化情况。设任一反应

$$A+B \longrightarrow Y+Z$$

反应物 A 和 B 的浓度不断减少，生成物 Y 和 Z 的浓度不断增加。化学反应速率通常以单位时间内反应物或生成物浓度变化的正值来表示。

即

$$\bar{v}=-\frac{\Delta c(\mathrm{A})}{\Delta t}=-\frac{\Delta c(\mathrm{B})}{\Delta t}=\frac{\Delta c(\mathrm{Y})}{\Delta t}=\frac{\Delta c(\mathrm{Z})}{\Delta t}$$

式中　$\bar{v}$——平均反应速率，单位是 mol/(L·s) 或 mol/(L·min) 或 mol/(L·h)；

Δc——反应物或生成物的浓度变化，单位是 mol/L；

Δt——反应时间间隔，单位是 s（秒）或 min（分）或 h（小时）。

【例 1-1】　在预定温度和体积下由 N_2 和 H_2 合成 NH_3，求此合成氨的平均反应速率。

$$N_2(g)+3H_2(g) \longrightarrow 2NH_3(g)$$

	N_2	H_2	NH_3
起始浓度/(mol/L)	1.0	3.0	0
2s 时浓度/(mol/L)	0.8	2.4	0.4

解：

$$\bar{v}(N_2)=-\frac{\Delta c(N_2)}{\Delta t}=-\frac{0.8-1.0}{2}=0.1[mol/(L \cdot s)]$$

$$\bar{v}(H_2)=-\frac{\Delta c(H_2)}{\Delta t}=-\frac{2.4-3.0}{2}=0.3[mol/(L \cdot s)]$$

$$\bar{v}(NH_3)=\frac{\Delta c(NH_3)}{\Delta t}=\frac{0.4-0}{2}=0.2[mol/(L \cdot s)]$$

可见，表示反应速率时可选择参与反应的任一物质，但用不同物质表示同一反应速率时其数值不同。因此，在表示化学反应速率时，必须指明具体物质。

虽然用不同物质表示同一时间内反应速率的数值不等，但其比值恰好等于反应中各物质的化学计量系数之比，即：

$$\bar{v}(N_2):\bar{v}(H_2):\bar{v}(NH_3)=1:3:2$$

化学反应速率既受到反应物自身性质的影响，也受到外界条件的影响，改变化学反应速率在生产实践中具有很重要的意义。例如，根据生产和生活的需要采取适当措施加快某些生产过程，如使炼钢、合成树脂或合成橡胶的反应速率加快；也可以根据需要减慢某些反应速率，如钢铁生锈、塑料和橡胶老化的反应。

1. 浓度对化学反应速率的影响

物质在纯 O_2 中的燃烧速率比在空气中快得多，这是因为空气中只含有约 20%的 O_2。可见，恒温下化学反应的速率主要取决于反应物的浓度。在一定温度下，反应物浓度越大，化学反应速率越快。

这是为什么呢？由于化学反应过程就是反应物分子中原子重新组合成生成物分子的过程，即反应物分子中化学键断裂、生成物分子中化学键形成。旧键的断裂和新键的形成都是通过反应物分子间的相互碰撞实现的。反应物分子间的碰撞是化学反应发生的先决条件。根据气体分子运动论的理论计算表明，单位时间内分子间的碰撞可达 10^{32} 次甚至更多。在这些无数次的碰撞中，大多数碰撞并不导致反应发生，只有少数分子间的碰撞才能发生化学反应。研究表明，在相同温度下分子的能量并不完全相同，高于分子的平均能量的分子属于活化分子。只有相互碰撞的分子具有足够高的能量，且具有合适的取向时才能使旧键断裂和新键生成，这种碰撞叫作有效碰撞。图 1-7 是 HI 分子的几种可能的碰撞模式。

在其他条件不变时，某一反应活化分子在反应物分子中所占的百分数是一定的。因此，单位体积内活化分子的数目与单位体积内反应物分子的总数成正比，也就是和反应物的浓度成正比。当反应物浓度增大时，单位体积内分子数增多，活化分子数也相应增大。例如，原来单位体积里有 100 个反应物的分子，其中只有 5 个活化分子，如果单位体积内的反应物分子增加到 200 个，其中必定有 10 个活化分子，那么单位时间内的有效碰撞次数也相应增多，化学反应速率就增大。因此，增大反应物的浓度可以增大化学反应速率。

2. 压强对化学反应速率的影响

对于气体而言，当温度一定时，一定量气体的体积与其所受的压强成反比。也就是说，如果气体的压强增大到原来的 2 倍，气体的体积就缩小到原来的 1/2，单位体积内的分子数就增大到原来的 2 倍。所以增大压强，就是增加单位体积内反应物的浓度，因而可以增大化

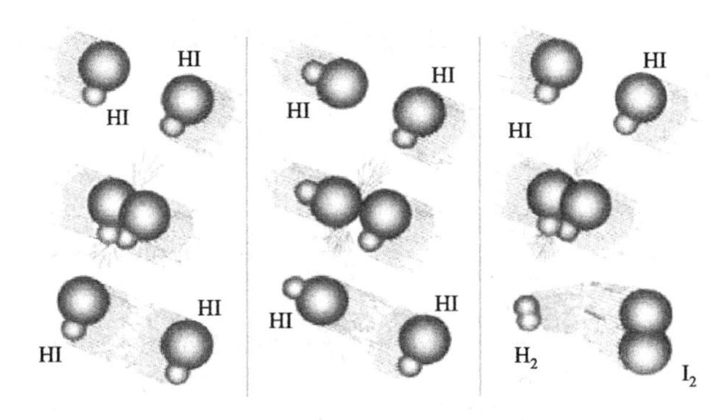

(1) 碰撞过轻　　(2) 碰撞取向不好　　(3) 活化分子的有效碰撞

图 1-7　HI 分子的几种可能的碰撞模式

学反应速率。相反，减小压强，气体的体积就扩大，浓度减小，因而化学反应速率也减小。

如果参加反应的物质是固体、液体或溶液时，由于改变压强对体积改变的影响很小，因而对浓度改变的影响也很小，可以认为压强对其反应速率无影响。

3. 温度对化学反应速率的影响

在浓度一定时，升高温度反应物分子的能量增加，使一部分原来能量较低的分子变成活化分子，从而增加了反应物分子中活化分子的百分数，使有效碰撞次数增多，因而使化学反应速率增大。例如，常温下 H_2 和 O_2 几乎看不到有反应发生，而在 600℃以上时反应迅速进行，发生爆炸；炭在常温下与空气作用非常缓慢，但加热到高温时就会剧烈燃烧；食物在夏天腐败变质要比冬天快得多。

荷兰物理化学家范特霍夫（Van't Hoff）根据实验事实归纳出一条经验规律：在一定的温度范围内，温度每升高 10℃，化学反应速率增加到原来的 2～4 倍。

4. 催化剂对化学反应速率的影响

用升高温度的方法提高反应速率具有一定的局限性，比如会增加能耗，需要高温高压设备，同时也会使副反应加速，使放热反应进行的程度降低等，而使用催化剂则无此弊端。催化剂是一种能显著改变化学反应速率，而本身在反应前后的组成、质量和化学性质都保持不变的物质。

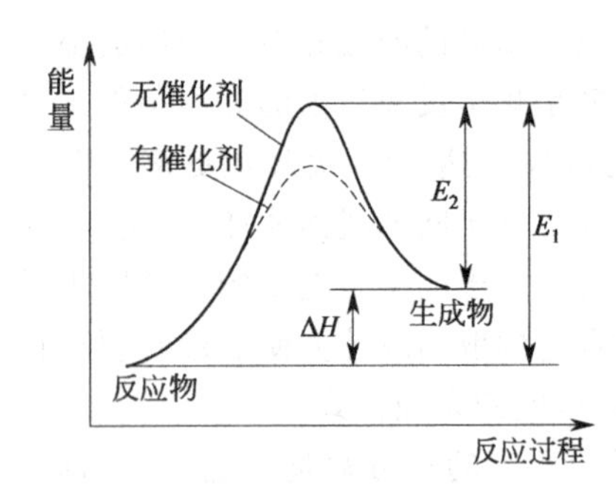

图 1-8　催化剂改变反应途径示意图

催化剂之所以能够增大化学反应速率，是因为能够降低反应所需要的能量，使更多的反应物分子成为活化分子，大大地增加了单位体积内反应物分子中活化分子的百分数，从而成千成万倍地增大化学反应速率。由图 1-8 表明，催化剂参与了反应过程，改变了原反应途径，降低了反应所需要的能量。

此外，反应物颗粒的大小、溶剂的性质等也会影响化学反应速率；在适当的条件下，超声波、紫外光、激光，甚至磁场等也是改变某个反应的速率的手段。

三、化学平衡

在化学研究和化工生产中，只考虑化学反应速率是不够的，还需要考虑化学反应所能达到的最大限度。例如，在合成氨工业中，除了要考虑使 N_2 和 H_2 尽可能快地转变为 NH_3 外，还需要考虑使 N_2 和 H_2 尽可能多地转变为 NH_3。这就涉及化学反应进行的程度问题——化学平衡。

各种化学反应中反应物转化为生成物的程度各有不同，有些反应几乎能够进行“到底”。例如：

$$HCl + NaOH \longrightarrow NaCl + H_2O$$

$$CH_4 + 2O_2 \longrightarrow CO_2 + 2H_2O$$

这种只能向一个方向进行的反应，称为不可逆反应。实际上这类反应很少。

大多数化学反应在一定条件下既能按反应方程式从左向右进行，也能从右向左进行，这种同时能向正、逆两个方向进行的反应称为可逆反应。例如：

$$CO + H_2O \rightleftharpoons CO_2 + H_2$$

书写可逆反应的方程式时用双箭头“$\rightleftharpoons$”，箭头两边的物质互为反应物、生成物。通常将从左向右的反应称为正反应，从右向左的反应称为逆反应。

下面以 HI 的合成为例来讨论可逆反应的特点。

$$H_2 + I_2 \rightleftharpoons 2HI$$

将 H_2 和 I_2 置于密闭容器中，维持温度在 425℃进行反应。开始时，H_2 和 I_2 分子相互反应的速率 $v_{正}$ 最大；随着正反应的进行，反应物的浓度逐渐降低，因而 $v_{正}$ 也逐渐变小。另外，正反应一经开始，便有少量的 HI 分子形成，逆反应也就开始了，此时逆反应的速率 $v_{逆}$ 很小；随着正反应的进行，HI 的浓度不断升高，因而逆反应的速率 $v_{逆}$ 便逐渐增大。经过一定的反应时间，$v_{正}$ 与 $v_{逆}$ 达到相等，此时体系所处的状态称为化学平衡状态，如图 1-9 所示。

这时 $v_{正} = v_{逆}$（不等于 0），即单位时间内因正反应使反应物减小的量等于因逆反应使反应物增加的量。各种物质的浓度或分压不再改变，但反应并未停止，只是正、逆反应速率相等，故化学平衡是一种动态平衡。当平衡条件改变时，系统内各物质的浓度或分压就会发生变化，原平衡状态随之破坏，直到建立新的平衡。

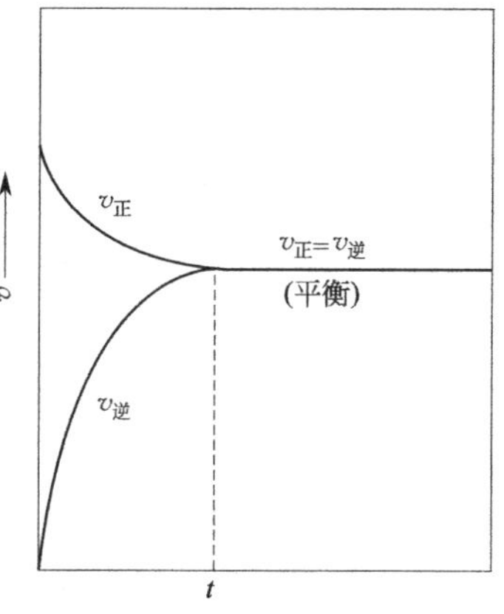

图 1-9　可逆反应的正、逆反应速率变化示意图

综上所述，化学平衡状态是指在一定条件下的可逆反应，正反应和逆反应的速率相等，反应混合物中各组分的浓度保持不变的状态。

研究化学平衡的目的，并不是希望保持某一个平衡状态不变，而是要研究如何利用外界条件的改变，使旧的化学平衡破坏，并建立新的较理想的化学平衡。例如，使转化率不高的化学平衡破坏，而建立新的转化率高的化学平衡从而提高产量。这种因外界条件改变，使可逆反应从原来的平衡状态转变到新的平衡状态的过程叫作化学平衡的移动。

1. 浓度对化学平衡的影响

【实验 1-2】

在一个小烧杯里混合 10mL0.01mol/L 的 $FeCl_3$ 溶液和 10mL0.01mol/L 的 KSCN 溶液，溶液立即变为红色：

$$FeCl_3 + 3KSCN \rightleftharpoons Fe(SCN)_3 + 3KCl$$

将该红色溶液平均分入三支试管中。向第一支试管中加入少量 1mol/L 的 $FeCl_3$ 溶液，向第二支试管中加入少量 1mol/L 的 KSCN 溶液。观察这两支试管中溶液颜色的变化，并与第三支试管中溶液的颜色进行比较。

由实验可知，在平衡混合物里，当加入 $FeCl_3$ 溶液或 KSCN 溶液后，试管中溶液的颜色都变深了。这说明增大任何一种反应物的浓度都促使化学平衡向正反应的方向移动，生成更多的 $Fe(SCN)_3$。

在其他条件不变的情况下，增大反应物的浓度或减小生成物的浓度，均使化学平衡向正反应方向移动；增大生成物的浓度或减小反应物的浓度，均使化学平衡向逆反应的方向移动。

2. 压强对化学平衡的影响

处于平衡状态的反应混合物里，不管是反应物还是生成物，只要有气态物质存在，改变压强就会使化学平衡移动。如合成氨反应：

$$N_2 + 3H_2 \rightleftharpoons 2NH_3$$

在该反应中，1 体积 N_2 与 3 体积 H_2 反应生成 2 体积 NH_3，即反应前后气态物质的总体积发生了变化，反应后气体总体积减少了。

表 1-4　450℃ 时 N_2 与 H_2 反应生成 NH_3 的实验数据

压强/MPa	1	5	10	30	60	100
NH_3/%	2.0	9.2	16.4	35.5	53.6	69.4

由表 1-4 可知，对反应前后气体总体积发生的化学反应，在其他条件不变的情况下，增大压强，会使化学平衡向着气体体积缩小的方向移动；减小压强，会使化学平衡向着气体体积增大的方向移动。

对反应前后气态物质的总体积没有变化的可逆反应，增大或减小压强都不能使化学平衡移动。例如：$H_2 + I_2(g) \rightleftharpoons 2HI$。

固态物质或液态物质的体积，受压强的影响很小，可以忽略不计。因此，如果平衡混合物都是固体或液体，可以认为改变压强不能使化学平衡移动。

3. 温度对化学平衡的影响

在放热或吸热的可逆反应里，反应混合物达到平衡状态后，改变温度也会使化学平衡移动。

【实验 1-3】

把 NO_2 和 N_2O_4 的混合气体盛在两个连通的烧瓶里，然后用夹子夹住橡胶管，把一个烧瓶放进热水里，把另一个烧瓶放进冰水里（图 1-10）。观察混合气体的颜色变化，并与常温时盛有相同混合气体的烧瓶中的颜色进行对比。

在 NO_2 生成 N_2O_4 的反应里，正反应是放热反应，逆反应是吸热反应。

$$2NO_2(\text{红棕色}) \rightleftharpoons N_2O_4(\text{无色})$$

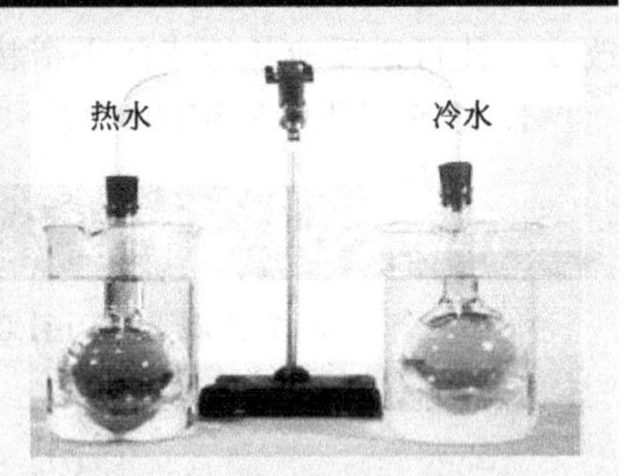

图 1-10　温度对化学平衡的影响

从上面的实验可知，混合气体受热颜色变深，说明 NO_2 浓度增大，即平衡向逆反应方向移动；混合气体被冷却时颜色变浅，说明 NO_2 浓度减小，即平衡向正反应方向移动。

由此可见，在其他条件不变的情况下，温度升高，会使化学平衡向着吸热反应的方向移动；温度降低，会使化学平衡向着放热反应的方向移动。

1884年法国科学家勒夏特列（Le Chatelier）概括出一条普遍规律：如果改变平衡系统的条件之一（如浓度、压力或温度），平衡将向能够减弱这种改变的方向移动。

由于催化剂能够同等程度地增加正反应速率和逆反应速率，因此对化学平衡的移动没有影响。也就是说，催化剂不能改变化学平衡状态的反应混合物的组成，但是催化剂能够改变反应达到平衡所需的时间。

第三节 物质的结构

一、原子核外电子的排布

原子是由原子核和电子构成的，原子核的体积很小，仅占原子体积的几千万分之一，电子在核外空间作高速运动。那么，电子是怎样在核外空间排布的呢？

氢原子核外只有一个电子，电子运动的情况比较简单。在含有多个电子的原子中，由于电子的能量不相同，因此运动的区域也不相同。通常能量低的电子在离核较近的区域运动，而能量高的电子就在离核较远的区域运动。根据这种差别，将核外电子运动的不同区域看成不同的电子层，并用 n=1、2、3、4、5、6、7 表示从内到外的电子层，这七个电子层又可以分别称为 K、L、M、N、O、P、Q 层。n 值越大，说明电子离核越远，能量越高。

核外电子的分层运动，又叫核外电子的分层排布。科学研究证明，电子一般总是优先排布在能量最低的电子层里，即最先排布 K 层，当 K 层排满后，再排布 L 层，以此类推。

那么，每个电子层最多可以排布多少个电子呢？为了解决这个问题，我们首先研究一下稀有气体元素原子电子层排布的情况。

表 1-5 稀有气体元素原子电子层排布

核电荷数	元素名称	元素符号	各电子层的电子数					
			K	L	M	N	O	P
2	氦	He	2					
10	氖	Ne	2	8				
18	氩	Ar	2	8	8			
36	氪	Kr	2	8	18	8		
54	氙	Xe	2	8	18	18	8	
86	氡	Rn	2	8	18	32	18	8

由表 1-5 可知，K 层、L 层、M 层、N 层最多能排布的电子数目分别是 2、8、18、32。不论原子有几个电子层，其最外层中的电子数目最多只有 8 个（氦原子是 2 个）。原子最外电子层中有 8 个电子（最外层为 K 层时，最多只有 2 个电子）是相对稳定的结构。

研究表明，金属元素、非金属元素、稀有气体元素的原子最外层电子数目具有以下特点：

① 金属元素（如钠、镁、铝等）原子最外层电子数目一般少于 4 个。在化学反应中，金属元素的原子比较容易失去最外层电子而使次外层变成最外层，从而达到 8 电子稳定结构。

② 非金属元素（如氟、氯、氧、硫、磷、碳等）原子最外层电子数目一般多于或等于 4 个。在化学反应中，非金属元素的原子比较容易获得电子也使最外层达到 8 电子稳定结构。

③ 稀有气体元素原子的最外层都有 8 个电子（氦元素是 2 个电子），化学性质比较稳定，一般不易与其他物质发生化学反应，因此稀有气体也曾被称为惰性气体。

所以说，元素的化学性质与原子的最外层电子数目关系非常密切。通过学习元素的原子核外电子排布规律和原子的最外层电子数目与元素化学性质的密切关系，对于进一步了解化学键的形成具有很大帮助。

【最新化学元素】

Og是118号元素Oganesson的缩写，中文名为氮，是一种人工合成的稀有气体元素，原子序数为118。在元素周期表上，它位于p区，属于0族，是第7周期中的最后一个元素，其原子序数和原子量为所有已发现元素中最高的，是人类目前已合成的最重元素。

二、元素周期律

1869年俄国化学家门捷列夫（Mendeleev）通过研究元素性质与原子量之间的关系，发现了一个重要的自然规律。他指出元素性质随元素原子量的增加而呈现周期性变化，这一规律就称为元素周期律。根据元素周期律，Mendeleev按原子量由小到大进行编号（称为原子序数），把性质相似的元素排在一纵行，列出了Mendeleev周期表。后来，随着人们对原子结构认识的深入，发现原子核所带的核电荷数就是原子序数。因此现代周期律的说法是：元素性质随着原子核电荷数（原子序数）的递增而呈周期性变化。从原子核外电子排布的规律可知，这种周期性变化是由原子核外电子层结构的周期性变化引起的，每一周期都是以“新”的电子层填充电子开始的。

元素周期律总结和揭示了元素性质从量变到质变的特征及内在的依据。元素周期律的图表形式称为元素周期表（图1-11)。元素在周期表中的位置与其电子层结构有直接关系。

1. 周期

周期表中有7个横行，每个横行表示1个周期，一共有7个周期。具有相同的电子层数的元素按照原子序数递增的顺序排列的一个横行称为一个周期。第1周期只有2种元素，为特短周期；第2、第3周期各有8种元素，为短周期；第4、第5周期各有18种元素，为长周期；第6周期有32种元素，为特长周期；第7周期预测有32种元素，现只有26种元素，故称为不完全周期。

周期的序数就是该周期元素具有的电子层数。除第1周期只包括氢和氦、第7周期尚未填满外，每一周期的元素都是从最外层电子数为1的碱金属开始，逐渐过渡到最外层电子数为7的卤素，最后以最外层电子数为8的稀有气体元素结束。

第6周期中，57号元素镧（La）到71号元素镥（Lu)，共15种元素，原子的电子层结构和性质十分相似，总称镧系元素。第7周期中，89号元素锕（Ac）到103号元素铹(Lr)，共15种元素，原子的电子层结构和性质也十分相似，总称锕系元素。为了使表的结构紧凑，将全体镧系元素和锕系元素分别按周期各放在同一个格内，并按原子序数递增的顺序，分成两行另列在表的下方。在锕系元素中92号元素铀（U）以后的各种元素，多数是人工核反应制得的元素，这些元素又叫作超铀元素。

2. 族

周期表中有18个纵行。除第8、第9、第10三个纵行称为Ⅷ族（又称ⅧB）元素外，其余15个纵行，每个纵行叫作一族。族又有主族和副族之分，由短周期元素和长周期元素共同构成的族，叫作主族；完全由长周期元素构成的族，叫作副族。主族元素在族序数（习惯用罗马数字表示）的后面标一个A字，如ⅠA、ⅡA、…，副族元素在族序数的后面标一个

元素周期表

IUPAC 2013

氧化态(单质的氧化态为0，未列入；常见的为红色)

以 ^{12}C=12为基准的原子量(注✦的是半衰期最长同位素的原子量)

图例（以95号元素为例）：+2 +3 +4 +5 +6（氧化态）；95—原子序数；Am—元素符号(红色的为放射性元素)；镅▲—元素名称(注▲的为人造元素)；$5f^77s^2$—价层电子构型；243.06138(2)✦

s区元素　p区元素　d区元素　ds区元素　f区元素　稀有气体

周期\族	1 ⅠA	2 ⅡA	3 ⅢB	4 ⅣB	5 ⅤB	6 ⅥB	7 ⅦB	8 ⅧB(Ⅷ)	9 ⅧB(Ⅷ)	10 ⅧB(Ⅷ)	11 ⅠB	12 ⅡB	13 ⅢA	14 ⅣA	15 ⅤA	16 ⅥA	17 ⅦA	18 ⅧA(0)	电子层
1	-1 +1 1 H 氢 $1s^1$ 1.008																	2 He 氦 $1s^2$ 4.002602(2)	K
2	+1 3 Li 锂 $2s^1$ 6.94	+2 4 Be 铍 $2s^2$ 9.0121831(5)											+3 5 B 硼 $2s^22p^1$ 10.81	-4 +2 +4 6 C 碳 $2s^22p^2$ 12.011	-3 -2 -1 +1 +2 +3 +4 +5 7 N 氮 $2s^22p^3$ 14.007	-2 -1 8 O 氧 $2s^22p^4$ 15.999	-1 9 F 氟 $2s^22p^5$ 18.998403163(6)	10 Ne 氖 $2s^22p^6$ 20.1797(6)	L K
3	-1 +1 11 Na 钠 $3s^1$ 22.98976928(2)	+2 12 Mg 镁 $3s^2$ 24.305											+3 13 Al 铝 $3s^23p^1$ 26.9815385(7)	-4 +2 +4 14 Si 硅 $3s^23p^2$ 28.085	-3 -2 +1 +3 +5 15 P 磷 $3s^23p^3$ 30.973761998(5)	-2 +2 +4 +6 16 S 硫 $3s^23p^4$ 32.06	-1 +1 +3 +5 +7 17 Cl 氯 $3s^23p^5$ 35.45	18 Ar 氩 $3s^23p^6$ 39.948(1)	M L K
4	-1 +1 19 K 钾 $4s^1$ 39.0983(1)	+2 20 Ca 钙 $4s^2$ 40.078(4)	+3 21 Sc 钪 $3d^14s^2$ 44.955908(5)	-1 0 +2 +3 +4 22 Ti 钛 $3d^24s^2$ 47.867(1)	0 ±1 +2 +3 +4 +5 23 V 钒 $3d^34s^2$ 50.9415(1)	-3 0 ±1 ±2 +3 +4 +5 +6 24 Cr 铬 $3d^54s^1$ 51.9961(6)	-2 0 ±1 +2 ±3 +4 +5 +6 +7 25 Mn 锰 $3d^54s^2$ 54.938044(3)	-2 0 ±1 +2 +3 +4 +5 +6 26 Fe 铁 $3d^64s^2$ 55.845(2)	0 ±1 +2 +3 +4 +5 27 Co 钴 $3d^74s^2$ 58.933194(4)	0 ±1 +2 +3 +4 28 Ni 镍 $3d^84s^2$ 58.6934(4)	+1 +2 +3 +4 29 Cu 铜 $3d^{10}4s^1$ 63.546(3)	+1 +2 30 Zn 锌 $3d^{10}4s^2$ 65.38(2)	+1 +3 31 Ga 镓 $4s^24p^1$ 69.723(1)	+2 +4 32 Ge 锗 $4s^24p^2$ 72.630(8)	-3 +3 +5 33 As 砷 $4s^24p^3$ 74.921595(6)	-2 +2 +4 +6 34 Se 硒 $4s^24p^4$ 78.971(8)	-1 +1 +3 +5 +7 35 Br 溴 $4s^24p^5$ 79.904	+2 +4 36 Kr 氪 $4s^24p^6$ 83.798(2)	N M L K
5	-1 +1 37 Rb 铷 $5s^1$ 85.4678(3)	+2 38 Sr 锶 $5s^2$ 87.62(1)	+3 39 Y 钇 $4d^15s^2$ 88.90584(2)	+1 +2 +3 +4 40 Zr 锆 $4d^25s^2$ 91.224(2)	0 ±1 +2 +3 +4 +5 41 Nb 铌 $4d^45s^1$ 92.90637(2)	0 ±1 ±2 +3 +4 +5 +6 42 Mo 钼 $4d^55s^1$ 95.95(1)	0 ±1 +2 +3 +4 +5 +6 +7 43 Tc 锝▲ $4d^55s^2$ 97.90721(3)✦	0 +1 ±2 +3 +4 +5 +6 +7 +8 44 Ru 钌 $4d^75s^1$ 101.07(2)	0 ±1 +2 +3 +4 +5 +6 45 Rh 铑 $4d^85s^1$ 102.90550(2)	0 +1 +2 +3 +4 46 Pd 钯 $4d^{10}$ 106.42(1)	+1 +2 +3 47 Ag 银 $4d^{10}5s^1$ 107.8682(2)	+1 +2 48 Cd 镉 $4d^{10}5s^2$ 112.414(4)	+1 +3 49 In 铟 $5s^25p^1$ 114.818(1)	+2 +4 50 Sn 锡 $5s^25p^2$ 118.710(7)	-3 +3 +5 51 Sb 锑 $5s^25p^3$ 121.760(1)	-2 +2 +4 +6 52 Te 碲 $5s^25p^4$ 127.60(3)	-1 +1 +3 +5 +7 53 I 碘 $5s^25p^5$ 126.90447(3)	+2 +4 +6 +8 54 Xe 氙 $5s^25p^6$ 131.293(6)	O N M L K
6	-1 +1 55 Cs 铯 $6s^1$ 132.90545196(6)	+2 56 Ba 钡 $6s^2$ 137.327(7)	57~71 La~Lu 镧系	+1 +2 +3 +4 72 Hf 铪 $5d^26s^2$ 178.49(2)	0 ±1 +2 +3 +4 +5 73 Ta 钽 $5d^36s^2$ 180.94788(2)	0 ±1 ±2 +3 +4 +5 +6 74 W 钨 $5d^46s^2$ 183.84(1)	0 ±1 +2 +3 +4 +5 +6 +7 75 Re 铼 $5d^56s^2$ 186.207(1)	0 +1 +2 +3 +4 +5 +6 +7 +8 76 Os 锇 $5d^66s^2$ 190.23(3)	0 ±1 +2 +3 +4 +5 +6 77 Ir 铱 $5d^76s^2$ 192.217(3)	0 +2 +3 +4 +5 +6 78 Pt 铂 $5d^96s^1$ 195.084(9)	-1 +2 +3 +5 79 Au 金 $5d^{10}6s^1$ 196.966569(5)	+1 +2 +3 80 Hg 汞 $5d^{10}6s^2$ 200.592(3)	+1 +3 81 Tl 铊 $6s^26p^1$ 204.38	+2 +4 82 Pb 铅 $6s^26p^2$ 207.2(1)	-3 +3 +5 83 Bi 铋 $6s^26p^3$ 208.98040(1)	-2 +2 +3 +4 +6 84 Po 钋 $6s^26p^4$ 208.98243(2)✦	±1 +5 +7 85 At 砹 $6s^26p^5$ 209.98715(5)✦	+2 86 Rn 氡 $6s^26p^6$ 222.01758(2)✦	P O N M L K
7	+1 87 Fr 钫▲ $7s^1$ 223.01974(2)✦	+2 88 Ra 镭 $7s^2$ 226.02541(2)✦	89~103 Ac~Lr 锕系	104 Rf 𬬻▲ $6d^27s^2$ 267.122(4)✦	105 Db 𬭊▲ $6d^37s^2$ 270.131(4)✦	106 Sg 𬭳▲ $6d^47s^2$ 269.129(3)✦	107 Bh 𬭛▲ $6d^57s^2$ 270.133(2)✦	108 Hs 𬭶▲ $6d^67s^2$ 270.134(2)✦	109 Mt 鿏▲ $6d^77s^2$ 278.156(5)✦	110 Ds 𫟼▲ 281.165(4)✦	111 Rg 𬬭▲ 281.166(6)✦	112 Cn 鿔▲ 285.177(4)✦	113 Nh 鿭▲ 286.182(5)✦	114 Fl 𫓧▲ 289.190(4)✦	115 Mc 镆▲ 289.194(6)✦	116 Lv 𫟷▲ 293.204(4)✦	117 Ts 鿬▲ 293.208(6)✦	118 Og 鿫▲ 294.214(5)✦	Q P O N M L K

★镧系	+3 57 La★ 镧 $5d^16s^2$ 138.90547(7)	+2 +3 +4 58 Ce 铈 $4f^15d^16s^2$ 140.116(1)	+3 +4 59 Pr 镨 $4f^36s^2$ 140.90766(2)	+2 +3 +4 60 Nd 钕 $4f^46s^2$ 144.242(3)	+3 61 Pm 钷▲ $4f^56s^2$ 144.91276(2)✦	+2 +3 62 Sm 钐 $4f^66s^2$ 150.36(2)	+2 +3 63 Eu 铕 $4f^76s^2$ 151.964(1)	+3 64 Gd 钆 $4f^75d^16s^2$ 157.25(3)	+3 +4 65 Tb 铽 $4f^96s^2$ 158.92535(2)	+3 +4 66 Dy 镝 $4f^{10}6s^2$ 162.500(1)	+3 67 Ho 钬 $4f^{11}6s^2$ 164.93033(2)	+3 68 Er 铒 $4f^{12}6s^2$ 167.259(3)	+2 +3 69 Tm 铥 $4f^{13}6s^2$ 168.93422(2)	+2 +3 70 Yb 镱 $4f^{14}6s^2$ 173.045(10)	+3 71 Lu 镥 $4f^{14}5d^16s^2$ 174.9668(1)
★锕系	+3 89 Ac★ 锕 $6d^17s^2$ 227.02775(2)✦	+3 +4 90 Th 钍 $6d^27s^2$ 232.0377(4)	+3 +4 +5 91 Pa 镤 $5f^26d^17s^2$ 231.03588(2)	+2 +3 +4 +5 +6 92 U 铀 $5f^36d^17s^2$ 238.02891(3)	+3 +4 +5 +6 +7 93 Np 镎 $5f^46d^17s^2$ 237.04817(2)✦	+3 +4 +5 +6 +7 94 Pu 钚 $5f^67s^2$ 244.06421(4)✦	+2 +3 +4 +5 +6 95 Am 镅▲ $5f^77s^2$ 243.06138(2)✦	+3 +4 96 Cm 锔▲ $5f^76d^17s^2$ 247.07035(3)✦	+3 +4 97 Bk 锫▲ $5f^97s^2$ 247.07031(4)✦	+2 +3 +4 98 Cf 锎▲ $5f^{10}7s^2$ 251.07959(3)✦	+2 +3 99 Es 锿▲ $5f^{11}7s^2$ 252.0830(3)✦	+2 +3 100 Fm 镄▲ $5f^{12}7s^2$ 257.09511(5)✦	+2 +3 101 Md 钔▲ $5f^{13}7s^2$ 258.09843(3)✦	+2 +3 102 No 锘▲ $5f^{14}7s^2$ 259.1010(7)✦	+3 103 Lr 铹▲ $5f^{14}6d^17s^2$ 262.110(2)✦

图 1-11　元素周期表

B字，如ⅠB、ⅡB、…，稀有气体元素的化学性质非常不活泼，在通常状况下难以与其他物质发生化学反应，化合价看作为0，因而称为零族。

元素周期表的ⅠA、ⅡA和ⅢA族金属元素分别称为碱金属、碱土金属和土金属；ⅣA至ⅦA族元素分别称为碳族、氮族、氧族和卤素族。

元素周期表的中间部位从ⅢB族到ⅡB族10个纵行，包括了第Ⅷ族和全部副族元素，共六十多种元素，通称为过渡元素。这些元素都是金属，所以又称为过渡金属。

3. 元素的金属性和非金属性

元素在周期表中的位置，反映了该元素的原子结构和一定的性质。因此，可以根据某元素在周期表中的位置，推测它的原子结构和某些性质；同样，也可以根据元素的原子结构，推测它在周期表中的位置。

同周期各元素的原子核外电子层数虽然相同，但从左到右，核电荷数依次增多，原子半径逐渐减小，失电子能力逐渐减弱，得电子能力逐渐增强。因此，金属性逐渐减弱，非金属性逐渐增强。这可以从第3周期（11～18号）元素性质的递变中得到证明。

同主族元素由于从上到下电子层数依次增多，原子半径逐渐增大，失电子能力逐渐增强，得电子能力逐渐减弱。所以，元素的金属性逐渐增强，非金属性逐渐减弱。这可以从碱金属和卤素性质的递变中得到证明。

周期表中还可对金属元素和非金属元素进行分区。沿着周期表中硼（B）、硅（Si）、砷（As）、碲（Te）、砹（At）和铝（Al）、锗（Ge）、锑（Sb）、钋（Po）之间画一条虚线，虚线的左面是金属元素，右面是非金属元素，如图1-12所示。周期表的左下方是金属性最强的元素，右上方是非金属性最强的元素。最右一个纵行是稀有气体元素。由于元素的金属性和非金属性之间没有严格的界线，因此，位于分界线附近的元素，既能表现出一定的金属性，又能表现出一定的非金属性。

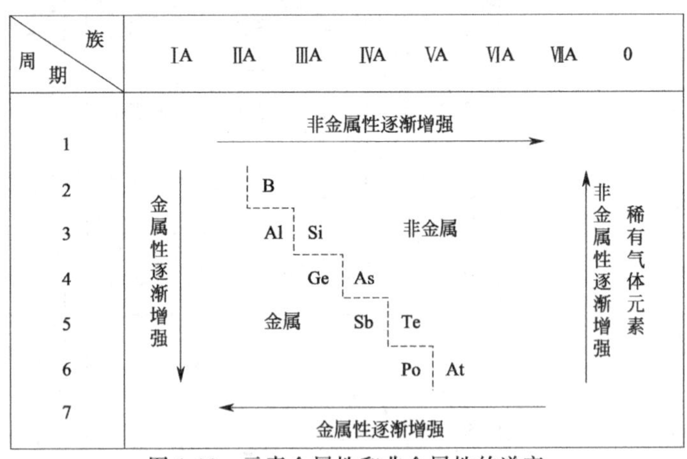

图1-12　元素金属性和非金属性的递变

4. 元素的化合价

化合价是一种元素的一个原子与其他元素的原子化合（即构成化合物）时表现出来的性质。元素的化合价与原子的电子层结构，特别是与最外层电子的数目有密切关系，因此元素原子的最外层电子也叫作价电子。在周期表中，主族元素的最高正化合价等于其所在的族序数，因为其族序数与最外层电子数（即价电子）相同，如非金属元素的最高正化合价，等于原子所能失去或偏移的最外层上的电子数；而负化合价，则等于使原子最外层达到8个电子稳定结构所需要得到的电子数。因此，非金属元素的最高正化合价和负化合价的绝对值之和等于 8。常见元素的化合价参见后文的表 1-10。

副族和Ⅷ族元素的化合价及性质变化规律比较复杂，这里就不讨论了。

三、化学键

学习了原子结构的相关知识，必然会想到化合物中原子是怎样相互结合的？化合物中原子为什么总是按照一定的数目相结合？这就涉及化学键及其相关的知识。

1. 离子键

Na 是金属元素，Cl 是非金属元素，二者反应生成化合物 NaCl。从 Na 和 Cl 的原子结构看，Na 原子的最外电子层有 1 个电子，容易失去；Cl 原子的最外电子层中有 7 个电子，容易得到 1 个电子。所以当 Na 跟 Cl 反应时，气态 Na 原子最外电子层中的 1 个电子转移到气态 Cl 原子的最外电子层上，这样两个原子的最外电子层都达到 8 个电子的稳定结构。

在这个过程中，Na 原子因失去 1 个电子而带上了 1 个单位的正电荷；Cl 原子因得到 1 个电子而带上了 1 个单位的负电荷。这种带电的原子叫作离子。带正电的离子叫作阳离子，如钠离子（Na^+）；带负电的离子叫作阴离子，如氯离子（Cl^-）。这两种带有相反电荷的离子之间相互作用形成化合物 NaCl（如图 1-13 所示），呈电中性。

像 NaCl 这种由阴、阳离子相互作用而构成的化合物称为离子化合物。如氯化钾（KCl）、氯化镁（$MgCl_2$）、氯化钙（$CaCl_2$）、氟化钙（CaF_2）等都是离子化合物。带电的原子团也叫离子，如硫酸根离子（SO_4^{2-}）、氢氧根离子（OH^-）等。所以硫酸锌（$ZnSO_4$）、氢氧化钠（NaOH）等也都是离子化合物。

2. 共价键

Cl 和 H 都是非金属元素，不仅 Cl 原子很容易获得 1 个电子形成最外层 8 个电子的稳定结构，H 原子也易获得 1 个电子形成最外层 2 个电子的稳定结构。这两种元素的原子获得电子的难易程度相差不大，所以都能把对方的电子夺取过来。两种元素的原子相互作用的结果是双方各以最外层 1 个电子组成一个电子对，这个电子对为两个原子所共用，从而使双方最外层都达到稳定结构，这种电子对称为共用电子对。共用电子对受两个核的共同吸引，使两个原子形成化合物分子，如图 1-14 所示。在 HCl 分子里，由于 Cl 原子对共用电子对的吸引力比 H 原子稍强一些，所以电子对偏向 Cl 原子一方，因此 Cl 原子一方略显负电性，H 原子一方略显正电性，但作为分子整体仍呈电中性。

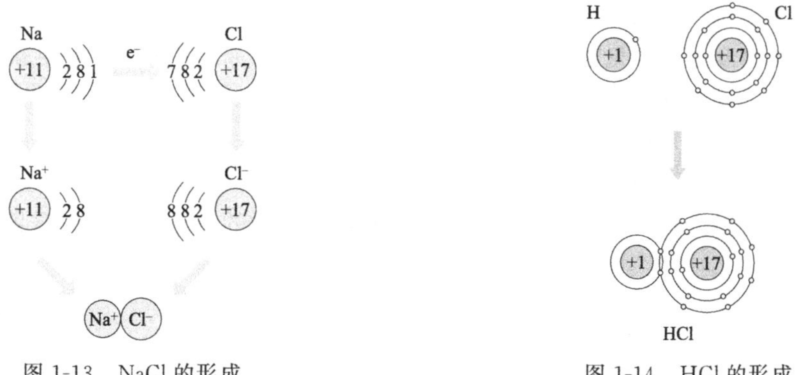

图 1-13　NaCl 的形成　　　　图 1-14　HCl 的形成

像 HCl 这样以共用电子对形成分子的化合物，叫作共价化合物。如水（H_2O）、二氧化碳（CO_2）等都是共价化合物。

第四节 电解质溶液和电离平衡

一、溶液及其浓度表示

溶液在工农业生产、医学和科学实验中具有非常广泛的用途，与人们的生活息息相关，故而学习关于溶液的基础知识非常重要。

1. 溶液的概念

日常生活中，若将蔗糖或食盐放入水中振荡，蔗糖或食盐的固体消失，得到透明液体。那么，蔗糖或食盐到哪里去了呢？

原来，把蔗糖放入水中，蔗糖表面的分子在水分子的作用下向水中扩散，随着振荡，蔗糖分子就均匀地分散到水分子中间了。组成食盐的微小粒子（Na^+和Cl^-）也是均一地分散到水分子中间的，这两种液体不但是均一的，而且是稳定的。只要水分不蒸发，温度不变化，不管放置多久，蔗糖和食盐都不会分离出来。

像这样一种或几种物质分散到另一种物质里，形成均一、稳定的混合物称为溶液。被溶解的物质称为溶质；能溶解其他物质的物质称为溶剂；溶液是由溶质和溶剂组成的。如上例，蔗糖和食盐是溶质，水是溶剂。水能溶解很多种物质，是实验室中最常用的溶剂。除水以外，汽油、酒精等也可以作溶剂。同一种物质在不同的溶剂中的现象是不同的。例如，I_2不溶于水，但能溶于酒精，这就是消毒用的碘酒的配制原理。

溶质可以是固体，也可以是液体或气体。固体或气体溶于液体时，固体或气体是溶质，液体是溶剂；两种液体互相溶解时，通常把量多的一种称为溶剂，量少的一种称为溶质。当溶液中有水存在时，不论水的量有多少，习惯上都把水看作溶剂。通常不指明溶剂的溶液，一般指的是水溶液。

在溶液中进行的化学反应通常比较快，所以在实验室里或化工生产中，要使两种能发生化学反应的固体起反应，首先要将其溶解，然后混合两种溶液，并加以振荡或搅动以加快反应的进行。

2. 浓度的表示方法

生活经验可知，往一杯水里加入1勺糖或2勺糖，糖水的甜度不同。糖加得越多，糖水就越甜。用化学术语表达就是“浓度越大，糖水越甜”。溶液有浓溶液和稀溶液之分，这只表示溶液中溶质含量的多或少，而不能准确地表明一定的溶液中含有多少溶质。在实际应用上，常常需要确切知道一定量的溶液里究竟含有多少溶质。如施用农药要较准确地知道一定量的药液里所含农药的量。因为药液过浓，会毒害农作物；药液过稀，不能杀死害虫和病菌。因此需要确切地知道溶液的组成。

表示溶液组成的方法很多，这里主要介绍溶质的质量分数和溶质的物质的量浓度。

（1）溶质的质量分数　溶液中溶质的质量分数就是溶质的质量与溶液的质量之比，可用下式计算：

$$w_{溶质}=\frac{m_{溶质}}{m_{溶液}}\times100\%=\frac{m_{溶质}}{m_{溶质}+m_{溶剂}}\times100\%$$

溶质的质量分数量纲为1。该表示方法在工农业生产和医学领域经常使用。例如，注射用的生理盐水为0.9%的NaCl溶液；医用酒精为75%的乙醇溶液。

（2）溶质的物质的量浓度　称取溶液时一般不是称量其质量而是要量取其体积。同时，物质在发生化学反应时，反应物的物质的量之间存在着一定的关系，而且化学反应中各物质之间的物质的量的关系要比它们之间的质量关系简单得多。所以，实验室中通常使用溶质的物质的量浓度。

单位体积的溶液中所含溶质的物质的量，称为溶质的物质的量浓度。

$$c_{溶质}=\frac{n_{溶质}}{V_{溶液}}$$

溶质的物质的量浓度常用的单位是mol/L。这种表示方法的最大优点是溶液体积便于量取，常用于科学实验中。例如，NaOH的摩尔质量为40g/mol，在1L溶液中含有20g NaOH，溶液中NaOH的物质的量浓度就是0.5mol/L。

二、电解质的概念

电解质是其水溶液或熔融状态下能够导电的化合物。通常在水溶液中能够完全电离的化合物称为强电解质，包括强酸（H_2SO_4、HCl）、强碱（NaOH、KOH）和大多数盐类（NaCl、NH_4NO_3）。值得注意的是，$BaSO_4$、AgCl等难溶盐在水溶液中的溶解度虽小，但溶于水的那部分是完全电离的，属于强电解质。弱电解质是指在水溶液中部分电离的化合物，包括弱酸（CH_3COOH）、弱碱（$NH_3 \cdot H_2O$）、少部分盐（$HgCl_2$）和水（H_2O）。而在水溶液和熔融状态下都不能导电的化合物则称为非电解质，如蔗糖、酒精等。

【拉肚子会导致人体电解质紊乱】

长期拉肚子会导致患者出现脱水的情况，并且还会使肠道失去大量的电解质，使患者出现电解质紊乱的现象，如果没有及时的进行处理，甚至有可能造成酸中毒的发生，对生命安全造成一定的威胁。

三、水的电离和溶液的酸碱性

当用精密仪器测定纯水时，发现纯水有微弱的导电能力，这表明水是一种极弱的电解质。事实上，在水中除了绝大部分以分子形式存在的水以外，还能自身电离出极少量的H^+和OH^-。

在25℃下，1L纯水中仅有1×10^{-7}mol水分子发生电离，所以H^+和OH^-的浓度均为1×10^{-7}mol/L，所以水中H^+和OH^-的浓度乘积为一常数，称为水的离子积常数，用$K_w^{\ominus}$表示。

水的电离平衡　　$H_2O \rightleftharpoons H^+ + OH^-$

水的离子积常数　　$K_w^{\ominus}=[H^+][OH^-]=1\times10^{-14}$

其中$[H^+]$和$[OH^-]$表示H^+和OH^-的浓度。水的离子积常数与温度有关，温度升高，$K_w^{\ominus}$值显著增大（见表1-6）。在室温下做一般计算时可忽略温度的影响。

表1-6　不同温度下水的离子积常数

t/℃	0	10	20	25
$K_w^{\ominus}/10^{-14}$	0.1138	0.2917	0.6808	1.009
t/℃	40	50	90	100
$K_w^{\ominus}/10^{-14}$	2.917	5.470	38.02	54.95

水的离子积是一个很重要的常数，$K_w^{\ominus}$反映了水溶液中H^+和OH^-浓度间的相互制约关系，水的离子积不仅适用于纯水，对电解质的稀溶液同样适用。

若向纯水中加入少量盐酸，H^+浓度增大，水的电离平衡向左移动，OH^-浓度减小。达到新的平衡时，溶液中$[H^+]>[OH^-]$，但$[H^+][OH^-]=K_w^\ominus$的关系式仍然存在。并且H^+浓度越大，OH^-浓度越小，但OH^-浓度不会等于零。

综上所述，25℃下，水溶液的酸碱性和H^+、OH^-浓度的关系归纳如下：

$[H^+]=[OH^-]=1\times10^{-7}mol/L$　　溶液为中性

$[H^+]>[OH^-]$，则$[H^+]>1\times10^{-7}mol/L$　　溶液为酸性

$[H^+]<[OH^-]$，则$[H^+]<1\times10^{-7}mol/L$　　溶液为碱性

溶液中的H^+和OH^-浓度表示溶液的酸碱性。但由于水的离子积数值很小，在稀溶液中［H^+］或［OH^-］也很小，直接使用十分不便。1909年丹麦化学家索伦森（Sörensen）提出用pH表示。pH是溶液中［H^+］的负对数，即$pH=-lg[H^+]$。

25℃下，溶液的酸碱性与pH的关系为：

$[H^+]=1\times10^{-7}mol/L$　　$pH=7$　　溶液为中性

$[H^+]>1\times10^{-7}mol/L$　　$pH<7$　　溶液为酸性

$[H^+]<1\times10^{-7}mol/L$　　$pH>7$　　溶液为碱性

pH越小，溶液的酸性越强；pH越大，溶液的碱性越强。

同样，也可以用pOH表示溶液的酸碱度，定义为$pOH=-lg[OH^-]$。

在25℃下，水溶液中，$[H^+][OH^-]=K_w^\ominus=1\times10^{-14}$，在等式两边分别取负对数，有$-lg\{[H^+][OH^-]\}=-lgK_w^\ominus$，则$pH+pOH=14$。

还需指出，pH和pOH一般用在水溶液中$[H^+]\leqslant1mol/L$或$[OH^-]\leqslant1mol/L$的情况，即pH在0～14范围内。若H^+和OH^-浓度在该范围外时，采用物质的量浓度表示更为方便。

四、酸碱电离理论

酸和碱是重要的化学物质，人类对酸、碱的认识经历了一个由浅入深、由低级到高级的过程。最初认为有酸味、能使蓝色石蕊变成红色的物质是酸；而有苦涩味、滑腻感，能使红色石蕊变成蓝色的物质是碱。酸和碱相互反应后各自的性质便消失了。随着生产和科学的发展以及人们对于酸、碱认识的经验的积累，提出了不同的酸碱理论，如酸碱电离理论、酸碱溶剂理论、酸碱质子理论、酸碱电子理论及软硬酸碱原则等。这里只介绍酸碱电离理论。

酸碱电离理论是1887年瑞典化学家阿仑尼乌斯（S. A. Arrhenius）以电离学说为基础提出的。该理论认为电解质在水溶液中电离时，产生的阳离子全都是H^+的化合物叫作酸，产生的阴离子全都是OH^-的化合物叫作碱。如H_2SO_4、HCl、CH_3COOH等都是酸，而NaOH、KOH、$NH_3\cdot H_2O$等都是碱。在酸碱电离理论中，水溶液的酸碱性是通过溶液中H^+浓度和OH^-浓度来衡量的，即H^+浓度越大，酸性越强；OH^-浓度越大，碱性越强。

酸碱电离理论从物质的化学组成上揭露了酸碱的本质，明确指出H^+是酸的特征，OH^-是碱的特征。此外，由于水溶液中H^+和OH^-的浓度是可以测量的，所以该理论第一次从定量的角度来描述酸和碱在化学反应中的行为，很好地解释了酸碱反应的中和热均相同的实验事实，从而揭示了中和反应的实质是H^+与OH^-反应生成水。故而酸碱电离理论是人们对酸碱认识从现象到本质的一次飞跃，对化学科学的发展起到了积极的作用，直到现在仍然被应用。

五、一元弱酸（碱）的电离平衡

实验证明，不同种类的酸（碱）在水溶液中的电离程度差别很大，有的达到90%以上，

而有的还不到1%，于是就有了强酸和弱酸、强碱和弱碱之分。一元强酸（强碱）在水溶液中完全电离，溶液中H^+（OH^-）的浓度等于强酸（强碱）自身的浓度。例如，0.1mol/L的HCl溶液中H^+的浓度为0.1mol/L。而一元弱酸（弱碱）在水溶液中部分电离，溶液中H^+（OH^-）的浓度小于弱酸（弱碱）自身的浓度。下面以一元弱酸HA为例讨论电离平衡所遵循的规律。

由于一元弱酸HA在水溶液中部分电离，因此在已电离的离子和未电离的分子之间存在着电离平衡。HA表示一元弱酸，电离平衡式为：

$$HA \rightleftharpoons H^+ + A^-$$

弱酸的标准电离平衡常数为：

$$K_a^\ominus = \frac{[H^+][A^-]}{[HA]}$$

电离平衡常数的大小表示弱电解质的电离程度，$K_a^\ominus$越大，电离程度越大，该弱电解质相对地较强。例如25℃时CH_3COOH的电离平衡常数为1.75×10^{-5}，HClO的电离平衡常数为2.8×10^{-8}。可见在相同浓度下，CH_3COOH的酸性比HClO强。

$K_a^\ominus$在$1\times10^{-2}\sim1\times10^{-3}$之间的称为中强电解质；$K_a^\ominus<1\times10^{-4}$为弱电解质；$K_a^\ominus<1\times10^{-7}$为极弱电解质。

对于给定的电解质，电离平衡常数与温度有关，与浓度无关。但温度对电离平衡常数的影响不太大，室温下可忽略。常见弱酸的电离平衡常数见表1-7。

表1-7　常见弱酸的电离平衡常数（25℃）

弱酸	分子式	$K_a^\ominus$	弱酸	分子式	$K_a^\ominus$
氢氰酸	HCN	4.93×10^{-10}	甲酸	HCOOH	1.77×10^{-4}
次氯酸	HClO	2.8×10^{-8}	乙酸(醋酸)	CH_3COOH	1.75×10^{-5}
氢氟酸	HF	6.6×10^{-4}	苯甲酸	C_6H_5COOH	6.2×10^{-5}

对于弱电解质，还可以用电离度α表示其电离程度：

$$\alpha = \frac{\text{已电离的弱电解质浓度}}{\text{弱电解质的起始浓度}}\times100\%$$

一元弱酸的起始浓度与其电离度之间有以下关系：

$$\alpha = \sqrt{\frac{K_a^\ominus}{c_{\text{酸}}}}$$

即同一弱酸溶液，浓度越稀，电离度越大（见表1-8），该关系称为稀释定律。

表1-8　不同浓度时c（CH_3COOH）与α的关系（25℃）

$c(CH_3COOH)/(mol/L)$	0.20	0.10	0.01	0.005	0.001
α	0.93%	1.3%	4.2%	5.8%	12%

同理，对于一元弱碱BOH，其电离平衡式为：

$$BOH \rightleftharpoons B^+ + OH^-$$

弱碱的标准电离平衡常数为：

$$K_b^\ominus = \frac{[B^+][OH^-]}{[BOH]}$$

一元弱碱的起始浓度与其电离度之间有以下关系：

$$\alpha=\sqrt{\frac{K_b^{\ominus}}{c_{碱}}}$$

六、酸碱指示剂

用于判断酸碱滴定反应滴定终点的试剂称为酸碱指示剂。当酸碱反应达到化学计量点附近时，根据指示剂的颜色将发生改变而指示滴定终点的到达。这种方法简单方便，是确定滴定终点的基本方法。

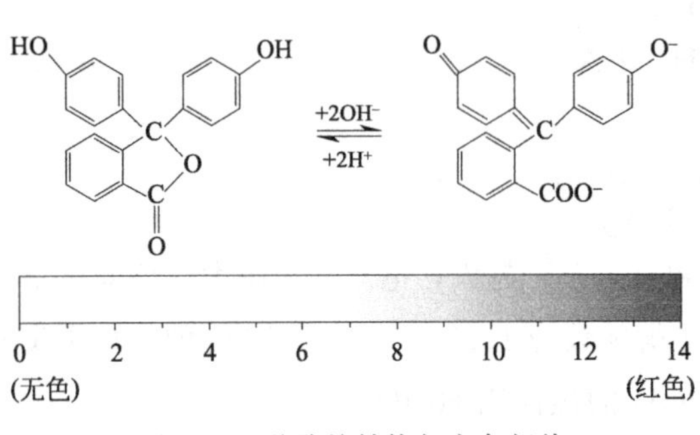

图 1-15　酚酞的结构与变色规律

酸碱指示剂多是一些结构较复杂的有机染料，属于有机弱酸或弱碱。当溶液的 pH 改变时，指示剂本身的结构发生改变而引起颜色的改变。

例如，酚酞是一种有机弱酸，在溶液中解离平衡和结构变化如图 1-15 所示。由平衡关系可知，随着溶液中 OH^- 浓度的增大，酚酞结构发生改变，并进一步电离成红色离子；当溶液中 H^+ 浓度增加，平衡向反方向移动，酚酞变为无色分子。

每一种指示剂有一定的变色范围。利用指示剂颜色的变化，可以确定溶液的 pH 值。常见的酸碱指示剂及其变色范围见表 1-9。

表 1-9　常见的酸碱指示剂及其变色范围

酸碱指示剂	变色范围（pH 值）	颜色	
		酸式色	碱式色
百里酚蓝	1.2～2.8	红	黄
甲基黄	2.9～4.0	红	黄
甲基橙	3.1～4.4	红	黄
溴酚蓝	3.0～4.6	黄	紫
溴甲酚绿	3.8～5.4	黄	蓝
甲基红	4.4～6.2	红	黄
溴百里酚蓝	6.2～7.6	黄	蓝
中性红	6.8～8.0	红	黄橙
酚红	6.7～8.4	黄	红
酚酞	8.0～9.6	无	红
百里酚酞	9.4～10.6	无	蓝

第五节　氧化还原反应

一、常用元素的化合价

在 Na 与 Cl 反应生成 NaCl、H 与 Cl 反应生成 HCl 的这两个反应里，反应物原子个数比都是 1∶1。同样不难理解，在 Mg 跟 Cl 反应生成 $MgCl_2$、O 跟 H 反应生成 H_2O 这两个反应里，反应物原子个数比都是 1∶2。如果不是这个数目比，就不能使离子化合物中的阴阳离子或共价化合物分子中原子的最外层电子成为稳定结构，也就不能形成稳定的化合物。因此元素之间相互化合时，其原子个数比都有确定的数值。元素的原子相互化合时的数目，就决定了这种元素的化合价。化合价有正价和负价。

在离子化合物中，元素化合价的数值就是这种元素的一个原子得失电子的数目，化合价的正负与离子所带电荷一致。例如在 NaCl 中，Na 为＋1 价，Cl 为－1 价；在 $MgCl_2$ 中，Mg 为＋2 价，Cl 为－1 价。在 HCl 等共价化合物里，元素化合价的数值，就是这种元素的一个原子跟其他元素的原子形成共用电子对的数目。化合价的正负由电子对的偏移来决定。电子对偏向哪种原子，哪种原子就为负价；电子对偏离哪种原子，哪种原子就为正价。例如，在 HCl 里，Cl 为－1 价，H 为＋1 价；在 H_2O 里，O 为－2 价，H 为＋1 价。

确定元素化合价的规则如下：

① 单质的化合价为零（例如 H_2、N_2、Cl_2 和 Zn、Fe 等）；

② 碱金属（Li、Na、K、Rb、Cs、Fr）、碱土金属（Be、Mg、Ca、Sr、Ba、Ra）在化合物中的化合价分别为＋1、＋2；

③ H 在化合物中的化合价一般为＋1（例如 H_2O、HCl），在离子型氢化物中为－1（例如 NaH、CaH_2）；

④ O 在化合物中的化合价一般为－2（例如 H_2O、H_2SO_4），在过氧化物中为－1（例如 Na_2O_2、H_2O_2），在氟氧化合物中为＋2（例如 OF_2）；

⑤ F 在所有化合物中的化合价均为－1；

⑥ 卤素在卤化物中的化合价为－1（例如 HCl、NaBr、KI），在含氧酸和含氧酸盐中分别为＋1、＋3、＋5、＋7（例如 HClO、$HClO_2$、$HClO_3$、$HClO_4$）；

⑦ 在多原子分子中，各元素的化合价的代数和等于零；在多原子离子中，各元素的化合价的代数和等于离子的电荷值（例如 SO_4^{2-}、OH^-、NH_4^+）。

常见元素和离子的化合价见表 1-10。

表 1-10　常见元素和离子的化合价

元素名称	元素符号	化合价	离子名称	离子符号	化合价
钠	Na	＋1	氢氧根	OH^-	－1
钙	Ca	＋2	亚硝酸根	NO_2^-	－1
铝	Al	＋3	硝酸根	NO_3^-	－1
锌	Zn	＋2	亚硫酸根	SO_3^{2-}	－2
铁	Fe	＋2、＋3	硫酸根	SO_4^{2-}	－2
铜	Cu	＋1、＋2	硫酸氢根	HSO_4^-	－1
银	Ag	＋1	碳酸根	CO_3^{2-}	－2
氢	H	＋1	碳酸氢根	HCO_3^-	－1
碳	C	－4、＋2、＋4	磷酸根	PO_4^{3-}	－3
硅	Si	＋4	磷酸一氢根	HPO_4^{2-}	－2
氮	N	－3、＋2、＋4、＋5	磷酸二氢根	$H_2PO_4^-$	－1
磷	P	－3、＋3、＋5	高锰酸根	MnO_4^-	－1
硫	S	－2、＋4、＋6	重铬酸根	$Cr_2O_7^{2-}$	－2
氯	Cl	－1、＋5、＋7	铵根	NH_4^+	＋1

二、氧化还原反应的特点

化学反应可以分为两大类，一类是非氧化还原反应，如酸碱反应和沉淀反应等；另一类是氧化还原反应，反应过程中有电子的转移（或电子对的偏移），反应物和生成物在前后的化合价发生了改变。氧化还原反应是一类非常重要的化学反应，化工、冶金生产中经常涉及这类反应。电镀、电解、化学电源以及金属的腐蚀与防腐都是以氧化还原反应为基础的化工行业。此外，氧化还原反应也是人体内营养物质代谢供给机体能量的主要方式。

氧化还原反应既然是电子转移的反应，在反应过程中必然有电子的“得”与“失”。将得电子从而使元素的化合价降低的过程称为还原；将失电子而使元素的化合价升高的过程称为氧化。将反应中得到电子的物质称为氧化剂；将失去电子的物质称为还原剂。例如：

$$Zn(还原剂)+Cu^{2+}(氧化剂)\longrightarrow Zn^{2+}(氧化产物)+Cu(还原产物)$$

在该反应式中，Zn 失去 2 个电子，化合价从 0 升为+2，故称 Zn 为还原剂，发生氧化反应，变成氧化产物 Zn^{2+}；Cu^{2+} 得到 2 个电子，化合价从+2 降为 0，故称 Cu^{2+} 为氧化剂，变成还原产物 Cu。由此可见，在氧化还原反应中，还原剂被氧化，氧化剂则被还原。

重要的氧化剂一般有以下几类：

① 活泼的非金属单质，如 Cl_2、Br_2、O_2 等；

② 元素处于高化合价时的氧化物，如 MnO_2 等；

③ 元素处于高化合价时的含氧酸，如浓 H_2SO_4、HNO_3 等；

④ 元素处于高化合价时的盐，如 $KMnO_4$、$KClO_3$、$FeCl_3$ 等；

⑤ 过氧化物，如 Na_2O_2、H_2O_2 等。

重要的还原剂一般有以下几类：

① 活泼的金属单质，如 Na、Al、Zn、Fe 等；

② 某些非金属单质，如 H_2、C 等；

③ 元素处于低化合价时的氧化物，如 CO、SO_2 等；

④ 元素处于低化合价时的酸，如 H_2SO_3、H_2S 等；

⑤ 元素处于低化合价时的盐，如 Na_2SO_3、$FeSO_4$ 等。

【火箭的推力】

长征二号火箭巨大的推力来源于一个氧化还原反应，偏二甲肼（$C_2H_8N_2$）作燃料，N_2O_4 做氧化剂，两者剧烈反应产生的大量气体并释放出大量的热。反应瞬间产生的大量高温气体，推动火箭飞行。

三、原电池

氧化还原反应的本质是电子的得失或转移，那么能否通过电子的转移产生电流而服务于人类呢？

将一块锌片放入 $CuSO_4$ 溶液中，立即发生反应：

$$Zn+CuSO_4\longrightarrow ZnSO_4+Cu$$

在该反应中，Zn 失去电子为还原剂，Cu^{2+} 得到电子为氧化剂，Zn 把电子直接传递给了 Cu^{2+}。在反应过程中溶液温度有所上升，这是化学能转变成热能的结果。由于分子热运动没有一定的方向，因此不会形成电子的定向运动——电流。

如果设计一种装置，使还原剂失去的电子通过导体间接地传递给氧化剂，那么在外电路中就可以观察到电流产生。这种借助于氧化还原反应产生电流的装置称为原电池。在原电池反应中化学能转变成电能。

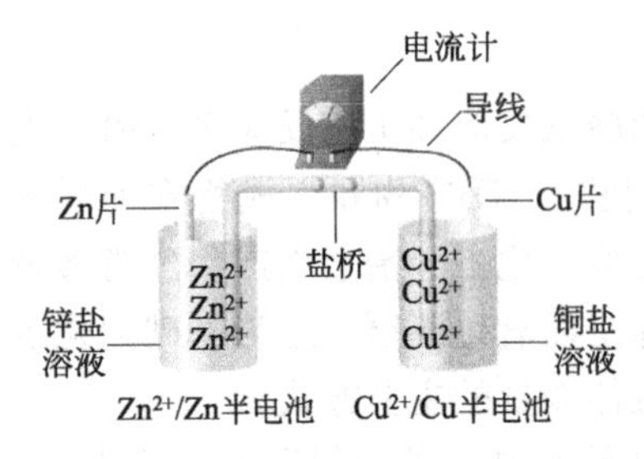

图 1-16 铜锌原电池装置示意图

下面以铜锌原电池为例（图 1-16），在一个烧杯中装有 $ZnSO_4$ 溶液，并插入 Zn 片；另一个烧杯中装有 $CuSO_4$ 溶液，插入 Cu 片；两个烧杯之间用一个“盐桥”连通起来，盐桥为一倒置的 U 形管，其中盛有电解质溶液（一般用饱和 KCl 溶液和琼脂做成胶冻，溶液不致流出，而离子又可以在其中自由流动)。将 Zn 片和 Cu 片用导线连接，其间串联一个检流计。

当电路接通后，可以看到检流计的指针发生了偏转，证明有电流产生。根据指针偏转的方向，得知电子由 Zn 片流向 Cu 片（与电流方向相反）。同时观察到 Zn 片逐渐溶解，Cu 片上有铜沉积。铜锌原电池之所以能产生电流，主要是由于 Zn 比 Cu 活泼。在铜锌原电池中：

锌为负极，反应为：$Zn-2e \longrightarrow Zn^{2+}$

铜为正极，反应为：$Cu^{2+}+2e \longrightarrow Cu$

原电池总反应为两个电极反应之和：$Zn+Cu^{2+} \longrightarrow Zn^{2+}+Cu$

随着反应的进行，Zn^{2+} 不断进入溶液，过剩的 Zn^{2+} 将使电极附近的 $ZnSO_4$ 溶液带正电，这样就会阻止 Zn 的继续溶解；另外，由于 Cu 的析出将使铜电极附近的 $CuSO_4$ 溶液因 Cu^{2+} 减少而带负电，这样就会阻碍 Cu 的析出，从而使电流中断。盐桥的作用就是使整个装置形成一个回路，使锌盐和铜盐溶液一直维持电中性，从而使电子不断地从锌极流向铜极而产生电流，直到 Zn 片完全溶解或 $CuSO_4$ 溶液中的 Cu^{2+} 完全沉淀为止。

人类应用原电池原理制作出了很多种电池，如干电池、蓄电池、充电电池、高能电池等。在现代生活、生产和科学技术的发展中，电池发挥着越来越重要的作用，大至宇宙火箭、人造卫星、空间电视转播站、飞机、轮船，小至电脑、收音机、照相机、电话、助听器、电子手表、心脏起搏器等，都离不开各种各样的电池。

四、电解池

原电池是化学能转变成电能的装置。例如，在氢氧燃料电池中，H_2 和 O_2 燃烧生成 H_2O 的化学能直接可以转变为电能。然而，要把 H_2O 转变成 H_2 和 O_2，则必须提供能量。例如，电解 H_2O 就是利用电能使 H_2O 分解为 H_2 和 O_2，在这个过程中电能转变为化学能。

【实验 1-4】

在一个 U 形管中注入 $CuCl_2$ 溶液，插入两根石墨棒作电极，把湿润的 KI 淀粉试纸放在与电池正极相连的电极附近。接通直流电源，观察 U 形管内发生的现象及试纸颜色的变化。

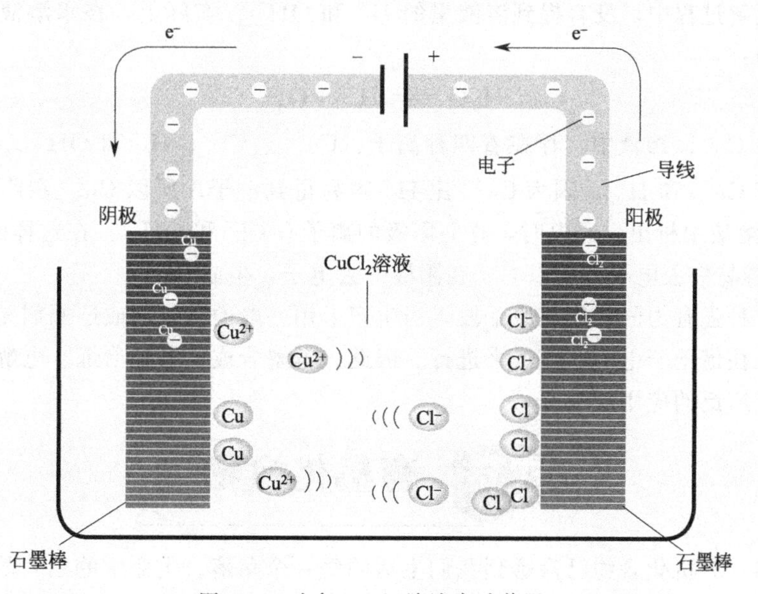

图 1-17 电解$CuCl_2$ 溶液实验装置

如图1-17所示，接通直流电源后，电流表指针发生偏转，阴极石墨棒上逐渐覆盖了一层红色物质，这是析出的金属Cu；在阳极石墨棒上有气泡放出，并可闻到刺激性的气味，同时看到湿润的KI淀粉试纸变蓝，可以断定放出的气体是Cl_2。这个实验告诉我们，$CuCl_2$溶液受到电流的作用，在导电的同时发生了化学变化，生成了Cu和Cl_2。那么，$CuCl_2$溶液在电流的作用下为什么会分解生成Cu和Cl_2呢？

这是因为，$CuCl_2$是强电解质，在水溶液中完全电离生成Cu^{2+}和Cl^-：

$$CuCl_2 \longrightarrow Cu^{2+} + 2Cl^-$$

通电前，Cu^{2+}和Cl^-在溶液中自由移动；通电后，在电场的作用下，这些自由移动的离子改作定向移动。带负电的阴离子向阳极移动，带正电的阳离子向阴极移动。

在阳极，Cl^-失去电子被氧化成Cl原子，并两两结合成Cl_2从阳极放出；在阴极，Cu^{2+}获得电子被还原成Cu原子覆盖在阴极石墨棒上。在两个电极上发生的反应可以表示如下：

阳极：　$2Cl^- - 2e \longrightarrow Cl_2$（氧化反应）

阴极：　$Cu^{2+} + 2e \longrightarrow Cu$（还原反应）

这种使电流通过电解质溶液而在阴、阳两极引起氧化还原反应的过程叫作电解。借助于电流引起氧化还原反应的装置，即将电能转变为化学能的装置叫作电解池。跟直流电源的负极相连的电极是电解池的阴极，通电时电子从电源的负极沿导线流入电解池的阴极；跟直流电源的正极相连的是电解池的阳极，通电时电子从电解池的阳极流出，沿导线流回电源的正极。这样，电流就依靠溶液里阴离子和阳离子的定向移动而通过溶液，所以电解质溶液的导电过程就是该溶液的电解过程。在电解过程中，阳离子在阴极得到电子发生还原反应；阴离子在阳极失去电子发生氧化反应。

电解$CuCl_2$溶液的化学反应方程式就是阳极上的反应和阴极上的反应的总和：

$$CuCl_2 \longrightarrow Cu + Cl_2$$

在上述电解过程中，没有提到溶液里的H^+和OH^-。实际上，在水溶液中，还存在着水的电离平衡：

$$H_2O \rightleftharpoons H^+ + OH^-$$

因此，在$CuCl_2$溶液中，存在着四种离子：Cu^{2+}、Cl^-、H^+和OH^-。通电时，移向阴极的离子有Cu^{2+}和H^+，因为Cu^{2+}比H^+容易得到电子，所以Cu^{2+}在阴极得到电子生成金属Cu从溶液中析出。通电时，移向阳极的离子有Cl^-和OH^-，在这样的实验条件下，Cl^-比OH^-容易失去电子，所以Cl^-在阳极失去电子，生成Cl_2。

电解是一种强有力的氧化还原手段，当生产上用一般的氧化剂或还原剂无法实现的氧化还原反应，往往借助于电解的方法来进行。因此，电解合成、电解冶炼、电解精炼等在工业上获得了极其广泛的应用。

第六节　有机化合物

现今世界，有机化合物已渗透到我们生活的每一个角落。生命中的三大基础物质——蛋白质、氨基酸和碳水化合物是有机化合物；人类赖以生存的能源——煤、石油、天然气主要成分是有机化合物；人们的衣、住、行和日常生活中离不开的三大合成材料——合成纤维、合成塑料、合成橡胶是有机化合物；能消除病魔、解除痛苦、延长人类生命的药物绝大多数是有机化合物；染料使我们的世界缤纷绚丽，是人类不可缺少的物质，其大多数也是有机化合物。

一、有机化合物的含义和特性

早期化学家将所有物质按其来源分为两类，把从生物有机体（植物或动物）中获得的物质定义为有机化合物，无机化合物则被认为是从非生物或矿物中得到的。现在绝大多数有机物已不是从天然的有机体内取得，但是由于历史和习惯的关系，仍保留着“有机”这个名词。

1. 有机化合物的含义

就元素组成而言，有机化合物均含有碳元素，绝大多数还含氢元素，此外，很多有机化合物还含氧、硫、氮、卤素、磷等元素。所以，有机化合物为碳氢化合物及其衍生物的总称。

有机化合物的主要特征是含有碳原子，即都是含碳化合物。但少数碳的氧化物（如二氧化碳、碳酸盐等）和氰化合物（如氢氰酸、硫氰酸等）由于其性质和无机化合物相似，故仍归属无机化合物范畴。

2. 有机化合物的特性

与典型的无机化合物（如 NaCl）性质相比，有机化合物通常挥发性大，多以气体、液体或低熔点固体形式存在。多数有机物熔点和沸点低，超过 400℃的很少。大多数有机物不溶或难溶于水，易溶于有机溶剂如苯、乙醚、丙酮、石油醚等。

除少数如 CCl_4 等外，一般有机物都易燃，如汽油、煤油、木材、酒精、棉花等在空气中均可燃。有机物多以共价键结合，分子间的作用力较弱，所以热稳定性差，受热易分解，许多有机物在 200～300℃逐渐分解。有机反应多是分子间反应，通常速度较慢，为了加速有机反应常采用加热、催化或光照射等手段。

由于大多数有机化合物分子比较复杂，所以在反应过程中常伴有副反应。一般把在某一特定条件下主要进行的反应称为主反应，其他称为副反应。书写反应方程式时一般只在反应物和生成物之间采用箭头表示，而不用等号。

二、有机化合物的来源

有机化合物主要来源于石油、天然气和煤炭等。

1. 石油

石油是工业的“血液”，是由碳、氢等元素构成的具有可燃性的复杂混合物。其来源包括油田和气田。从地下开采出来未经加工的液体石油称为原油，原油和石油一般互用。原油是一种流动或半流动液体；一般为黑褐色，少数为暗绿色、赤褐或黄色，并有特殊的气味；比水轻，相对密度为 0.75～1.0g/cm^3；黏度范围很宽，凝固点差别很大（30～－60℃），沸点范围为常温到 500℃；可溶于多种有机溶剂，不溶于水，但可与水形成乳状液。

构成石油的主要元素是碳（83%～87%）、氢（11%～14%），其余为硫（0.06%～0.8%）、氮（0.02%～1.7%）、氧（0.08%～1.82%）及微量氯、碘、砷、磷、钾、钠、

铁、钒、镍等元素。

构成石油的化合物可分为两大类。一是烃类，主要有烷烃、环烷烃和芳香烃，这是石油加工利用的主要对象，经过分馏可得到系列产品，如溶剂油、汽油、柴油、润滑油等；二是非烃类部分，主要是烃的含硫化物、含氧化物、含氮化物、胶质、沥青质、金属有机化合物等。这部分虽然含量很低，但构成的化合物占原油比重较大，并且非烃类化合物对生产过程、产品质量及环境有较大影响，属于生产过程中要除去的对象。

2. 天然气

天然气是蕴藏在地层内的可燃性气体，其主要成分是甲烷，也有少量乙烷、丙烷、丁烷和戊烷等低级烷烃，有时也含有氮气、二氧化碳和硫化氢等气体。其组成随产地不同有很大差别。天然气按照甲烷含量不同，分为干气（干性天然气）和湿气（湿性天然气）。干气的主要成分为甲烷，通常含量达 80%～90%，湿气中的甲烷含量一般低于 80%，其余为乙烷、丙烷、丁烷等。

液化天然气（LNG）和压缩天然气（CNG）是促进天然气开发利用的两种重要方式。一是可以直接应用于能源领域。凭借其在清洁性、经济性、方便性、高效性等方面的禀赋优势，主要表现为城市居民用气、商业用气、发电、工业燃料等方面，同时汽车燃料和燃料电池等也在快速增长，成为有利于提高人类生活质量、促进经济发展的“绿色能源”，与石油、煤炭并列被称为能源的“三大豪门”。二是作为重要的化工原料。以天然气为原料生产的大宗化工产品，如氮肥、甲醇及其加工产品（甲醛、乙酸等）发展速度甚快。

3. 煤

煤是“工业的粮食”，是古代的植物压埋在地底下，在不透空气或空气不足的条件下，受到地下的高温和高压年久变质而形成的黑色或黑褐色矿物。是地球上蕴藏量最丰富，分布地域最广的化石燃料。其为有机物和无机物组成的混合物，主要元素组成为碳（82%～93%）、氢（3.6%～5%）、氧（1.3%～10%）、氮（1%～2%），还有少量硫、磷、氟、氯、砷、硅、铝、钙、铁等 48 种元素。

煤最主要的应用是直接作为燃料。煤炭有实用价值的综合利用主要有煤的干馏、汽化和液化。煤干馏可得煤气、焦油、粗苯、焦炭（或半焦）等产物；煤汽化可用于产生合成气（一氧化碳和氢气的混合物），从进一步生产初级化学产品甲醇和衍生化学产品如烯烃、乙酸、甲醛、氨、尿素等。煤间接液化先生成水煤气，再合成乙烷、乙醇等燃料，也可以进一步合成燃油。

三、有机化学中的基本概念

1. 同分异构现象和同分异构体

有机化合物之间普遍存在着同分异构现象。例如分子式为 C_2H_6O 的化合物，由于分子中原子的连接顺序不同，得到两种化合物乙醇和甲醚，二者的物理性质和化学性质均不同。

```
     H  H               H       H
     |  |               |       |
  H—C—C—OH          H—C—O—C—H
     |  |               |       |
     H  H               H       H
```

乙醇　　　　　　甲醚

沸点 78.5℃，与水混溶，与金属钠作用　　沸点 −24.9℃，微溶于水，与金属钠不作用像这样，两种或两种以上的化合物，它们的分子式相同而构造式不同，因而性质各异的不同化合物，彼此互称同分异构体。这种现象称为同分异构现象。同分异构现象在有机化合物中普遍存在。

2. 同分异构体的形式

有机化合物的异构体包括构造异构和立体异构。分子式相同，而分子中原子或基团连接顺序不同的为构造异构。分子式相同，原子或原子团互相连接的顺序也相同，但在空间的相对位置不同的为立体异构。

（1）碳链异构　由于碳链的构造不同而产生的构造异构称为碳链异构。如戊烷的分子式为 C_5H_{12}，存在三个异构体；丁烯（C_4H_8）有两种碳链异构体。

$CH_3—CH_2—CH_2—CH_2—CH_3$（正戊烷）

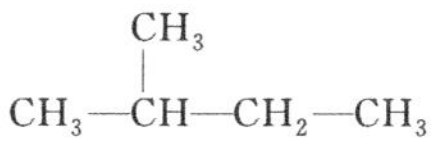

$CH_3—CH(CH_3)—CH_2—CH_3$（异戊烷）

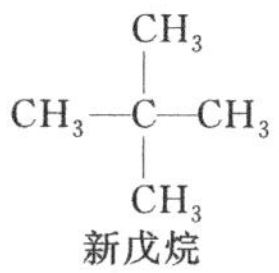

$CH_3—C(CH_3)_2—CH_3$（新戊烷）

$CH_2{=}CHCH_2CH_3$（1-丁烯）

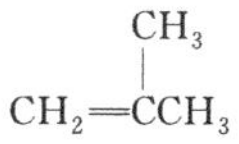

$CH_2{=}C(CH_3)CH_3$（异丁烯）

（2）位置异构　由于官能团在碳链中的位置不同而产生的异构体，如 1-丁烯和 2-丁烯，这种异构现象称为官能团位置异构，简称位置异构。

$CH_2{=}CHCH_2CH_3$（1-丁烯）　　$CH_3CH{=}CHCH_3$（2-丁烯）

（3）官能团异构　由于官能团不同而产生的同分异构现象，如上述的乙醇和甲醚的同分异构，属于官能团异构。再如丁醛和丁酮。

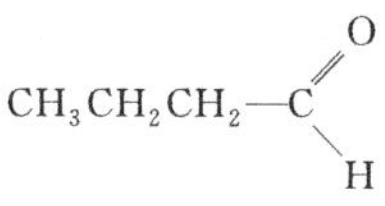

$CH_3CH_2CH_2—CHO$（丁醛）　　$CH_3—CO—CH_2CH_3$（丁酮）

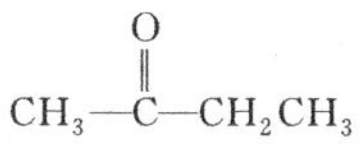

（4）顺反异构　顺反异构属于立体异构。由于双键不能自由旋转，而双键碳上所连接的四个原子或原子团是处在同一平面的，当双键的两个碳原子各连接两个不同的原子或原子团时，产生顺反异构体。如 2-丁烯。

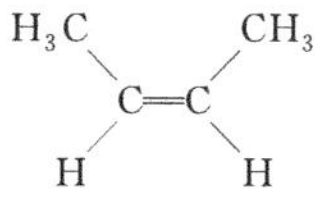

顺-2-丁烯：H_3C 与 CH_3 位于 C=C 同侧，两个 H 位于同侧

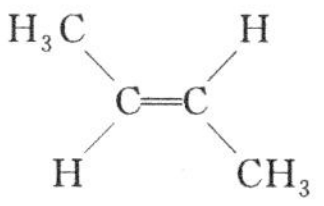

反-2-丁烯：H_3C 与 CH_3 位于 C=C 异侧，两个 H 位于异侧

3. 有机化合物结构的表示方法

由于同分异构现象的普遍存在，所以不能用分子式表达某一种有机化合物，必须用构造式或构造简式来表示。构造式（结构式）既能代表分子中原子的种类、数目，还能表达分子中原子之间的相互关系及结合方式，决定着化合物的性质。结构简式是介于构造式和分子式之间的一种式子，既能表达出分子内原子的排列情况，又很容易看出原子

的个数。故构造简式是有机化合物最常用的表达式。表 1-11 是一些有机化合物的分子式、构造式和构造简式。

表 1-11　一些有机化合物的分子式、构造式和构造简式

化合物	甲烷	乙烷	乙烯	乙炔	乙醇	甲醚
分子式	CH_4	C_2H_6	C_2H_4	C_2H_2	C_2H_6O	C_2H_6O
构造式	$\begin{array}{c} H \\ \vert \\ H-C-H \\ \vert \\ H \end{array}$	$\begin{array}{c} H\quad H \\ \vert\quad\ \vert \\ H-C-C-H \\ \vert\quad\ \vert \\ H\quad H \end{array}$	$\begin{array}{ccc} H & & H \\ & C=C & \\ H & & H \end{array}$	$H-C\equiv C-H$	$\begin{array}{c} H\quad H \\ \vert\quad\ \vert \\ H-C-C-OH \\ \vert\quad\ \vert \\ H\quad H \end{array}$	$\begin{array}{c} H\qquad\quad H \\ \vert\qquad\quad \vert \\ H-C-O-C-H \\ \vert\qquad\quad \vert \\ H\qquad\quad H \end{array}$
构造简式	CH_4	CH_3CH_3 CH_3-CH_3	$CH_2=CH_2$	$HC\equiv CH$	CH_3CH_2OH CH_3-CH_2-OH	CH_3OCH_3 CH_3-O-CH_3

4. 同系列和同系物

凡是具有同一通式，结构和化学性质相似，物理性质随碳原子数的增加而呈现规律性变化，组成上相差一个或多个系差的一系列化合物称为同系列。如：

$$\underset{\text{甲烷}}{CH_4} \xrightarrow{CH_2} \underset{\text{乙烷}}{CH_3CH_3} \xrightarrow{CH_2} \underset{\text{丙烷}}{CH_3CH_2CH_3} \xrightarrow{CH_2} \underset{\text{丁烷}}{CH_3CH_2CH_2CH_3} \longrightarrow \cdots$$

如相邻的两个烷烃组成上相差一个 CH_2，不相邻的则相差两个或若干个 CH_2，称 CH_2 为系差。同系列中的化合物互称为同系物。同系物的结构和性质相似，物理性质随着碳原子数目的增加而呈规律性变化。

5. 基、官能团和衍生物

（1）基　有机化合物中含有的原子团称为基。烃类分子中去掉一个或几个氢原子所剩余的部分称为烃基。烷烃分子从形式上消除一个氢原子而剩下的原子团称为烷基，常用 R-表示。如：

$$CH_3-H \xrightarrow[\text{即}-H]{\text{去掉其中的一个氢}} CH_3- \quad \text{甲基}$$

同理：

$-CH_3CH_2-$　乙基

$CH_3CH_2CH_2-$　正丙基

$\begin{array}{l} CH_3CH- \\ \quad\ \ \vert \\ \quad\ CH_3 \end{array}$　异丙基

$CH_2=CH-$　乙烯基

C_6H_5-　苯基

（2）官能团　官能团是指有机化合物分子中容易发生化学反应的一些原子或原子团，官能团决定化合物的主要性质。重要的有机官能团见后文的表 1-12。

（3）衍生物　有机化合物分子的原子或原子团被另一种原子或原子团取代而生成的新化合物称为该化合物的衍生物。烃类分子中的一个或几个氢原子被其他原子或基团取代而生成的化合物为烃的衍生物。如被卤原子（F、Cl、Br、I）取代后形成的化合物称卤代烃，被羟基（—OH）取代而得到醇或酚。常见有机化合物的类别参见后文的表 1-12。

四、有机化合物的分类

在有机化合物中只由 C、H 两种元素组成的化合物称为碳氢化合物，简称为烃。烃分子中的氢原子换成不同的官能团，即得烃的衍生物。

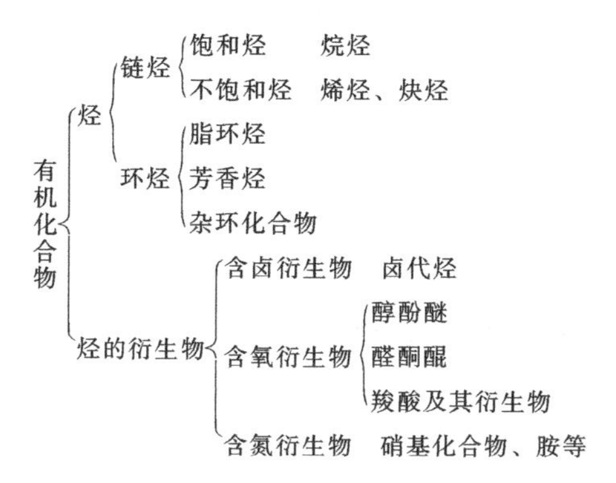

由于有机化合物的种类繁多，为了便于学习和研究，必须对其进行分类。常见的分类方法有以下两种。

1. 按碳链骨架分类

根据有机化合物分子碳链形式和组成碳链的原子特征，可分为以下四大类。

（1）开链族化合物（脂肪族化合物）　分子中碳原子间相互结合而成碳链，不成环状。

$CH_3CH_2CH_2CH_3$　　$CH_3CH_2CH{=\!=}CH_2$　　$CH_3CH_2CH_2Br$　　$CH_3CH_2CH_2OH$

丁烷　　1-丁烯　　正丙基溴　　正丙醇

（2）脂环族化合物　这类化合物可以看作是由开链化合物连接闭合成环而得。性质和脂肪族化合物相似。

CH_3

环丙烷　　环丁烷　　环戊烷　　环己烷　　1-甲基环戊二烯

（3）芳香族化合物　这类化合物具有由碳原子连接而成的特殊环状结构，具有特殊的芳香性。

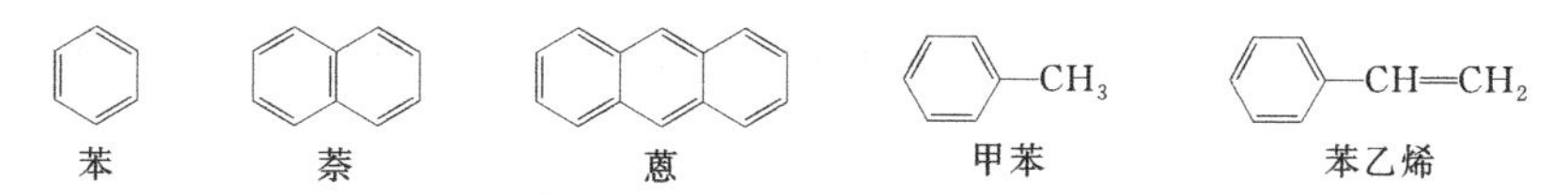

苯　　萘　　蒽　　甲苯　　苯乙烯

（4）杂环族化合物　这类化合物也具有环状结构，但是这种环是由碳原子和氧、硫、氮等原子共同组成。

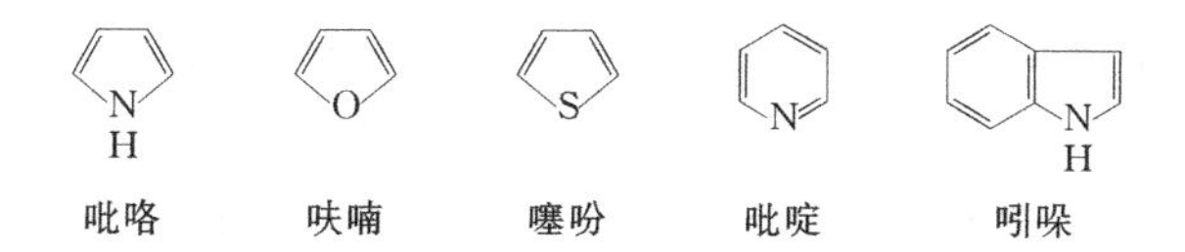

吡咯　　呋喃　　噻吩　　吡啶　　吲哚

2. 按官能团分类

一般而言，含相同官能团的有机化合物能起相似的化学反应，可视其为一类化合物。重要官能团和有机化合物的类别见表 1-12。

表 1-12 重要官能团和有机化合物的类别

化合物类别	官能团		实例	化合物类别	官能团		实例
	结构	名称			结构	名称	
烯烃	$\gt C=C\lt$	双键	$CH_2=CH_2$	硫醚	$C-S-C$	巯基	$C_6H_5-S-CH_3$
炔烃	$-C\equiv C-$	三键	$CH\equiv CH$	醛	$H-C(=O)-$	醛基	$CH_3-C(=O)-H$
卤代烃	$-X$	卤素	CH_3CH_2Cl	酮	$-C(=O)-$	羰基	$CH_3-C(=O)-CH_3$
醇	$-OH$	醇羟基	CH_3CH_2OH	羧酸	$-C(=O)-OH$	羧基	CH_3COOH
酚	$-OH$	酚羟基	C_6H_5-OH	硝基化合物	$-NO_2$	硝基	$C_6H_5-NO_2$
醚	$C-O-C$	醚键	CH_3OCH_3	胺	$-NH_2$	氨基	$C_6H_5-NH_2$
硫醇	$-SH$	巯基	CH_3CH_2SH	腈	$-C\equiv N$	氰基	$CH_2=CH-C\equiv N$

五、有机化合物的命名

有机化合物的数目庞大，结构复杂，故而有机化合物的名称不但要反映分子中的元素组成和所含元素的原子数，而且要反映分子的化学结构。因而需要有一个比较科学的、系统的命名方法，以表示和区分不同的有机化合物。

1. 链烃及其衍生物的命名

目前最完整和统一的系统命名法，是采用国际通用的由国际纯粹和应用化学联合会IUPAC（International Union of Pure and Applied Chemistry）制定的有机化合物命名原则，再结合我国汉字的特点，由中国化学会修订通过。

(1) 饱和烃的命名　饱和烃，即烷烃的命名方法是有机化合物命名的基础。

① 直链烷烃：冠以“某烷”。含有10个或10个以下碳原子的，用天干顺序“甲、乙、丙、丁、戊、己、庚、辛、壬、癸”表示碳原子的数目。含有10个以上碳原子的直链烷烃，用中文数字表示碳原子的数目。

$CH_3CH_2CH_2CH_3$	$CH_3CH_2CH_2CH_2CH_3$	$CH_3CH_2CH_2CH_2CH_2CH_3$	$CH_3(CH_2)_{18}CH_3$
丁烷	戊烷	己烷	二十烷

② 支链烷烃。

i. 选择主链（母体）。选择含碳原子数目最多的碳链为主链，支链为取代基。

ii. 主链编号。将主链碳原子用阿拉伯数字（1、2、3…）编号，从最接近取代基的一端开始。

iii. 名称的书写次序。将取代基在主链上的位次、数目和名称视为词头，主链名称为词尾；含不同取代基时简单的放在前面，复杂的放在后面；相同基团合并，数目用中文数字（二，三，四……）表示，位置则须逐个注明；表示位置的数字间要用逗号隔开，位次和取代基名称之间要用短线“-”隔开。

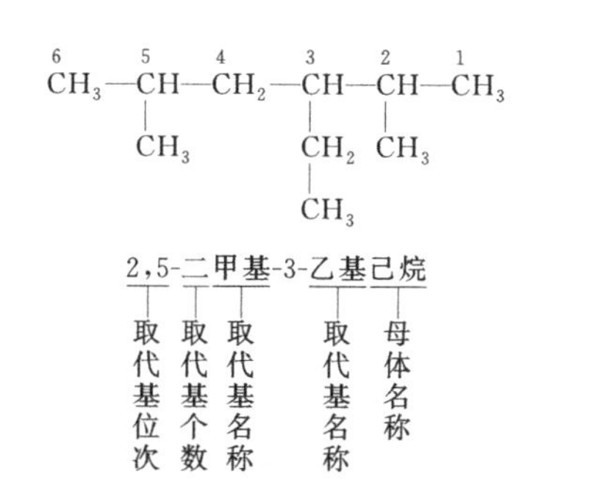

微课扫一扫

M1-4 环丁烷分子

③ 单环烷烃的命名与烷烃相似，只是在相应烷烃前面加上一个“环”字。

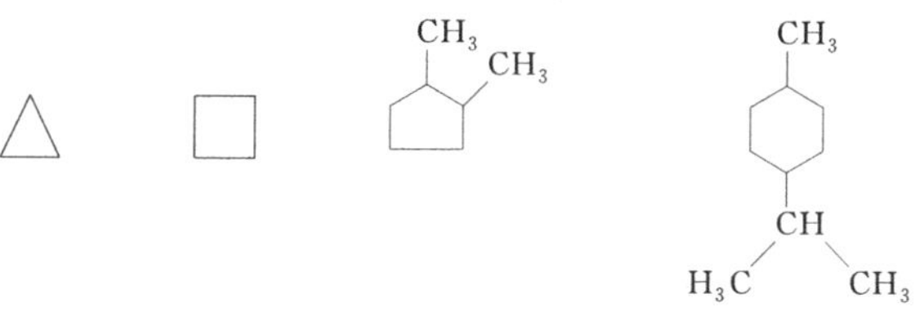

环丙烷　　环丁烷　1,2-二甲基环戊烷　1-甲基-4-异丙基环己烷

另外，构造比较简单的烷烃常用习惯命名法。直链烷烃冠以“正某烷”，支链烷烃冠以“异”和“新”来区别。在链端第2位碳原子上连有一个甲基时，称为“异某烷”；在链端第2位碳原子上连有两个甲基时，称为“新某烷”。

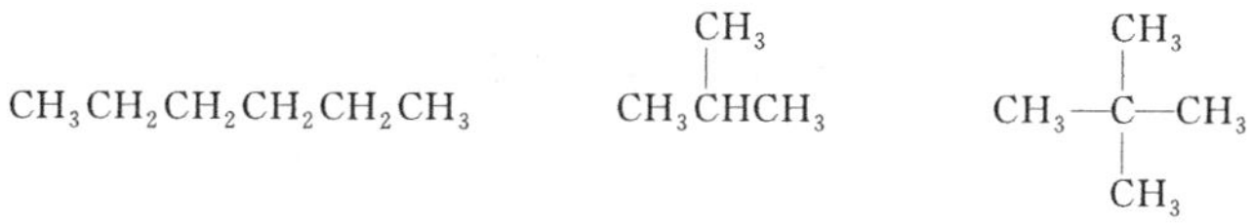

$CH_3CH_2CH_2CH_2CH_2CH_3$　　$CH_3CH(CH_3)CH_3$　　$CH_3—C(CH_3)_2—CH_3$

正己烷　　异丁烷　　新戊烷

(2) 不饱和烃的命名　不饱和烃，即烯烃和炔烃的命名法基本上与烷烃相似，但由于烯烃和炔烃分子中有不饱和官能团双键和三键存在，故又与烷烃有所不同。其要点如下：

选择含有不饱和键的最长碳链为主链，按主链中所含碳原子的数目命名为“某烯或炔”；编号从靠近不饱和键一端开始；名称书写时位号写在不饱和键之前，取代基的位次、数目和名称写在最前面。

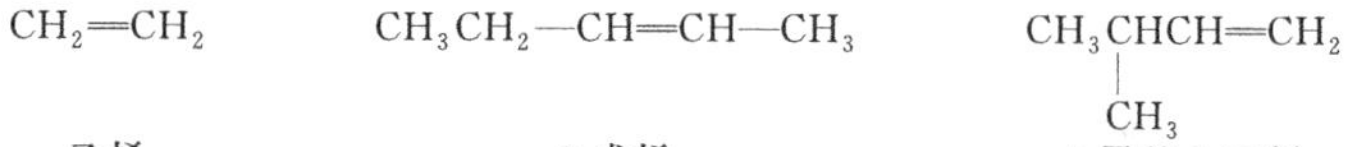

$CH_2=CH_2$　　$CH_3CH_2—CH=CH—CH_3$　　$CH_3CH(CH_3)CH=CH_2$

乙烯　　2-戊烯　　3-甲基-1-丁烯

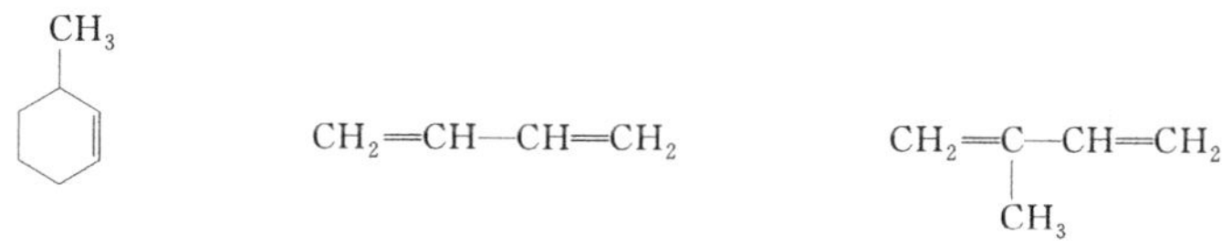

（3-甲基环己烯结构式）　　$CH_2=CH—CH=CH_2$　　$CH_2=C(CH_3)—CH=CH_2$

3-甲基环己烯　　1,3-丁二烯　　2-甲基-1,3-丁二烯(异戊二烯)

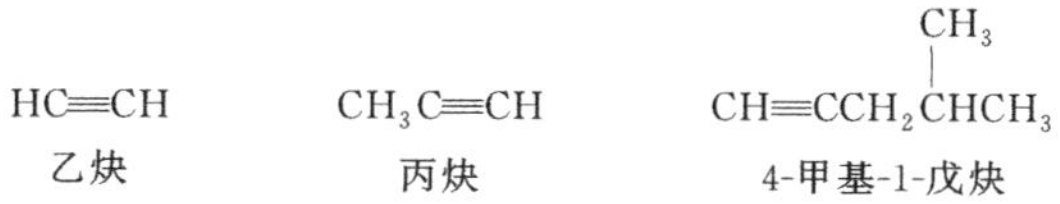

$HC\equiv CH$　　$CH_3C\equiv CH$　　$CH\equiv CCH_2CH(CH_3)CH_3$

乙炔　　丙炔　　4-甲基-1-戊炔

2. 链烃衍生物的命名

(1) 卤代烃　饱和卤烃应选择含有卤原子的最长碳链为主链；不饱和卤烃则选择含有双键或三键在内的最长碳链为主链，并使不饱和键的序号最小。将支链和卤原子看作取代基，命名时取代基的顺序以原子序数为序，原子序数小的在前。例如：

$CH_3-CH(CH_3)-CH(Br)-CH_3$ 2-甲基-3-溴丁烷

$Br-CH_2-CH(F)-CH(CH_3)-CH_2I$ 2-甲基-3-氟-4-溴-1-碘丁烷

$H_2C=CH-CH(CH_3)-CH_2Cl$ 3-甲基-4-氯-1-丁烯

$CH_2=CH-Cl$ 氯乙烯

$CH_2=CHCH_2-Cl$ 3-氯(-1-)丙烯

多卤代烷常用俗名或商品名进行命名，如：

$CHCl_3$	CHI_3	CCl_2F_2	CCl_4
氯仿	碘仿	氟利昂-1,2	四氯化碳

（2）含氧有机化合物　醇、醛、酮、羧酸等化合物可选择含有官能团的最长碳链为主链，将支链看作取代基，从靠近官能团一端开始编号，按照主链所含碳原子数目称为“某化合物”。命名时将取代基的位次、名称及不饱和键和官能团的位次依次写在官能团名称之前。在醛和羧酸分子中，醛基和羧基总是处于第一位，命名时可不加以标明。

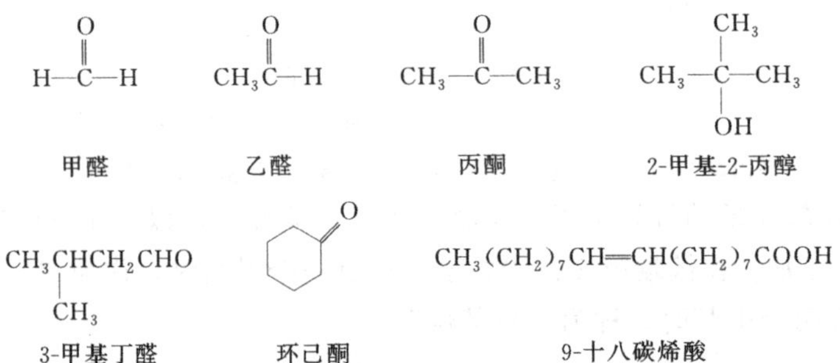

甲醛　乙醛　丙酮　2-甲基-2-丙醇

3-甲基丁醛　环己酮　9-十八碳烯酸

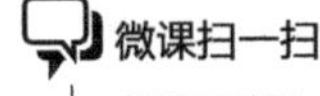

M1-5　乙醇分子

结构简单的化合物也常用习惯命名法（或普通命名法）。例如：醚按氧原子所连烃基称“某醚”；酮可根据两个烃基来命名，最后加“甲酮”。

$CH_3CH(OH)CH_3$ 异丙醇

$CH_3CH_2-O-CH_2-CH_3$ (二)乙醚

$CH_3-C(CH_3)_2-O-CH_3$ 甲基叔丁醚（MTBE）

$CH_3-C(=O)-CH_2CH_3$ 甲(基)乙(基甲)酮

酯根据其水解生成的酸和醇命名，称为“某酸某酯”。例如：

$CH_3C(=O)-OCH_2CH_3$ 乙酸乙酯

$CH_2=C(CH_3)-COOCH_3$ α-甲基丙烯酸甲酯

含氧有机物在自然界普遍存在，因而根据天然来源而得的俗名也应用广泛，如表1-13所示。

表1-13　一些有机化合物的俗名

化学式	CH_3OH	CH_3CH_2OH	$CH_2(OH)-CH_2(OH)$	$CH_2(OH)-CH(OH)-CH_2(OH)$
系统名	甲醇	乙醇	乙二醇	丙三醇
俗名	木精	酒精	甘醇	甘油
化学式	HCOOH	CH_3COOH	COOH—COOH	C_6H_5—COOH
系统名	甲酸	乙酸	乙二酸	苯甲酸
俗名	蚁酸	醋酸	草酸	安息香酸

（3）含氮有机化合物　硝基化合物、胺、腈等是常见的含氮有机化合物，链烃中以胺最

为重要。

结构简单的胺以胺为母体，根据烃基的名称命名；若氮原子上所连烃基相同，用二或三表明烃基的数目；若氮原子上所连烃基不同，小基团在前，大基团在后写出其名称。

CH_3NH_2	$CH_3CH(CH_3)CH_2NH_2$	环己基—NH_2	CH_3NHCH_3	$(CH_3)_2NCH_3$	$CH_3NHCH_2CH_3$
甲胺	异丁胺	环己胺	二甲胺	三甲胺	甲(基)乙(基)胺

结构复杂的胺以烃为母体，氨基作为取代基来命名。

$$H_3C—CH(CH_3)CH_2CH(NH_2)CH_3$$

2-甲基-4-氨基戊烷

（4）含硫有机化合物　硫原子可形成与氧相似的低价含硫化合物硫醇、硫酚、硫醚和二硫醚等；又可形成高价的含硫化合物亚砜、砜、亚磺酸和磺酸等。这里仅介绍硫醇和硫醚的命名。

硫醇和硫醚的命名，只需在相应的含氧衍生物类名称前加上“硫”字。

CH_3SH	$CH_3—CH(CH_3)—SH$	CH_3SCH_3	$CH_3SCH_2CH_3$	$C_6H_5—SCH_3$
甲硫醇	异丙硫醇（或 2-丙硫醇）	二甲硫醚	甲基乙基硫醚	苯甲硫醚

—SH 为取代基时，采用系统命名法（与其他官能团的命名原则相同）。

$HOCH_2CH_2SH$	$HS—CH_2COOH$	$CH_2SH—CH_2SH$
2-巯基乙醇	巯基乙酸	1,2-乙二硫醇

3. 芳烃及其衍生物的命名

芳香烃是芳香族碳氢化合物的简称，又称芳烃。芳环上的氢原子被其他原子或基团取代得到芳烃及其衍生物。

（1）芳烃的命名

① 一元烷基苯。以苯为母体，烷基作为取代基，称为“某基苯”。

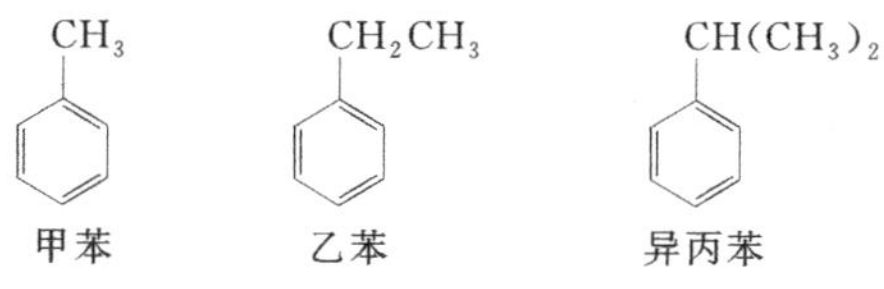

甲苯　　乙苯　　异丙苯

② 二元烷基苯。可有三种异构体，命名时用阿拉伯数字表示烷基的位置，或用“邻（*o*-）、间（*m*-）、对（*p*-）”表示。

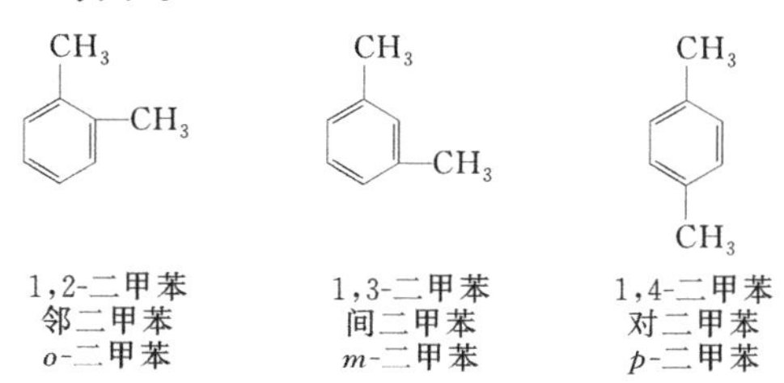

1,2-二甲苯　邻二甲苯　*o*-二甲苯

1,3-二甲苯　间二甲苯　*m*-二甲苯

1,4-二甲苯　对二甲苯　*p*-二甲苯

③ 三烷基苯。三个烷基的相对位置除可用数字表示外，还可用“连、均、偏”来表示。

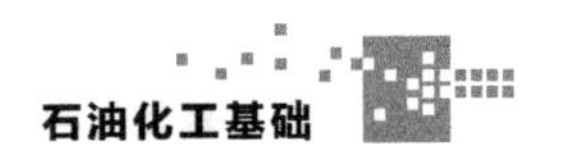

1,2,3-三甲苯　　1,3,5-三甲苯　　1,2,4-三甲苯

连三甲苯　　均三甲苯　　偏三甲苯

④ 苯环上连有不饱和烃基或复杂烷基时，一般将苯当作取代基来命名。

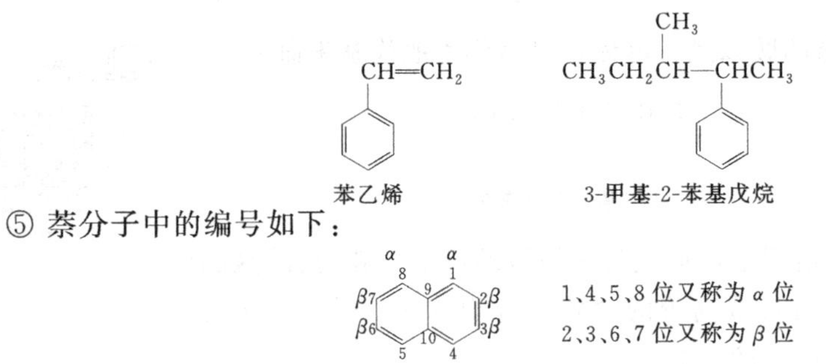

⑤ 萘分子中的编号如下：

可见，萘的一元取代物有两种异构体，分别用前缀 1-和 2-或 α-和 β-加以区别。例如：

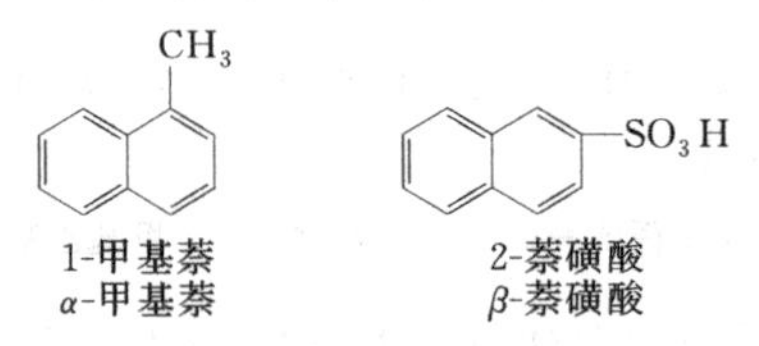

1-甲基萘　　2-萘磺酸

α-甲基萘　　β-萘磺酸

(2) 芳烃的衍生物的命名

① 当苯环上连有—R，—X，—NO_2 等基团时，以苯环为母体，称为“某基苯”。

硝基苯　　氯苯　　间硝基甲苯

② 当苯环上连有—COOH，—SO_3H，—NH_2，—OH，—CHO 等基团时，则把苯环作为取代基。

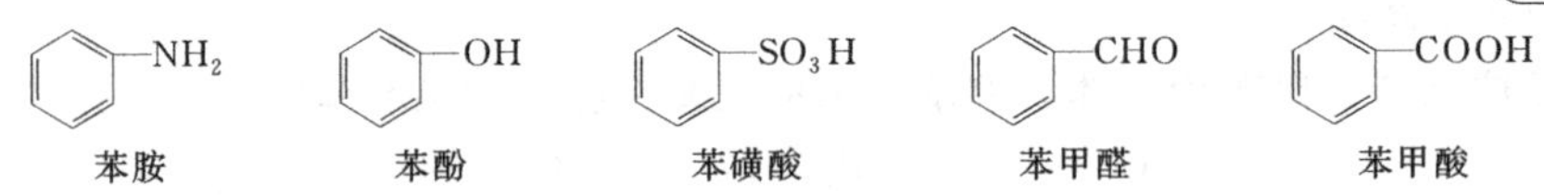

苯胺　　苯酚　　苯磺酸　　苯甲醛　　苯甲酸

③ 分子中含有两种或两种以上官能团的化合物时，按照表 1-14，选择处于前面的官能团作为母体，将与母体官能团相连的碳原子编号为 1；其他官能团作为取代基。

表 1-14　主要官能团的优先次序

类别	官能团	类别	官能团
羧酸	—COOH	酚	—OH
磺酸	—SO_3H	硫醇	—SH
羧酸酯	—COOR	胺	—NH_2
酰氯	—COCl	炔烃	—C≡C—
酰胺	—$CONH_2$	烯烃	>C═C<
腈	—CN	醚	—OR
醛	—CHO	烷烃	—R
酮	—COR	卤代烃	—X
醇	—OH	硝基化合物	—NO_2

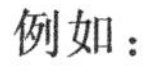

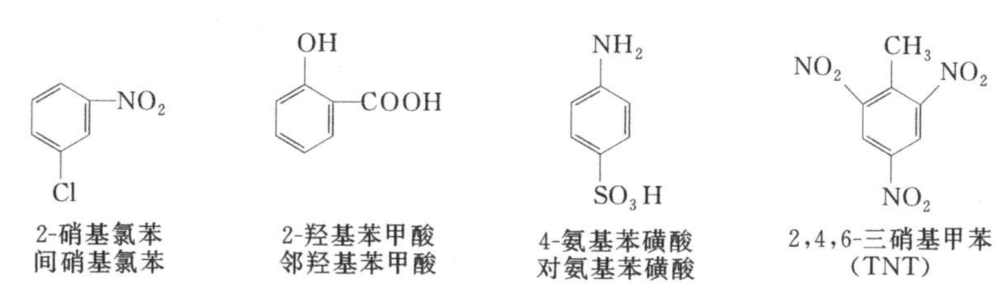

4. 杂环化合物的命名

我国目前一般采用译音法，即按英文名称译音，选用同音汉字，并以“口”字旁表示为杂环化合物。

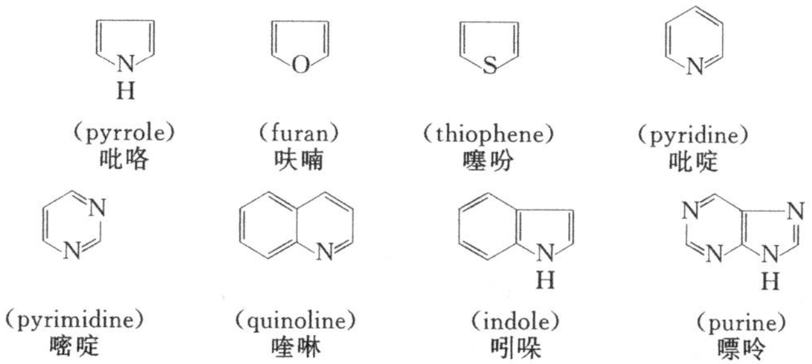

环上有取代基时，若取代基是烃基、硝基、卤素、氨基、羟基等，以杂环为母体；若取代基是磺酸基、醛基、羧基等，则以杂环当作取代基。

CH_3 O   4 3 5 2 O 1 CHO   4 3 COOH 5 6 2 N 1   S SO_3H

3-甲基呋喃   2-呋喃甲醛   3-吡啶甲酸   2-噻吩磺酸

六、有机化合物的物理性质

就外观而言，有机化合物的物理性质通常指其状态、颜色、气味、味道等；而描述有机化合物的物理性质的常数有熔点（m. p.）、沸点（b. p.）、密度（d）、折光率（n_D）、偶极矩（μ）、溶解度（s）等。

1. 熔点和沸点

熔点和沸点是有机化合物的重要物理常数，是物质聚焦状态变化的标志。

结构相似的有机物，分子量越大，其熔、沸点越高。如图 1-18 和图 1-19 所示，直链烷烃的熔、沸点随着分子量的增加总体呈现上升趋势。

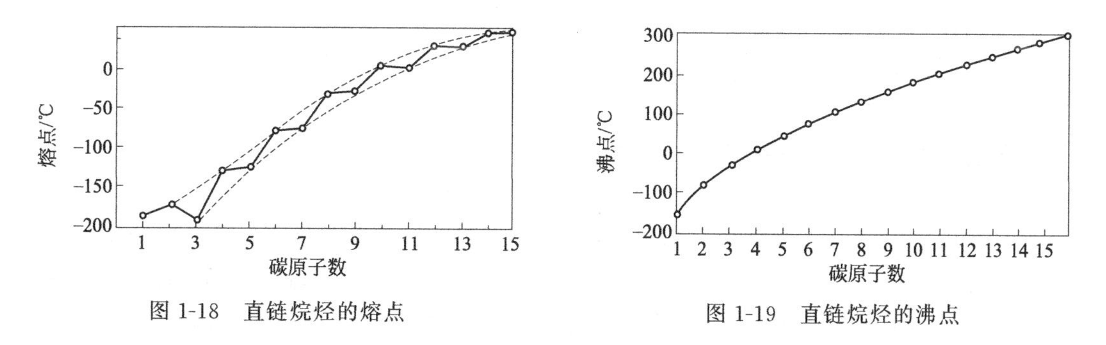

图 1-18 直链烷烃的熔点   图 1-19 直链烷烃的沸点

由图 1-18 可知，含偶数碳原子的直链烷烃比含奇数碳原子的熔点升高更多，说明分子的对称性越高，熔点越高。

链烃同系物的沸点，随着分子量的增大而升高，状态由气态到液态，最后变为固态。如在常温（25℃）和常压（101.3kPa）下，直链烷烃 C_4 以下是气体，$C_5 \sim C_{17}$ 是液体，C_{18} 以上是固体。

同分异构体中，支链越多，熔、沸点越低。如表 1-15 所示。

表 1-15　丁烷和戊烷各异构体的熔点和沸点

烷烃	分子式	构造式	沸点/℃	熔点/℃
丁烷异构体				
正丁烷	C_4H_{10}	$CH_3CH_2CH_2CH_3$	−0.5	−138.3
异丁烷		$CH_3CH(CH_3)CH_3$	−11.7	−159.4
戊烷异构体				
正戊烷	C_5H_{12}	$CH_3CH_2CH_2CH_2CH_3$	36.1	−129.8
异戊烷		$CH_3CH(CH_3)CH_2CH_3$	29.9	−159.9
新戊烷		$CH_3C(CH_3)_3$	9.4①	−16.8①

① 新戊烷因其分子结构的对称性高，故熔点比正戊烷和异戊烷高得多。

分子间有氢键缔合，沸点则明显升高。分子量相近的有机物如醇、酚、羧酸等，由于存在分子间氢键，沸点相对较高。例如：高的沸点是醇的重要特征，就是由于醇分子间能形成氢键（如图 1-20），如表 1-16 中乙醇的沸点高于丙烷。氢键对同分异构体的沸点有一定影响。如硝基苯酚的三个异构体中，对位分子间形成氢键（如图 1-21）而缔合故沸点较高；邻位异构体中由于分子内氢键的形成阻碍了分子间的氢键缔合，沸点相对较低。

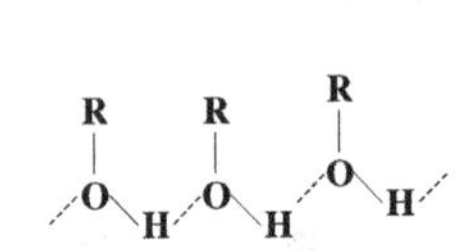

图 1-20　醇分子间的氢键

对硝基苯酚分子间氢键　　邻硝基苯酚分子内氢键

图 1-21　硝基苯酚异构体中的氢键

表 1-16　分子量相近的几类化合物的沸点

名称	构造式	分子量	沸点/℃
丙烷	$CH_3CH_2CH_3$	44	−42
乙醇	CH_3CH_2OH	46	78.5
甲酸	HCOOH	46	100.7
正庚烷	$CH_3(CH_2)_5CH_3$	100	98
1-氯戊烷	$CH_3(CH_2)_4Cl$	106.5	108

分子的极性越强，沸点越高。如表 1-16 中卤代烃的极性大于烷烃，所以 1-氯戊烷的沸点高于正庚烷。

在一定条件下，单一纯净的有机化合物的物理常数是固定不变的。实验室和实际生产中，不仅可以利用熔点和沸点来鉴别或判别有机化合物的纯度，还可以根据液体混合物中化合物沸点的差异进行分离和提纯。例如，石油炼制工业中，根据原油中所含各组分沸点的不同，利用常减压的蒸馏方法把原油切割成若干不同馏程（沸点范围）的馏分，如石脑油、汽油、煤油、柴油等油品。

2. 溶解度

在一定温度下，固态物质在100g溶剂中达到饱和状态时所溶解的溶质的质量，称为这种物质在这种溶剂中的溶解度。在未注明的情况下，溶剂通常是水。

根据“相似相溶”原理，有机化合物不易溶于水，易溶于有机溶剂。

有机基团可分为亲水基团和憎水基团。亲水基团是具有溶于水或易与水亲和的原子团。亲水基包括羟基（—OH）、醛基（—CHO）、羧基（—COOH）等。憎水基包括—R（烃基）、$—NO_2$、—X、—COOR等。

有机物在水中的溶解性取决于亲水基团。含有亲水基团的有机物可能溶于水，不含有这些基团的不可能溶于水。如果分子比较小，亲水基团所占比例相对较大，故能溶于水。如小分子醇（CH_3OH 、C_2H_5OH、乙二醇、丙三醇）、小分子醛（HCHO、CH_3CHO、CH_3CH_2CHO）、小分子羧酸（HCOOH、CH_3COOH）等能溶于水。随着憎水基团的增大，溶解度逐渐减小，如甲醇、乙醇和丙醇都可以与水任意混溶，但正丁醇的水溶度降为7.9%，高级醇几乎不溶于水；芳香羧酸水溶性小。

在实验室和生产实际中，根据化合物溶解度不同，可以将液体混合物进行分离和提纯。

3. 密度

密度是单位体积某种物质的质量，是物质的特性之一。

有机物的密度与分子中原子量大的原子所占的质量分数成正比。一般而言，液态烃、一氯代烃、苯及其同系物、酯类物质的密度均小于水。如烷烃的相对密度随着分子量的增加而逐渐增大，最后接近0.8；同分异构体中支链越多，密度越低。而多卤代烃（四氯化碳、氯仿）、芳香醇和醛、硝基苯、溴苯、溴代烃、碘代烃等密度比水大。

七、有机化合物的典型反应

1. 取代反应

烃类分子中的氢原子被其他原子或基团取代的反应称为取代反应。

（1）烷烃和环烷烃的卤代反应　烷烃或环烷烃中的氢原子被卤素取代生成卤代烃的反应称为卤代反应。

$$CH_4+Cl_2 \xrightarrow{\text{漫射光}} CH_3—Cl+HCl$$

$$\text{(甲基环己烷)} + Cl_2 \xrightarrow{\text{光}} \text{(1-氯-1-甲基环己烷)} + HCl$$

工业上利用此反应制备作为溶剂使用的氯代烷。

（2）α-氢上的取代反应　与官能团直接相连的碳原子称为α-碳，α-碳原子上的氢称为α-氢原子。在紫外光照射或高温下，烯烃或苯环侧链上的α-H易被氯或溴取代。

$$CH_3CH═CH_2+Cl_2 \xrightarrow{500℃} \underset{\displaystyle Cl}{CH_2}—CH═CH_2+HCl$$

烯丙基氯

$$\text{(甲苯)} + Cl_2 \xrightarrow[\text{或高温}]{\text{光照}} \text{(}C_6H_5CH_2Cl\text{)} + HCl$$

氯化苄

（3）苯环上的取代反应　芳烃的化学性质主要是芳香性，即易进行取代反应。苯环上的

氢原子被卤素原子（如—Cl、—Br）、硝基（$—NO_2$）、磺酸基（$—SO_3H$）、烷基（—R）、酰基（$R—\overset{O}{\overset{\|}{C}}—$）取代，分别发生卤代、硝化、磺化、烷基化、酰基化反应，生成相应的卤苯、硝基苯、苯磺酸、烷基苯、芳酮。

$$C_6H_6 + Cl_2 \xrightarrow[\text{或 } FeCl_3]{Fe\text{粉}} C_6H_5Cl + HCl$$

$$C_6H_6 + HNO_3 \xrightarrow[50\sim60℃]{\text{浓 } H_2SO_4} C_6H_5NO_2 + H_2O$$

$$C_6H_6 + \text{浓 } H_2SO_4 \overset{80℃}{\rightleftharpoons} C_6H_5SO_3H + H_2O$$

$$C_6H_6 + CH_3CH_2Br \xrightarrow[0\sim25℃]{AlCl_3} C_6H_5CH_2CH_3 + HBr$$

$$C_6H_6 + CH_3COCl \xrightarrow{AlCl_3} C_6H_5COCH_3 + HCl$$

（4）卤代烃的取代反应　卤代烃分子中的卤原子易被羟基（—OH）、烷氧基（—OR）、氨基（$—NH_2$）、硝酸酯基（$—ONO_2$）等取代，相应地转化为醇、醚、胺、硝酸酯等化合物，用于以上化合物的合成和鉴别卤代烃。

$$C_6H_5CH_2Cl + H_2O \xrightarrow{Na_2CO_3} \underset{\text{苯甲醇（苄醇）}}{C_6H_5CH_2OH} + HCl$$

$$CH_3Br + CH_3CH_2ONa \xrightarrow{\triangle} CH_3CH_2OCH_3 + NaBr$$

$$ClCH_2CH_2Cl + 4NH_3 \xrightarrow[115\sim120℃,\ 5h]{\text{封闭容器}} \underset{\text{乙二胺}}{H_2NCH_2CH_2NH_2} + 2NH_4Cl$$

$$CH_3CH_2CH_2CH_2Br \xrightarrow[\text{乙醇溶液}\triangle]{AgNO_3} CH_3CH_2CH_2CH_2ONO_2 + AgBr\downarrow$$

可以根据生成 AgX 沉淀的速率和颜色鉴别卤代烃。

（5）酯化反应　醇与无机含氧酸、羧酸作用，生成酯和水的反应称为酯化反应。

$$CH_3CH_2—OH + CH_3\overset{O}{\overset{\|}{C}}—OH \overset{H^+}{\rightleftharpoons} \underset{\text{乙酸乙酯}}{CH_3—\overset{O}{\overset{\|}{C}}—O—CH_2CH_3} + H_2O$$

$$\begin{matrix} CH_2OH \\ | \\ CHOH \\ | \\ CH_2OH \end{matrix} + 3HNO_3 \longrightarrow \underset{\text{甘油三硝酸酯}}{\begin{matrix} CH_2ONO_2 \\ | \\ CHONO_2 \\ | \\ CH_2ONO_2 \end{matrix}} + 3H_2O$$

2. 加成反应

有机物分子里不饱和键与其他原子或原子团直接结合生成新物质的反应称为加成反应。烯烃和炔烃都可以与氢气、卤素（X=Cl，Br，I）、卤化氢、水、硫酸等加成，用于制备相应的烷烃、卤代烃、醇、醛、酮等。

$$HC\equiv CH + H_2 \xrightarrow{Pt} H_2C=CH_2 \xrightarrow[H_2]{Pt} H_3C—CH_3$$

烯烃和炔烃与溴的四氯化碳溶液加成，溴的红棕色立即消失，可用于鉴别溴。

$$CH_3—CH═CH_2 + Br_2 \xrightarrow{CCl_4} CH_3—\underset{Br}{\underset{|}{CH}}—\underset{Br}{\underset{|}{CH_2}}$$

乙烯直接水合，工业上主要用于制备乙醇。

$$CH_2═CH_2 + H_2O \xrightarrow[300℃,7\sim8MPa]{H_3PO_4/硅藻土} CH_3—CH_2—OH$$

乙炔与氯化氢加成生成氯乙烯，是工业上生产氯乙烯的方法之一。

$$CH≡CH + HCl \xrightarrow{HgCl_2} CH_2═CHCl$$

含有共轭双键的1,3-丁二烯既发生1,2-加成，又发生1,4-加成。

$$CH_2═CH—CH═CH_2 \xrightarrow{Br_2} \underset{1,4-加成产物}{\underset{1,4-二溴-2-丁烯(多)}{\overset{Br}{\overset{|}{CH_2}}—CH═CH—\overset{Br}{\overset{|}{CH_2}}}} + \underset{1,2-加成产物}{\underset{3,4-二溴-1-丁烯(少)}{CH_2═CH—\overset{Br}{\overset{|}{CH}}—\overset{Br}{\overset{|}{CH_2}}}}$$

不对称烯烃或炔烃与极性试剂（如HX）进行加成时，试剂中带正电的部分（如H^+）总是加到含氢较多的双键碳原子上，带负电部分（X^-）则加到含氢较少的双键碳原子上。

$$CH_3—\underset{CH_3}{\underset{|}{C}}═CH_2 + HBr \xrightarrow{乙酸} CH_3—\overset{CH_3}{\overset{|}{\underset{Br}{\underset{|}{C}}}}—CH_3$$

$$CH_3—CH═CH_2 + HOSO_3H \longrightarrow \underset{硫酸氢异丙酯}{CH_3\underset{OSO_3H}{\underset{|}{CH}}CH_3} \xrightarrow[\triangle]{H_2O} \underset{异丙醇}{CH_3\underset{OH}{\underset{|}{CH}}CH_3} + H_2SO_4$$

烯烃与烷烃的加成反应，如用异丁烯与异丁烷加成得到高辛烷值汽油组分，用于生产烷基化油，以提高汽油质量。

$$\underset{异丁烷}{CH_3—\overset{CH_3}{\overset{|}{CH}}—CH_3} + \underset{异丁烯}{CH_2═\overset{CH_3}{\overset{|}{C}}—CH_3} \xrightarrow{AlCl_3} \underset{异辛烷}{CH_3—\overset{CH_3}{\overset{|}{\underset{CH_3}{\underset{|}{C}}}}—CH_2—\overset{CH_3}{\overset{|}{CH}}—CH_3}$$

炔烃、醛、酮可与HCN、ROH等试剂发生加成反应。

$$CH≡CH + HCN \xrightarrow{Cu_2Cl_2} \underset{丙烯腈}{CH_2═CH—CN}$$

丙烯腈是制备合成纤维和塑料的重要原料。

“有机玻璃”的单体（α-甲基丙烯酸甲酯）是通过丙酮和HCN作用制得的。

$$(CH_3)_2C═O + HCN \xrightarrow[pH=8]{NaOH} (CH_3)_2C(CN)(OH) \xrightarrow[H_2SO_4]{CH_3OH} \underset{\alpha-甲基丙烯酸甲酯}{CH_2═\underset{CH_3}{\underset{|}{C}}—\overset{O}{\overset{\|}{C}}—OCH_3}$$

3. 聚合反应

把低分子量的单体转化成高分子量的聚合物的过程称为聚合反应。参加聚合反应的低分子量化合物称为单体，单体分子个数叫聚合度，用n表示。反应中生成的高分子量化合物叫聚合物，也称高聚物。聚合反应总体分为加聚反应和缩聚反应。

(1) 加聚反应　单体通过相互加成形成聚合物的反应称为加聚反应，所得聚合物称为加聚物。该反应过程中不生成低分子副产物，因而加聚物的化学组成和起始的单体相同。

加聚反应的单体必须具有不饱和键。例如，乙烯类单体（如下文，A＝H，CH_3，Cl，CN，C_6H_5 等）受到光、热或催化剂作用时，打开双键中的 π 键，发生反应。

$$n\mathrm{CH_2{=}CH(A)} \xrightarrow{\text{催化剂}} \mathrm{{-}\!\!\![CH_2{-}CH(A)]_n{-}}$$

如：

$$n\mathrm{CH_2{=}CH_2} \xrightarrow{\mathrm{(C_2H_5)_3Al\text{-}TiCl_4}} \mathrm{{-}[CH_2{-}CH_2]_n{-}} \quad \text{聚乙烯}$$

$$n\mathrm{CH(CH_3){=}CH_2} \xrightarrow[\text{50℃,1MPa}]{\mathrm{(CH_3CH_2)_3Al\text{-}TiCl_4}} \mathrm{{-}[CH(CH_3){-}CH_2]_n{-}} \quad \text{聚丙烯}$$

$$n\mathrm{CH_2{=}CHCl} \xrightarrow{\text{一定条件}} \mathrm{{-}[CH_2CH(Cl)]_n{-}} \quad \text{聚氯乙烯}$$

$$n\mathrm{CH_2{=}CH{-}CN} \xrightarrow{\text{聚合,催化剂}} \mathrm{{-}[CH_2{-}CH(CN)]_n{-}} \quad \text{聚丙烯腈}$$

(2) 缩聚反应　具有两个或两个以上官能团单体之间发生多次缩合，同时还生成低分子（水、醇、氨或氯化氢）等的反应称为缩聚反应，所得聚合物称缩聚物。例如苯酚和甲醛缩聚生成酚醛树脂。

$$n\,\mathrm{C_6H_5OH} + n\mathrm{HCHO} \xrightarrow{\text{催化剂}} \mathrm{H{-}[C_6H_3(OH){-}CH_2]_n{-}OH} + (n-1)\mathrm{H_2O}$$

4. 消除反应

有机化合物（如醇、卤代烃）在适当条件下，从分子中相邻的两个碳原子上脱去一个简单分子（如 H_2O、HX 等），生成不饱和化合物（烯烃或炔烃）的反应称为消除反应。

$$\mathrm{RCH(H){-}CH_2(X)} + \mathrm{KOH} \xrightarrow[\triangle]{\mathrm{C_2H_5OH}} \mathrm{RCH{=}CH_2} + \mathrm{KX} + \mathrm{H_2O}$$

$$\mathrm{CH_3CH_2OH} \xrightarrow[\text{170℃}]{\mathrm{H_2SO_4}} \mathrm{CH_2{=}CH_2} + \mathrm{H_2O}$$

5. 氧化和还原反应

有机化合物加氧去氢或被氧化剂所氧化的反应称为氧化反应；有机化合物加氢去氧或被还原剂所还原的反应称为还原反应。

(1) 氧化反应

① 燃烧反应。有机物可以作为燃料在空气中燃烧，也可生成各种组成元素的产品，作为化工原料。例如：甲烷完全燃烧，在民用和工业中作为能源；不完全燃烧生成的炭黑是橡胶工业的原料，氢气是合成氨及汽油等工业的原料。

$$\mathrm{CH_4} + \mathrm{O_2} \xrightarrow{\text{燃烧}} \mathrm{CO_2} + \mathrm{H_2O} + 891\mathrm{kJ/mol}$$

② 催化氧化。在催化剂作用下，有机物被空气氧化的反应。

$$\mathrm{CH_2{=}CH_2} + \frac{1}{2}\mathrm{O_2}\text{（空气）} \xrightarrow[\text{220～280℃}]{\mathrm{Ag}} \mathrm{CH_2{-}CH_2}\ (\text{环氧，}\mathrm{{-}O{-}}) \quad \text{环氧乙烷}$$

$$\mathrm{CH_2{=}CH_2} + \frac{1}{2}\mathrm{O_2} \xrightarrow[\text{100～125℃}]{\mathrm{PdCl_2\text{-}CuCl_2}} \mathrm{CH_3CHO} \quad \text{乙醛}$$

③ 氧化剂氧化。高锰酸钾（$KMnO_4/H_2SO_4$）、重铬酸钠（$Na_2Cr_2O_7/H_2SO_4$）或重铬酸钾等氧化剂，可氧化烯烃、炔烃、醇、醛等化合物。

$$CH_2{=}CH_2+KMnO_4+H_2SO_4 \longrightarrow CO_2\uparrow+K_2SO_4+MnSO_4+H_2O$$

$$CH_3CH_2OH \xrightarrow[H_2SO_4]{KMnO_4} CH_3CHO \xrightarrow[H_2SO_4]{KMnO_4} CH_3COOH$$

$$CH_3\underset{}{\overset{OH}{\overset{|}{C}}}HCH_3 \xrightarrow{Na_2Cr_2O_7/H_2SO_4} CH_3\overset{O}{\overset{\|}{C}}CH_3$$

醛易被氧化，弱的氧化剂如托伦（Tollens）试剂（$[Ag(NH_3)_2]^+$溶液）和斐林（Fehling）试剂（硫酸铜和酒石酸钾钠碱溶液）可将醛氧化成羧酸。但不能氧化酮，因此可利用这一原理鉴别醛和酮。

$$CH_3CHO+2[Ag(NH_3)_2]OH \xrightarrow{\triangle} CH_3COONH_4+\underset{\text{银镜反应}}{2Ag\downarrow}+3NH_3+H_2O$$

$$CH_3CHO+2Cu^{2+}(\text{络离子})+NaOH+H_2O \xrightarrow[\triangle]{} CH_3COONa+\underset{\text{砖红色}}{Cu_2O\downarrow}+4H^+$$

④ 催化脱氢。如甲醇在高温下通过催化剂Cu、Ag发生脱氢反应，生成甲醛。

$$CH_3OH \underset{700℃}{\overset{Ag\text{或}Cu}{\rightleftharpoons}} H-\overset{O}{\overset{\|}{C}}-H+H_2$$

(2) 还原反应

① 催化加氢。催化加氢的选择性不强，分子中同时存在的不饱和键，如双键、三键、—CHO、—NO_2、—CN、—COOR等官能团也同时会被还原。

$$CH_3CH{=}CH_2+H_2 \xrightarrow[25℃,5MPa]{Ni,\text{乙醇}} CH_3CH_2CH_3$$

$$CH_3CH{=}CH-CHO+2H_2 \xrightarrow{Ni} CH_3CH_2CH_2CH_2OH$$

② 还原剂还原。硝基苯在锌、铁、锡等金属与强无机酸组成还原剂的作用下，生成苯胺。

$$C_6H_5-NO_2 \xrightarrow[HCl]{Fe\text{或}Zn} C_6H_5-NH_2$$

醛、酮用金属氢化物如氢化铝锂（$LiAlH_4$）、硼氢化钠（$NaBH_4$）还原时，羰基被还原为醇羟基，双键、三键不受影响。

$$\text{环己烯酮}{=}O \xrightarrow{NaBH_4} \text{环己烯}-OH$$

八、重要有机化合物及其用途

在有机化工生产中，常用的八个基础化工原料是指"三烯三苯一炔一萘"，即乙烯、丙烯、丁二烯、苯、甲苯、二甲苯、乙炔、萘。十四种基本有机原料包括甲醇、甲醛、乙醇、乙醛、乙酸、甘油、异丙醇、丁醇、丙酮、辛醇、苯酚、环氧乙烷、环氧氯丙烷、苯酐。在这里仅介绍以下几种。

1. 甲烷

烷烃的通式为C_nH_{2n+2}（n表示C原子个数）。甲烷是最简单的烷烃，为正四面体结构，如图1-22。甲烷在自然界分布很广，是天然气、沼气、坑气等的主要成分之一。在标准状态下，甲烷是无色无味的气体，沸点是-161℃，密度（标准情况）为0.717g/L，溶解性（水）为3.5mg/100mL（17℃），空气中的甲烷含量为5%～15.4%就十分易爆。

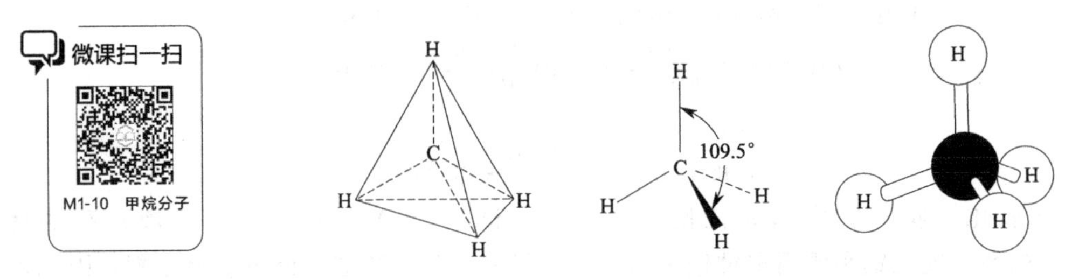

图1-22 甲烷的正四面体构型

甲烷主要是作为燃料（见氧化反应），如天然气和煤气，广泛应用于民用和工业中。甲烷裂解制得乙炔。

$$2CH_4 \xrightarrow[0.1\sim0.01s]{1500℃} CH\equiv CH + 3H_2$$

甲烷氯化可得一氯甲烷、二氯甲烷、氯仿和四氯化碳，这些物质是重要的医药化工原料和溶剂。

$$CH_4 \xrightarrow[光或\triangle]{Cl_2} CH_3Cl \xrightarrow[光或\triangle]{Cl_2} CH_2Cl_2 \xrightarrow[光或\triangle]{Cl_2} CHCl_3 \xrightarrow[光或\triangle]{Cl_2} CCl_4$$

作为化工原料，甲烷大量用于合成氨、尿素和炭黑，还可用于生产甲醇、氢气、乙炔、乙烯、甲醛等。

甲烷可形成笼状的水合物（$mCH_4 \cdot nH_2O$），即外观形状似冰的白色晶体，如图1-23。其学名为天然气水合物，俗称“可燃冰”或者“固体瓦斯”和“气冰”。可燃冰分布于深海沉积物或陆域的永久冻土中，甲烷含量占80%～99.9%，燃烧污染比煤、石油、天然气都小得多，而且储量丰富，全球储量足够人类使用1000年，因而被各国视为未来石油天然气的替代能源。

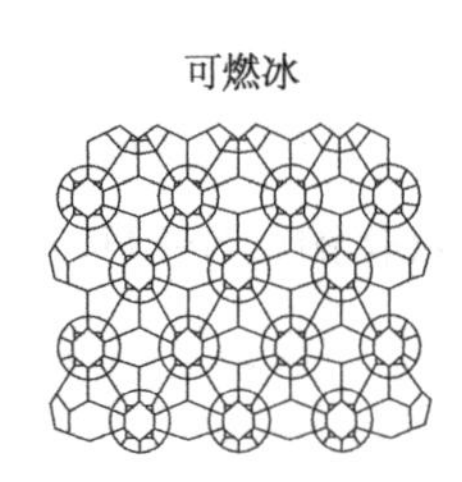

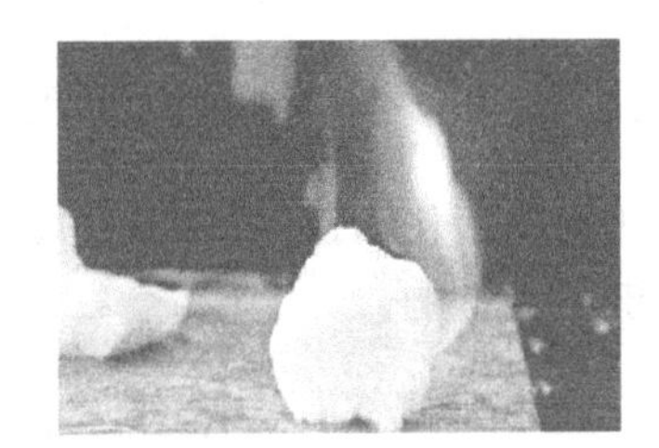

图1-23 可燃冰的结构和外观

2. 乙烯

烯烃的通式是C_nH_{2n}，官能团是碳碳双键C═C。乙烯（$CH_2═CH_2$）是最简单的烯烃。乙烯分子中所有原子在同一平面上，是平面三角形结构，键角接近120°，如图1-24。

常温常压下，乙烯是无色略有气味的气体，密度为1.25g/L，比空气的密度略小。难溶于水，易溶于四氯化碳、苯等有机溶剂。乙烯的化学性质很活泼，可以和很多试剂发生反应，主要发生在碳碳双键上，能发生加成、氧化、聚合等反应（见有机化合物的典型反应）。

工业上主要是从石油炼制工厂和石油化工厂所生产的气体里分离得到乙烯。实验室中用乙醇和浓硫酸加热到170℃，由乙醇分解制得乙烯。

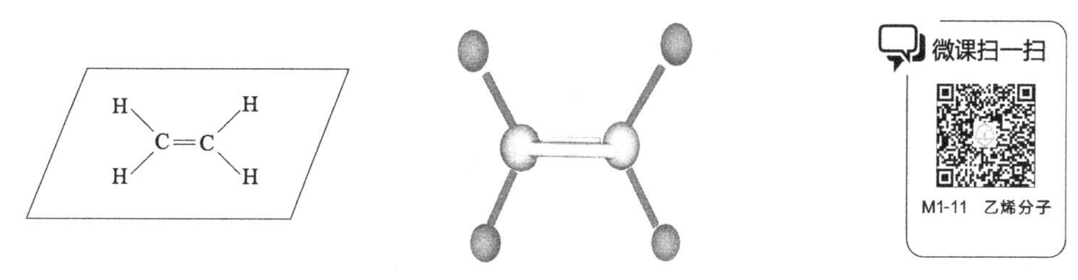

图 1-24 乙烯的平面三角形结构

以乙烯生产为核心带动了基本有机化工原料的生产，是用途最广泛的基本有机原料。可用于生产合成纤维、合成橡胶、合成塑料，也用于制造聚乙烯、氯乙烯、苯乙烯、环氧乙烷、乙酸、乙醛、乙醇和炸药等，也可用作水果和蔬菜的催熟剂，是一种已证实的植物激素。

乙烯是世界上产量最大的化学产品之一，乙烯工业是石油化工产业的核心。乙烯产品占石化产品的75%以上，在国民经济中占有重要的地位。世界上已将乙烯产量作为衡量一个国家石油化工发展水平的重要标志之一。

3. 丙烯

丙烯（$CH_3CH=CH_2$）是无色略带甜味的气体，沸点为−47.7℃，临界温度为92℃，临界压力为4.56MPa。化学性质活泼，易发生氧化、加成、聚合等反应。

丙烯是重要的基本有机化工原料，工业上主要由烃类裂解所得到的裂解气和石油炼厂的炼厂气分离获得。

丙烯用量最大的是生产聚丙烯。另外，丙烯可制丙烯腈、异丙醇、苯酚和丙酮、丁醇和辛醇、丙烯酸及其脂类，以及制环氧丙烷、丙二醇、环氧氯丙烷和合成甘油等。例如：

$$CH_2=CH-CH_3+NH_3+\frac{3}{2}O_2 \xrightarrow[470℃]{\text{磷钼酸铋}} CH_2=CH-CN+3H_2O$$

4. 丁二烯

丁二烯（$CH_2=CH-CH=CH_2$），即1,3-丁二烯，为平面型分子，分子中存在包括4个碳原子在内的共轭大π键，如图1-25。

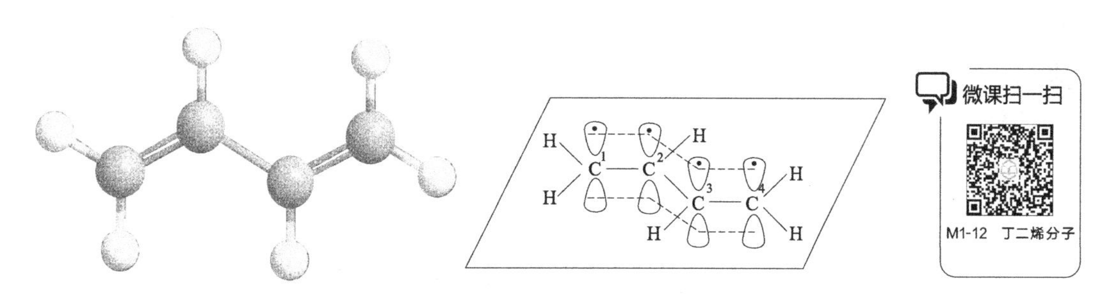

图 1-25 1,3-丁二烯平面型构型和共轭大π键

丁二烯是无色、有轻微的大蒜味的气体，易液化，易燃。熔点为−108.9℃，沸点为−4.41℃。微溶于水和醇，易溶于苯、乙醚、氯仿、四氯化碳、汽油等有机溶剂。

丁二烯的化学性质活泼，易发生烯烃所能进行的反应，并可进行1,4-加成和双烯合成反应等。

丁二烯是石油化工的基本原料之一，地位仅次于乙烯和丙烯。主要用于合成橡胶（丁苯橡胶、顺丁橡胶、丁腈橡胶、氯丁橡胶）的生产，其用量约占全部合成橡胶原料消耗的60%。随着苯乙烯塑料的发展，利用苯乙烯与丁二烯共聚生产各种用途广泛的树脂（如ABS树脂、SBS树脂、BS树脂、MBS树脂），使丁二烯在树脂生产中逐渐占有重要地位。

$$nCH_2{=}CH{-}CH{=}CH_2 + nCH{=}CH_2(C_6H_5) \xrightarrow{\text{共聚}} {+}CH_2{-}CH{=}CH{-}CH_2{-}CH(C_6H_5){-}CH_2{+}_n$$

丁苯橡胶

$$nCH_2{=}CH{-}CH{=}CH_2 + CH_2{=}CH{-}CN \xrightarrow{\text{共聚}} {+}CH_2{-}CH{=}CH{-}CH_2{-}CH_2{-}CH(CN){+}_n$$

丁腈橡胶

$$\underset{\text{丙烯腈}}{nCH_2{=}CH(CN)} + \underset{\text{丁二烯}}{mCH_2{=}CH{-}CH{=}CH_2} + \underset{\text{苯乙烯}}{pCH(C_6H_5){=}CH_2} \xrightarrow{\text{共聚}}$$

$${+}CH_2{-}CH(CN){+}_n{+}CH_2{-}CH{=}CH{-}CH_2{+}_m{+}CH(C_6H_5){-}CH_2{+}_p$$

ABS树脂

另外，丁二烯亦用于生产乙叉降冰片烯、1,4-丁二醇（工程塑料）、己二腈（尼龙66单体）、环丁砜、蒽酮、四氢呋喃等。

丁二烯的加工利用水平，也是整个石油化工发展水平的一个重要标志。因此，丁二烯的生产和化工利用技术的发展不仅对一个国家合成橡胶工业生产的发展很重要，而且对整个石油化工的发展也会产生重要影响。

5. 乙炔

炔烃的通式为C_nH_{2n-2}，官能团是碳碳三键$C{\equiv}C$，乙炔（$CH{\equiv}CH$）是最简单的炔烃。乙炔是直线型分子，即乙炔分子中的两个碳原子和两个氢原子处在一条直线上，如图1-26。

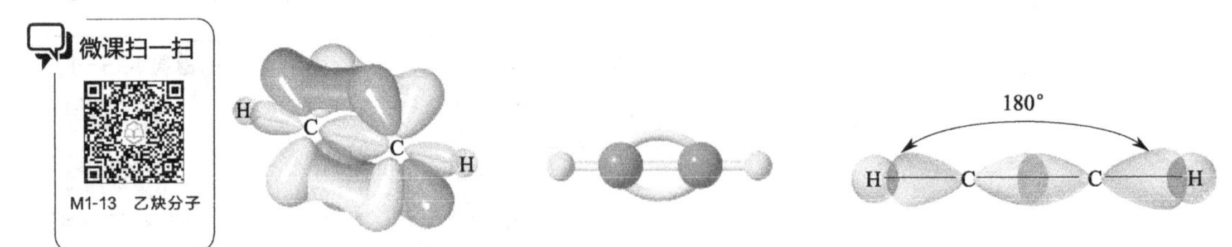

图1-26 乙炔直线型结构

乙炔，俗称风煤和电石气。室温下乙炔是一种无色、有芳香气味、极易燃的气体，但工业用乙炔由于含有硫化氢、磷化氢等杂质，而有一股大蒜的气味。

乙炔的化学性质很活泼，能起加成、氧化、聚合及金属取代等反应。如将乙炔通入硝酸银的氨溶液或氯化亚铜的氨溶液时，则分别生成白色的乙炔银沉淀和棕红色的乙炔亚铜沉淀，常用来分析、鉴别乙炔和RC≡C—H。

$$H—C≡C—H \xrightarrow{2AgNO_3 + 2NH_4OH} Ag—C≡C—Ag\downarrow + 2NH_4NO_3 + 2H_2O$$

乙炔银（白色）

$$H—C≡C—H \xrightarrow{2Cu_2Cl_2 + 2NH_4OH} Cu—C≡C—Cu\downarrow + 2NH_4Cl + 2H_2O$$

乙炔亚铜（棕红色）

乙炔是有机化学工业的一个基础原料，用于生产乙醛、乙酸、乙酸酐、聚乙烯醇以及氯丁橡胶等。此外，乙炔在氧气中燃烧时生成的氧炔焰能达到3000℃以上的高温，工业上常用来焊接或切断金属材料。

6. 苯和甲苯

（1）苯　苯是最简单的芳烃，在常温下为一种无色、有甜味的透明液体，并具有强烈的芳香气味；密度（15℃）为0.885g/cm，沸点为80.10℃，熔点为5.53℃；难溶于水，易溶于有机溶剂，本身也可作为有机溶剂。苯可燃，有毒，长期吸入苯可导致再生障碍性贫血。

苯环是一个正六边形构型，所有碳原子和氢原子都在同一平面上。在苯环结构中无单双键之分，是一个闭合的共轭体系，如图1-27所示。

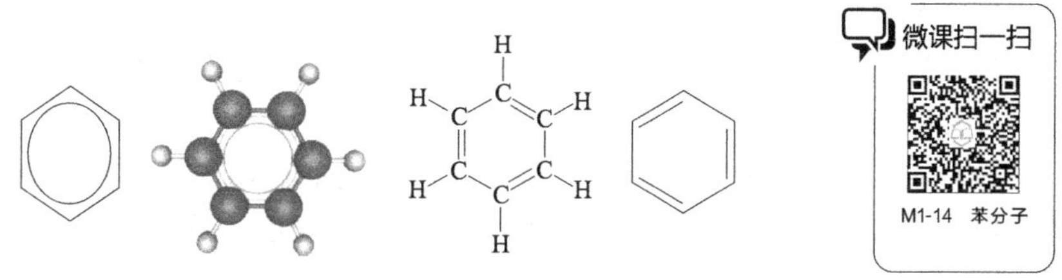

图1-27 苯环的平面正六边形构型和表达式

除上面介绍的易进行取代反应外，苯在特定条件下可与 H_2 和 Cl_2 加成。

$$C_6H_6 + H_2 \xrightarrow[180\sim250℃]{Ni} C_6H_{12}$$

环己烷（纯度高）

$$C_6H_6 + Cl_2 \xrightarrow[50℃]{紫外光} C_6H_6Cl_6$$

六六六（$C_6H_6Cl_6$）是杀虫剂，曾作为农药大量使用，现已淘汰。

苯是一种石油化工基本原料。苯的产量和生产技术水平是一个国家石油化工发展水平的标志之一。工业上可作为制取苯乙烯、环己烷、顺丁烯二酸酐、硝基苯和塑料、橡胶、纤维、染料、去污剂、杀虫剂等的原料。苯也可用作汽油抗爆剂。

苯来源于煤和石油。煤干馏可得到苯，如今石油已成为苯的主要来源。工业生产苯的最重要的三种过程是催化重整、甲苯加氢脱烷基化和蒸汽裂解。

（2）甲苯　苯环上的氢原子被甲基取代即得甲苯，两者互为同系物，苯同系物的通式为 C_nH_{2n-6}（$n\geqslant6$）。

甲苯是无色液体，沸点为110.6℃，气味与苯相似，不溶于水，可溶于乙醇、乙醚和丙酮等有机溶剂。甲苯有毒，其毒性与苯相似，对神经系统的毒害作用比苯重，对造血系统的毒害作用比苯轻。

甲苯的化学性质与苯相似，但比苯更活泼。如甲苯容易硝化，且主要得到邻硝基甲苯和对硝基甲苯，硝基甲苯进一步硝化最终得到2,4,6-三硝基甲苯，即炸药TNT。

$$C_6H_5CH_3 \xrightarrow[30℃]{\text{混酸}} \begin{cases} o\text{-}CH_3C_6H_4NO_2 \xrightarrow[60℃]{\text{混酸}} \\ p\text{-}CH_3C_6H_4NO_2 \xrightarrow[60℃]{\text{混酸}} \end{cases} 2,4\text{-}(NO_2)_2C_6H_3CH_3 \xrightarrow[110℃]{\text{混酸}} 2,4,6\text{-}(NO_2)_3C_6H_2CH_3$$

2,4,6-三硝基甲苯（TNT）

甲苯可使高锰酸钾的紫红色消失，可用于鉴别苯和甲苯，并用于制备苯甲酸。

$$C_6H_5{-}CH_3 \xrightarrow[H^+,\ \text{加热}]{KMnO_4} C_6H_5{-}COOH$$

甲苯大量用作溶剂和高辛烷值汽油添加剂，是有机化工的重要原料。相当数量的甲苯用于脱烷基制苯或歧化制二甲苯。甲苯衍生的一系列中间体，广泛用于染料、医药、农药、炸药、助剂和香料等精细化学品的生产，也用于合成材料工业。

甲苯主要来源于煤和石油。煤焦化后可得甲苯，催化重整油和裂解汽油经加氢、萃取、精馏，可得到高纯度的甲苯。

7. 甲醇和乙醇

醇是烃类分子中饱和碳原子上的氢原子被羟基取代的产物。羟基（—OH）是醇的官能团，又称醇羟基。

(1) 甲醇　甲醇为无色、有酒精气味易挥发的透明液体，沸点为64.7℃，易燃，有毒性，甲醇蒸气与眼睛接触可引起失明，饮用亦可致盲。因在干馏木材中首次发现，故又称“木醇”或“木精”。

甲醇具有醇所具有的化学性质。

近代工业上以合成气或天然气为原料，在高温、高压和催化剂存在下合成甲醇。

$$CO+H_2 \xrightarrow[30\sim32MPa,\ 380\sim410℃]{CuO,\ ZnO\text{-}Cr_2O_3} CH_3OH$$

$$CH_4+\frac{1}{2}O_2 \xrightarrow[\text{通过钢管}]{10MPa,\ 200℃} CH_3OH$$

甲醇是重要的有机化工原料，主要用来制备甲醛及在有机合成工业中用作甲基化剂和溶剂。甲醇可用于制造甲醛、氯甲烷、甲胺和硫酸二甲酯、农药、医药、对苯二甲酸二甲酯、甲基丙烯酸甲酯、丙烯酸甲酯和绿色化工原料碳酸二甲酯等，也可加入汽油或单独用作汽车或飞机的燃料。例如，甲醇与异丁烯发生醚化反应，可制备汽油添加剂甲基叔丁基醚(MTBE)。

$$(H_3C)_2C{=}CH_2 + HO{-}CH_3 \xrightarrow{\text{强酸型离子交换树脂}} (CH_3)_3C{-}OCH_3$$

(2) 乙醇　乙醇俗称酒精，是最常见的一元醇。为无色透明液体，易燃，易挥发，有特殊香味，毒性低，沸点是78.4℃，能与水以任意比互溶，自身是常用的溶剂。乙醇是酒的主要成分，纯液体不可直接饮用。

目前工业上用乙烯为原料大量生产乙醇，但发酵方法仍是工业上生产乙醇的方法之一。

乙醇化学性质活泼，能与金属反应，还能发生酯化、取代、脱水、氧化等反应。

$$2C_2H_5OH+2Na \longrightarrow 2C_2H_5ONa+H_2$$

乙醇分子内脱水生成烯烃（见消除反应），两分子醇发生分子间脱水反应生成醚。

$$CH_3CH_2-OH+HO-CH_2CH_3 \xrightarrow[\text{或}Al_2O_3,\ 260℃]{\text{浓}H_2SO_4,\ 130\sim150℃} CH_3CH_2-O-CH_2CH_3+H_2O$$

乙醇能和橙色的硝酸铈铵生成酒红色的配合物，在有机分析上可以用来鉴定醇。利用此反应原理制成的仪器可检验驾驶员是否酒后驾车，非常灵敏。

$$(NH_4)_2[Ce(NO_3)_6]+2ROH \longrightarrow Ce(NO_3)_4[ROH]_2+2NH_4NO_3$$

乙醇是各种有机合成工业的重要原料，在国防化工、医疗卫生、食品工业、工农业生产中都有广泛的用途。可用于制造乙酸、饮料、香精、染料、燃料等。含量为70%～75%的乙醇溶液的杀菌能力最强，用作防腐、消毒剂。

8. 苯酚

羟基直接和芳环相连的化合物称为酚，羟基（—OH）是酚的官能团，又称酚羟基。苯酚是酚类中最简单、最重要的。

苯酚简称酚，俗名石炭酸，为具有特殊气味的无色结晶，暴露于光和空气中易被氧化变为粉红色渐至深褐色。苯酚微溶于冷水，在65℃以上时可与水混溶，易溶于乙醇、乙醚等有机溶剂。苯酚有高毒、强腐蚀性，可作为防腐剂和消毒剂。

苯酚化学性质活泼。苯酚有弱酸性（$pK_a=9.98$），可溶于氢氧化钠溶液，但其酸性比碳酸弱。利用此性质可分离苯酚。

微课扫一扫

M1-15　苯酚分子

$$C_6H_5-OH+NaOH \longrightarrow C_6H_5-ONa+H_2O$$

$$C_6H_5-ONa+CO_2+H_2O \longrightarrow C_6H_5-OH+NaHCO_3$$

溶于水　　　　不溶于水

苯酚还可进行卤代、烷基化、羧基化、酯化、醚化、加氢、氧化等反应，与醛、酮反应生成酚醛树脂、双酚A等。如苯酚与溴水在常温下可立即生成三溴苯酚的白色沉淀，可用于苯酚的鉴别和定量测定。

$$C_6H_5OH+3Br_2 \xrightarrow{H_2O} 2,4,6\text{-}Br_3C_6H_2OH\downarrow(\text{白色})+3HBr$$

苯酚是有机合成的重要原料，也是有着广泛用途的工业原料，可用于酚醛树脂、药物、染料、纤维素、炸药、除莠剂、杀菌剂、木材防腐剂等。

9. 甲醛和丙酮

羰基化合物的结构特征是分子中含有羰基，即碳氧双键（>C═O）。当羰基碳原子至少与一个氢原子相连时，化合物叫作醛；羰基与两个烃基相连的化合物叫作酮。

$$\underset{\text{醛}}{R-\overset{\overset{\displaystyle O}{\|}}{C}-H} \qquad \underset{\text{酮}}{R-\overset{\overset{\displaystyle O}{\|}}{C}-R'}$$

（1）甲醛　甲醛，又称蚁醛，是无色、有刺激性的气体，易溶于水，能与乙醇、丙酮等有机溶剂按任意比例混溶。37%～40%的甲醛水溶液（内含8%的甲醇）的商品名为“福尔马林”（formalin）。因为甲醛能使蛋白质凝固，所以常用作消毒剂和防腐剂。

甲醛的主要危害表现为对皮肤黏膜的刺激作用，引起眼红、眼痒、咽喉不适或疼痛、声音嘶哑、气喘、皮炎等。新装修的房间中甲醛含量较高，是众多疾病的主要诱因。

现在甲醛产量的90%均采用甲醇为原料。

$$CH_3OH+\frac{1}{2}O_2 \xrightarrow[250\sim300℃]{Ag} HCHO+H_2O$$

甲醛是结构特殊的醛，羰基直接连接两个氢原子，除具有醛的一般性外，还表现出特殊的化学活性。如甲醛具有强还原作用，特别是在碱溶液中，自身能进行缩合反应，特别容易发生聚合反应。甲醛在不同的条件下生成三聚甲醛和多聚甲醛。以三聚甲醛为原料可得均聚和共聚甲醛（POM）。

$$CH_3-\underset{\underset{O}{\|}}{C}-O-[CH_2O]_n-\underset{\underset{O}{\|}}{C}-CH_3 \quad (均聚甲醛)$$

$$-[(CH_2-O)_x(CH_2-O-CH_2-CH_2)_y]_n- \quad (共聚甲醛)$$

聚甲醛是外观半透明或不透明的粉料或粒料，与象牙相似，吸水性极小，摩擦系数低，相对密度小，较高的弹性、硬度和刚性，机械性能与金属类似，是五大通用工程塑料之一，有“塑料中的金属”之称。聚甲醛广泛用于替代钢铁、铜、锌、铝等金属材料和其他塑料，应用几乎涉及电子电气、汽车、轻工、机械、化工及军事等各个领域。

(2) 丙酮　丙酮是最简单的饱和酮，为具有特殊芳香气味的易挥发性无色透明液体，有刺激性。易燃，易挥发，沸点为56.1℃，易溶于水、乙醇、乙醚等，自身是优良的溶剂。丙酮广泛地用于油漆、合成纤维等工业，还是合成环氧树脂、有机玻璃等的原料。丙酮有毒性，皮肤反复接触可致皮炎。

丙酮是脂肪族酮类代表性化合物，具有酮类化合物的典型反应。

丙酮的工业制法除异丙醇氧化或异丙苯氧化外，随着石油工业的发展，也可由丙烯直接氧化法制得。

$$C_6H_5-CH(CH_3)_2 \xrightarrow[100\sim200℃]{O_2} C_6H_5-C(CH_3)_2-O-O-H \xrightarrow[60℃]{H^+} C_6H_5-OH + CH_3COCH_3$$

10. 甲酸和乙酸

羧酸的官能团是羧基（—COOH）。甲酸和乙酸是羧酸的代表化合物，均具有明显的弱酸性，能使蓝色石蕊试纸变红，能与氢氧化钠和碳酸氢钠作用生成盐。

(1) 甲酸　甲酸俗称蚁酸，是无色透明、具有强腐蚀性和辛辣刺激酸味的挥发性液体，沸点为100.7℃。

甲酸既具有羧基的结构，又有醛基的结构，故甲酸兼有羧酸的酸性（$pK_a=3.77$）和醛类的还原性。

$$醛基 \quad H-\underset{}{\overset{\overset{O}{\|}}{C}}-OH \quad 羧基$$

$$HCOOH+NaOH \longrightarrow HCOONa+H_2O$$

$$HCOOH \xrightarrow{Ag(NH_3)_2OH} CO_2+H_2O+Ag\downarrow$$

甲酸能被弱氧化剂如托伦斯试剂氧化发生银镜反应，可用于鉴别甲酸。

甲酸在工业领域用途广泛。可用来制备某些染料、酸性还原剂和橡胶的凝聚剂，在医药上因其杀菌力而用作消毒剂或防腐剂。

(2) 乙酸　乙酸俗名醋酸，是食醋中的成分，普通食醋含6%～8%乙酸。乙酸为无色有刺激性的液体，熔点为16.6℃，易冻结成冰状固体，俗称冰醋酸。乙酸与水能按任何比例混溶。

乙酸的酸性（$pK_a=4.76$）较甲酸弱，能发生普通羧酸的典型化学反应。通过取代反应生成相应的羧酸衍生物，如乙酰氯、乙酸乙酯和乙酰胺，双分子乙酸脱水生成乙酸酐。

$$3CH_3COOH+PCl_3 \longrightarrow 3CH_3COCl+H_3PO_3$$

$$CH_3COOH+NH_3 \xrightarrow[\triangle]{NH_3} CH_3CONH_2+H_2O$$

$$2CH_3-\overset{\overset{O}{\|}}{C}-OH \xrightarrow[\triangle]{P_2O_5} CH_3-\overset{\overset{O}{\|}}{C}-O-\overset{\overset{O}{\|}}{C}-CH_3 + H_2O$$

乙酸是人类使用的最早的酸，也是重要的化工原料，在合成染料、香料、塑料、医药等工业中是不可缺少的原料，也用于合成乙酸酯、乙酐等乙酸衍生物，同时是常用的有机溶剂。

11. 苯胺

氨分子中的一个或几个氢原子被烃基取代的衍生物称为胺，是碱性氮化物，能与强酸生成盐而溶于酸中。胺与生命活动关系密切，官能团为氨基（$-NH_2$）。

苯胺又称阿尼林，是最重要的胺类物质之一。苯胺是无色油状液体，有特殊气味。沸点为184℃，熔点为−6.3℃。微溶于水，能溶于醇及醚，可随水蒸气挥发。苯胺有毒，皮肤吸收能引起中毒。

苯胺能与无机强酸如盐酸、硫酸等作用生成盐，能起烃基化、乙酰化、重氮化等反应。如：

$$C_6H_5NH_2 \xrightarrow{H_2SO_4} C_6H_5\overset{+}{N}H_3HSO_4^- \xrightarrow{NaOH} C_6H_5NH_2 + Na_2SO_4 + H_2O$$

利用这一性质可分离、提纯和定性鉴别苯胺。

$$C_6H_5-NH_2 \xrightarrow[0\sim5℃]{NaNO_2+HCl} C_6H_5-N_2^+Cl^- + 2H_2O + NaCl$$

氯化重氮苯（重氮盐）

重氮盐在有机合成上用途广泛。

苯胺很容易发生溴代反应，生成2,4,6-三溴苯胺白色沉淀。

$$C_6H_5NH_2 + 3Br_2(H_2O) \longrightarrow 2,4,6\text{-}Br_3C_6H_2NH_2 + 3HBr$$

2,4,6-三溴苯胺(白色沉淀)

此反应可用于苯胺的定性鉴定和定量分析。

苯胺露置在空气中会逐渐变为深棕色，久之则变为棕黑色。氧化剂氧化可得对苯醌。

$$C_6H_5NH_2 \xrightarrow[H_2SO_4,\ 10℃]{MnO_2} O{=}C_6H_4{=}O$$

苯胺是重要有机化工原料，可制染料和染料中间体，也用于制造橡胶促进剂、防老剂、磺胺类药物、汽油中的防爆剂以及用作溶剂，其衍生物甲基橙可作为酸碱滴定指示剂。

知识拓展 》》 二甲苯及PX项目

邻二甲苯　间二甲苯　对二甲苯

二甲苯存在邻、间、对三种异构体，其中对二甲苯（PX，即 para-xylene）是最重要的和用量最大的基础有机化工原料，主要用于生产对苯二甲酸（PTA）、对苯二甲酸二甲酯（DMT）和聚对苯二甲酸乙二醇酯（PET）等。PET 纤维是合成纤维，也被称为聚酯纤维或涤纶纤维。换言之，PX 可以简单地理解为是棉花的代替品，相当于合成纤维代替天然纤维。中国是一个纺织品大国，PX 是主要的服装、纺织原料。另外，聚对苯二甲酸酯类树脂作为十分重要的透明塑料原料，常用于食用油脂包装、饮料瓶生产、平板显示器基材及车和建筑用的太阳膜等中。此外，PX 本身也可用于制造燃料、油漆、药用胶囊，甚至提高汽油的抗爆性。可见，从身上穿的衣服到装饮料的塑料瓶，从数码产品的开关按钮到家家户户住房要用的油漆，在现代人们的衣食住行中，无不隐藏着 PX 的身影。

$$CH_3C_6H_4CH_3 \xrightarrow{[O]} HOOCC_6H_4COOH \xrightarrow[70\sim80℃]{2CH_3OH,\ H_2SO_4} CH_3OOCC_6H_4COOCH_3 \xrightarrow[ZnAc_2,\ 200℃]{2HOCH_2CH_2OH} HOCH_2CH_2OOCC_6H_4COOCH_2CH_2OH$$

一般，炼油能力和乙烯产量是一个国家的化工水平的指标，近年来 PX 的产量也逐渐成为一个国家化工水平的重要指标。这说明 PX 是一个重要的战略物品。现今，PX 是中国化工产业中为数不多的产能不足的化工产品，2017 年对二甲苯对外依存度达 59%，供不应求的问题越来越明显。就国家的经济发展战略而言，PX 是不能够受制于人的。

有人把 PX 项目视为洪水猛兽，是因为缺乏相关知识。目前的 PX 技术都是从炼油、PX 到 PTA，再到纺织的全产业链，已经有近 50 年的历史，产业链已经很成熟，只要按规定进行生产，一般不会发生事故或严重的污染事件。

想一想，练一练

1. 单选题

(1) 下列现象属于物理变化的是（　　）。

A. 汽油挥发　　B. 塑料老化　　C. 食物变质　　D. 岩石风化

(2) 物质发生化学变化的本质是（　　）。

A. 状态和颜色发生变化　B. 有放热和发光现象　C. 有气体逸出　D. 有新物质生成

(3) 下列说法正确的是（　　）。

A. 原子核由电子和质子构成　　B. 原子核由质子和中子构成

C. 原子核由电子和中子构成　　D. 原子核不能再分

(4) 元素是具有（　　）的一类原子的总称。

A. 相同质量　　B. 相同中子数　　C. 相同电子数　　D. 相同核电荷数

(5) 下列说法正确的是(　　)。

A. 空气是一种单质　　B. 空气是一种化合物

C. 空气是几种元素的混合物　　D. 空气是几种单质和几种化合物的混合物

(6) 四氧化三铁的化学式是(　　)。

A. 4O3Fe　　B. O_4Fe_3　　C. Fe_4O_3　　D. Fe_3O_4

(7) Na的摩尔质量为(　　)。

A. 23　　B. 23g　　C. 23mol　　D. 23g/mol

(8) 反应 $C(s)+O_2(g) \rightleftharpoons CO_2(g)$ 的 $\Delta H<0$，欲增加正反应速率，下列措施中无用的是(　　)。

A. 增大 O_2 的分压　　B. 升高温度　　C. 使用催化剂　　D. 减小 CO_2 的分压

(9) 下列改变能使任何反应达到平衡时产物增加的是(　　)。

A. 升高温度　　B. 增加起始反应物浓度

C. 加入催化剂　　D. 增加压力

(10) 元素的性质随着原子序数的递增呈现周期性变化的原因是(　　)。

A. 元素原子的核外电子排布呈周期性变化　　B. 元素原子的电子层数呈周期性变化

C. 元素的化合价呈周期性变化　　D. 元素原子半径呈周期性变化

(11) 下列物质中只有共价键的是(　　)。

A. NaOH　　B. NaCl　　C. H_2　　D. NaH

(12) 下列物质能够导电但却不属于电解质的物质是(　　)。

A. 盐酸溶液　　B. 蔗糖水溶液　　C. 铜片　　D. 熔融的NaCl

(13) 根据酸碱电离理论，下列物质的水溶液属于碱的是(　　)。

A. NaOH　　B. $NaHCO_3$　　C. NaCl　　D. Na_2CO_3

(14) 0.1mol/L的乙酸水溶液中，H^+的浓度(　　)。

A. >0.1mol/L　　B. =0.1mol/L　　C. <0.1mol/L　　D. 无法确定

(15) 下列化合物中含有+7价元素的是(　　)。

A. $HClO_4$　　B. K_2MnO_4　　C. $KClO_3$　　D. H_3PO_4

(16) 下列关于铜锌原电池的叙述错误的是(　　)。

A. 铜锌原电池中电子从锌流向铜　　B. 铜锌原电池中电流从铜流向锌

C. 铜锌原电池中化学能转变成电能　　D. 铜锌原电池中化学能转变成热能

(17) 能把 H_2O 变成 H_2 和 O_2 的反应是(　　)。

A. H_2 燃烧　　B. 通电分解 H_2O　　C. H_2 跟CuO反应　　D. 把 H_2O 煮沸

2. 判断题(正确用"√"表示，错误用"×"表示)

(1) 空气是由空气的分子构成的。(　　)

(2) 冰水混合物是纯净物。(　　)

(3) 化学反应中的能量变化只有热量一种形式。(　　)

(4) 化学键只存在于离子之间。(　　)

(5) 含有离子键的化合物一定是离子化合物。(　　)

(6) 中性溶液的pH值在任何情况下都等于7。(　　)

(7) 同一温度下，在纯水、0.01mol/L的HCl溶液、0.01mol/L的KOH溶液中，水的离子积常数都相同。(　　)

(8) 相同浓度的氨水和NaOH溶液中的OH^-浓度相同。(　　)

3. 指出下列各有机化合物所含官能团的名称。

(1) $CH_3CH=CHCH_3$ (2) CH_3CH_2Cl (3) $CH_3CH(OH)CH_3$ (4) CH_3CH_2CHO

(5) CH_3COCH_3 (6) CH_3CH_2COOH (7) 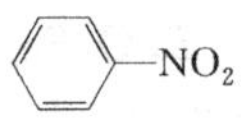 $C_6H_5-NO_2$

(8) $CH_3CH_2OCH_2CH_3$ (9) 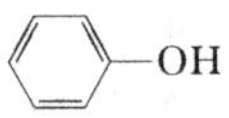 C_6H_5-OH (10) $CH_3C\equiv CCH_3$

4. 在下列化合物结构式中，指出哪些是相同的，哪些是异构体，哪些是同系物。

(1) $CH_3-CH(CH_3)-CH_2-CH(CH_3)-CH_3$ (2) $CH_3-CH(Br)-CH_2-CH(CH_3)-CH_3$

(3) $CH_3-CH(CH_3)-CH(CH_3)-CH_3$ (4) $CH_3-CH(CH_3)-CH_2-CH(Br)-CH_3$

(5) $CH_3-CH_2-C(CH_3)_2-CH_3$ (6) $CH_3-C(CH_3)_2-CH_3$

5. 写出下列化合物的结构式。

(1) 甲烷 (2) 乙烯 (3) 1,3-丁二烯 (4) 邻羟基苯甲酸

(5) TNT (6) 氯乙烯 (7) 乙醇 (8) 甘醇

(9) 甲基叔丁基醚 (10) 甲醛 (11) 丙酮 (12) α-甲基丙烯酸甲酯

(13) β-萘磺酸 (14) 苯胺 (15) 丙烯腈

6. 命名下列化合物。

(1) $CH_3-CH(CH_3)-CH_2-CH(CH_2CH_3)-CH(CH_3)-CH_3$ (2) $CH_3CH=CH_2$ (3) $CH_2=C(CH_3)-CH=CH_2$

(4) $HC\equiv CH$ (5) 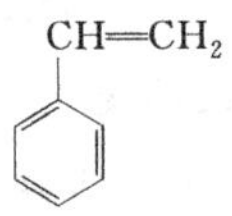 $C_6H_5-CH=CH_2$ (6) 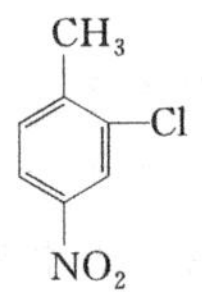 苯环上 1-CH_3、2-Cl、4-NO_2

(7) $CH_2=CHCH_2Cl$ (8) CHI_3 (9) 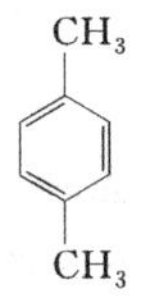 苯环上 1-CH_3、4-CH_3

(10) 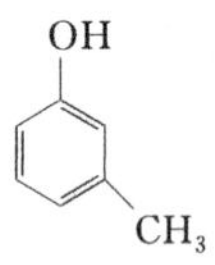 苯环上 1-OH、3-CH_3 (11) $CH_3CH(OH)CH_2CH_3$ (12) $CH_3C(=O)-OCH_2CH_3$

(13) CH_3NHCH_3 (14) 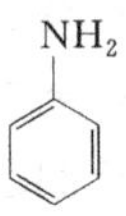 $C_6H_5-NH_2$ (15) $HOOC-COOH$

7. 用反应式表示丙烯与下列试剂的反应。

(1) H_2/Ni；(2) Br_2/CCl_4；(3) 浓 H_2SO_4 作用后加热水解；(4) HI；(5) Cl_2/光照。

8. 石油炼制工业中，根据原油所含各组分的什么性质不同，利用常减压蒸馏的方法得到汽油、煤油和柴油等油品？

9. 比较下列化合物在水中的溶解度（“＞”连接）。

（1）丁醇　（2）丙醇　（3）苯酚　（4）丁烷　（5）甘油

10. 用简单的化学方法鉴别下列各组化合物。

（1）正己烷和1-己烯　（2）丙烯与丙炔　（3）CH_3CH_2Br 和 CH_3CH_3

（4）苯和甲苯　（5）苯酚和苯甲酸　（6）甲醇和甲醛　（7）乙酸和甲酸

11. 分子式为 C_3H_7Br 的A，与KOH-乙醇溶液共热得B，分子式为 C_3H_6，如使B与HBr作用，则得到A的异构体C。推断A和C的结构，用反应式表明推断过程。

参考文献

[1] 王建梅，旷英姿．无机化学．第2版．北京：化学工业出版社，2009.

[2] 史文权．无机化学．武汉：武汉大学出版社，2011.

[3] 王静．无机及分析化学．北京：高等教育出版社，2015.

[4] 庄宏鑫．物理化学．第3版．北京：化学工业出版社，1998.

[5] 邢其毅，裴伟伟，徐瑞秋，裴坚．基础有机化学．第4版．北京：北京大学出版社，2016.

[6] 陈淑芬，汤长青．有机化学（理论篇）．第4版．大连：大连理工大学出版社，2018.

[7] 浙江大学普通化学教研组．大学普通化学．第6版．北京：高等教育出版社，2011.

[8] 骆红静，赵睿．中国对二甲苯市场2016年回顾与展望［J］．当代石油石工，2017，25（5）：25-28.

第二章 化工单元过程及设备

知识目标

- 了解基本单元过程的化工生产应用；
- 了解基本单元过程操作的特点；
- 熟悉单元过程设备的基本结构；
- 掌握单元过程设备的基本工作原理。

技能要求

- 能认知化工单元过程，建立感观印象；
- 能了解泵、换热器、精馏塔、吸收塔等单元设备，并能说明其主要作用；
- 能熟悉各种单元设备的基本结构与工作原理。

第一节 流体输送机械

为了实现连续化、大型化、自动化的工业加工过程，石油炼制、化学工业等工业生产过程中，不论是所处理的原料，还是中间产品或产品，大多都是流体。根据不同的生产工艺，将流体物料从一个工序输送至另一工序，每一道工序的加工过程也都是在流动状态下进行的。炼油和化工装置，纵横交错的管道和众多的机泵，完成了物料在各个生产设备之间的流动输送。流体输送机械在生产装置中的作用，就如同心脏在人体中的作用一样，其在生产过程中是一类很重要的单元过程设备。

一、流体及流体输送的机械

流体即可以流动的物体，包括气体与液体。他们的共同特点是在外力的作用下易于变形、没有固定的形状、具有流动性等。气体通常成为可以压缩的流体，液体通常成为难以压缩的流体。

流体输送机械在生产中的主要作用主要有两方面：一是为流体提供流动所需要的能量，满足流体输送的动力要求；二是满足生产工艺条件的要求，产生高压流体。生产中流体输送机械的数量很多，其又要依靠各种能源（如电能、高压水蒸气等）来进行驱动，它是化工生产中动力消耗的大户，有的价格还比较昂贵。

流体输送机械按照输送流体的性质不同，可以分为两大类，即液体输送机械和气体输送机械。按照工作原理的不同又可以分为离心式、往复式、旋转式等。

【水车】

水车是一种古老的液体输送设备，是提水灌溉的工具。水车也叫天车，车高10m多，由一根长5m、口径0.5m的车轴支撑着24根木辐条，呈放射状向四周展开。每根辐条的顶端都带着一个刮板和水斗。刮板刮水，水斗装水。河水冲来，借着水势的运动惯性缓缓转动着辐条，一个个水斗装满了河水被逐级提升上去。临顶，水斗又自然倾斜，将水注入渡槽，流到灌溉的农田里。

二、液体输送机械

液体输送机械统称为泵，根据工作原理的不同又可以分为：离心泵、往复泵、旋转泵等不同类型的泵。离心泵是化工生产中应用最为广泛的一类液体输送机械，它具有结构简单、操作调节方便、性能稳定、适应范围广、体积小、流量均匀、故障少、寿命长等优点。

1. 离心泵

离心泵是依靠高速旋转的叶轮所产生的离心力对液体做功的流体输送机械。离心泵的主要构件有叶轮、泵壳和轴封，有些还有导轮等等，其结构如图 2-1 所示。图中所示的为安装于管路中的一台卧式单级单吸离心泵。图 2-1(a) 为其基本结构，图 2-1(b) 为其在管路中的示意图。在蜗牛形泵壳内，装有一个叶轮，叶轮与泵轴连在一起，可以与轴一起旋转，泵壳上有两个接口，一个在轴向，接吸入管，一个在切向，接排出管。通常，在吸入管口装有一个单向底阀，在排出管口装有一个调节阀，用来调节流量。

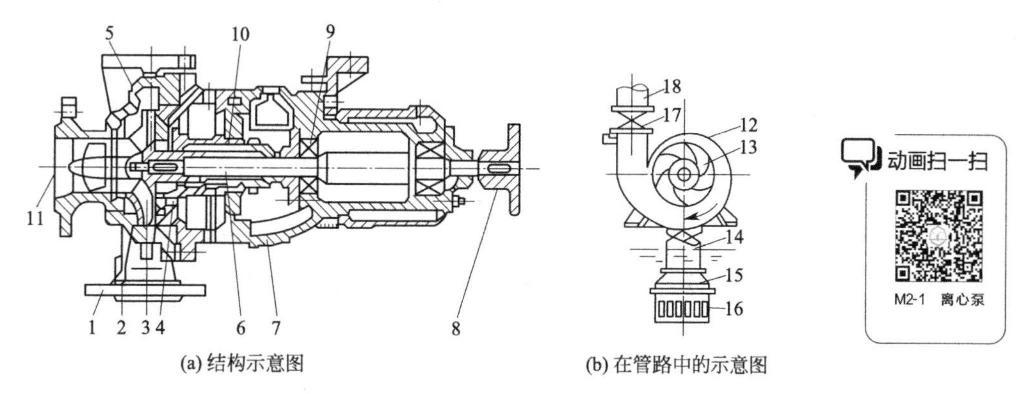

(a) 结构示意图　　(b) 在管路中的示意图

图 2-1　单级单吸离心泵的结构

1—泵体；2—叶轮；3—密封环；4—轴套；5—泵盖；6—泵轴；7—托架；8—联轴器；9—轴承；10—轴封装置；11—吸入口；12—蜗形泵壳；13—叶片；14—吸入管；15—底阀；16—滤网；17—调节阀；18—排出管

(1) 叶轮　叶轮是离心泵的核心构件，是在一圆盘上设置 4～12 个叶片构成的。其主要功能是将原动机械的机械能传给液体，使液体的动能与静压能均有所增加。生产中离心泵的叶片主要为后弯叶片。叶轮是液体获得能量的主要部件。

(2) 泵壳　泵壳将叶轮封闭在一定的空间，其的形状像蜗牛，因此又称为蜗壳。这种特殊的结构，使叶轮与泵壳之间的流动通道沿着叶轮旋转的方向逐渐增大，故从叶轮四周甩出的高速液体逐渐降低流速，并将液体导向排出管。因此，泵壳的作用就是汇集被叶轮甩出的液体，并在将液体导向排出口的过程中实现部分动能向静压能的转换。

为了减少液体离开叶轮时直接冲击泵壳而造成的能量损失，常常在叶轮与泵壳之间安装一个固定不动的导轮，如图 2-2 所示，导轮是位于叶轮外周固定的带叶片的环，为前弯叶片，叶片间逐渐扩大的通道，使进入泵壳的液体的流动方向逐渐改变，从而减少了能量损失，使动能向静压能的转换更加有效彻底。

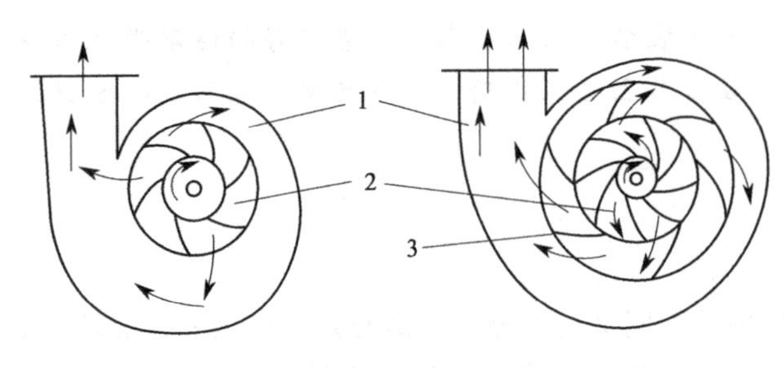

图 2-2　泵壳与导轮

1—泵壳；2—叶轮；3—导轮

（3）轴封装置　由于泵壳固定而泵轴是转动的，因此在泵轴与泵壳之间存在一定的空隙，为了防止泵内液体沿空隙漏出泵外或空气沿相反方向进入泵内，需要对空隙进行密封处理。用来实现泵轴与泵壳间密封的装置称为轴封装置。常用的密封方式有两种，即填料函密封与机械密封。

在离心泵工作前，先灌满被输送液体。当离心泵启动后，叶轮在泵轴的带动下高速旋转，受叶轮上叶片的约束，泵内流体与叶轮一起旋转，在离心力的作用下，液体被迫从叶轮中心向叶轮外缘运动，叶轮中心（吸入口）处因液体甩出而呈负压状态。这样，在吸入管的两端就形成了一定的压差，即吸入液面压力与泵吸入口压力之差，只要这一压差足够大，液体就会被吸入泵体内，这就是离心泵的吸液原理。此外，被叶轮甩出的液体，在从中心向外缘运动的过程中，动能与静压能均增加了，流体进入泵壳后，泵壳内逐渐增大的蜗形通道既有利于减少阻力损失，又有利于将部分动能转化为静压能，到泵出口处时压力达到最大，于是液体被压出离心泵，这就是离心泵的排液原理。离心泵的工作过程就是不断地吸入液体，液体在叶轮作用下获得能量，然后在泵壳内进行液体动能与静压能的转换，最后把高压的液体不断送出的过程。

2. 其他类型的泵

（1）往复泵　往复泵是一种容积式泵，主要构件有泵缸、活塞（或柱塞）、活塞杆及若干个单向阀等，如图 2-3 所示。泵缸、活塞及阀门间的空间称为工作室。活塞杆与传动机构相连接而做往复运动。当活塞从左向右移动时，工作室容积增加而压力下降，吸入阀在内外压差的作用下打开，液体被吸入泵内，而排出阀则因内外压力的作用而紧紧关闭；当活塞从右向左移动时，工作室容积减小而压力增加，排出阀在内外压差的作用下打开，液体被排到泵外，而吸入阀则因内外压力的作用而紧紧关闭。如此周而复始，实现泵的吸液与排液。

往复泵通过活塞或柱塞在缸体内的往复运动来改变工作容积，进而使液体的能量增加。主要适用于小流量、高扬程的场合，输送高黏度液体时效果要好于离心泵，但是不能输送腐蚀性液体和有固体粒子的悬浮液。化工生产中的活塞泵、柱塞泵、隔膜泵、计量泵等也都与往复泵的工作原理相同，属于同一类型的泵。

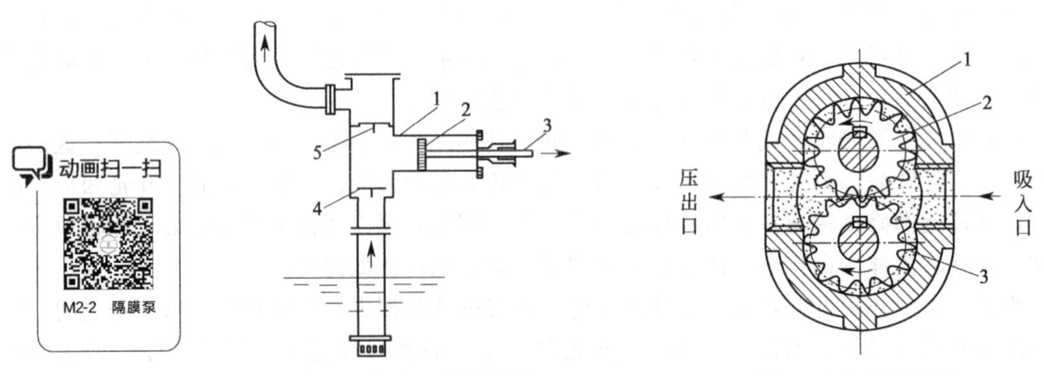

图 2-3　往复泵结构简图

1—泵缸；2—活塞；3—活塞杆；4—吸入阀；5—排出阀

图 2-4　齿轮泵结构

1—泵体；2—主动齿轮；3—从动齿轮

(2) 齿轮泵　齿轮泵是通过两个相互啮合的齿轮的转动对液体做功的，一个为主动轮，一个为从动轮。齿轮将泵壳与齿轮间的空隙分为两个工作室，其中一个因为齿轮的打开而呈负压与吸入管相连，完成吸液；另一个则因为齿轮啮合而呈正压与排出口相连，完成排液，如图 2-4 所示。

齿轮泵流量均匀，尺寸小而轻便，结构简单紧凑，坚固耐用，维护保养方便，扬程高而流量小，适用于输送黏稠液体以至膏状物，不宜输送黏度低的液体，不能输送含有固体粒子的悬浮液，以防齿轮磨损。

(3) 螺杆泵　螺杆泵属于转子容积泵，按螺杆根数，通常可分为单螺杆泵、双螺杆泵、三螺杆泵和五螺杆泵等几种，它们的工作原理基本相似，只是螺杆齿形的几何形状有所差异，适用范围有所不同。

图 2-5(a) 所示为单螺杆泵，螺杆在具有内螺纹的泵壳中偏心转动，将液体沿轴向推进，最终由排出口排出。图 2-5(b) 所示的双螺杆泵，实际上与齿轮泵十分相似，它利用两根相互啮合的螺杆来排送液体。液体从螺杆两端进入，由中央排出。图 2-5(c) 所示为三螺杆泵的结构，其主要零件是一个泵套和三根相互啮合的螺杆，其中一根与原动机连接的称主动螺杆（简称主杆），另外两根对称配置于主动螺杆的两侧，称为从动螺杆。这 4 个零件组装在一起就形成一个个彼此隔离的密封腔，把泵的吸入口与排出口隔开。当主动螺杆转动时，密封腔内的液体沿轴向移动，从吸入口被推至排出口。

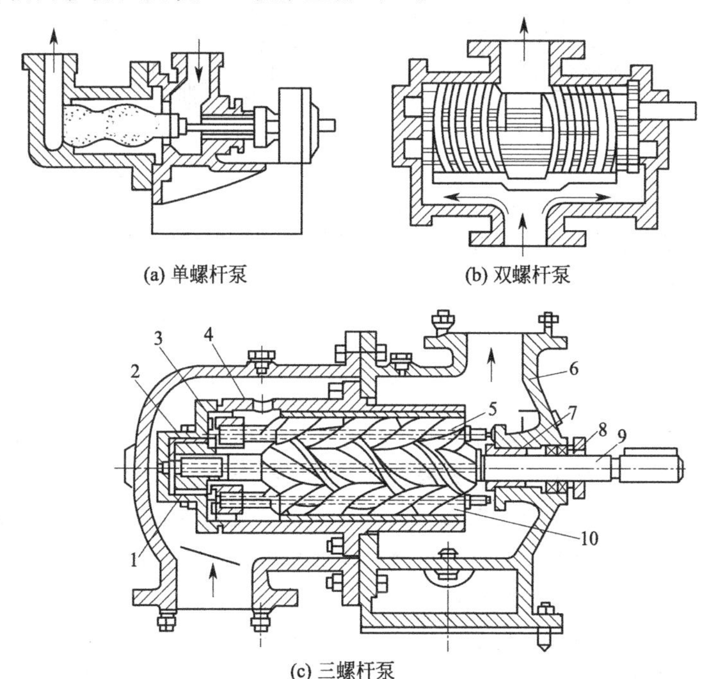

(a) 单螺杆泵　(b) 双螺杆泵

(c) 三螺杆泵

1—侧盖；2，3—轴承；4—衬套；5，10—从动螺杆；6—泵体；7—密封；8—压盖；9—主动螺杆

图 2-5　螺杆泵

螺杆泵在启动前应将排液管路中的阀门全部打开，泵的安装高度也必须低于其允许值。由于螺杆泵的流量与排出压力无关，因此流量调节采用旁路调节法。

螺杆泵的特点主要表现在：

① 压力和流量稳定，脉动很小。液体在泵内做连续而均匀的直线流动，无搅拌现象。

② 螺杆越长，则扬程越高。三螺杆泵具有较强的自吸能力，无需装置底阀或抽真空的

附属设备。

③ 相互啮合的螺杆磨损甚少，泵的使用寿命长。

④ 泵的噪声和振动极小，可在高速下运转。

⑤ 结构简单紧凑、拆装方便、体积小、重量轻。

⑥ 适用于输送不含固体颗粒的润滑性液体，可作为一般润滑油泵、输油泵、燃油泵、胶液输送泵和液压传动装置中的供压泵。在合成纤维、合成橡胶工业中应用较多。

（4）旋涡泵　旋涡泵也是依靠离心力对液体做功的泵，但其壳体是圆形而不是蜗牛形，因此易于加工，叶片很多，而且是径向的，吸入口与排出口在同侧并由隔舌隔开，如图 2-6 所示。工作时，液体在叶片间反复运动，多次接受原动机械的能量，因此能形成比离心泵更大的压头，而流量较小。旋涡泵扬程范围为 15～132m、流量范围为 0.36m^3/h～16.9m^3/h。由于流体在叶片间的反复运动，造成大量能量损失，因此效率低，为 15%～40%。

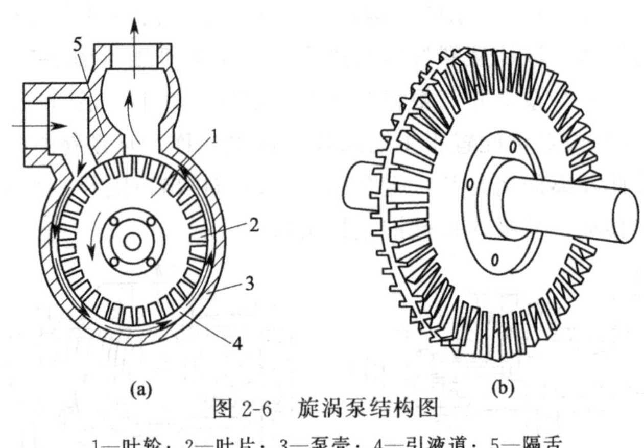

图 2-6　旋涡泵结构图

1—叶轮；2—叶片；3—泵壳；4—引液道；5—隔舌

旋涡泵适用于输送流量小而压头高、无腐蚀性和具有腐蚀性的无固体颗粒的液体。旋涡泵流量采用旁路调节。

知识拓展

磁力泵（即磁力驱动泵）是将永磁联轴的工作原理应用于离心泵，解决了普通离心泵泵轴泄漏的问题，具有全密封、无泄漏、耐腐蚀等特点。

磁力泵由泵、磁力传动器、电动机三部分组成。关键部件磁力传动器由外磁转子、内磁转子及不导磁的隔离套组成。当电动机带动外磁转子旋转时，磁场能穿透空气隙和非磁性物质，带动与叶轮相连的内磁转子作同步旋转，实现动力的无接触传递。由于泵轴、内磁转子被泵体、隔离套完全封闭，从而彻底解决了“跑、冒、滴、漏”问题，消除了炼油化工行业易燃、易爆、有毒、有害介质通过泵密封泄漏的安全隐患，在炼油化工行业得到推广应用。

三、气体输送机械

气体输送机械主要用于克服气体在管路中流动的阻力和管路两端的压强差以输送气体，或产生一定的高压或真空以满足工艺过程的需求。由于气体是可以压缩的流体，故在输送机械内部不仅气体压力发生变化，体积和温度也会随之变化，这对气体输送机械的结构和形状有较大影响。

气体输送机械一般以出口压强（表压）或压缩比（指出口与进口压强之比）的大小分类：

（1）通风机　出口压强不大于15kPa，压缩比为1～1.15；

（2）鼓风机　出口压强15～300kPa，压缩比小于4；

（3）压缩机　出口压强大于300kPa，压缩比大于4；

（4）真空泵　在容器或设备内制造真空（将其内的气体抽出），出口压强为大气压或略高于大气压。

1. 通风机（轴流式、离心式）

通风机是依靠输入的机械能，提高气体压力并排送气体的机械，它是一种从动的流体机械。广泛用于设备及环境的通风、排尘和冷却等。按气体流动的方向，通风机可分为轴流式、离心式、斜流式和横流式等类型。

（1）轴流式通风机　轴流式通风机主要由圆筒型机壳及带螺旋桨式叶片的叶轮构成，如图2-7所示。由于流体进入和离开叶轮都是轴向的，故称为轴流式通风机。工作时，原动机械驱动叶轮在圆筒形机壳内旋转，气体从集流器进入，通过叶轮获得能量，提高压力和速度，然后沿轴向排出。

(a) 小型低压轴流通风机

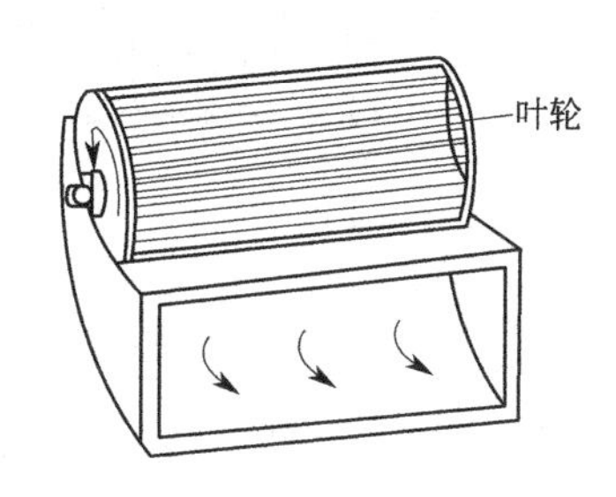

(b) 大型高压轴流通风机

图2-7　两种轴流式通风机

小型低压轴流通风机［图2-7(a)］由叶轮、机壳和集流器等部件组成，通常安装在建筑物的墙壁或天花板上；大型高压轴流通风机［图2-7(b)］由集流器、叶轮、流线体、机壳、扩散筒和传动部件组成。叶片均匀布置在轮毂上，数目一般为2～24。叶片越多，风压越高；叶片安装角一般为10°～45°，安装角越大，风量和风压越大。轴流式通风机具有风压低、风量大的特点，用于工厂、仓库、办公室、住宅等地方的通风换气。

（2）离心式通风机　离心式通风机的结构及原理均与离心泵相似，如图2-8所示。主要由叶轮和机壳组成。工作时，原动机械驱动叶轮在蜗形机壳内旋转，气体经吸气口从叶轮中心处吸入。由于叶片对气体的动力作用，气体压力和速度得以提高，并在离心力作用下沿着叶道甩向机壳，从排气口排出。因气体在叶轮内的流动主要是在径向平面内，故又称径流通风机。

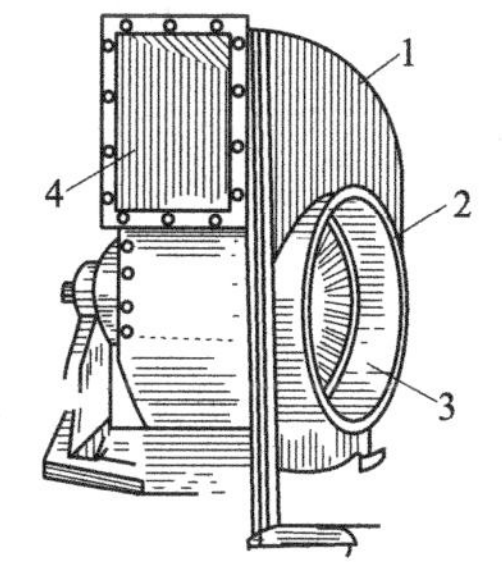

图2-8　离心式通风机

1—机壳；2—叶轮；3—吸入口；4—排出口

叶轮是通风机的主要部件，它的几何形状、尺寸、叶片数目和制造精度对性能有很大影响。叶轮经静平衡或动平衡校正才能保证通风机平稳地转动。按叶片出口方向的不同，叶轮分为前向、径向和后向三种型式。前向叶轮的叶片顶部向叶轮旋转的方向倾斜；径向叶轮的叶片顶部是向径向的，又分直叶片式和曲线形叶片；后向叶轮的叶片顶部向叶轮旋转的反向倾斜。

根据所生产的压头大小，可将离心式通风机分为：

① 低压离心通风机：出口风压低于 0.9807×10^3 Pa（表压）；

② 中压离心通风机：出口风压为 $0.9807\times10^3\sim2.942\times10^3$ Pa（表压）；

③ 高压离心通风机：出口风压为 $2.942\times10^3\sim14.7\times10^3$ Pa（表压）。

同轴流式通风机相比，离心式通风机具有流量小、压头大的特点，前者的风压约为 9.8×10^{-3} MPa，后者风压则可达到 0.2MPa；在安装上，轴流式通风机的叶轮多为裸露安装，离心式通风机的叶轮多采用封闭安装。

2. 鼓风机（离心式、罗茨）

（1）离心式鼓风机　离心式鼓风机又称透平鼓风机，常采用多级（级数范围为 2～9 级），故其基本结构和工作原理与多级离心泵较为相似。如图 2-9 所示的为五级离心式鼓风机，气体由吸气口吸入后，经过第一级的叶轮和第一级扩压器，然后转入第二级叶轮入口。再依次逐级通过以后的叶轮和扩压器，最后经过蜗形壳由排气口排出，其出口表压力可达 300kPa。

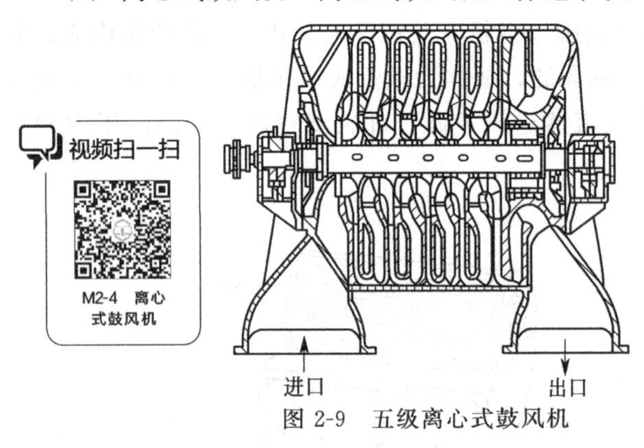

图 2-9　五级离心式鼓风机

由于在离心式鼓风机中气体的压缩比不大，所以无需设置冷却装置，各级叶轮的直径也大致相等。

（2）罗茨鼓风机　罗茨鼓风机是两个相同转子形成的一种压缩机械，转子的轴线互相平行，转子之间、转子与机壳之间均具有微小的间隙，避免相互接触，借助两转子反向旋转，使机壳内形成两个空间，即低压区和高压区。气体由低压区进入，从高压区排出，如图 2-10 所示。改变转子的旋转方向，吸入口和压出口互换。由于转子之间、转子与机壳之间间隙很小，所以运行时不需要往气缸内注润滑油，不需要油气分离器辅助设备。转子之间不存在机械摩擦，因此具有机械效率高、整体发热少、输出气体清洁、使用寿命长等优点。一般在要求输送量不大，压力在 $9.8\times10^3\sim1.96\times10^4$ Pa 范围内的场合使用，特别适用于要求流量稳定的场合。

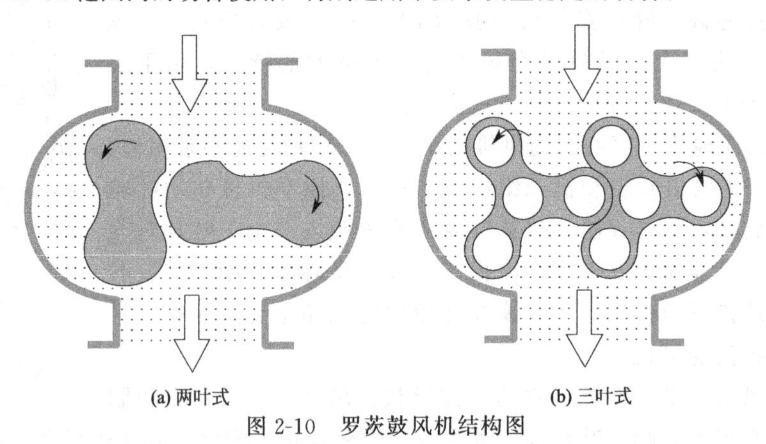

(a) 两叶式　　(b) 三叶式

图 2-10　罗茨鼓风机结构图

罗茨鼓风机属于容积式风机，输出的风量与转速成正比，而与出口压力无关，分为两叶式和三叶式两种，见图 2-10。工作时，叶片在机体内通过同步齿轮作用，相对反向等速旋转，使吸气跟排气隔绝，叶片旋转形成内压缩，将机体内的气体由进气腔推送至排气腔，排出气体达到鼓风的目的。两叶式鼓风机［图 2-10(a)］叶片旋转一周，进行 2 次吸、排气；三叶式鼓风机［图 2-10(b)］叶片转动一周进行 3 次吸、排气，机壳采用螺旋线形结构，与二叶型鼓风机相比，具有气流脉动变少、负荷变化小、噪声低、振动小、叶轴一体结构、不易出故障等优点。

罗茨鼓风机的出口应安装气体稳压罐与安全阀，流量采用旁路调节。出口阀不能完全关闭。操作温度不能超过 85℃，否则会引起转子受热膨胀，发生碰撞。

3. 压缩机（往复式、离心式）

（1）往复式压缩机　往复式压缩机的构造与工作原理与往复泵相似，主要由气缸、活塞、活门构成，也是通过活塞的往复运动对气体做功，但是其工作过程与往复泵不同，因为气体进出压缩机的过程完全是一个热力学过程。另外，由于气体本身没有润滑作用，因此必须使用润滑油以保持良好的润滑，为了及时除去压缩过程产生的热量，缸外必须设冷却水夹套，活门要灵活、紧凑和严密。

如图 2-11 所示，往复压缩机的实际工作循环分为四个阶段。活塞从最右侧向左运动，完成了压缩阶段及排气阶段后，达到气缸最左端。当活塞从左向右运动时，因有余隙存在，进行的不再是吸气阶段，而是膨胀阶段，即余隙内压力为 p_2 的高压气体因体积增加而压力下降，如图 2-11 中曲线 CD 所示，直至其压力降至吸入气压 p_1（图 2-11 中点 D），吸入活门打开，在恒定的压力以下进行吸气过程，当活塞回复到气缸的最右端截面（图 2-11 中点 A）时，完成一个工作循环。

往复式压缩机的实际压缩循环是由压缩、排气、膨胀、吸气四个过程所组成。在每一循环中，尽管活塞在气缸内扫过的体积为 (V_1-V_3)，但一个循环所能吸入的气体体积为 (V_1-V_4)。与无余隙的理想工作循环相比，由于余隙的存在，实际吸气量减少了，而且功耗也增加了，因此应尽量减少余隙。

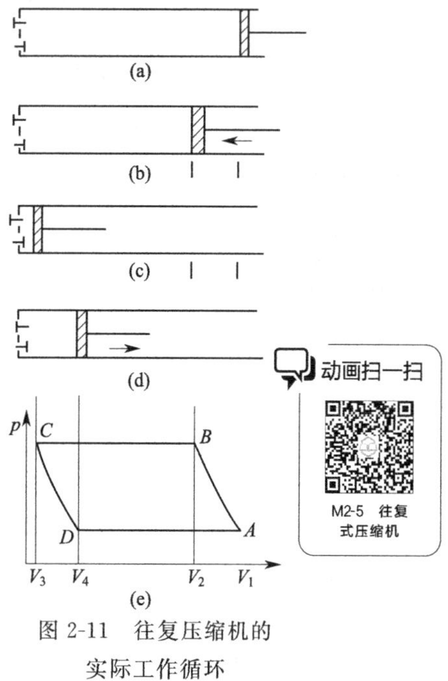

图 2-11　往复压缩机的实际工作循环

根据气体压缩的基本原理，气体在压缩过程中，排出气体的温度总是高于吸入气体的温度，上升幅度取决于过程性质及压缩比。

如果压缩比过大，则能造成出口温度很高，温度过高有可能使润滑油变稀或着火，且造成功耗增加等。因此，当压缩比大于 8 时，常采用多级压缩，以降低压缩机功耗及避免出口温度过高。所谓多级压缩是指气体连续并依次经过若干个气缸压缩，达到需要的压缩比的压缩过程。每经过一次压缩，称为一级，级间设置冷却器及油水分离器。理论证明，当每级压缩比相同时，多级压缩所消耗的功最少。

（2）离心式压缩机　离心式压缩机又称为透平压缩机。其主要特点是转速高（可达 10000r/min 以上）、运转平稳、气量大、风压较高。在化工生产中对一些压力要求不太大而排气量很大的情况应用得越来越多。

离心式压缩机的结构和工作原理和与多级离心鼓风机相似，只是级数更多些（通常在十级以上）、结构更精密些。气体在叶轮带动下作旋转运动，通过离心力的作用使气体的压力逐级增高，

最后可以达到较高的排气压力。叶轮转速高，一般在 5000r/min 以上，因此可以产生很高的出口压强。目前离心式压缩机的送气量可以达到 3500m^3/min，出口最大压力可以达到 70MPa。

如图 2-12 所示的是离心式压缩机的典型结构示意图，主轴与叶轮均由合金钢制成。气体经吸入管进入到第一个叶轮内，在离心力的作用下，其压力和速度都得到提高。在每级叶轮之间设有扩压器，在从一级压向另一级的过程中，气体在蜗形通道中部分动能转化为静压能，进一步提高了气体的压力。经过逐级增压作用，气体最后将以较大的压力经与蜗壳相连的压出管向外排出。

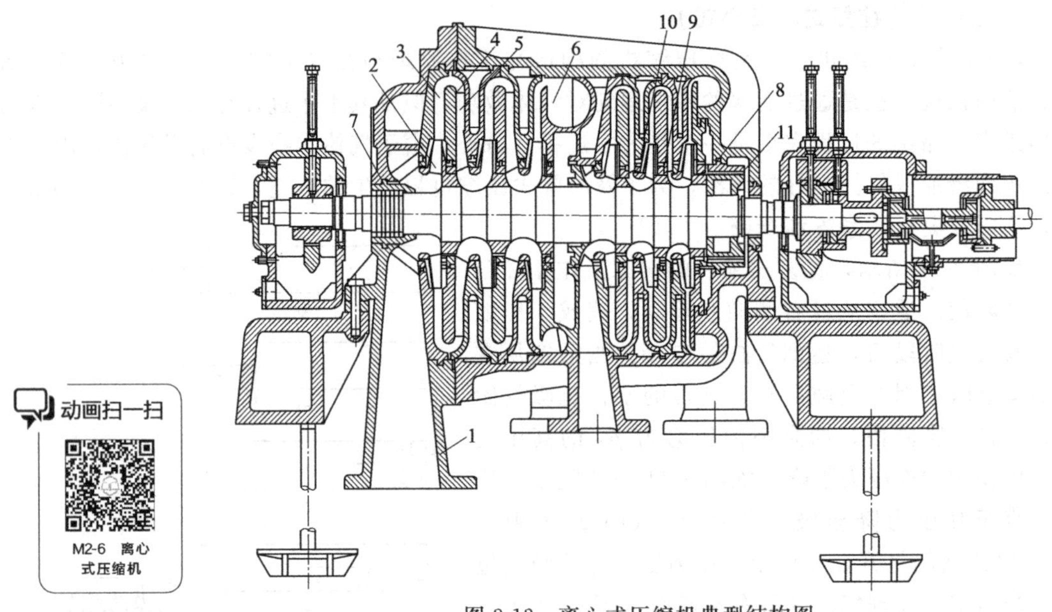

图 2-12 离心式压缩机典型结构图

1—吸入管；2—叶轮；3—扩压器；4—弯道；5—回流器；
6—蜗壳；7，8—轴端密封；9—隔板密封；10—轮盖密封；11—平衡盘

由于气体的压力增高较多，气体的体积变化较大，所以叶轮的直径应制成大小不同的。一般是将其分成几段，每段可设置几级，每段叶轮的直径和宽度依次缩小。段与段之间设置中间冷却器，以避免气体的温度过高。

与往复式压缩机相比较，离心式压缩机具有体积小、重量轻、占地少、运转平稳、排量大而均匀、操作维修简便等优点，但也存在着制造精度要求高、加工难度大、给气量变动时压力不稳定、负荷不足时效率显著下降等缺点。

4. 真空泵

真空泵是将设备内大气压以下的低压气体经过压缩而排向大气的设备。真空泵的型式很多，如往复式真空泵、水环真空泵、喷射式真空泵等。真空泵可分为干式和湿式两种，干式真空泵只能从容器中抽出干燥气体，通常可以达到 96%～99.9%真空度；湿式真空泵在抽吸气体时，允许带有较多的液体，它只能产生 85%～90%真空度。

(1) 往复式真空泵　往复式真空泵是一种干式真空泵，其构造和工作原理与往复式压缩机相同，但它们的用途不同。压缩机是为了提高气体的压力；而真空泵则是为了降低入口处气体的压力，从而得到尽可能高的真空度，这就希望机器内部的气体排除得越完全、越彻底越好。因此，往复式真空泵的结构与往复式压缩机相比较有如下不同之处。

① 采用的吸、排气阀（俗称“活门”）要求比压缩机更轻巧，启闭更方便；所以，它

的阀片都较压缩机的要薄，阀片弹簧也较小。

② 要尽量降低余隙的影响，提高操作的连贯性。在气缸左右两端设置平衡气道是一种有效的措施，平衡气道的结构非常简单，可以在气缸壁面加工出一个凹槽（或在气缸左右两端连接一根装有连动阀的平衡管），使活塞在排气终结时，让气缸两端通过凹槽（或平衡管）连通一段很短的时间，使得余隙中残留的气体从活塞一侧流向另一侧，从而降低余隙中气体的压力，缩短余隙气体的膨胀时间，提高操作的连贯性。

往复式真空泵和往复式压缩机一样，在气缸外壁也需采用冷却装置，以除去气体压缩和部件摩擦所产生的热量。此外，往复式真空泵是一种干式真空泵，操作时必须采取有效措施，以防止抽吸气体中带有液体，否则会造成严重的设备事故。

国产的往复式真空泵，以 W 为其系列代号，有 W-1 型～W-5 型共五种规格，其抽气量为 60～770m^3/h，系统绝对压力可降低至 1×10^{-4}MPa 以下。

由于往复式真空泵存在转速低、排量不均匀、结构复杂、易于磨损等缺陷，近年来已有被其他型式的真空泵取代的趋势。

（2）水环真空泵　图 2-13 所示为水环真空泵，外壳中偏心地安装叶轮，叶轮上有许多辐射状的径向叶片，运转前，泵内充有约一半容积的水。当叶轮旋转时，形成的水环内圆正好与叶轮在叶片根部相切，使机内形成一个月牙截面的空间，此空间被叶片分隔成许多大小不等的小室。当叶轮逆时针旋转时，由于水的活塞作用，左边的小室逐渐增大，气体由吸入口进入机内，右边的小室逐渐缩小，气体从出口排出。

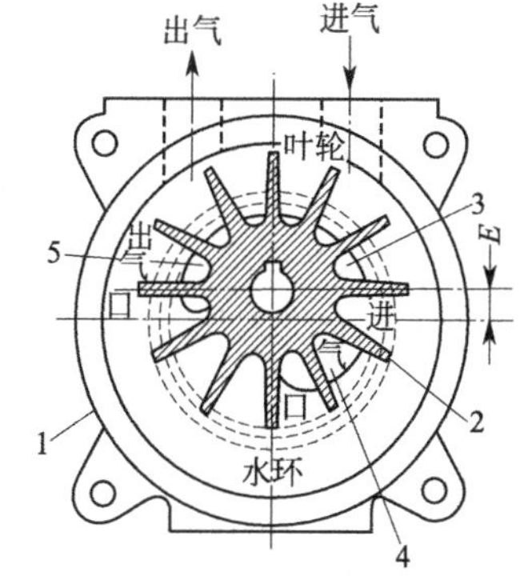

图 2-13　水环真空泵

1—外壳；2—叶片；3—水环；4—吸入口；5—排出口

水环真空泵属湿式真空泵，最高真空度可达 84.3kPa 左右。当被抽吸的气体不宜与水接触时，泵内可充以其他液体，故又称为液环真空泵。这种泵结构简单、紧凑，易于制造和维修，由于旋转部分没有机械摩擦，故使用寿命较长，操作性能可靠。适宜抽吸含有液体的气体，尤其在抽吸有腐蚀性和爆炸性气体时更为适宜。但其效率较低，为 30%～50%，所能造成的真空度受泵体中液体的温度（或饱和蒸汽压）所限制。

（3）喷射式真空泵　喷射泵是利用流体流动时的静压能与动能相互转换的原理来吸、排流体的，它既可用于吸送气体，也可用于吸送液体。其构造简单、紧凑，没有运动部件，可采用各种材料制造，适应性强。但是其效率很低、工作流体消耗量大，且由于系统流体与工作流体相混合，因而其应用范围受到一定限制。故一般多作真空泵使用，而不作为输送设备

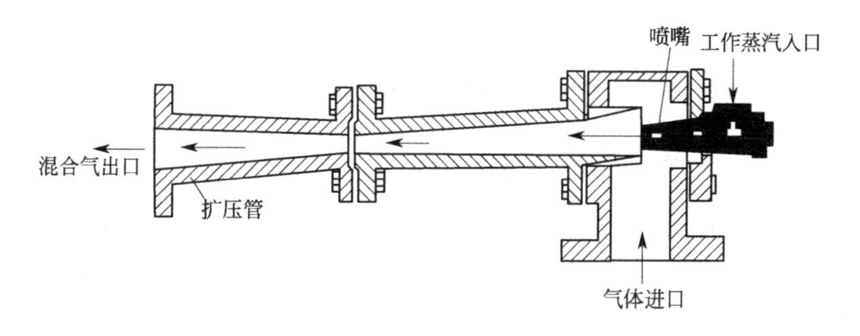

图 2-14　单级蒸汽喷射泵

用。在化工厂中，喷射泵常用于抽真空，故又称为喷射式真空泵，其工作流体可以是蒸汽也可以是液体。

① 蒸汽喷射泵。图 2-14 所示的为单级蒸汽喷射泵。工作蒸汽在高压下以很高的速度从喷嘴喷出，在喷射过程中，蒸汽的静压能转变为动能，产生低压，将气体从吸入口吸入。吸入的气体与蒸汽混合后进入扩散管，速度逐渐降低，压力随之升高，而后从压出口排出。

蒸汽喷射泵可使系统的绝对压力低至 4～5.4kPa，用于产生高真空较为经济。

单级蒸汽喷射泵仅能获得 90%的真空。若要得到 95%以上的真空，可将几个喷射泵串联起来使用。如五级蒸汽喷射泵则可使系统的绝对压力降低至 0.13～0.007kPa。

② 水喷射真空泵。在化工生产中，当要求的真空度不太高时，也可以用以一定压力的水作为工作流体的水喷射泵产生真空，水喷射速度一般在 15～30m/s。图 2-15 所示为水喷射真空泵。利用它可从设备中抽出水蒸气并加以冷凝，使设备内维持真空。水喷射真空泵的效率通常在 30%以下，但其结构简单，能源普遍。虽比蒸汽喷射泵所产生的真空度低，但由于它具有产生真空和冷凝蒸汽的双重作用，故被广泛适用于真空蒸发设备，既作为冷凝器又作为真空泵，所以也常称其为水喷射冷凝器。

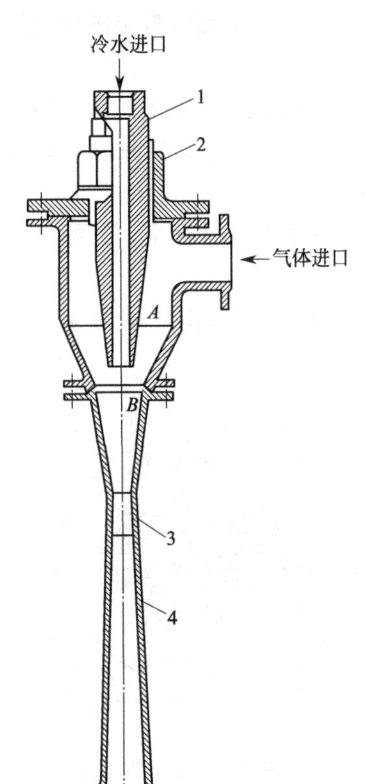

图 2-15　水喷射真空泵

1—喷嘴；2—螺母；3—喉管；4—扩压管

一般，真空泵的主要性能参数有：

i. 极限真空度或残余压力，指真空泵所能达到的最高真空度；

ii. 抽气速率，是指单位时间内真空泵在残余压力和温度条件下所能吸入的气体体积，即真空泵的生产能力，单位 m^3/h。

选用真空泵时，应根据生产任务对两个指标的要求，并结合实际情况选定适当的类型和规格。

第二节　传　热

在石油化工生产中，经常要对原料和产品进行加热、冷却、蒸发、冷凝、沸腾等操作，为了避免设备的热损失往往要对设备进行绝热、保温处理，这些过程都涉及热量的传递。热量由高温物体向低温物体的传递过程，统称为传热过程。

一、传热在化工生产中的应用

由热力学第二定律可知，凡是存在温度差的地方就有热量传递。传热不仅是自然界普遍存在的现象，而且在科学技术、工业生产以及日常生活中都占有很重要的地位，与化学工业的关系尤其密切。无论是化工生产中的化学反应，还是单元操作，几乎都伴有传热。传热在化工生产中的应用主要有以下几方面。

【火炕】

火炕又简称炕，是中国北方居室中常见的一种取暖设备。砌砖块或土坯为长方台，上铺褥席，其下中空，有孔道与烟囱相通，可烧火以取暖。炕面散发热量，保持室内较高的温度。保定市徐水县东黑山村的东黑山遗址中发现的火炕，其年代最早可到西汉早、中期，是我国古老的传热设备之一。

1. 化学反应中的传热

化学反应通常要在一定的温度下进行，为了达到并保持一定的温度，就需要向反应器输入或移出热量。例如，某化学反应需要较高的反应温度，就要对原料进行加热，使之达到要求的反应温度；如果是放热反应，还必须及时从系统中移走热量来维持需要的温度；如果是吸热反应，又要及时补充热量。

2. 化工单元操作中的传热

在某些单元操作（如蒸发、蒸馏、结晶和干燥等）中，常常需要输入或输出热量，才能保证操作的正常进行。

3. 化工生产中热能的合理利用和余热的回收

化工生产中的化学反应大都是放热反应，放出的热量可以回收利用，以降低能量消耗。例如合成氨的反应温度很高，有大量的余热要回收，通常可设置余热锅炉生产蒸汽甚至发电。

4. 减少设备的热量（或冷量）的损失

化工生产中的设备和管道往往需要进行保温，以减少设备的热量（或冷量）的损失，降低操作费用，并且提高劳动保护条件。

一般来说，传热设备在化工厂的设备投资中可占到40%左右，而且它们的能量消耗也是相当可观的。传热是化工中重要的单元操作之一，了解和掌握传热的基本规律，在化学工程中具有很重要的意义。

化工生产过程中对传热的要求经常有以下两种情况：一种是强化传热，即要求传热快些。例如换热设备中的传热，如果传热面积一定，那么传热快，可使生产能力提高；如果生产能力一定，则需要的传热面积减少，可使设备费降低。另一种是削弱传热，例如对高、低温设备或管道进行保温，以减少热量（或冷量）的损失，以使操作费降低。

二、热量传递的基本方式

根据传热机理的不同，热量传递有三种基本方式：热传导、对流传热和热辐射。不管以何种方式传热，净的热量总是由高温处向低温处传递。

【低温热管技术】

青藏铁路是我国建设的世界上海拔最高且跨度最长的高原冻土铁路，为了解决青藏铁路建设过程中冻土层在夏天融沉和冬天冻胀的问题，我国科学家创造性的开发出了神奇的低温热管技术。该技术利用低温热管的单向导热作用，不仅在冬天强化了冻土层的冷冻过程，而且在夏天又不会增加冻土层的融化过程，从而保证了冻土路基的长期稳定，使冻土地区的运行速度始终保持在100km/h，远远超过世界同类铁路40km/h的平均速度。如今，我国的低温热管技术已经成功推广到了俄罗斯和加拿大等“一带一路”沿线国家。

1. 热传导

由于物质的分子、原子或自由电子等微观粒子的热运动而引起的热量传递称为热传导，简称导热。热传导的条件是系统内存在温度差。热传导在固体、液体和气体中均可进行，但它们的导热机理各不相同。在气体中，热传导是由分子的不规则热运动引起的；在大部分液体和不良导电固体中，热传导是靠分子或晶格的振动来实现的；在良好导体中，热传导主要依靠自由电子的运动而进行。在良好导体中有相当多的自由电子在运动，所以良好的导体往往是良好的导热体，这也说明了为什么金属的导热性好。热传导不能在真空中进行。

2. 对流传热

对流传热是指流体内部质点发生相对位移而引起的热量传递过程，又称为热对流。根据使质点发生相对位移的原因不同，对流传热又可分为强制对流传热和自然对流传热。若流体质点的运动是因机械外力（如泵、风机或搅拌等）所致的，称为强制对流传热；若流体质点的运动是因为流体内部各部分温度的不同而产生密度差所引起的，称为自然对流传热。在强制对流传热的同时，一般也伴随着自然对流传热，一般强制对流传热的速率比自然对流传热的速率大得多。

在化工传热过程中，往往并非以单纯的对流方式传热，而是以流体流过固体壁面时发生的对流传热和导热联合作用的传热，即流体与固体壁面间的传热过程，通常也将其称为对流传热（或称给热）。一般并不讨论单纯的热对流，而是着重讨论具有实际意义的对流给热。

3. 热辐射

因热的原因发出辐射能并在周围空间传播而引起的传热，称为热辐射。它是一种以电磁波传播能量的现象。热辐射可以不需要任何媒介，即可以在真空中传播。热辐射不仅有能量的传递，而且还有能量形式的转移，即在放热处，物体将热能转变成辐射能，以电磁波的形式在空中传递，当遇到另一个能吸收辐射能的物体时，即被其部分或全部吸收并转变为热能。这是热辐射不同于其他传热方式的两个特点。应予指出，任何温度在绝对零度以上的物体都能发射辐射能，但是只有在物体温度较高时，热辐射才能成为主要的传热方式。

实际上，这三种传热方式很少单独存在，而经常是两种或三种传热方式的组合。如生产中普遍使用的间壁式换热器中的传热，主要是以热对流和热传导相结合的方式进行的。

三、工业上常见的换热方式

在化工生产过程中，传热通常是在冷、热两种流体间进行的。根据热交换方式的不同，工业上的换热可分为如下几种方式。

1. 直接接触式换热（又称为混合式换热）

直接接触式换热就是冷、热流体在换热设备中直接混合进行换热。这种换热方式的优点是传热效果好，设备结构简单，适用于两流体允许直接混合的场合。常用于气体的冷却或水蒸气的冷凝等，例如在凉水塔、洗涤塔、喷射冷凝器等设备中进行的换热均属于直接接触式换热。

2. 蓄热式换热

蓄热式换热使用的设备称为蓄热式换热器，简称蓄热器，蓄热器内填充耐火砖等热容量大的蓄热体。冷、热流体交替通过同一蓄热器，可通过蓄热体将从热流体来的热量，传递给冷流体，达到换热的目的。它的优点是设备结构简单，可耐高温，常用于高温气体的加热、气体的余热和冷量的利用，如蓄热式裂解炉中的换热就属于蓄热式换热。其缺点是设备体积庞大，并且两种流体交替流过时难免会有一定程度的混合，所以在化工生产中使用得不太多。通常在生产中采用两个并联的蓄热器交替地使用，如图 2-16 所示。

3. 间壁式换热

因为化工工艺上一般不允许冷、热流体直接接触，所以在化工生产中遇到的多是间壁两侧流体间的换热，即冷、热两种流体被固体壁面隔开，互不接触，热量由热流体通过壁面传给冷流体。间壁必须用导热性能好的材料制成，以减小传热阻力。

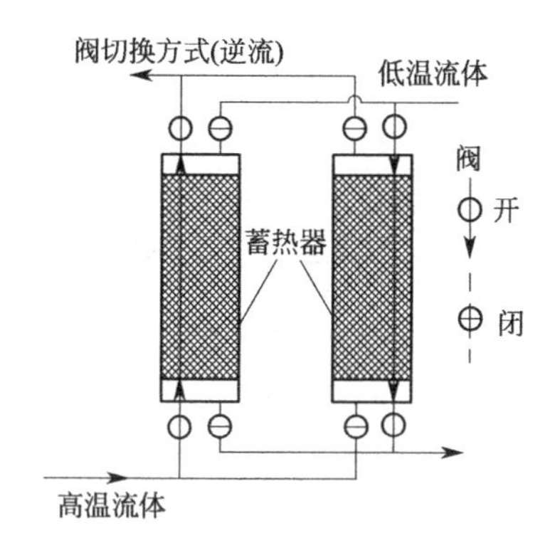

图 2-16　蓄热式换热器

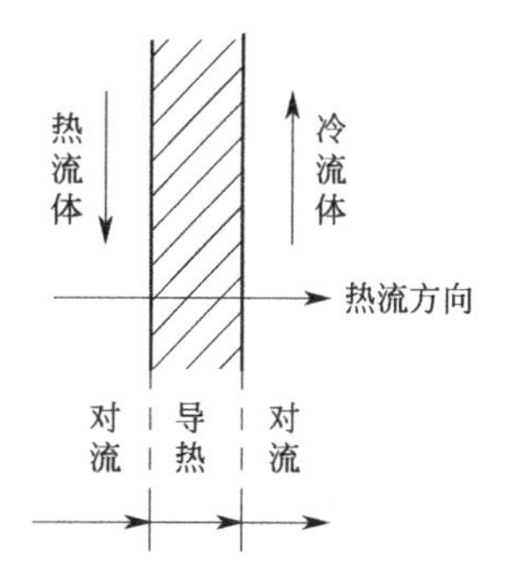

图 2-17　间壁两侧流体间的传热过程

如图 2-17 所示，冷、热流体分别在固体间壁的两侧，热交换过程包括以下三个串联的传热过程：

① 热流体以对流传热（给热）方式把热量传递给与之接触的一侧壁面；

② 间壁两侧温度不等，热量从热流体一侧壁面以导热方式传递给另一侧；

③ 冷流体一侧的壁面以对流传热方式把热量传递给冷流体。

四、间壁式换热器

要实现热量的交换，需要用到一定的设备，这种用于热量交换的设备称为热量交换器，简称换热器。间壁式换热器是化工生产中应用最多、最广的一类换热器，下面着重进行讨论。生产中使用的间壁式换热器通常分为管式间壁式换热器和板式间壁式换热器两类。

1. 管式间壁式换热器

（1）套管换热器　套管换热器是由两种直径不同的直管组成的同心套管，将几段套管用 U 形管连接起来，其结构如图 2-18 所示。每一段套管称为一程，程数可根据传热要求增减。一种流体在内管内流动，而另一种流体在内外管间的环隙中流动，两种流体通过内管的管壁传热。

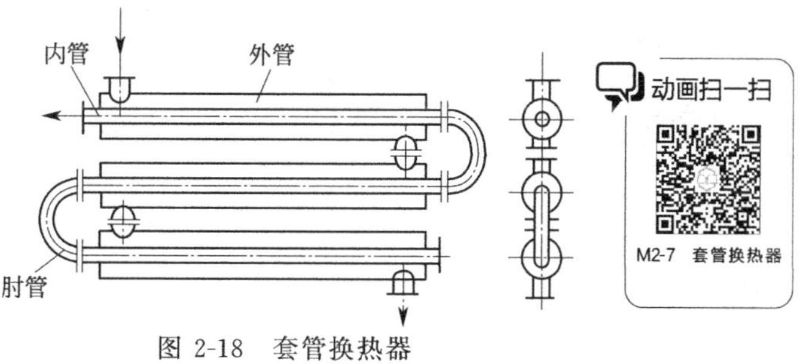

图 2-18　套管换热器

套管换热器的优点是结构简单，加工方便；能耐高压；传热面积可根据需要增减；适当地选择内管和外管的直径，可使两种流体都达到较高的流速，从而提高传热系数；而且两种流体可以严格作逆流流动，平均温差也为最大。其缺点主要有接头多而易漏；单位长度传热面积较小，金属消耗量大；结构不紧凑，占地较大。因此它比较适用于流量不大、所需传热面积不大且要求压强较高或传热效果较好的场合。

(2) 蛇管换热器　蛇管换热器根据操作方式不同，可分为沉浸式和喷淋式两类。

① 沉浸式蛇管换热器。它通常由金属管子弯绕而成，制成适应容器所需要的形状，沉浸在容器内的液体中。两种流体分别在蛇管内、外流动而进行换热。几种常用的沉浸式蛇管换热器的形式如图 2-19 所示。

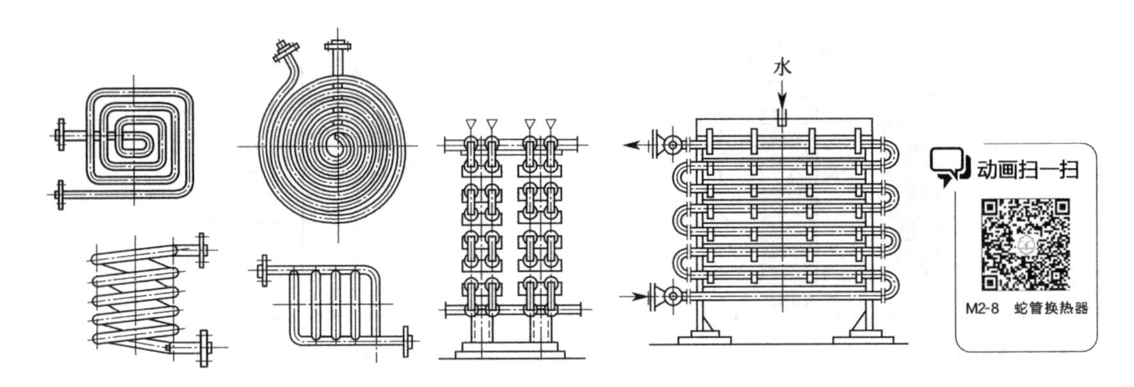

图 2-19　沉浸式蛇管的形式　　　　图 2-20　喷淋式蛇管换热器

此类换热器的优点是结构简单，造价低廉，便于防腐，能承受高压。它的主要缺点是蛇管外对流传热系数小，为了强化传热，容器内常需加搅拌或减小管外空间。

② 喷淋式蛇管换热器。此类换热器多用于冷却或冷凝管内热流体。结构如图 2-20 所示，将蛇管成排地垂直固定在支架上，冷却水从蛇管上方的喷淋装置均匀地喷洒在各排蛇管上，并沿着管外表面淋下，热流体走管内，与外面的冷却水进行换热。在下流过程中，冷却水可收集再进行重新分配。

与沉浸式蛇管换热器相比，喷淋式蛇管换热器具有检修和清洗方便，传热效果好等优点。另外，该装置通常放置在室外通风处，冷却水在空气中汽化时，可以带走部分热量，以提高冷却效果。其最大缺点是冷却水喷淋不易均匀而影响传热效果，同时喷淋式蛇管换热器只能安装在室外，要定期清除管外积垢。

(3) 列管式换热器　列管式换热器又称为管壳式换热器，已有较长的历史，至今仍是应用最广泛的一种换热设备。与前面提到的几种间壁式换热器相比，单位体积的设备所能提供的传热面积要大得多，传热效果也较好。由于结构简单、坚固耐用、用材广泛、适应性较强等优点，列管换热器在生产中得到了广泛的应用。

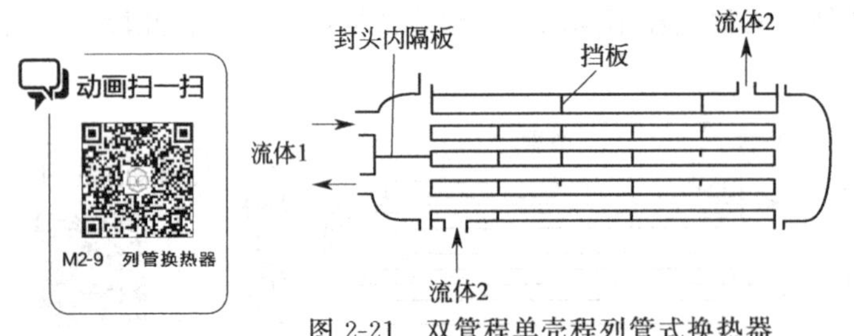

图 2-21　双管程单壳程列管式换热器

列管换热器主要由壳体、管束、管板和封头等部件构成，结构如图 2-21 所示。操作时一流体由封头一端的入口进入换热器内，经封头与管板间的空间（分配室）分配至各管内，流过管束后，由另一端封头的出口流出换热器。另一流体由壳体一端上的接管进入，壳体内装有若干块折流挡板，使流体在壳与管束间沿挡板作反复转折流动，而从壳体的另一端接管流出。通常，将流经管内的流体称为管程流体；将流经管外的流体称为壳程流体。

当管内流体的流速过低，影响传热速率时，为了提高管内流速，可在换热器封头内装置隔板，将全部换热管分隔成若干组，流体每次只流过一组管，然后折回进入另一组管，依次往返流过各组管，最后由出口处流出。流过一组管称为一程，流体来回流过几次就称为几管程。采用多管程，虽然能提高管内流体的流速而使对流传热系数增大，但同时也使其阻力损失增大，并且平均温差会降低，因此管程数不宜太多，一般为二、四管程。在壳体内，也可在与管束轴线平行的方向设置横向隔板使壳程分为多程，但是由于制造、安装及维修上的困难，工程上较少使用。往往在壳体内安装一定数目的与管束垂直的折流挡板，这样既可提高壳程流体流速，同时也迫使流体多次垂直流过管束，增大湍动程度，以改善壳程传热。

2. 板式间壁式换热器

（1）夹套换热器　这种换热器构造简单，如图 2-22 所示。它由一个装在容器外部的夹套构成，在夹套和器壁间的空间加载热体，容器内的物料与夹套内的介质通过器壁进行换热。夹套换热器主要应用于反应过程的加热和冷却。在用蒸汽进行加热时，蒸汽由上部进入夹套，冷凝液则由下部流出。夹套内通液体载热体时，应从下部进入，从上部流出。其缺点是传热面积受容器壁面限制而较小，器内流体处于自然对流状态，而使传热效率低，夹套内部清洗困难。

（2）平板式换热器　平板式换热器简称板式换热器，结构如图 2-23 所示。它由一组长方形的薄金属板平行排列，夹紧组装于支架上面构成，两相邻板片的边缘衬有垫片，压紧后可达到密封的目的，且可用垫片的厚度调节两板间流体通道的大小。每块板的四个角上各开一个圆孔，两个对角方向的孔和板面一侧的流道相通，另两个孔则和板面另一侧的流道相通，这样使两流体分别在同一块板的两侧流过，通过板面进行换热。金属板面冲压成凹凸规则的波纹（常见的波纹形状有水平波纹、人字形波纹和圆弧形波纹等，如图 2-24 所示），以使流体均匀流过板面，增加传热面积，并促使流体湍动，有利于传热。

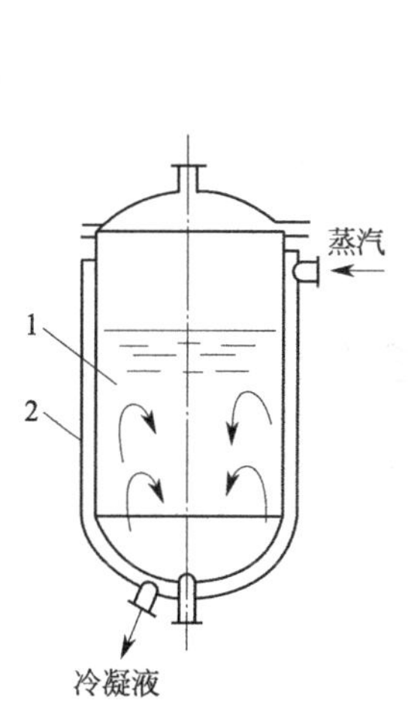

图 2-22　夹套换热器图

1—容器；2—夹套

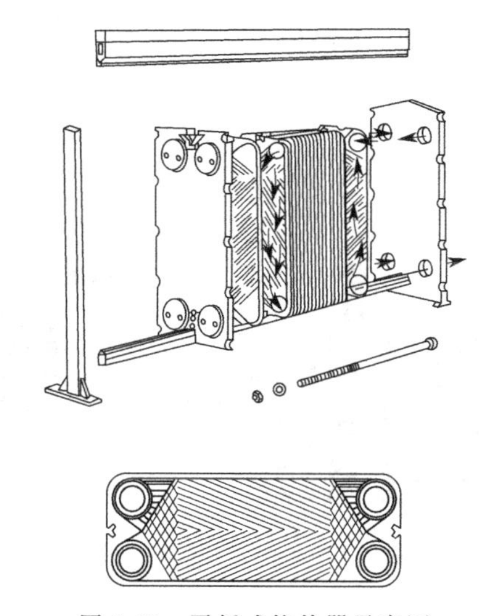

图 2-23　平板式换热器示意图

平板式换热器的优点：结构紧凑，单位体积设备所提供的传热面积大；总传热系数高；组装灵活，可随时增减板数；检修和清洗都较方便。其缺点：处理量小；受垫片材料性能的限制，操作温度和压力不能过高。这类换热器较适用于需要经常清洗，工作环境要求紧凑，操作压力在 2.5MPa 以下，温度在－35～200℃范围的场合。

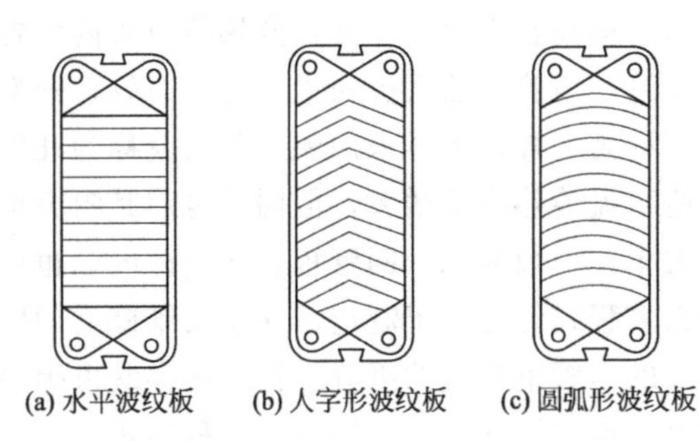

图 2-24 常见板片的形状

(3) 螺旋板式换热器 结构如图 2-25 所示。螺旋板式换热器是由焊在中心隔板上的两块金属薄板卷制而成，两薄板之间形成螺旋形通道，两端分别焊有盖板或封头。

螺旋板式换热器的流道布置和封盖有不同的形式，主要有：

① Ⅰ型结构：结构如图 2-26(a) 所示，螺旋板两端的端盖被焊死，是不可拆结构。换热时，一种流体由外层的一个通道流入，顺着螺旋通道流向中心，最后由中心的接管流出；另一种流体则由中心的另一个通道流入，沿螺旋通道反方向向外流动，最后由外层接管流出。两流体在换热器内作逆流流动。

② Ⅱ型结构：结构如图 2-26(b) 所示。一个通道的两端为焊接密封，另一通道的两端则是敞开的，敞开的通道与两端可拆封头上的接管相通，这种是可拆结构。换热时，一流体沿封闭通道作螺旋流动，另一流体则在敞开通道中沿换热器轴向流动。

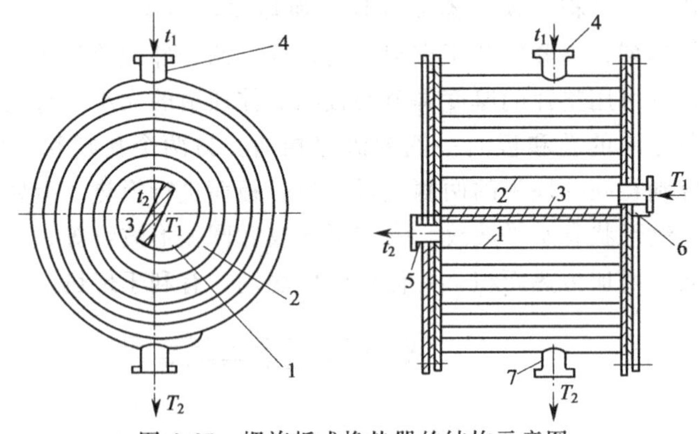

图 2-25 螺旋板式换热器的结构示意图

1，2—金属片；3—隔板；4，5—冷流体连接管；6，7—热流体连接管

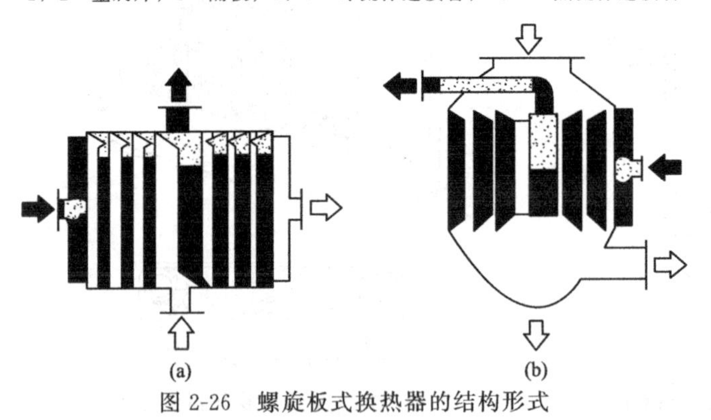

图 2-26 螺旋板式换热器的结构形式

螺旋板式换热器的优点：结构紧凑，单位体积设备提供的传热面积大，约为列管式换热器的 3 倍；由于流体在螺旋板间流动时，流向不断改变，在较低的雷诺值下即达到湍流，并且允许选用较高的流速，故传热系数大；由于流体流动的流道长及两流体完全逆流流动，可在较小的温差下操作，能利用低温能源；由于流速较高，同时有惯性离心力的作用，污垢不易沉积。其缺点：操作压力和温度不宜太高，一般压力在 2MPa 以下，温度约在 400℃以下；流动阻力

大，在同样物料和流速下，其流动阻力为直管的 3～4 倍；制造和检修都比较困难。

五、列管式换热器

对于化工生产中应用最多的列管式换热器，由于管程和壳程内冷、热流体温度不同，则壳体和管束受热不同，其膨胀程度也不同。温差不大时，管束、壳体、管板间热效应不大，即热膨胀不大，不需热补偿。如两者温差较大（大于 50℃），管子会扭曲、断裂或从管板上脱落，毁坏换热器。因此，必须从结构上考虑热膨胀的影响，采取各种补偿的办法，消除或减小热应力。

根据所采取的热补偿措施，列管式换热器可分为以下几个型式。

（1）固定管板式换热器　如图 2-27 所示，固定管板式换热器的两端管板都固定在壳体上。其优点是结构简单，成本低。缺点是壳程检修和清洗困难。因此要求壳程必须是清洁、不易产生垢层和腐蚀性小的介质。

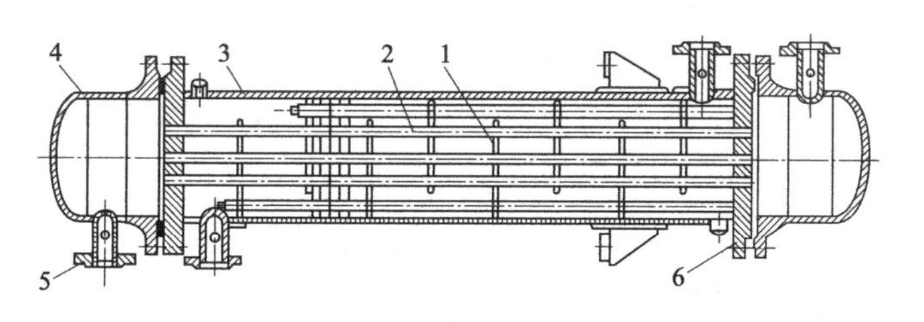

动画扫一扫

M2-11　固定管板式换热器

图 2-27　固定管板式换热器

1—折流挡板；2—管束；3—壳体；4—封头；5—接管；6—管板

当壳体和管束之间的温差不大（小于 50℃）时，不需要热补偿，这时就采用固定管板式的。当温差较大（大于 50℃），在壳体壁上焊上补偿圈（也称膨胀节），当壳体和管束热膨胀不同时，补偿圈发生弹性变形来适应它们之间不同的热膨胀。这种补偿方法简单，但膨胀节不能消除太大的热应力。所以，不能用于温差太大（应小于 70℃）和壳方流体压力过高（一般不高于 600kPa）的场合。

（2）浮头式换热器　如图 2-28 所示，有一端管板不与壳体相连，这端称为浮头，可自由沿管长方向浮动。当壳体与管束因温度不同而引起热膨胀时，管束连同浮头可在壳体内沿轴向自由伸缩，可完全消除热应力，而与外壳的膨胀无关。浮头式换热器不但解决了热补偿问题，而且由于固定端的管板是用法兰与壳体相连的，因此整个管束可以从壳体中抽出来，便于检修和清洗。由于这些优点，浮头式换热器是应用较多的一种结构形式。但它也有结构较复杂、加工困难、金属耗量大、成本高等缺点。

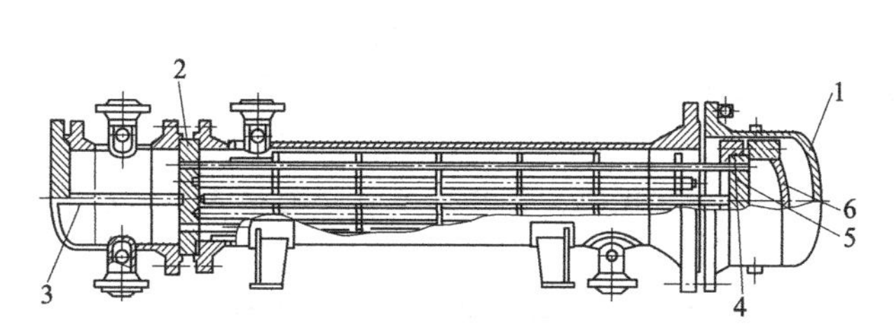

图 2-28　浮头式换热器

1—壳盖；2—固定管板；3—隔板；4—浮头勾圈法兰；5—浮动管板；6—浮头盖

（3）U 形管式换热器　结构如图 2-29 所示，所有管子都成 U 形，管子的两端分别固定在同一管板的两侧，用隔板将封头分成两室。因为每根管子可自由伸缩，而与其他管子和壳体无关，当壳体与管束有温差时，不会产生热应力，所以可用于温差很大的情况。它与浮头式换热器相比结构较简单，造价低，适用于高温、高压的场合。其主要缺点是U形管内不易清洗，因此要求管内流体要清洁、不易结垢。

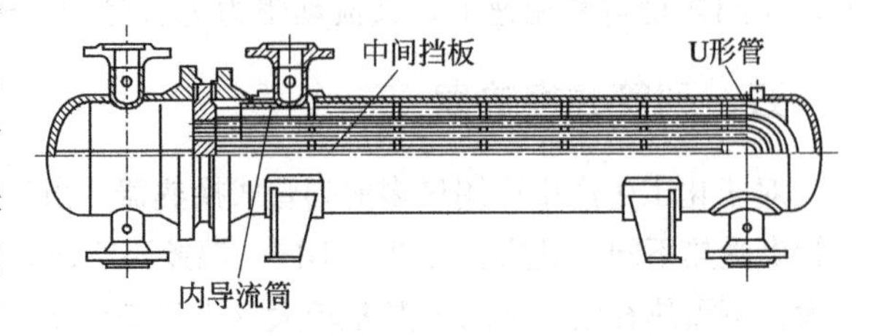

图 2-29　U形管式换热器

(4) 填料函式换热器　如图2-30所示，其结构特点是管板只有一端与壳体固定，另一端采用填料函密封。管束可以自由伸缩，不会产生热应力。该换热器的优点是：结构较浮头式换热器简单，造价低；管束可以从壳体内抽出，管、壳程均能进行清洗。其缺点是：填料函耐压不高，一般小于4.0MPa；壳程介质可能通过填料函外漏。填料函式换热器适用于管、壳程温差较大或介质易结垢需要经常清洗且壳程压力不高的场合。

(5) 釜式换热器　如图2-31所示，其结构特点是在壳体上部设置蒸发空间。管束可为固定管板式、浮头式或U形管式。釜式换热器清洗方便，并能承受高温、高压。它适用于液汽式换热（其中液体沸腾汽化），可作为简单的废热锅炉。

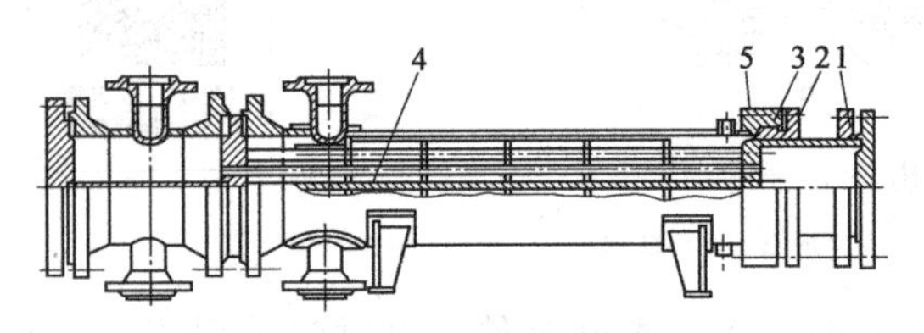

图 2-30　填料函式换热器

1—活动管板；2—填料压盖；3—填料；4—纵向隔板；5—填料函

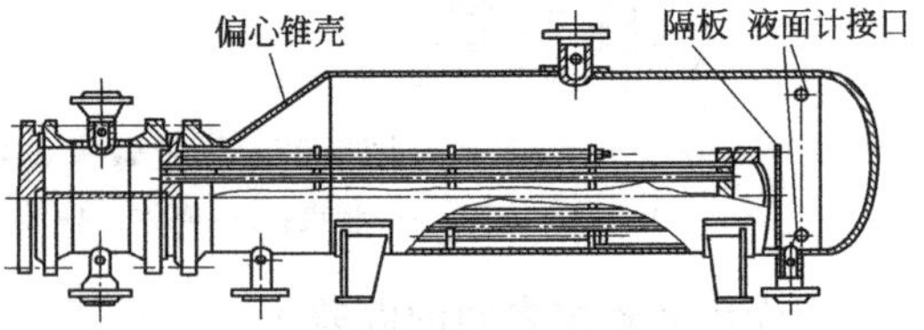

图 2-31　釜式换热器

知识拓展

管式加热炉是一种直接受热式加热设备，是炼油化工企业的重要设备。它利用燃料在炉膛内燃烧产生高温火焰与烟气作为热源，加热炉管中流动的介质，使其达到工艺操作规定的温度，保证生产的正常进行。管式加热炉的传热方式以辐射传热为主。

常见的管式加热炉一般由以下几部分构成：

① 辐射室：通过火焰或高温烟气进行辐射传热的部分。这部分直接受火焰冲刷，温度很高（600～1600℃），是热交换的主要场所（占热负荷的70%～80%）。

② 对流室：利用辐射室出来的高温烟气的热量，以对流传热为主的换热部分。

③ 燃烧器：燃料与空气充分混合后燃烧产热的部件，燃烧器可分为燃料油燃烧器，燃料气燃烧器和油-气联合燃烧器。

④ 通风系统：将燃烧的空气引入燃烧器，并将燃烧产生的烟气引出炉子，可分为自然通风方式和强制通风方式。

加热炉的分类习惯上常有两种分类方法，一种是按照炉子的外形来分类，分为立式炉、圆筒炉、大型方炉等。另一种是按照炉子的用途来分类。分为化学反应炉、液体加热炉、气体加热炉等。

第三节　非均相混合物的分离

通常将物质的聚集状态称为相（态）。按聚集状态的不同有气相、液相与固相之分。处于同相态的混合物系称为均相物系。处于不同相态的混合物系称为非均相物系，常见的非均相物系有气-固混合物（如含尘气体）、液-固混合物（悬浮液）、液-液混合物（互不相容液体形成的乳浊液），气-液混合物以及固体混合物等。非均相物系中，有一相处于分散状态，称为分散相，如雾中的小水滴、烟尘中的尘粒、悬浮液中的固体颗粒、乳浊液中分散成小液滴的液体；另一相必然处于连续状态，称为连续相（或分散介质），如雾和烟尘中的气相、悬浮液中的液相、乳浊液中处于连续状态的那个液相。分散相与连续相的密度往往存在一定的差异，通常就是利用这一差异将分散相和连续相进行分离。

依据连续相的物理状态，可将非均相物系分为气态非均相物系和液态非均相物系。如含尘气体属于气态非均相物系，其中气体是连续相（轻相），而尘埃是分散相（重相）；悬浮液则属于液态非均相物系，其中液相是连续相（轻相），而固相是分散相（重相）。

一、非均相混合物的分离的工业应用

非均相物系的分离是将连续相与分散相加以分离的单元操作。它在工业生产的应用如下：

① 满足对连续相或分散相进一步加工的需要。如乳浊液中的两相组分及组成是各不相同的，经过分离后可分别进行加工处理等。

② 回收有价值的物质。如从气流干燥器出口的气-固混合物中，分离出干燥操作的成品等。

③ 除去一下工序有害的物质。如气体在进入压缩机的入口前必须除去其中的液滴或固体颗粒，以避免引起对气缸的冲击或磨损等。

④ 减少对环境的污染。如工业废气再排放前必须除去其中的粉尘和酸雾，以减少对环境的污染等。

非均相混合物中分散相与连续相的分离操作，在化工生产中常见的有沉降过程和过滤过程，下面逐一介绍。

二、沉降及其设备

沉降过程涉及由颗粒和流体组成的两相流动体系，属于流体相对于颗粒的绕流问题。沉降运动发生的前提条件是固体颗粒与流体之间存在密度差，同时有外力场存在。外力场有重力场和离心力场，因此，发生的沉降过程分别称为重力沉降和离心沉降。

【雾霾】

雾霾，顾名思义是雾和霾。但是雾和霾的区别很大。空气中的灰尘、硫酸、硝酸等颗粒物组成的气溶胶系统造成视觉障碍的叫霾。雾是由大量悬浮在近地面空气中的微小水滴或冰晶组成的气溶胶系统。霾影响最大的就是人的呼吸系统，造成的疾病主要集中在呼吸道疾病、脑血管疾病、鼻腔炎症等病种上。

通过控煤、控车、控油、治污、植树造林、提高环境保护意识等方式，开展对雾霾的治理。利用重力沉降、离心分离等方法处理工厂排放的废气、废液等污染物，能够避免或减少环境污染。例如沉降室可分离大于50μm的粗颗粒；旋风分离器能分离5～10μm的颗粒，但对于更小的细颗粒物则束手无策；严重危害人类健康的PM2.5等粒径更小的颗粒则需要通过袋滤器、电除尘器、膜分离等方法进行捕集。

1. 重力沉降

在重力场中进行的沉降过程就称为重力沉降。固体颗粒重力沉降速度由颗粒特性（密度、形状、大小及运动的取向）、流体物性（密度、黏度）及沉降环境等综合因素所决定。

生产中常见的重力沉降设备有分离气态非均相混合物的降尘室和分离液态非均相混合物的沉降槽等。

（1）降尘室　降尘室是依靠重力沉降从气流中分离出尘粒的设备。最常见的降尘室如图2-32(a) 所示。含尘气体进入沉降室后，颗粒随气流有一水平向前的运动速度 u，同时，在重力作用下，以沉降速度 u_t 向下沉降。只要颗粒能够在气体通过降尘室的时间降至室底，便可从气流中分离出来。颗粒在降尘室的运动情况示于图 2-32(b) 中。

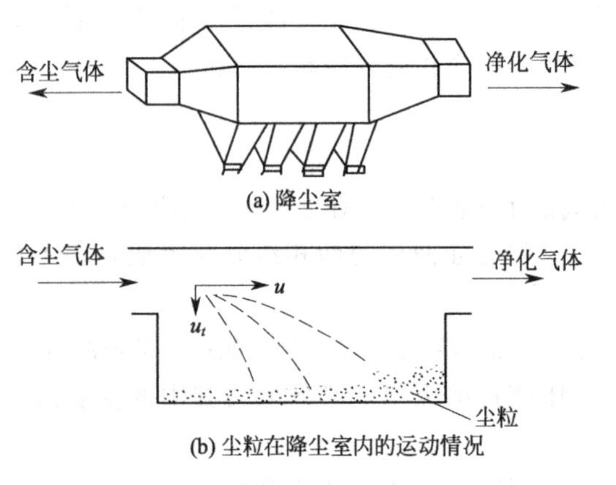

图 2-32　降尘室示意图

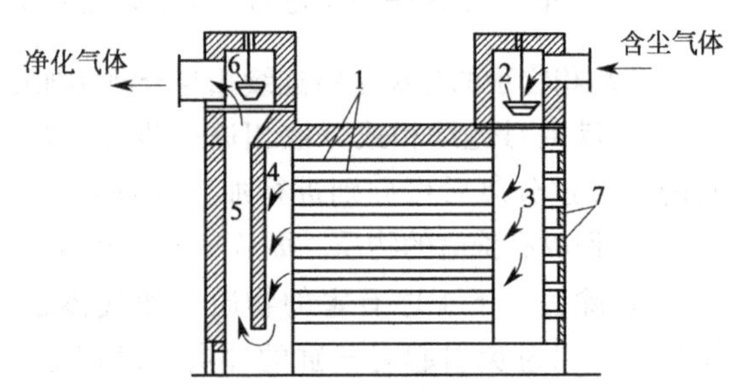

图 2-33　多层降尘室示意图

1—隔板；2,6—调节闸阀；3—气体分配道；4—气体聚集道；5—气道；7—清灰口

理论上降尘室的生产能力只与其沉降面积及颗粒的沉降速度 u_t 有关，而与降尘室高度无关。所以降尘室一般设计成扁平形，或在室内均匀设置多层水平隔板，构成多层降尘室，如图 2-33 所示。通常隔板间距为 40～100mm。

降尘室结构简单，流体阻力小，但体积庞大，分离效率低，通常只适用于分离粒度大于50mm 的粗粒，一般作为预除尘使用。多层降尘室虽能分离较细的颗粒且节省占地面积，但清灰比较麻烦。

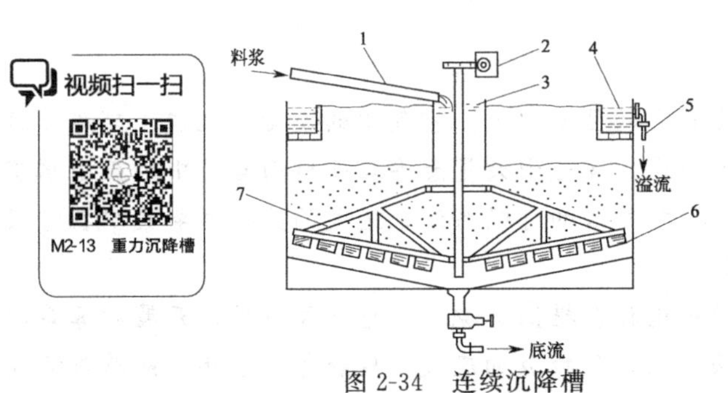

图 2-34　连续沉降槽

1—进料槽道；2—转动机构；3—料井；4—溢流槽；5—溢流管；6—叶片；7—转耙

（2）沉降槽　沉降槽是利用重力沉降来提高悬浮液浓度并同时得到澄清液体的设备。所以，沉降槽又称为增浓器和澄清器。沉降槽可间歇操作也可连续操作。

间歇沉降槽通常是带有锥底的圆槽。需要处理的悬浮液在槽内静置足够时间后，增浓的沉渣由槽底排出，清液则由槽上部排出管抽出。

连续沉降槽是底部略成锥状的大直径浅槽，如图 2-34 所示。悬浮液经中央进料口送到液面以下 0.3～1.0m 处，在尽可能减小扰动的情况下，迅速分散到整个横截面上，液体向上流动，清夜经由槽顶端四周的溢流堰连续流出，称为溢流；固体颗粒下沉至底部，槽底有徐徐旋转的耙将沉渣缓慢地聚拢到底部中央的排渣口连续排出。排出的稠浆称为底流。

连续沉降槽的直径，小者为数米，大者可达数百米；高度为 2.5～4m。有时将数个沉降槽垂直叠放，共用一根中心竖轴带动各槽的转耙。这种多层沉降槽可以节省地面，但操作控制较为复杂。连续沉降槽适合于处理量大、浓度不高、颗粒不太细的悬浮液，常见的污水处理就是一例。经沉降槽处理后的沉渣内仍有约 50%的液体。

2. 离心沉降

在惯性离心力作用下实现的沉降过程称为离心沉降。对于两相密度差较小，颗粒较细的非均相物系，在离心力场中可得到较好的分离。通常，气固非均相物质的离心沉降是在旋风分离器中进行，液固悬浮物系的离心沉降可在旋液分离器或离心机中进行。

(1) 旋风分离器　旋风分离器是利用惯性离心力的作用从气体中分离出尘粒的设备。图 2-35 所示是旋风分离器代表性的结构形式，称为标准旋风分离器。主体的上部为圆筒形，下部为圆锥形。各部位尺寸均与圆筒直径成比例，比例标注于图中。

含尘气体由圆筒上部的进气管切向进入，受器壁的约束由上向下做螺旋运动。在惯性离心力作用下，颗粒被抛向器壁，再沿壁面落至锥底的排灰口而与气流分离。净化后的气体在中心轴附近由下而上做螺旋运动，最后由顶部排气管排出。通常，把下行的螺旋形气流称为外旋流，上行的螺旋形气流称为内旋流（又称气芯）。内、外旋流气体的旋转方向相同。外旋流的上部是主要除尘区。上行的内旋流形成低压气芯，其压力低于气体出口压力，要求出口或集尘室密封良好，以防气体漏入而降低除尘效果。

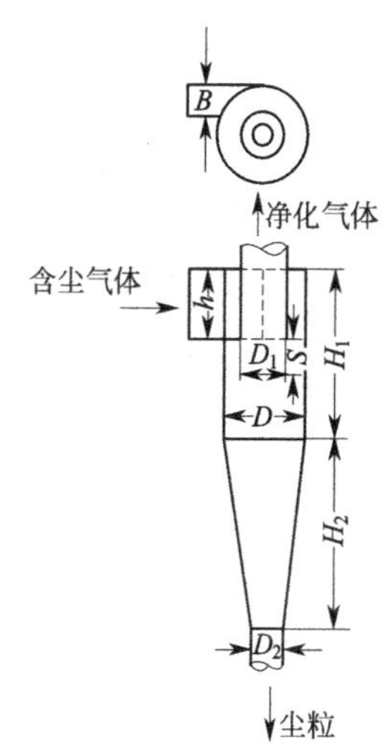

$h=D/2$，$B=D/4$，$D_1=D/2$，$H_1=2D$，$H_2=2D$，$S=D/8$，$D_2=D/4$

图 2-35　标准旋风分离器

旋风分离器的应用已有近百年的历史，因其结构简单，造价低廉，没有活动部件，可用多种材料制造，操作范围广，分离效率较高，所以至今仍在化工、采矿、冶金、机械、轻工等行业广泛采用。旋风分离器一般用来除去气流中直径在 5μm 以上的颗粒。旋风分离器还可以从气流中分离除去雾沫。旋风分离器不适用于处理黏性粉尘、含湿量高的粉尘及腐蚀性粉尘。

(2) 旋液分离器　旋液分离器又称水力旋流器，是利用离心沉降原理从悬浮液中分离固体颗粒的设备，它的结构与操作原理和旋风分离器类似。设备主体也是由圆筒和圆锥两部分组成，如图 2-36 所示。悬浮液经入口管沿切向进入圆筒部分。向下做螺旋形运动，固体颗粒受惯性离心力作用被甩向器壁，随下旋流降至锥底的出口，由底部排出的增浓液称为底流；清液或含有微细颗粒的液体则为上升的内旋流，从顶部的中心管排出，称为溢流。顶部排出清液的操作称为增浓，顶部排出含细小颗粒液体的操作称为分级。内层旋流中心有一个处于负压的气柱，气柱中的气体是由料浆中释放出来的，或者是由溢流管口暴露于大气中时而将空气吸入器内的。

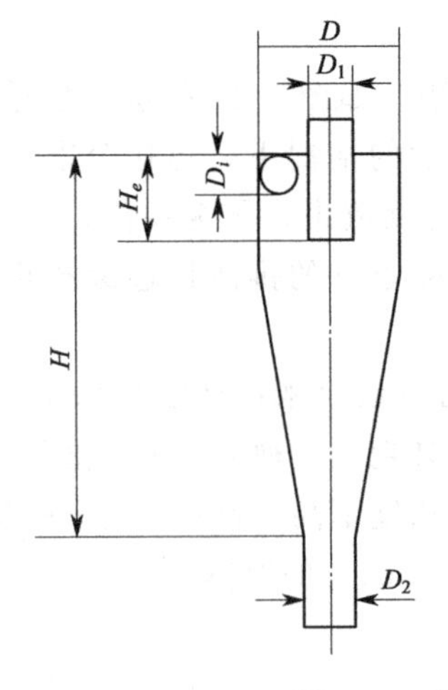

图 2-36 旋液分离器

旋液分离器的结构特点是直径小而圆锥部分长。因为液固密度差比气固密度差小，在一定的切线进口速度下，较小的旋转半径可使颗粒受到较大的离心力而提高沉降速度；同时，锥形部分加长可增大液流的行程，从而延长了悬浮液在器内的停留时间，有利于液固分离。

旋液分离器中颗粒沿器壁快速运动，对器壁产生严重磨损。因此，旋液分离器应采用耐磨材料制造或采用耐磨材料作内衬。

旋液分离器不仅可用于悬浮液的增浓、分级，而且还可用于不互溶液体的分离、气液分离以及传热、传质和雾化等操作中，因而广泛应用于多种工业领域中。

三、过滤及其设备

过滤操作是分离固-液悬浮物系最普通、最有效的单元操作之一。通过过滤操作可获得清净的液体或固相产品。在某些情况，过滤是沉降的后继操作。

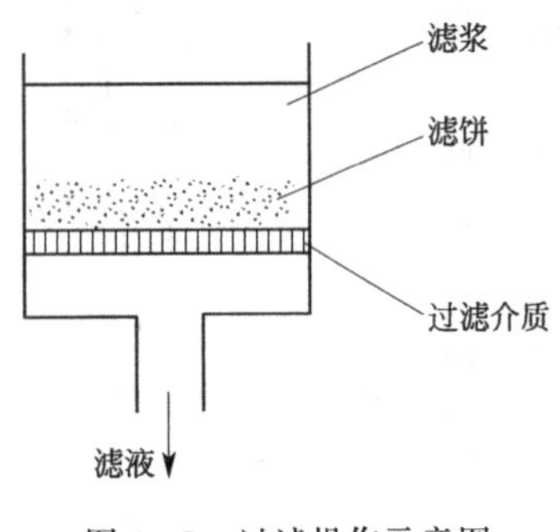

图 2-37 过滤操作示意图

1. 过滤过程

过滤是在外力作用下，使悬浮液中的液体通过多孔介质的孔道，而固体颗粒被截留在介质上，从而实现固、液分离的操作。其中多孔介质称为过滤介质，所处理的悬浮液称为滤浆或料浆，滤浆中被过滤介质截留的固体颗粒称为滤渣或滤饼，滤浆中通过滤饼及过滤介质的液体称为滤液。如图 2-37 为过滤操作示意图。

实现过滤操作的外力可以是重力、压力差或惯性离心力。在化工中应用最多的是以压力差为推动力的过滤。

工业上的过滤操作主要分为饼层过滤和深床过滤。

(1) 饼层过滤　饼层过滤时，悬浮液置于过滤介质的一侧，固体物质沉积于介质表面而形成滤饼层。过滤介质中微细孔道的尺寸可能大于悬浮液中部分小颗粒的尺寸，因而，过滤之初会有一些细小颗粒穿过介质而使滤液浑浊，但是不久颗粒会在孔道中发生“架桥”现象，如图 2-38，使小于孔道尺寸的细小颗粒也能被截留，此时滤饼开始形成，滤液变清，过滤真正开始进行。所以说在饼层过滤中，真正发挥截留颗粒作用的主要是滤饼层而不是过滤介质。通常，过滤开始阶段得到的浑浊液，待滤饼形成后应返回滤浆槽重新处理。饼层过滤适用于处理固体含量较高（固相体积百分比在1%以上）的悬浮液。

（2）深床过滤　深床过滤时，过滤介质是很厚的颗粒床层，过滤时并不形成滤饼，悬浮液中的固体颗粒沉积于过滤介质床层内部，悬浮液中的颗粒尺寸小于床层孔道尺寸。当颗粒随流体在床层内的曲折孔道中流过时，在表面力和静电的作用下附着在孔道壁上。这种过滤适用于处理固体颗粒含量极少（固相体积百分比在0.1%以下），颗粒很小的悬浮液。自来水厂饮用水的净化及从合成纤维丝液中除去极细固体物质等均采用这种过滤方法。

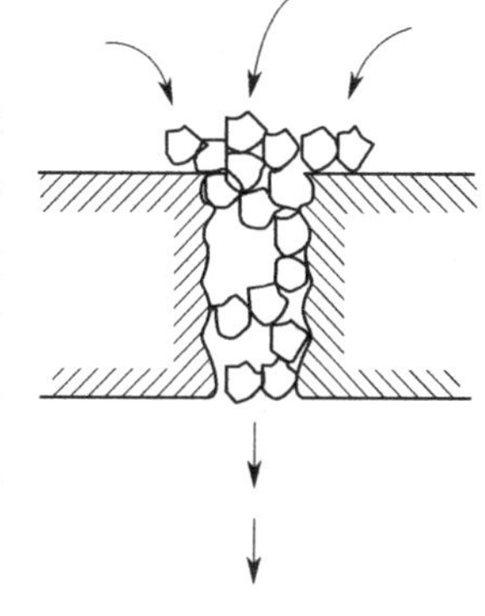

图2-38　“架桥”现象

另外，膜过滤作为一种精密分离技术，近年来发展很快，已应用于许多行业。膜过滤是利用膜孔隙的选择透过性进行两相分离的技术。以膜两侧的流体压差为推动力，使溶剂、无机离子、小分子等透过膜，而截留微粒及大分子。膜过滤又分为微孔过滤和超滤，微孔过滤截留0.5～50μm的颗粒，超滤截留0.05～10μm的颗粒，而常规过滤截留50μm以上的颗粒。

化工中所处理的悬浮液固相浓度往往较高，以饼层过滤较常见。

2. 过滤介质

（1）对过滤介质的性能要求　过滤介质起着支撑滤饼的作用，对其基本要求是具有足够的机械强度和尽可能小的流动阻力，同时，还应具有相应的耐腐蚀性和耐热性。

（2）工业上常用的过滤介质的种类

① 织物介质（又称滤布）：指由棉、毛、丝、麻等天然纤维及合成纤维制成的织物，以及由玻璃丝、金属丝等织成的网。这类介质能截留颗粒的最小直径为5～65μm。织物介质在工业上应用最为广泛。

② 堆积介质：由各种固体颗粒（砂、木炭、石棉、硅藻土）或非编织纤维等堆积而成，多用于深床过滤中。

③ 多孔固体介质：具有很多微细孔道的固体材料，如多孔陶瓷、多孔塑料及多孔金属制成的管或板，能拦截1～3μm的微细颗粒。

④ 多孔膜：用于膜过滤的各种有机高分子膜和无机材料膜。广泛使用的是粗乙酸纤维素和芳香聚酰胺系两大类有机高分子膜。

3. 滤饼的压缩性和助滤剂

随着过滤操作的进行，滤饼的厚度逐渐增加，因此滤液的流动阻力也逐渐增加。构成滤饼的颗粒特性决定了流动阻力的大小。颗粒如果是不易变形的坚硬固体（如硅藻土、碳酸钙等），则当滤饼两侧的压强差增大时，颗粒的形状和颗粒间的空隙不会发生明显变化，单位厚度床层的流动阻力可视作恒定，这类滤饼称为不可压缩滤饼。相反，如果滤饼中的固体颗粒受压会发生变形，如一些胶体物质，则当滤饼两侧的压强差增大时，颗粒的形状和颗粒间的空隙会有明显的改变，单位厚度饼层的流动阻力随压强差增大而增大，这种滤饼称为可压缩滤饼。

为了降低可压缩滤饼的过滤阻力，可加入助滤剂以改变滤饼的结构。助滤剂是某种质地坚硬而能形成疏松饼层的固体颗粒或纤维状物质，将其混入悬浮液或预涂于过滤介质上，可以改善饼层的性能，使滤液得以畅流。

对助滤剂的基本要求如下：

① 能形成多孔饼层的刚性颗粒，以保持滤饼有较高的空隙率，使滤饼有良好的渗透性及较低的流动阻力。

② 有化学稳定性，不与悬浮液发生化学反应，不溶于液相中。

一般只有在以获得清净滤液为目的时，才使用助滤剂。常用的助滤剂有粒状（硅藻土、珍珠岩粉、炭粉或石棉粉等）和纤维状（纤维素、石棉等）两大类。

4. 过滤设备

在工业生产中，需要过滤的悬浮液的性质有很大差别，生产工艺对过滤的要求也各不相同，为适应各种不同的要求开发了多种形式的过滤机。过滤设备按照操作方式可分为间歇过滤机与连续过滤机；按照采用的压强差可分为压滤机、吸滤机和离心过滤机。工业上应用最广泛的板框过滤机和叶滤机为间歇压滤型过滤机，转筒真空过滤机则为吸滤型连续过滤机，离心过滤机有三足式及活塞推料、卧式刮刀卸料等。

（1）板框过滤机　板框过滤机在工业生产中应用最早，至今仍沿用不衰。它由多块带凹凸纹路的滤板和滤框交替排列组装于机架而构成，如图 2-39 所示。

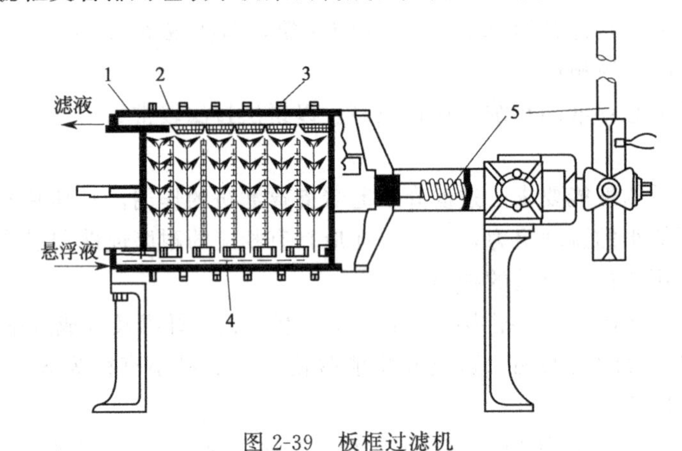

图 2-39　板框过滤机

1—固定头；2—滤板；3—滤框；4—滤布；5—可动头

板和框一般制成正方形，如图 2-40 所示。板和框的角端均开有圆孔，装合、压紧后即构成供滤浆、滤液或洗涤液流动的通道。框的两侧覆以滤布，空框与滤布围成了容纳滤浆及滤饼的空间。板又分为洗涤板与过滤板两种。压紧装置的驱动可用手动、电动或液压传动等方式。

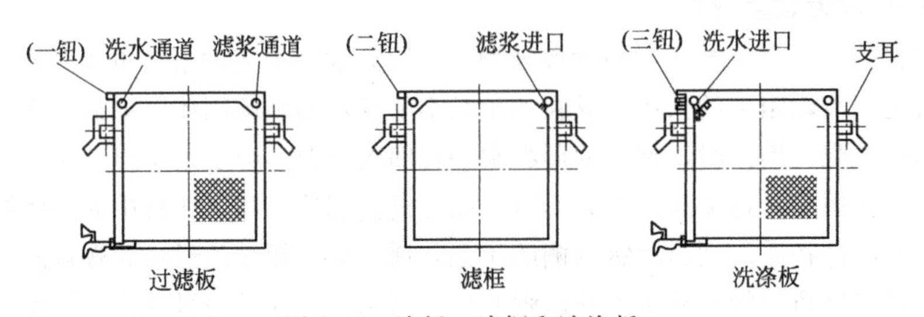

图 2-40　滤板、滤框和洗涤板

过滤时，悬浮液在指定的压力下，经滤浆通道由滤框角端的暗孔进入框内，滤液分别穿过两侧滤布，再经邻板板面流到滤液出口排走，固体则被截留于框内，待滤饼充满滤框后，即停止过滤。滤液的排出方式有明流与暗流之分。若滤液经由每块滤板底部侧管直接排出（图 2-41），则称为明流。若滤液不宜暴露于空气中，则需将各板流出的滤液汇集于总管后送走（图 2-39），称为暗流。

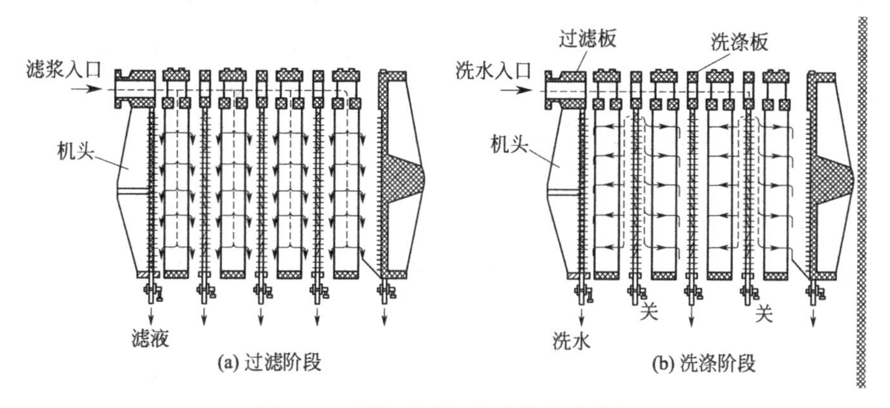

图 2-41　板框过滤机内液体流动路径

若滤饼需要洗涤，可将洗水压入洗水通道，经洗涤板角端的暗孔进入板面与滤布之间。此时，应关闭洗涤板下部的滤液出口，洗水便在压力差推动下穿过一层滤布及整个厚度的滤饼，然后再横穿另一层滤布，最后由过滤板下部的滤液出口排出，如图 2-41 所示。这种操作方式称为横穿洗涤法，其作用在于提高洗涤效果。

洗涤结束后，旋开压紧装置并将板框拉开，卸出滤饼，清洗滤布，重新组合，进入下一个操作循环。

板框过滤机的操作表压，一般在 3×10^5Pa～8×10^5Pa 的范围内，有时可高达 15×10^5Pa。滤板和滤框可由金属材料（如铸铁、碳钢、不锈钢、铝等）、塑料及木材制造。板框过滤机结构简单、制造方便、占地面积较小而过滤面积较大，操作压力高，适应能力强，故应用颇为广泛。它的主要缺点是间歇操作，生产效率低，劳动强度大，滤布损耗也较快。近年来，各种自动操作板框过滤机的出现，使上述缺点在一定程度上得到改善。

（2）加压叶滤机　图 2-42 所示的加压叶滤机是由许多不同的长方形或圆形滤叶装合于能承受内压的密闭机壳内而成。滤叶由金属多孔板或金属网制造，内部具有空间，外罩滤布。滤浆用泵压送到机壳内，滤液穿过滤布进入叶内，汇集至总管后排出机外，颗粒则积于

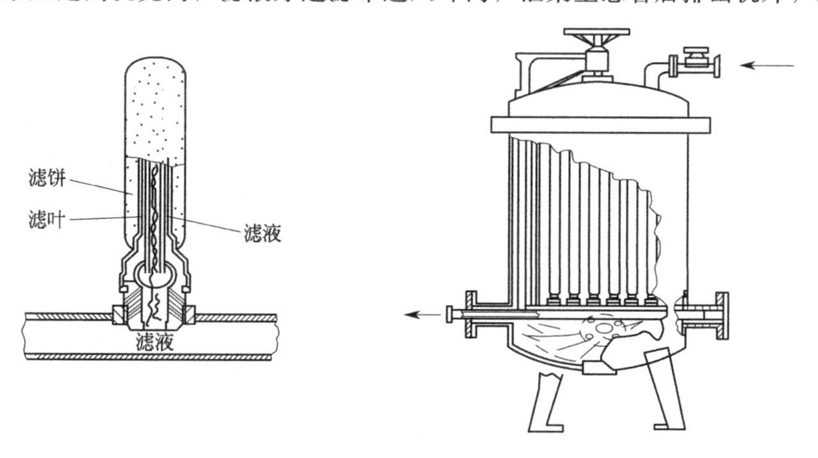

图 2-42　加压叶滤机

滤布外侧形成滤饼。滤饼的厚度通常为5～35mm，视滤浆性质及操作情况而定。

若滤饼需要洗涤，则于过滤完毕后通入洗水，洗水的路径与滤液相同，这种洗涤方法称为置换洗涤法。洗涤过后打开机壳上盖，拔出滤叶卸除滤饼。

加压叶滤机也是间歇操作设备，其优点是过滤速度大，洗涤效果好，占地省，密闭操作，改善了操作条件；缺点是造价较高，更换滤面（尤其对于圆形滤叶）比较麻烦。

（3）转筒真空过滤机　转筒真空过滤机是一种工业上应用较广的连续操作吸滤型过滤机械。设备的主体是一个能转动的水平圆筒，其表面有一层金属网，网上覆盖滤布，筒的下部侵入滤浆中，如图2-43所示。

圆筒沿径向分隔成若干扇形格，每格都有孔道通至分配头上。凭借分配头的作用，圆筒转动时，这些孔道依次分别与真空管及压缩空气管相连通，从而在圆筒回转一周的过程中，每个扇形表面即可顺序进行过滤、洗涤、吸干、吹松、卸饼等操作，对圆筒的每一块表面，转筒转动一周经历一个操作循环。

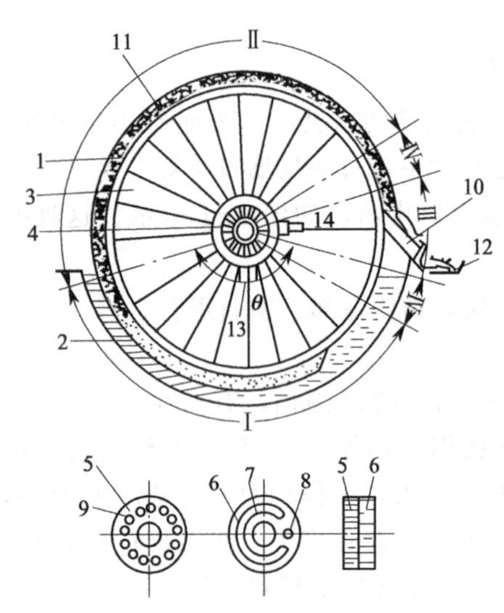

图2-43　转筒真空过滤机工作原理示意图

Ⅰ—滤饼形成区；Ⅱ—吸干区；Ⅲ—反吹区；Ⅳ—休止区

1—空心转筒；2—污泥槽；3—扇形格；4—分配头；5—转动部件；6—固定部件；7—与真空泵通的缝；8—与空压机通的孔；9—与各扇形格相通的孔；10—刮刀；11—泥饼；12—皮带输送器；13—真空管路；14—压缩空气管路

分配头是转筒真空过滤机的关键部件，它由紧密贴合着的转动盘与固定盘构成，转动盘随着筒体一起旋转，固定盘不动，其内侧面各凹槽分别与各种不同作用的管道相通。

转筒的过滤面积一般为5～40m^2，浸没部分占总面积的30%～40%。转速可在一定范围内调整，通常为0.1～3r/min。滤饼厚度一般保持在40mm以内，转筒过滤机所得滤饼中的液体含量很少低于10%，常可达30%左右。

转筒真空过滤机能连续自动操作，节省人力，生产能力大，对处理量大而容易过滤的料浆特别适宜，对难以过滤的胶体物系或细微颗粒的悬浮液，若采用预涂助滤剂措施也比较方便。但转筒真空过滤机附属设备较多，过滤面积不大。此外，由于它是真空操作，因而过滤推动力有限，尤其不能过滤温度较高（饱和蒸气压高）的滤浆，滤饼的洗涤也不充分。

（4）过滤离心机　离心过滤是指借旋转液体所受到的离心力而通过介质和滤饼、固体颗粒被截留于过滤介质表面的操作过程。离心过滤的推动力即离心力。

在离心机转鼓的壁面上开孔，就成为过滤离心机。工业上应用最多的有如下几种。

① 三足式离心机。图2-44所示的三足式离心机是间歇操作、人工卸料的立式离心机，在工业上采用较早，目前仍是国内应用最广，制造数目最多的一种离心机。

三足式离心机有过滤式和沉降式两种，其卸料方式又有上部卸料与下部卸料之分。离心机的转鼓支承在装有缓冲弹簧的杆上，以减轻由于加料或其他原因造成的冲击。国内生产的三足式离心机技术参数范围如下：

转鼓直径/m：0.45～1.5

有效容积/m^3：0.02～0.4

过滤面积/m^2：0.6～2.7

转速/(r/min)：730～1950

分离因数 K_c：450～1170

三足式离心机结构简单，制造方便，运转平稳，适应性强，所得滤饼中固体含量少，滤饼中固体颗粒不易受损伤，适用于间歇生产中小批量物料，尤其适用于盐类晶体的过滤和脱水。其缺点是卸料时劳动强度大，生产能力低。近年来已出现了自动卸料及连续生产的三足式离心机。

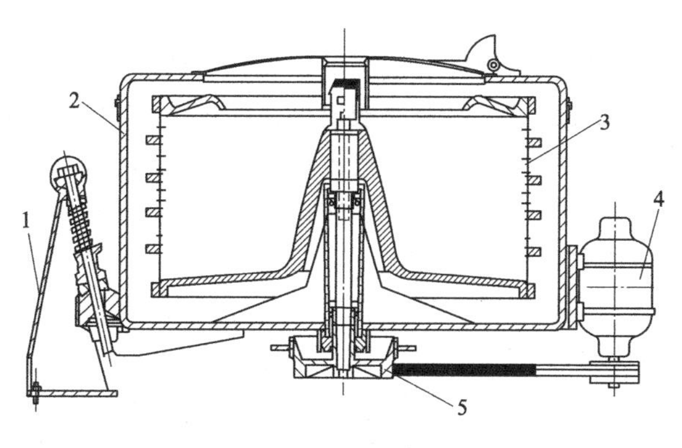

图 2-44　三足式离心机

1—支脚；2—外壳；3—转鼓；4—马达；5—皮带轮

② 卧式刮刀卸料离心机。卧式刮刀卸料离心机是连续操作的过滤式离心机，其特点是在转鼓全速运动中自动地依次进行加料、分离、洗涤、甩干、卸料、洗网等操作，每批操作周期为 35～90s。每一工序的操作时间可按预定要求实行自动控制。其结构及操作示意于图 2-45。

操作时，悬浮液从进料管进入全速运转的转鼓内，液相经滤网及鼓壁小孔被甩到鼓外，再经机壳的排液口流出。留在鼓内的固相被耙齿均匀分布在滤网面上。当滤饼达到指定厚度时，进料阀门自动关闭，停止进料进行冲洗，再经甩干一定时间后，刮刀自动上升，滤饼被刮下并经倾斜的溜槽排出。刮刀升至极限位置后自动退下，同时冲洗阀又开启，对滤网进行冲洗，即完成一个操作循环，重新开始进料。

此种离心机可连续运转，自动操作，生产能力大，劳动条件好，适宜于大规模连续生产，目前已较广泛地用于石油、化工行业中，如硫铵、尿素、碳酸氢铵、聚氯乙烯、食盐、糖等物料的脱水，由于用刮刀卸料，使颗粒破碎严重，对于必须保持晶粒完整的物料不宜采用。

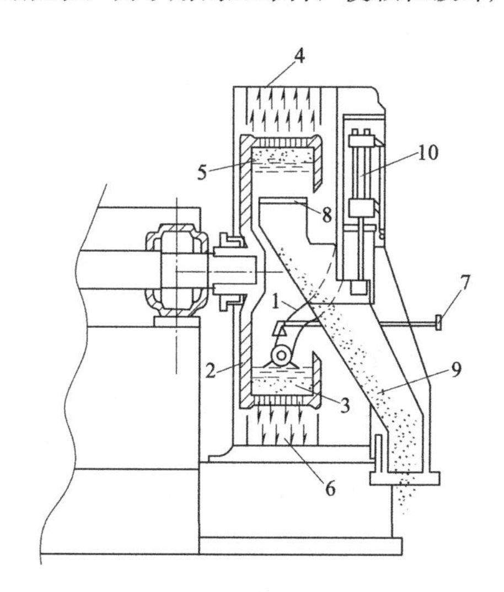

图 2-45　卧式刮刀卸料离心机

1—进料管；2—转鼓；3—滤网；4—外壳；5—滤饼；6—滤液；7—冲洗管；8—刮刀；9—溜槽；10—刮刀升降装置

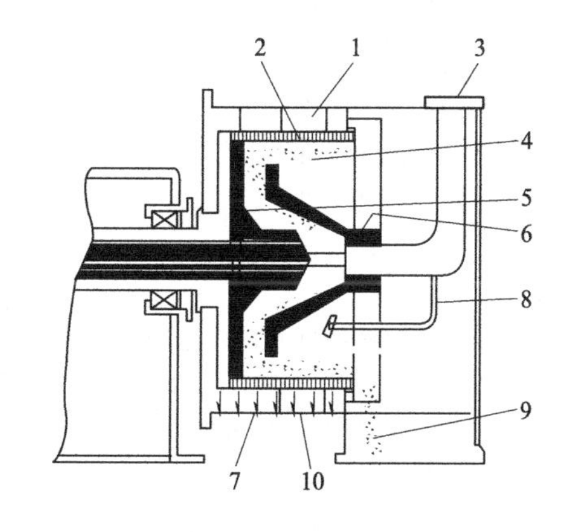

图 2-46　活塞推料离心机

1—转鼓；2—滤网；3—进料管；4—滤饼；5—活塞推送器；6—进料斗；7—滤液出口；8—冲洗管；9—固体排出；10—洗水出口

③ 活塞推料离心机。活塞推料离心机，如图 2-46 所示，也是一种连续操作的过滤式离心机。在全速运转的情况下，料浆不断由进料管送入，沿锥形进料斗的内壁流至转鼓的滤网上。滤液穿过滤网经滤液出口连续排出，积于滤网内面上的滤渣则被往复运动的活塞推送器沿转鼓内壁面推出。滤渣被推至出口的途中，可用由冲洗管出来的水进行喷洗，洗水则由另一出口排出。整个过程在转速不同的部位连续自动进行。活塞冲程约为转速全长的 1/10，往复次数约 30 次/min。

活塞推料离心机主要适用于处理含固量<10%、粒径 d>0.15mm 并能很快脱水和失去流动性的悬浮液。生产能力可达每小时 0.3～25t（固体）。卸料时晶体破碎程度小。

活塞推料离心机除单级外，还有双级、四级等各种型式。采用多级活塞推料离心机能改善其工作状况、提高转速及分离较难处理的物料。

四、其他气体净制设备

气体的净制是化工生产过程中较为常见的分离操作。实现气体的净制除可利用前面介绍的沉降与过滤方法外，还可利用惯性、袋滤、静电、洗涤等分离方法。下面对这些分离方法及设备作简略介绍。

1. 袋滤器

当含尘气体中尘粒的直径小于 5μm 时，可采用袋滤器进行捕集。袋滤器是工业过滤除尘设备中使用最广的一类，它的捕集效率高，一般容易达到 99%以上，而且可以捕集不同性质的粉尘，适用性广，处理气体量可由每小时几百立方米到数十万立方米，使用灵活，结构简单，性能稳定，维修也较方便。但其应用范围主要受滤材的耐温、耐腐蚀性的限制，一般用于 300℃以下，也不适用于黏性很强及吸湿性强的粉尘；设备尺寸及占地面积也很大。图 2-47 所示为脉冲反吹灰袋滤器。

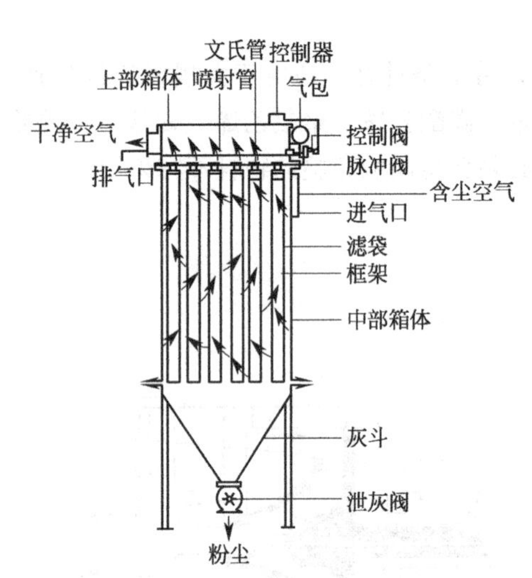

图 2-47　脉冲反吹灰袋滤器

在袋滤器中，过滤过程分成两个阶段。首先是含尘气体通过清洁滤材，由于惯性碰撞、拦截、扩散、沉降等各种机理的联合作用而把气体中的粉尘颗粒捕集在滤材上；当这些捕集的粉尘不断增加时，一部分粉尘嵌入或附着在滤材上形成粉尘层。此时的过滤主要是依靠粉尘层的筛滤效应，捕集效率显著提高，但压降也随之增大。由此可见，工业袋式过滤器的除尘性能受滤材上粉尘层的影响很大，所以根据粉尘的性质合理地选用滤材是保证过滤效率的关键。一般当滤材孔径与粉尘直径之比小于 10 时，粉尘就易在滤材孔上架桥堆积而形成粉尘层。

通常滤材上沉积的粉尘负荷量达到 0.1～0.3kg/m^3，压降达到 1000～2000Pa 时，便需进行清灰。袋滤器的结构型式很多，按滤袋形状可分为圆袋及扁袋两种，前者结构简单，清灰容易，应用最广；后者可大大提高单位体积内的过滤面积。按清灰方式分为机械清灰、逆气流清灰、脉冲喷吹清灰及逆气流振动联合清灰等型式。

2. 惯性分离器

惯性分离器是利用夹带于气流中的颗粒或液滴的惯性进行分离的。在气体流动的路径上设置障碍物，气流或液流绕过障碍物时发生突然的转折，颗粒或液滴便撞击在障碍物上被捕集下来，如图 2-48 所示。

惯性分离器的操作原理与旋风分离器相近，颗粒的惯性愈大，气流转折的曲率半径愈小，则其分离效率愈高。所以颗粒的密度与直径愈大，则愈易分离；适当增大气流速度及减小转折处的曲率半径也有利于提高分离效率。一般来说，惯性分离器的分离效率比降尘室略高，能有效捕集 10μm 以上的颗粒，压力降在 100～1000Pa，可作为预除尘器使用。

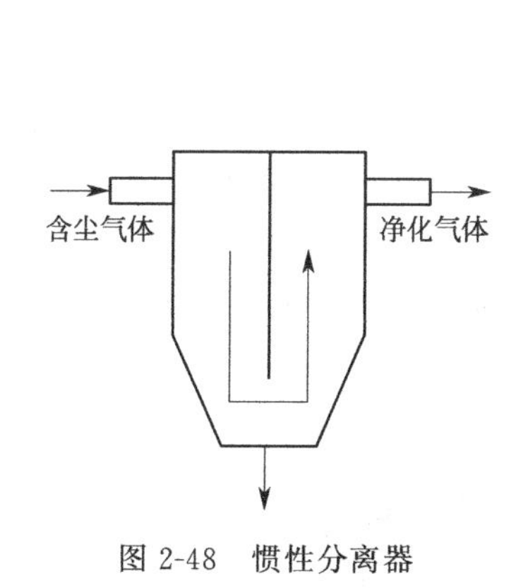

图 2-48　惯性分离器

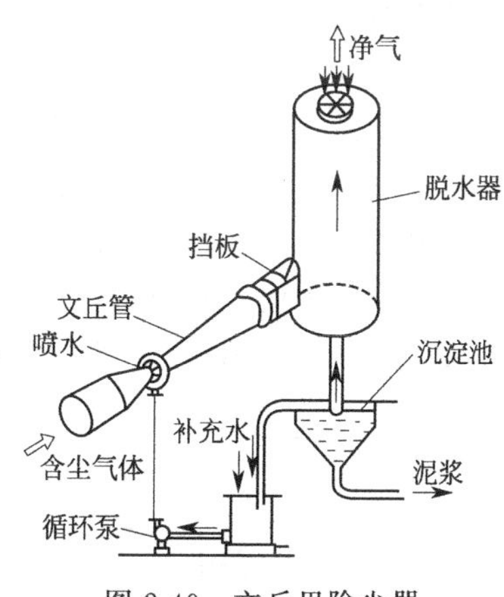

图 2-49　文丘里除尘器

3. 文丘里除尘器

文丘里除尘器是一种湿法除尘设备。其结构如图 2-49 所示，由收缩管、喉管及扩散管三部分组成，喉管四周均匀地开有若干径向小孔，有时扩散管内设置有可调锥，以适应气体负荷的变化。操作中，含尘气体以 50～100m/s 的速度通过喉管时，液体由喉管外经径向小孔进入喉管内，并喷成很细的雾滴，促使尘粒润湿并聚积变大，随后引入旋风分离器或其他分离设备进行分离。

文丘里除尘器结构简单紧凑、造价较低、操作简便，但阻力较大，其压降一般为 2000～5000Pa，需与其他分离设备联合使用。

4. 泡沫除尘器

泡沫除尘器又称泡沫洗涤器，简称泡沫塔，也是常用的湿法除尘设备之一，如图 2-50 所示。在设备中液体与气体相互作用，呈运动着的泡沫状态，使气液之间有很大的接触面积，尽可能地增强气液两相的湍流程度，保证气液两相接触表面有效的更新，达到高效净化气体中尘、烟、雾的目的。可分为溢流式和淋降式两种。在圆筒型溢流式泡沫塔内，设有一块和多块多孔筛板，洗涤液加到顶层塔板上，并保持一定的原始液层，多余液体沿水平方向横流过塔板后进入溢

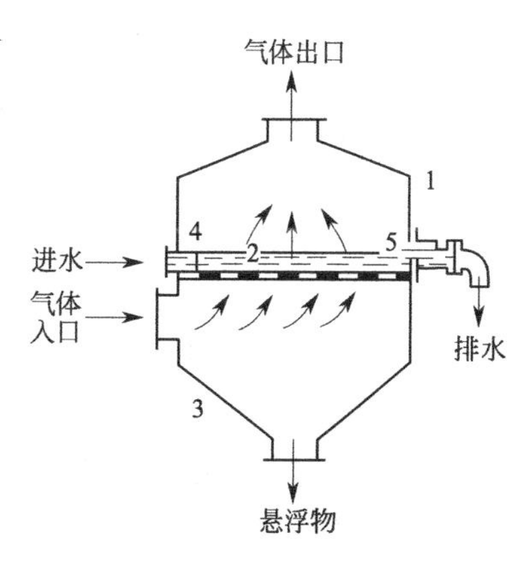

图 2-50　泡沫除尘器

1—塔体；2—筛板；3—锥形漏斗；4—液体接受室；5—溢流室

流管。待净化的气体从塔的下部导入，均匀穿过塔板上的小孔而分散于液体中，鼓泡而出时产生大量泡沫。泡沫除尘器的效率，包括传热、传质及除尘效率，主要取决于泡沫层的高度和泡沫形成的状况。气体速度较小时，鼓泡层是主要的，泡沫层高度很小；增加气体速度，鼓泡层高度便逐渐减少，而泡沫层高度增加；气体速度进一步提高，鼓泡层便趋于消失，全部液体几乎全处在泡沫状态；气体速度继续提高，则烟雾层高度显著增加，机械夹带现象严重，对传质产生不良影响。

泡沫除尘器具有分离效率高、构造简单、操作安全可靠、阻力较小的优点，当气体中所含的微粒大于5μm时，分离效率可高达99%，而且压力降仅为4～23kPa。但对设备的安装要求严格，特别是筛板是否水平放置对操作影响很大。

5. 静电除尘器

当对气体的除尘（雾）要求极高时，可用静电除尘器进行分离。

静电除尘器见图2-51，其工作原理：含有粉尘颗粒的气体，在接有高压直流电源的阴极线（又称电晕极）和接地的阳极板之间所形成的高压电场通过时，由于阴极发生电晕放电、气体被电离，此时，带负电的气体离子，在电场力的作用下，向阳极板运动，在运动中与粉尘颗粒相碰，则使尘粒荷带负电，带电后的尘粒在电场力的作用下，亦向阳极板运动，到达阳极板后，放出所带的电子，尘粒则沉积于阳极板上，而得到净化的气体排出防尘器外。

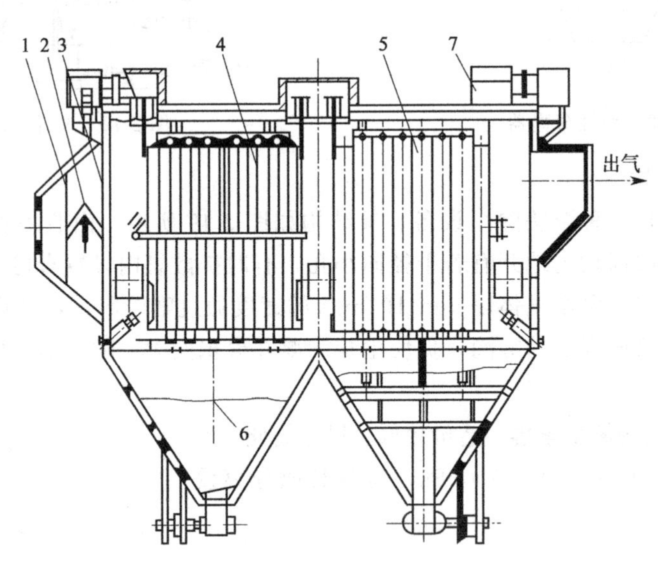

图2-51 静电除尘器

1—气体分布板；2—分布板振打装置；3—气孔分布板；4—电晕极；5—收尘极；6—阻力板；7—保湿箱

电除尘器的优点如下。

① 净化效率高，能够捕集0.01μm以上的细粒粉尘。在设计中可以通过不同的操作参数，来满足所要求的净化效率。

② 阻力损失小，一般在20mmH_2O柱（约196.13Pa）以下，和旋风除尘器比较，即使考虑供电机组和振打机构耗电，其总耗电量仍比较小。

③ 允许操作温度高，如SHWB型电除尘器允许操作温度达250℃，其他类型还有达到350～400℃或者更高的。

④ 处理气体的范围量大。

⑤ 可以完全实现操作自动控制。

第四节　蒸　发

在工业生产过程中，蒸发是浓缩溶液的单元操作。例如，稀烧碱溶液的增浓、稀蔗糖溶液的浓缩、海水蒸发制取淡水等。

【海水淡化处理技术】

海水淡化处理技术是指将水中的多余盐分和矿物质去除得到淡水的技术。世界上装机应用的海水淡化膜方法主要有多级闪蒸（MSF）、多效蒸发（MED）和反渗透法（RO）。通过将海水淡化为人类可饮用的水，半个世纪以来已养活了世界上 1 亿多的人口，促进了干旱沙漠地区和发达国家沿海地区的经济和社会发展。

一、蒸发及其特点

蒸发的方式有自然蒸发和沸腾蒸发两种。自然蒸发是溶液中的溶剂在低于沸点下汽化，例如，海盐的晒制，溶剂的汽化仅发生在溶液的表面，蒸发速率缓慢。沸腾蒸发是溶液中的溶剂在沸腾时汽化，汽化过程中，溶液呈沸腾状态，溶剂的汽化不仅发生在溶液的表面，而且发生在溶液内部，溶液内部各个部分同时发生汽化现象。因此，沸腾蒸发速率远远超过自然蒸发速率。工业上的蒸发大多是采用沸腾蒸发。

蒸发过程中，将含有不挥发溶质的溶液加热沸腾，使其中的挥发性溶剂部分汽化，从而达到将溶液浓缩的生产目的。蒸发既是一个传热过程，同时又是一个溶剂汽化，产生大量蒸汽的传质过程。

二、蒸发的应用

蒸发操作广泛用于化工、轻工、制药、食品等工业生产中。其在化工生产中的主要作用为：

① 浓缩溶液或将浓缩液进一步加工处理获取固体产品。例如电解法制得的稀烧碱溶液、蔗糖水溶液、牛奶、抗生素溶液等的蒸发。

② 制取或回收纯溶剂。如海水淡化、有机磷农药苯溶液的浓缩脱苯等。

三、蒸发的流程

图 2-52 为单效蒸发流程的示意图。其主体设备蒸发器由加热室和蒸发室（又称分离室）两部分组成。加热室内部装有垂直管束（称为加热管），在管外用加热剂（通常为饱和水蒸气）冷凝放热以加热管内溶

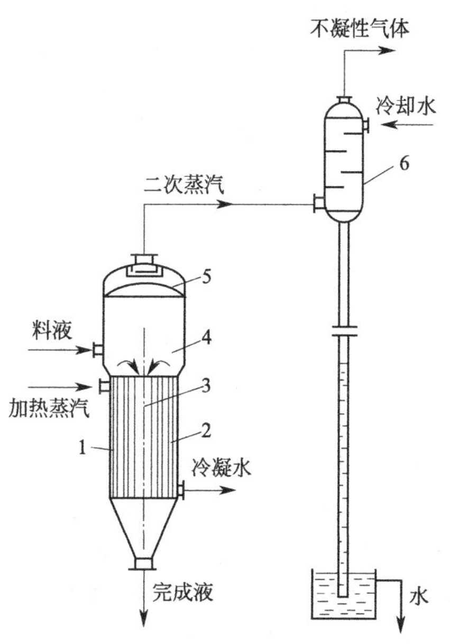

图 2-52　单效蒸发流程示意图

1—加热室；2—加热管；3—中央循环管

4—蒸发室；5—除沫器；6—冷凝器

液，使之沸腾汽化。浓缩了的溶液（称为完成液）从蒸发器底部排出；产生的蒸汽经分离室和除沫器将夹带的液滴分离后，至冷凝器冷凝。为便于区别，通常将蒸出的蒸汽称为二次蒸汽，加热用的蒸汽称为加热蒸汽。

蒸发操作连续稳定进行的必要条件是：

① 不断地向溶液提供热能，以维持溶剂的汽化；

② 及时移走汽化产生的蒸汽，否则，蒸汽与溶液将逐渐趋于平衡，使汽化不能继续进行。

因此，蒸发器一般包括加热室和进行汽液分离的蒸发室两部分。

四、蒸发器

间接加热的蒸发器型式有多种，基本可分为循环型和非循环型（单程型）两大类。

1. 循环型蒸发器

循环型蒸发器的特点是溶液在蒸发器内循环流动。根据造成循环的原因不同，又分为自然循环型蒸发器和强制循环型蒸发器。循环型蒸发器的几种常见类型如下。

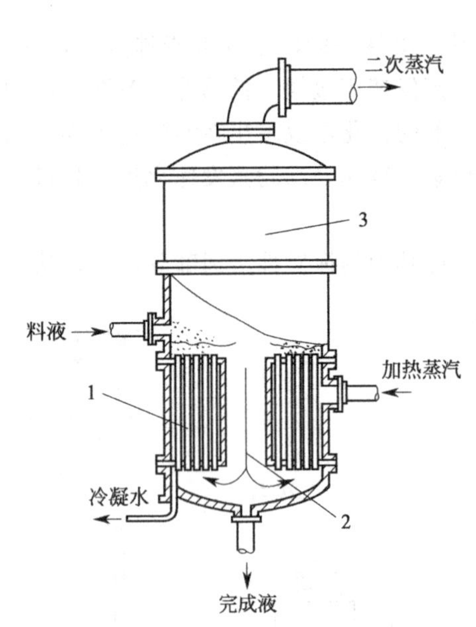

图 2-53 中央循环管式蒸发器

1—加热室；2—中央循环管；3—蒸发室

(1) 中央循环管式蒸发器 又称标准式蒸发器，是应用广泛的一种蒸发器，如图 2-53 所示。其下部加热室相当于垂直安装的固定管板式列管换热器，但管束中央有一根直径较大的管子，称为中央循环管，周围的加热管束称为沸腾管。中央循环管截面积一般为沸腾管总截面积的 40%～100% 。溶液在加热管和循环管内，加热蒸汽在管外冷凝放热。由于加热管内单位体积溶液的传热面积大于循环管内溶液的传热面积，加热管内溶液的受热程度较高，密度相对较小，从而产生循环管与加热管内溶液的密度差。在这个密度差的作用下，溶液自中央循环管下降，再由加热管上升，形成自然循环。溶液的循环速度取决于产生的密度差的大小以及管子的长度。密度差越大，管子越长，则循环速度越大。这种蒸发器的优点是结构简单、制造方便、操作可靠、投资费用较小。其缺点是由于结构上的限制，其循环速度较低（一般在 0.5m/s 以下），故传热系数较小，其清洗和检修也不太方便。适用于器内结晶不严重、腐蚀性小的溶液。

(2) 悬筐式蒸发器 如图 2-54 所示，它是中央循环管式蒸发器的改进，把加热室做成悬筐，悬挂在蒸发器壳体的下部，加热蒸汽从悬筐上部中央加入加热管的管外冷凝，而溶液在加热室外壁与壳体内壁之间的环隙通道内下降，沿加热管内上升，形成自然循环。通常环隙截面积为加热管截面积的 100%～150%。悬筐式蒸发器的优点是循环速度较高（为 1～1.5m/s），传热系数较大；由于与壳体接触的是温度较低的溶液，其热损失较小；悬挂的加热室可以由蒸发器上方取出，故其清洗和检修都比较方便。其缺点是结构复杂，金属消耗量大。适用于易结晶、结垢的溶液。

(3) 外热式蒸发器　如图 2-55 所示，把管束较长的加热室和分离室分开，加热室置于蒸发室的外侧。其优点是便于清洗和更换；既可降低整个设备的高度，又可采用较长的加热管束；循环管没有受到蒸汽加热，加大了溶液的密度差，加快了溶液循环的速度(可达 1.5m/s)，有利于提高传热系数。缺点是单位传热面积的金属耗量大，热损失也较大。

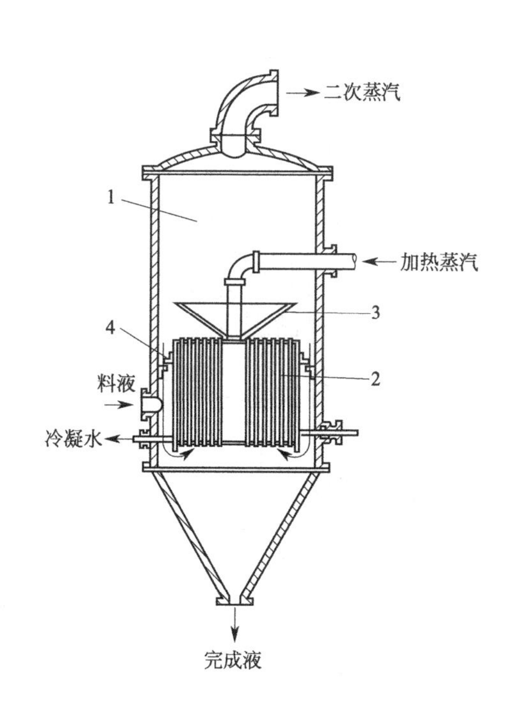

图 2-54　悬管式蒸发器

1—蒸发室；2—加热室；3—除沫器；4—液沫回流管

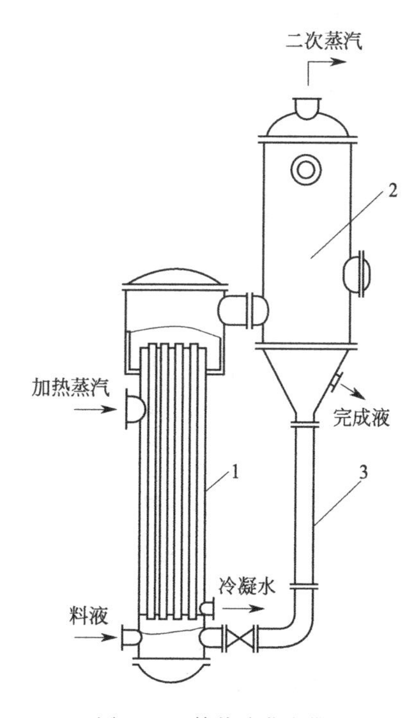

图 2-55　外热式蒸发器

1—加热室；2—加热管；3—循环管

(4) 列文式蒸发器　如图 2-56 所示。为了进一步提高循环速度，提高传热系数，列文式蒸发器在加热室的上部增设一个沸腾室。这样，加热室内的溶液由于受到上方沸腾室液柱产生的压力，在加热室内不能沸腾，只有上升到沸腾室时才能汽化，这就避免了结晶在加热室析出，垢层也不易形成。此外，由于循环管高度大，截面积大（为加热管总截面积的 200%～350%），循环管又未被加热，故能产生很大的循环推动力。列文式蒸发器的优点是循环速度大（可达 2～3m/s)，传热效果好。其缺点是设备庞大，需要的厂房高；由于管子长，产生的静压大，要求加热蒸汽的压力较高。列文式蒸发器适用于易结晶或结垢的溶液。

(5) 强制循环蒸发器　上述四种自然循环型蒸发器，由于循环速度较低，导致传热系数较小，物料容易在加热管生成结晶或结垢。为了提高循环速度，可采用如图 2-57 所示的强制循环型蒸发器。它是利用外加动力（循环泵）促使溶液循环，循环速度的大小可通过调节循环泵的流量来控制，其循环速度一般在 2.5m/s 以上。其优点是传热系数大，对于黏度大、易结晶和结垢的溶液，适应性好。其缺点是需要消耗动力和增加循环泵。

循环型蒸发器的共同特点是溶液必须多次循环通过加热管才能达到要求的蒸发量，故设备内存液量较多，液体停留时间长，器内溶液浓度变化不大且接近于出口液浓度，减少了有

效温度差，特别不利于热敏性物料的蒸发。

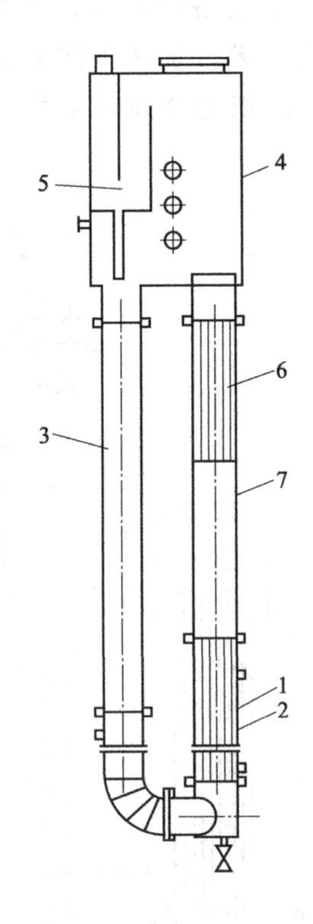

图 2-56 列文式蒸发器

1—加热室；2—加热管；3—循环管；4—蒸发室；5—除沫器；6—挡板；7—沸腾室

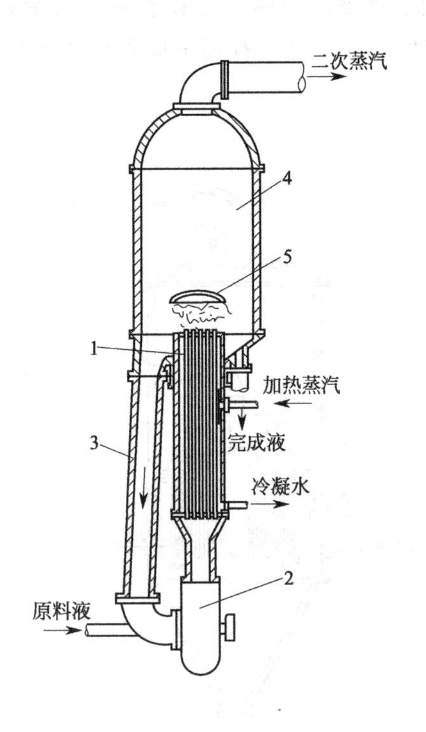

图 2-57 强制循环蒸发器

1—加热管；2—循环泵；3—循环管；4—蒸发室；5—除沫器

2. 非循环型（单程型）蒸发器

非循环型蒸发器的基本特点是溶液通过加热管一次即达到所要求的浓度。在加热管中液体多呈膜状流动，故又称为膜式蒸发器。其克服了循环型蒸发器的本质缺点，并适用于热敏性物料的蒸发，但其设计与操作要求较高。

（1）升膜式蒸发器 如图 2-58 所示。加热室由垂直长管组成，管长为 3～5m，直径为 25～50mm，其长径比为 100～150。预热后的料液由底部进入加热管，加热蒸汽在管外冷凝，料液受热沸腾后迅速汽化，产生的二次蒸汽在管内以很高的速度（常压操作时加热管出口蒸汽速度可达 20～50m/s，减压操作时可达 100～160m /s 以上）上升，带动溶液沿管内壁呈膜状向上流动，上升的液膜因不断受热而继续汽化，溶液自底部上升至顶部就浓缩到要求的浓度。汽、液一起进入分离室，分离后二次蒸汽从分离室上部排出，完成液则从分离室下部引出。

升膜式蒸发器适用于稀溶液（蒸发量大）、热敏性和易起泡的溶液，但不适用于黏度大、易结晶或结垢的浓度较大的溶液。

（2）降膜蒸发器 如图 2-59 所示，它与升膜式蒸发器的区别在于原料液由加热管的顶部进入。溶液在自身重力作用下沿管内壁呈膜状下降，并被蒸发浓缩，汽液混合物由加热管底部进入分离室，经汽液分离后，完成液从加热管的底部排出。为使溶液能在管壁上均匀成膜，在加热室顶部每根加热管上都要设置液膜分布器，能否均匀成膜是这种蒸发器设计和操作的关键。降膜蒸发器仍不适用于易结垢、有结晶析出的溶液。

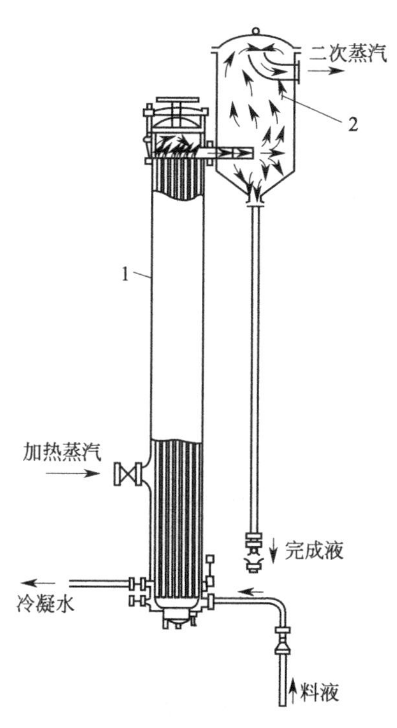

图 2-58　升膜式蒸发器

1—蒸发器；2—分离器

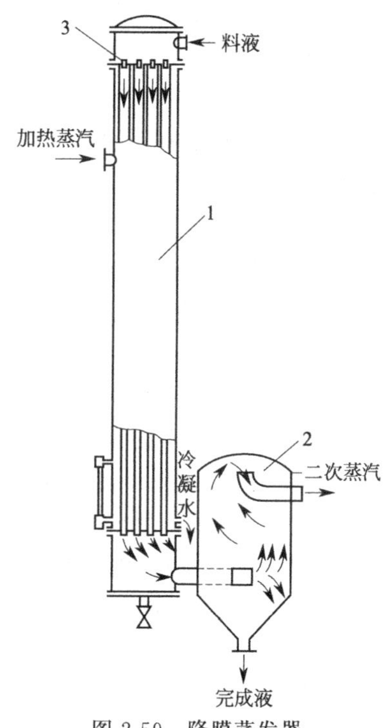

图 2-59　降膜蒸发器

1—蒸发器；2—分离器；3—液体分布器

(3) 刮板薄膜蒸发器　如图 2-60 所示，它有一个带加热夹套的壳体，壳体内装有旋转刮板，旋转刮板有固定的和活动的两种，前者与壳体内壁的间隙为 0.75～1.5mm，后者与器壁的间隙随旋转速度而改变。溶液在蒸发器上部切向进入，利用旋转刮板带动旋转，在加热管内壁形成旋转下降的液膜，在此过程中溶液被蒸发浓缩，完成液由底部排除，二次蒸汽上升到顶部经分离器后进入冷凝器。这种蒸发器的优点是适应性非常强，对高黏度和易结晶、结垢的溶液均能适用。其缺点是结构较为复杂，动力消耗大，传热面积小（一般为 $3\sim4m^2$，最大不超过 $20m^2$），故处理量小。

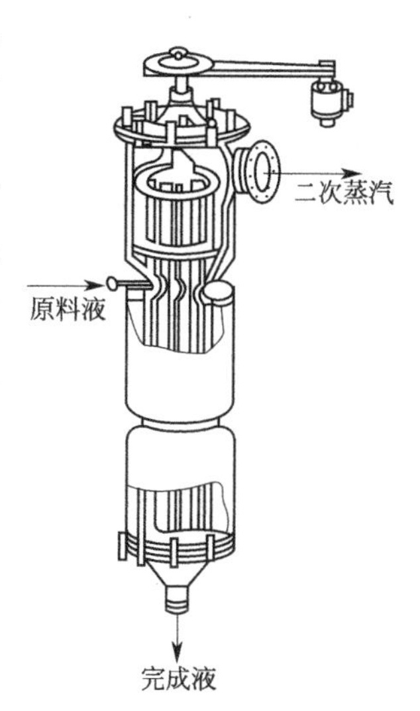

图 2-60　刮板薄膜蒸发器

五、多效蒸发

由于蒸发过程是一个耗能较大的单元操作，能耗是评价过程优劣的一个非常重要的指标。为了节约能源，降低能耗，必须提高加热蒸汽的经济性，其中最有效的途径就是采用多效蒸发。

在多效蒸发中，为了保证每一效都有一定的传热推动力，各效的操作压力必须依次降低，相应的，各效的沸点和二次蒸汽的压力也依次降低。

按物料与蒸汽的相对流向的不同，常见的多效蒸发有四种操作流程。

(1) 并流加料流程　如图 2-61 所示，溶液与蒸汽的流向相同，均由第一效流至末效。

并流加料流程的优点是溶液从压力和沸点较高的蒸发器流向沸点较低的蒸发器，溶液可以利用效间压差在效间进行输送，而不需要用泵；溶液从温度和压强较高的上一效进入温度和压强较低的下一效时处于过热状态，放出的热量会使部分溶剂蒸发，产生额外的汽化（也称为自蒸发），因而产生的二次蒸汽较多；完成液在末效排除，温度较低，总的热量消耗较低。

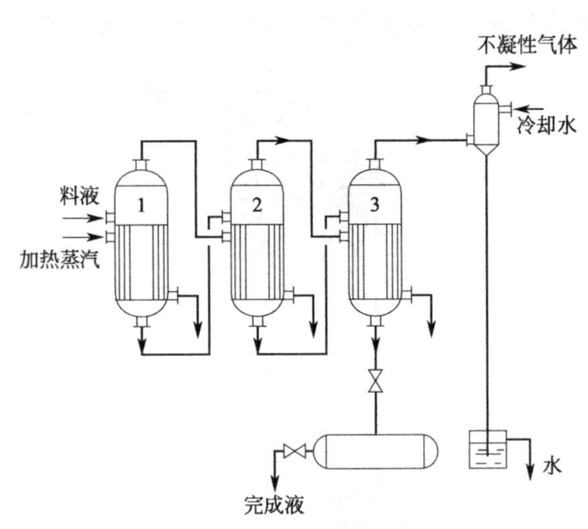

图 2-61　并流加料蒸发操作流程

并流加料流程的缺点是各效溶液浓度依次增高，而温度依次降低，因此溶液的黏度依次增加，使加热室的传热系数依次下降，导致整个蒸发装置的生产能力降低或传热面积增加。因此，并流加料流程不适用于黏度随浓度的增加变化很大的物料。

（2）逆流加料流程　如图 2-62 所示，溶液与蒸汽流向相反，即蒸汽从第一效加入，而溶液从末效加入。

逆流加料流程的优点是溶液浓度在各效依次增加的同时，温度也随之增高，因而各效溶液的黏度变化不大，各效的传热系数差别不大。因此，逆流加料流程适用于黏度随浓度的增加变化很大的物料。

逆流加料流程的缺点是溶液从低压流向高压，效间必须用泵输送；溶液在效间是从低温流向高温，没有自蒸发，产生的二次蒸汽量少于并流流程的；完成液在第一效排出，其温度较高，带走热量较多，总热量消耗较多。

（3）平流加料流程　如图 2-63 所示，原料分成几股平行加入各效，完成液分别从各效排出，蒸汽仍然是从第一效流至末效。

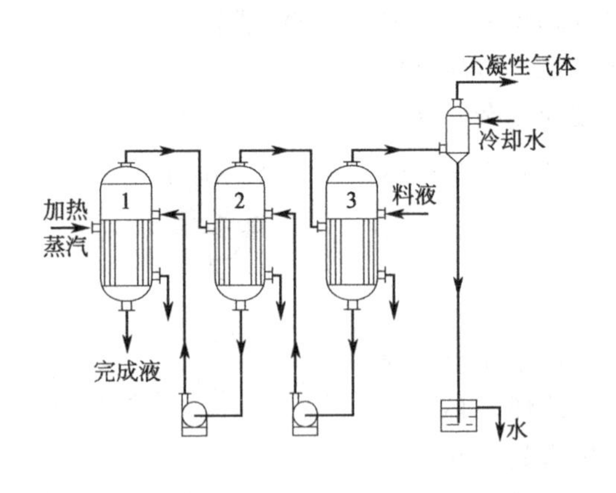

图 2-62　逆流加料蒸发操作流程

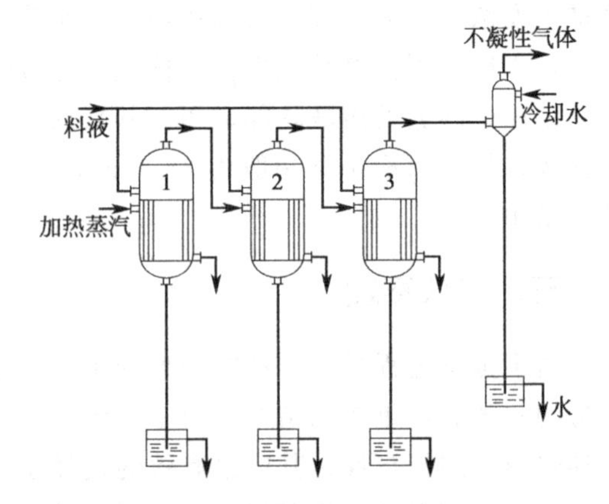

图 2-63　平流加料蒸发操作流程

平流加料流程的特点是溶液不需在效间流动，因而特别适用于处理那些蒸发过程容易有结晶析出的物料或要求得到不同浓度溶液的场合。

（4）错流加料流程　错流加料是指在流程中部分采用并流加料、部分采用逆流加料，以利用逆流和并流流程各自的长处。但操作比较复杂。

采用何种蒸发流程，主要是根据所处理的溶液的具体特性及操作要求来选择。

随效数增加，所节省的生蒸汽量越来越少，但设备费则随效数的增多成正比增加，所以蒸发器的效数必定存在最佳值，使设备费和操作费之和最小。

第五节　液体蒸馏

化工生产中所处理的原料、中间产物、粗产品等几乎都是由若干组分组成的混合物，并且大部分都是均相物系，为了满足使用或进一步加工的需要，常常要将这些组分进行分离，以得到比较纯净或纯度很高的物质。蒸馏是分离均相液体混合物的单元过程，是最早实现工业化的典型单元操作，广泛应用于石油炼制、石油化工、有机化工、高分子化工、精细化工、医药、食品及环保等领域中。

【酿酒工艺】

中国古老传统酿酒工艺的第一道程序是蒸煮粮食，第二道程序是搅拌、配料、堆积和前期发酵，第三道程序是对原料进行后期发酵。经过窖池发酵老熟的酒母，酒精浓度还很低，需要经进一步的蒸馏和冷凝，才能得到酒精较高浓度的白酒，传统工艺采用俗称天锅的蒸馏器来完成。

一、蒸馏

蒸馏是利用液体混合物中各组分挥发能力的差异或沸点的不同而使各组分得到分离的单元过程。

众所周知，液体均具有挥发成蒸汽的能力，但不同液体在一定温度下的挥发能力却各不相同。例如，将一瓶酒精（乙醇）和一瓶水同时置于一定温度之下，瓶中的酒精就比水挥发得要快。如果在容器中将低浓度乙醇和水的混合液进行加热使之部分汽化，由于乙醇的挥发能力高于水（乙醇的沸点比水低），乙醇比水容易于从液相中汽化出来，若将汽化后产生的蒸气全部冷凝，便可获得乙醇浓度较原来高的冷凝液，如此交替部分汽化、冷凝操作多次，理论上讲得到的乙醇溶液的浓度会越来越纯，也就是使乙醇和水得到初步的分离。

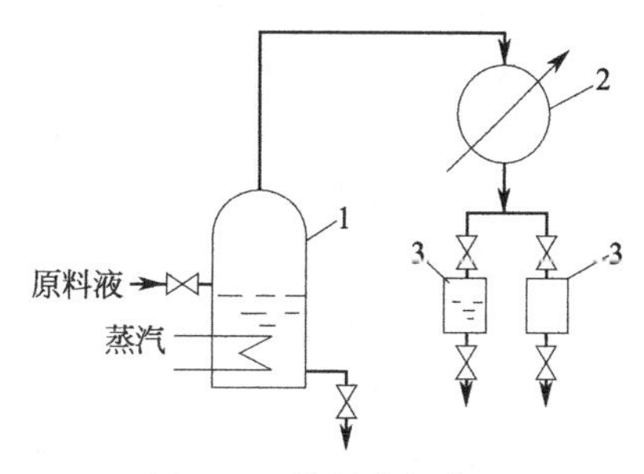

图 2-64　简单蒸馏装置

1—蒸馏釜；2—冷凝器；3—接收器

通常，将混合物中挥发能力高的组分（即沸点低的组分）称为易挥发组分或轻组分；挥发能力低的组分（即沸点高的组分）称为难挥发组分或重组分。

1. 简单蒸馏

简单蒸馏属于间歇、单级蒸馏操作，是历史上使用比较早的蒸馏方法之一，常用的简单蒸馏装置如图 2-64 所示。操作时将原料液加入蒸馏釜中，在一定压力下通过加热使之部分汽化，产生的蒸气引入冷凝器中冷凝，冷凝后的馏出液按不同组成范围作为产品收入接收器中，随着蒸馏过程的进行，釜液中易挥发组分的含量不断降低，当釜液组成达到规定要求时，操作即停止，釜液一次排出后，可再加新的混合液于釜中进行蒸馏。

简单蒸馏使混合液在蒸馏釜中受热部分汽化，将生成的蒸气不断引入冷凝器内冷凝，达到了混合液中各组分部分分离的目的。

2. 平衡蒸馏

平衡蒸馏也称闪蒸，属于连续、单级蒸馏操作，常见的平衡蒸馏装置如图 2-65 所示。操作时原料液被连续送入加热器 1 中，加热到指定温度，经节流阀 2 迅速减压至规定压力，进入分离器 3（也称闪蒸器）中，压力的突然降低，过热液体发生自蒸发，原料液部分汽化，汽化的蒸汽被引入冷凝器 4 中冷凝为液体，未汽化的液体由分离器底部抽出。在部分汽化过程中，蒸汽中的易挥发组分比原料液中的易挥发组分浓度大，故原料得到了初步的分离。

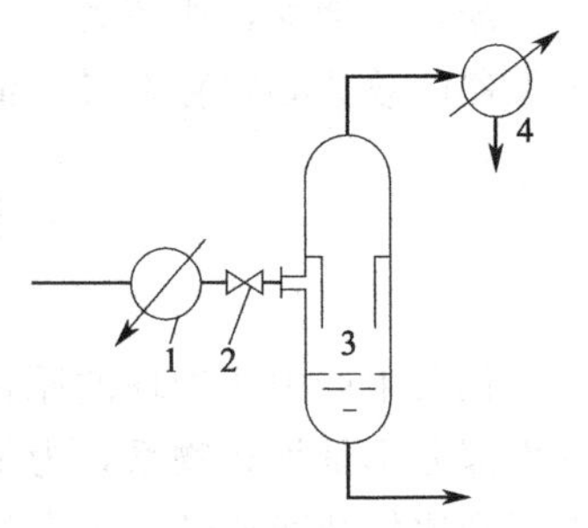

图 2-65　平衡蒸馏装置

1—加热器；2—节流阀；3—分离器；4—冷凝器

由于混合液中轻、重组分都具有一定的挥发性，采用简单蒸馏和平衡蒸馏这两种单级分离过程，只能使液体混合物得到有限的分离，很难得到纯度较高的产品。尤其是当混合物中各组分的挥发能力相差不大时，更是无法达到满意的分离效果。

精馏是利用均相液体混合物中各组分挥发能力的差异，借助回流技术实现混合液高纯度分离的多级分离操作，是工业上广泛采用的一种均相液体混合物的分离方法。

二、精馏的原理及流程

精馏塔是完成精馏操作的主要设备，生产中的精馏塔包括板式精馏塔和填料精馏塔两类。这里以板式精馏塔为例，分析精馏过程。如图 2-66 所示。原料液预热至指定的温度后从塔的中段适当位置加入精馏塔，与自塔上部下流的回流液体汇合，顺着层层塔板向下流动，最后流入塔底再沸器 2 中。在再沸器内液体被加热至一定温度，使其一部分汽化，汽化的蒸气被引回塔内作为塔釜上升的气相回流，未汽化的液体作为塔底产品排出（釜残液）。塔釜上升蒸汽，在塔内逐层穿过塔板，在塔板上与下降的液体接触，进行充分传质与传热，上升到塔顶的蒸气进入塔顶冷凝器 3 中，经冷凝器 3 全部冷凝为液体，冷凝液一部分作为塔顶回流液体，从塔顶回流管流回精馏塔顶部，另一部分经冷却后作为塔顶产品（馏出液）排出。

在精馏塔内上升的气相与下降的液相充分接触，进行传质与传热。气相在从塔釜向塔顶流动的过程中，气相中的重组分（难挥发组分）不断被冷凝到液相中去，则气相中重组分的含量不断减少，而轻组分的含量不断增多，致使气相经塔顶冷凝后得到纯度较高的轻组分。液相在从塔顶向塔釜流动的过程中，液相中的轻组分（易挥发组分）不断被汽化到气相中去，则液相中轻组分的含量不断减少，而重组分的含量则不断增多，致使塔釜再沸器中得到纯度较高的重组分。

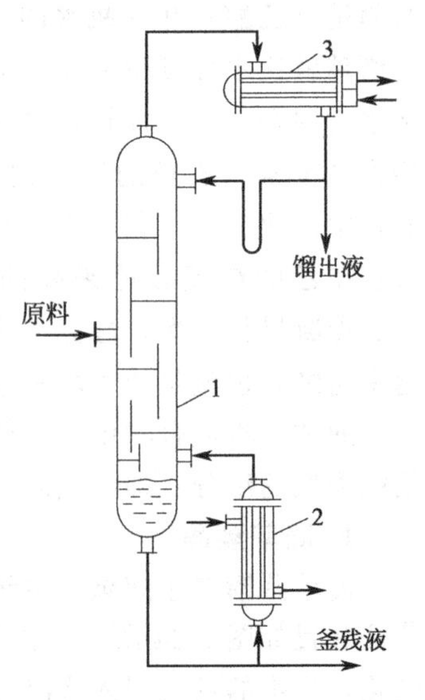

图 2-66　连续精馏操作流程

1—精馏塔；2—再沸器；3—冷凝器

精馏就是利用混合物中各组分挥发度（沸点）的不同，在精馏塔中经过气、液两相多次的同时部分汽化和部分冷凝，实现了均相液体混合物的分离。

通常，将原料加入的那层塔板称为加料板，加料口将塔分为上下两段。加料板以上，塔的上半段完成了上升蒸气中易挥发组分的精制，因而称为精馏段。加料板以下（包括进料板），塔的下半段完成了下降液体中难挥发组分的提浓，因而称为提馏段。一个完整的精馏塔应包括精馏段和提馏段，才能达到较高程度的分离。

塔顶的冷凝器为整个精馏塔提供了液相回流，而塔釜的再沸器为精馏塔提供了气相，所以再沸器和冷凝器是精馏过程必不可少的两个附属设备。

三、板式精馏塔

塔设备是炼油和化工生产的重要设备，其作用在于提供气液两相充分接触的场所，有效地实现气、液两相间的传热、传质，以达到理想的分离效果，因此它在石油化工生产中得到广泛应用。目前，工业上最常用的塔设备按塔内气液接触部件的结构型式分为板式塔和填料塔两大类。此处重点介绍板式塔，填料塔的基本情况将在气体吸收一节中介绍。

一个完整的板式塔主要是由圆柱形塔体、塔板、降液管、溢流堰、受液盘及气体和液体进、出口管等部件组成，同时考虑到安装和检修的需要，塔体上还要设置人孔或手孔、平台、扶梯和吊柱等部件，整个塔体由塔裙座支撑，其结构如图 2-67 所示。在塔内，根据生产工艺的要求，装有多层塔板，为气液两相提供接触的场所。塔板性能的好坏直接影响传质效果，是板式塔的核心部件。

按照塔板上气、液两相流动的方式，可将塔板分为错流塔板和逆流塔板两大类。

(1) 错流塔板　错流塔板也称溢流塔板，如图 2-68 (a) 所示，板间设有专供液体流通的降液管，液体横向流过塔板，气体经过塔板上的孔道上升，在塔板上气、液两相呈错流接触。合理安排降液管位置以及进、出口堰的高度，可以使板上液层厚度均匀，从而获得较高的传质效率。但是降液管约占塔板面积的 20%，影响了塔的生产能力，而且液体横向流过塔板时要克服各种阻力，会使塔板上出现液面落差，液面落差过大时，将引起板上气体分布不均匀，从而降低了分离效率。但总体上，错流塔板的操作比较稳定，操作弹性大。目前，工业上多采用此类塔板。

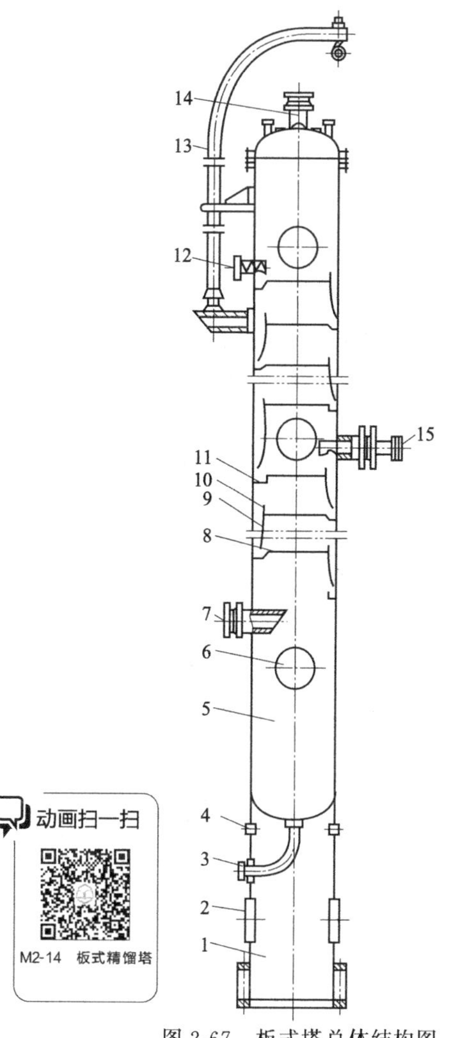

图 2-67　板式塔总体结构图

1—裙座；2—裙座人孔；3—塔底液体出口；4—裙座排气孔；5—塔体；6—人孔；7—蒸气入口；8—塔板；9—降液管；10—溢流堰；11—受液盘；12—回流入口；13—吊柱；14—塔顶蒸气出口；15—进料口

生产中所采用的错流塔板类型很多，例如泡罩塔板、筛孔塔板、浮阀塔板等，其中以浮阀塔板的应用最为广泛。

（2）逆流塔板　逆流塔板也称穿流塔板，如图2-68(b)所示，塔板间不设降液管，气液两相同时由板上孔道逆向穿流而过。塔板结构简单，无液面落差，气体分布均匀，板面利用率高，但要维持板上液层厚度需较高的气速，塔板效率低，操作弹性小，工业上应用较少。

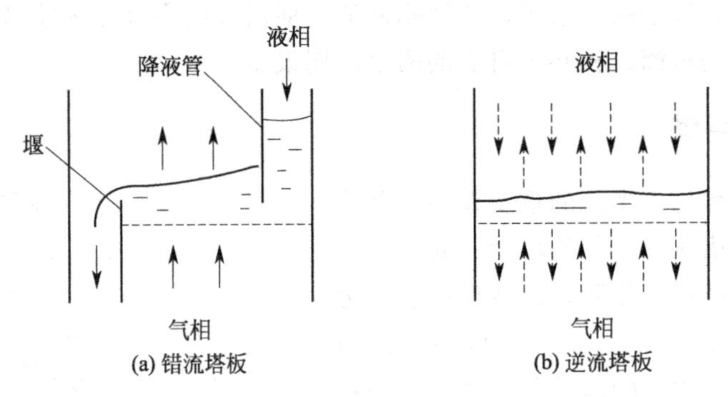

图2-68　塔板的分类

1. 泡罩塔板

泡罩塔是最早应用于工业生产中的一种气液传质设备。泡罩塔板主要由泡罩、升气管、降液管、溢流堰等组成。基本结构如图2-69所示，每层塔板上开有若干个圆形孔，孔上焊有一段短管作为上升气体通道，称为升气管。由于升气管高出塔板板面，故板上液体不会漏下。每个升气管上覆盖泡罩，泡罩下部周边开有许多长条形或长圆形齿缝。操作状况下，齿缝浸没于板上液层之中，形成液封。上升气体通过齿缝被分散成细小的气泡或流股进入液层。板上的鼓泡液层或充气的泡沫体为气、液两相提供了大量的传质面积。液体通过降液管流下，并依靠溢流堰以保证塔板上存有一定厚度的液层。

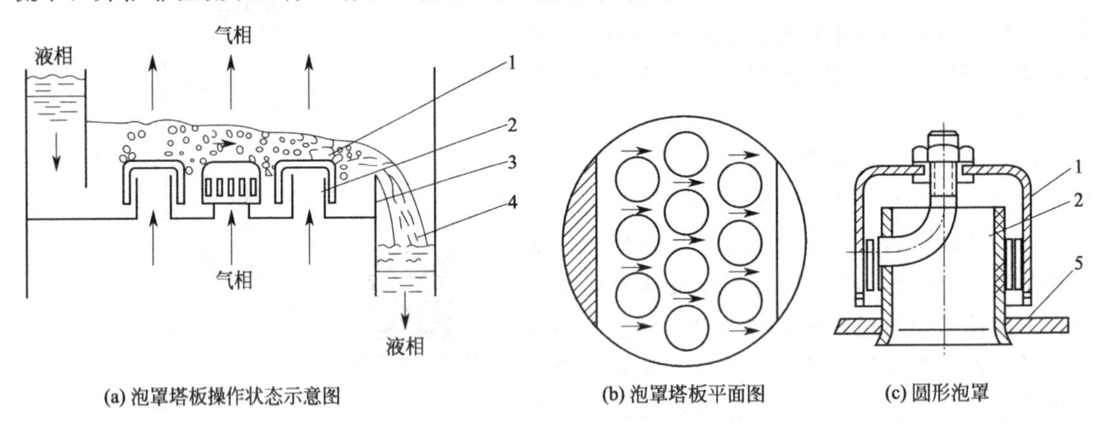

图2-69　泡罩塔板

1—泡罩；2—升气管；3—出口堰；4—溢流管；5—塔板

泡罩塔的优点是不易发生漏液现象，操作稳定性及操作弹性均较好，易于控制，当气、液负荷有较大的波动时仍能维持几乎恒定的板效率，对于各种物料的适应性强。缺点是塔板结构复杂，安装检修不方便，且金属耗量大，造价高，由于蒸气上升过程中路线比较曲折，板上液层较深，塔板压力降较大，故生产能力不大。由于泡罩塔的这些缺点，近年来泡罩塔已很少建造。

2. 筛孔塔板

筛孔塔板几乎与泡罩塔板同时出现，是最简单的一种错流塔板。筛孔塔板在塔板上开有大量均匀分布的小孔，称为筛孔。筛孔是板上的气体通道，降液管是板上的液体通道。筛孔直径一般为3～8mm，通常孔间距按正三角形排列布置，孔间距与孔径的比值为3～4。在正常操作范围内，通过筛孔上升的气流，应能阻止液体经筛孔向下泄漏。板面可分为筛孔区、无孔区、溢流堰、降液管区等几个部分。

操作时，气体从下而上，通过塔板上的筛孔进入液层鼓泡而出，与液体在塔板上充分接触进行传质与传热。液体则从降液管流下，横经筛孔区，再由降液管进入下层塔板。筛板的结构及气液接触状况如图2-70所示。

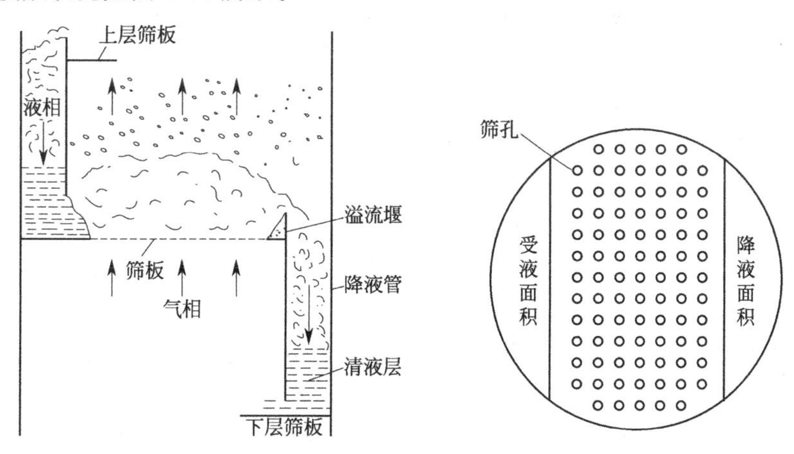

图2-70　筛孔塔板的结构及气液接触状况

筛板塔与泡罩塔相比，生产能力提高20%～40%，塔板效率高10%～15%，压力降小30%～50%，且结构简单，造价较低，制造、加工、维修方便，故在许多场合都取代了泡罩塔。筛板塔的缺点是筛板容易漏液且操作弹性范围较窄，小孔筛板容易堵塞。但是它的独特优点——结构简单，造价低廉吸引了不少的研究者，只要设计合理，同样可以获得比较满意的塔板效率，因此成为目前应用较广泛的塔板。

3. 浮阀塔板

浮阀塔是20世纪50年代初期在泡罩塔和筛板塔的基础上发展起来的一种新的结构型式。其特点是在筛板塔的基础上，在每个筛孔处安置一个可上下移动的被称为浮阀的阀片。所谓浮阀，就是它开启的程度可以随着气体负荷的大小而自行调整。当蒸气气速较大时，阀片将被顶起上升，蒸气气速变小时，阀片因自重而下降。这样，当蒸气负荷在一个较大的范围内变动时，阀片升降位置会随气流的大小自动调节，缝隙中的气流速度几乎保持不变，从而使进入液层的气速基本稳定。又因气体从阀片下侧的水平方向进入液层，既可减少液沫夹带量，又能延长气液接触时间，故收到很好的传质效果。

浮阀的型式有多种，国内常用的浮阀有F1型、V-4型与T型三种，如图2-71所示。一般都用不锈钢制成，其中F1型浮阀最简单，也是曾经使用较为广泛的一种。

浮阀塔操作时，如果气体流速较低，浮阀在塔板上处于静止状态，气体通过浮阀上的最小开度处鼓泡通过液层，当气体流速增大到最大流速的20%左右时，浮阀开始被吹

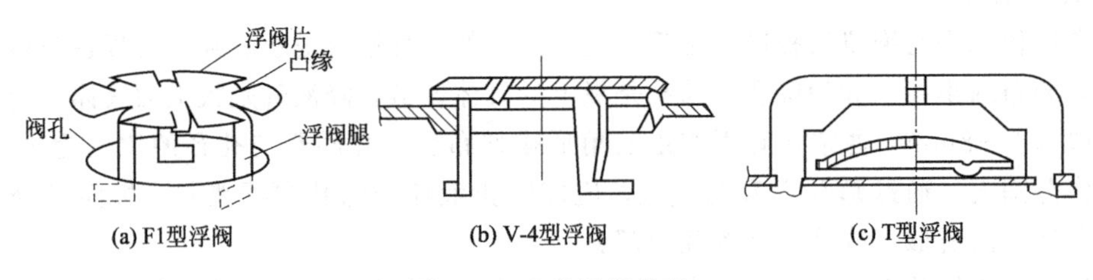

图 2-71　几种浮阀类型

起。因为塔板上有液面落差，各浮阀被吹开的时间并不一致，靠近溢流堰处的因液层浅而先吹起。此外，随气速的变化，浮阀吹起的程度也不同。被吹起的浮阀在液层中上下浮动，当气速达到最大流速的 70%左右时，所有浮阀全部被吹起。浮阀稳定的位置只有全开和全闭，但在这一范围内，浮阀可以随气速变化而在液层中上下浮动，自动调节气体流通面积，保持气体吹入液层时，形成良好的泡沫状态，因此浮阀塔能在相当宽的气速范围内稳定操作。

实践证明，浮阀塔具有下列优点：

① 生产能力大。由于浮阀安排比较紧凑，塔板的开孔率大于泡罩塔板，故其生产能力比圆形泡罩塔板提高 20%～40%，接近于筛板塔。

② 操作弹性大。由于阀片可以自由升降以适应气速的变化，故其维持正常操作所允许的负荷波动范围比泡罩塔及筛板塔都宽。

③ 塔板效率高。由于上升气体以水平方向吹入液层，故气、液接触时间较长而雾沫夹带量较小，因此塔板效率较高，比泡罩塔板效率高出 15%左右。

④ 气体压力降及液面落差较小。因气、液流过浮阀塔板时所遇到的阻力较小，故气体的压力降及板上液面落差都比泡罩塔板小。

⑤ 结构简单，安装方便。浮阀塔造价为泡罩塔的 60%～80%，为筛板塔的 120%～130%。

目前，浮阀塔是工业上主要使用的精馏设备，但由于浮阀要求具有较好的耐腐蚀性能，否则易锈死在塔板上，故一般要用不锈钢制造。

第六节　气体吸收

工业生产中常常会遇到均相气体混合物的分离问题。为了分离混合气体中的各组分，通常将混合气体与选择的某种液体相接触，使气体中的一种或几种组分溶解于液体内而形成溶液，不能溶解的组分则保留在气相中，这样就实现了气体混合物各组分分离的目的。这种利用各组分溶解度不同而分离气体混合物的单元过程称为吸收。例如，用将空气-氨混合物与水接触，由于氨在水中溶解度很大，而空气在水中溶解度很小，所以大部分氨就从空气中转移到水中，这样就实现了氨气与空气的分离。

通常，气体吸收过程中所选择的溶剂称为吸收剂，用 S 表示；混合气体中能溶于溶剂的组分称为溶质（或吸收质），用 A 表示；基本上不溶于溶剂的组分统称为惰性气体，用 B 表示。惰性气体可以是一种或多种组分。例如用水吸收氨-空气混合气体时，水为吸收剂，氨为溶质，空气为惰性气体。

【工业废气处理】

工业废气，是指企业厂区内燃料燃烧和生产过程中产生的各种排入空气的含有污染物气体的总称。这些废气有：二氧化碳、二硫化碳、硫化氢、氟化物、氮氧化物、氯、氯化氢、一氧化碳、硫酸（雾）铅汞、铍化物、烟尘及生产性粉尘等，排入大气，会污染空气。这些物质通过呼吸道进入人的体内，有的直接产生危害，有的还有蓄积作用，会更加严重地危害人的健康。

工业废气处理的原理有活性炭吸附法、催化燃烧法、催化氧化法、酸碱中和法、生物洗涤法、生物滴滤法、等离子法等多种原理。其中通过吸收原理可有效除去或降低工业废气中的有害成分。

一、吸收在化工生产中的应用

吸收操作在化工生产中的主要用途如下：

① 净化或精制气体。例如，用水或碱液脱除合成氨原料气中的二氧化碳，用丙酮脱除石油裂解气中的乙炔等。

② 制备某种气体的溶液。例如，用水吸收二氧化氮制造硝酸，用水吸收氯化氢制取盐酸，用水吸收甲醛制备福尔马林溶液等。

③ 回收混合气体中的有用组分。例如，用硫酸处理焦炉气以回收其中的氨，用洗油处理焦炉气以回收其中的苯、二甲苯，用液态烃处理石油裂解气以回收其中的乙烯、丙烯等。

④ 废气治理，保护环境。工业废气中含有 SO_2、NO、NO_2、H_2S 等有害气体，直接排入大气，对环境危害很大。可通过吸收操作使之净化，回收资源，综合利用。

二、吸收-解吸工艺流程

一般工业上的吸收过程包括吸收和解吸两个部分。解吸是吸收的逆过程，就是将溶质从吸收后的溶液中分离出来。通过解吸可以回收气体溶质，并实现吸收剂的再生循环使用。

图 2-72 以合成氨生产中 CO_2 气体的净化为例，说明吸收与解吸联合操作的工艺流程。

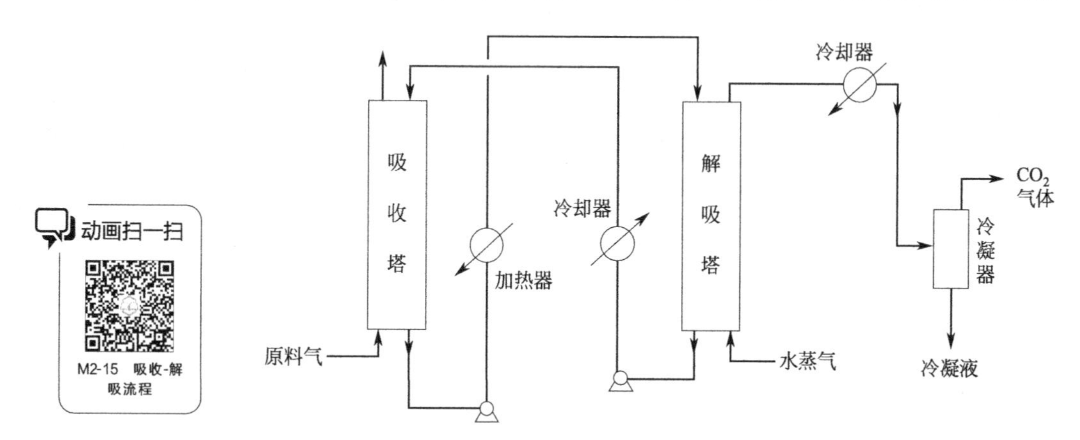

图 2-72　合成氨中 CO_2 的吸收与解吸流程

合成氨原料气（其中含 CO_2 约 30%）从吸收塔底部进入吸收塔，吸收塔塔顶喷入乙醇胺溶液。气、液两相在吸收塔内逆流接触，溶质 CO_2 从气相中逐渐溶解转移到液相中。吸收了 CO_2 的乙醇胺溶液从塔底排出，从塔顶排出的气体中 CO_2 的含量可降至 0.5%以下。将吸收塔

塔底排出的含 CO_2 的乙醇胺溶液用泵送至加热器，加热到 130℃左右后从解吸塔塔顶喷淋下来，与塔底送入的水蒸气逆流接触，CO_2 在高温、低压下自乙醇胺溶液中解吸出来。从解吸塔塔顶排出的气体经冷却、冷凝后得到较纯净的 CO_2。解吸塔塔底排出的含少量 CO_2 的乙醇胺溶液经冷却降温至 50℃左右，经加压后仍可作为吸收剂送入吸收塔循环使用。

由此可见，利用吸收操作实现气体混合物的分离必须解决以下问题：

① 选择合适的吸收剂，以选择性地溶解某个（或某些）被分离组分；

② 选择适当的传质设备以实现气液两相接触，使溶质从气相中转移至液相中；

③ 吸收剂的再生和循环使用。

三、吸收剂的选择

在吸收操作中，吸收剂性能的优劣，常常是吸收操作是否良好的关键。在选择吸收剂时，应注意考虑以下几方面的问题：

（1）溶解度　吸收剂对于溶质组分应具有较大的溶解度。

（2）选择性　吸收剂要对溶质组分有良好吸收能力的同时，对混合气体中的其他组分基本上不吸收，或吸收甚微。

（3）挥发性　在操作温度下吸收剂的挥发性要小，因为挥发性越大，则吸收剂损失量越大，分离后气体中所含溶剂量也越大。

（4）黏度　在操作温度下吸收剂的黏度越小，在塔内的流动性越好，有利于提高吸收速率，且有助于降低泵的输送功耗。

（5）再生　吸收剂要易于再生。吸收质在吸收剂中的溶解度应对温度的变化比较敏感，即不仅低温下溶解度要大，而且随着温度的升高，溶解度应迅速下降，这样才比较容易利用解吸操作使吸收剂再生。

（6）稳定性　化学稳定性好，以免在操作过程中发生变质。

（7）其他　要求无毒，无腐蚀性，不易燃，不易产生泡沫，冰点低，价廉易得等。

在工业上的气体吸收操作中，多用水作吸收剂，只有对于难溶于水的吸收质，才采用特殊的吸收剂。吸收剂的选用，应从生产的具体要求和条件出发，全面考虑各方面的因素，做出经济合理的选择。

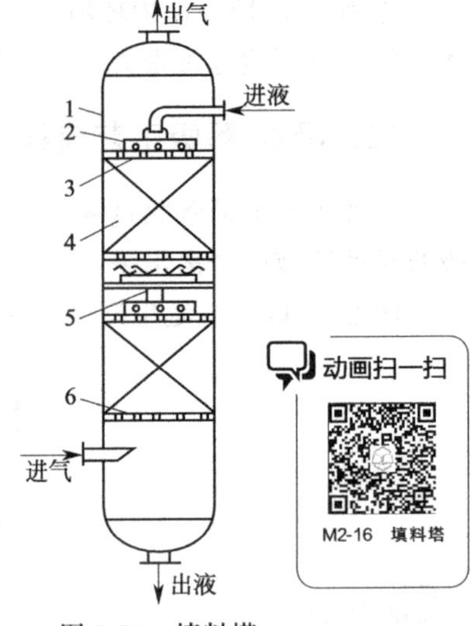

图 2-73　填料塔结构示意图

1—塔体；2—液体分布器；3—填料压紧装置；4—填料层；5—液体再分布器；6—支承装置

四、填料塔

填料塔由塔体、填料、液体分布装置、填料压紧装置、填料支承装置、液体再分布装置等构成，如图 2-73 所示。

填料塔操作时，液体自塔上部进入，通过液体分布器均匀喷洒在塔截面上并沿填料表面呈膜状下流。当塔较高时，由于液体有向塔壁面偏流的倾向，使液体分布逐渐变得不均匀，因此经过一定高度的填料层以后，需要液体再分布装置，将液体重新均匀分布到下段填料层的截面上，最后液体经填料支承装置从塔下部排出。

气体自塔下部经气体分布装置送入，通过填料支承装置在填料缝隙中的自由空间上升并与下降的液体接触，最后从塔顶排出。为了除去排出气体中夹带的少量雾状液滴，在气体出口处常装有除沫器。

填料层内气液两相呈逆流接触，填料的润湿表面即为气液两相的主要传质表面，气、液两相的组成沿塔高连续变化。

填料是填料塔的核心部分，它提供了气液两相接触传质的界面，是决定填料塔性能的主要因素。填料的种类很多，大致可分为散装填料和整砌填料两大类。散装填料是一粒粒具有一定几何形状和尺寸的颗粒体，一般以散装方式堆积在塔内。根据结构特点的不同，散装填料分为环形填料、鞍形填料、环鞍形填料及球形填料等。整砌填料是一种在塔内整齐的有规则排列的填料，根据其几何结构可以分为格栅填料、波纹填料、脉冲填料等。如图 2-74 所示。

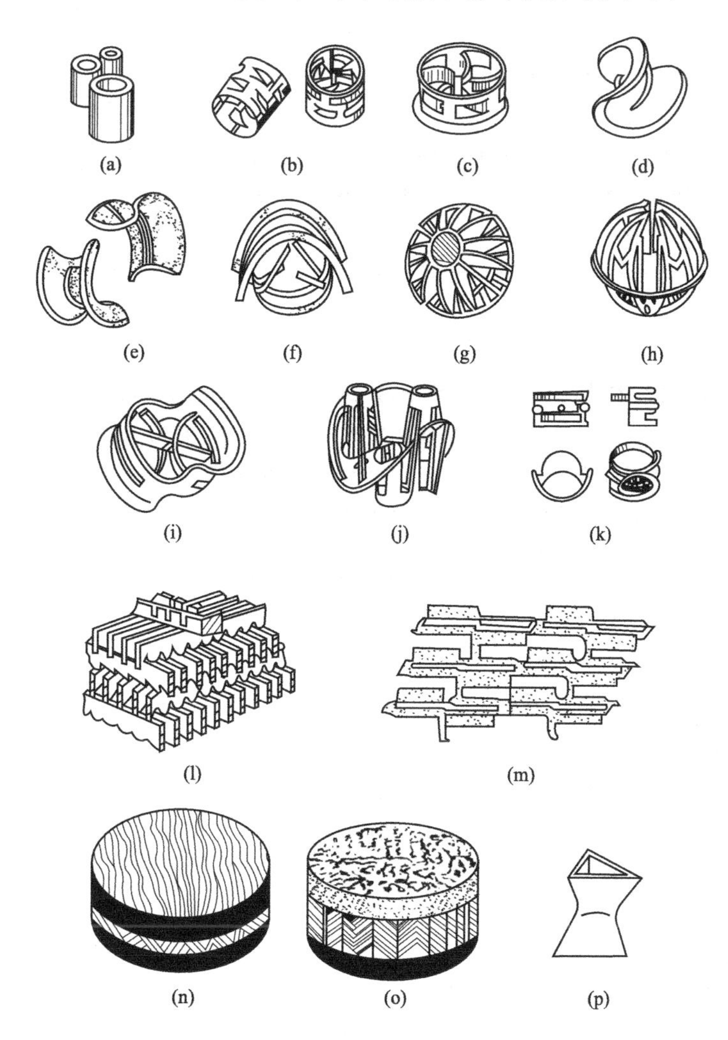

图 2-74　几种常见填料

(a) —拉西环填料；(b) —鲍尔环填料；(c) —阶梯环填料；(d) —弧鞍填料；(e) —矩鞍填料；(f) —金属环矩鞍填料；(g) —多面球形填料；(h) —TRI 球形填料；(i) —共轭环填料；(j) —海尔环填料；(k) —纳特环填料；(l) —木格栅填料；(m) —格里奇格栅填料；(n) —金属丝网波纹填料；(o) —金属板波纹填料；(p) —脉冲填料

与板式塔相比，填料塔具有以下特点：

① 结构简单，便于安装，小直径的填料塔造价低。

② 压力降较小，适合减压操作，且能耗低。

③ 分离效率高，用于难分离的混合物，塔高较低。

④ 适于易起泡物系的分离，因为填料对泡沫有限制和破碎作用。

⑤ 适用于腐蚀性介质，因为可采用不同材质的耐腐蚀填料（如瓷质填料等）。

⑥ 适用于热敏性物料，因为填料塔持液量低，物料在塔内停留时间短。

但填料塔也有其缺陷：

① 填料塔操作弹性较小，对液体负荷的变化特别敏感。当液体负荷较小时，填料表面不能很好地润湿，传质效果急剧下降；当液体负荷过大时，则易产生液泛。设计良好的板式塔则有比填料塔大得多的操作范围。

② 填料塔不宜处理易聚合或含有固体悬浮物的物料，某些板式塔（如大孔径筛板塔、泡罩塔等）则可以有效地处理这种物系。另外，板式塔的清洗也比填料塔方便。

③ 当气、液接触过程中需要冷却以移除反应热或溶解热时，填料塔因涉及液体均匀分布问题而使结构复杂化，板式塔则可方便地在塔板上安装冷却盘管。同理，当有侧线出料时，填料塔也不如板式塔方便。

知识拓展

精馏和吸收过程都是均相混合物的分离过程，精馏分离的是均相液体混合物，吸收分离的是均相气体混合物。对于均相混合物的分离，一般首先构造一个气液两相系统（精馏过程利用加热产生了气相；吸收过程从外界引入液相），再利用混合物中各组分某个性质的差异（沸点、溶解度等），进而实现组分在气液两相间的传质分离。气液传质分离设备目前通用板式塔和填料塔两种类型的塔设备。

想一想，练一练

1. 离心泵的主要结构部件有哪些？其工作原理是什么？
2. 气体输送机械分为哪几类？
3. 工业换热方法有哪些？
4. 列管式换热器的主要构成是什么？常见列管式换热器有哪些？
5. 非均相混合物的分离方法有哪些？
6. 什么是蒸发？常见的蒸发器主要有哪些？
7. 什么是蒸馏？精馏原理是什么？
8. 什么是吸收？吸收分离的依据是什么？
9. 板式塔的主要构件有哪些？常见板式塔有哪些？
10. 填料塔的主要构件有哪些？常见填料有哪些？

参考文献

[1] 李薇．化工原理——流体输送与传热技术．第2版．北京：化学工业出版社，2014.
[2] 王宏．化工原理——传质分离技术．第2版．北京：化学工业出版社，2014.
[3] 冷士良．化工单元过程及操作．北京：化学工业出版社，2002.

第三章　石油炼制

知识目标

- 了解石油及其产品的一般性质及分类；
- 了解原油各加工过程的作用、地位和发展趋势；
- 熟悉炼油厂典型加工过程（如原油蒸馏、催化裂化、催化重整、催化加氢、热破坏加工等）的工艺原理、方法、特点等；
- 初步掌握原油加工工艺原理和操作方法。

技能要求

- 能根据原料的组成、催化剂的组成和结构、工艺过程、操作条件对各加工过程产品的组成和特点进行分析判断。

石油炼制是以原油为基本原料，通过一系列炼制工艺，把原油加工成汽油、煤油、柴油、润滑油、石蜡、沥青和各种石油化工原料的过程。这些产品广泛应用到人们的日常生活中，大到国家的工业、农业、交通、国防，小到每个人的衣、食、住、行，全都离不开石油产品。

现代炼油厂中，将石油炼制过程分为物理分离和化学转化两个过程。物理分离过程有原油蒸馏、溶剂脱沥青、溶剂抽提、溶剂脱蜡等，化学转化过程有催化裂化、催化重整、催化加氢、热破坏加工、烷基化等。

2017年，世界炼油能力持续缓慢增长，总炼油能力达到约48.9亿吨/年，新增能力主要来自亚太地区，世界各主要地区炼油业发展趋势各异，北美地区炼油投资从建设新装置转向现有炼油厂的改造，欧洲炼油业重陷困境，而“一带一路”沿线新兴经济体国家继续推动炼油项目建设。

2017年我国炼油能力重新加快增长，行业转型升级加快，我国进口原油使用权和原油进口权继续放开，地方炼厂抓住机遇加快崛起，替代能源借政策红利发展加快，中国炼化企业“走出去”取得新的进展。截至2017年底，中国炼油能力达7.7亿吨/年，较2016年净增1760万吨/年，其中，新增炼油能力4000万吨/年，淘汰落后炼油能力2240万吨/年，但产能过剩形势仍继续加剧。

“十三五”期间，国内炼油业将以去产能、转型升级、由大向强为主攻方向。一是炼油行业将继续推进装置大型化、炼化一体化，产业集群化、园区化、基地化建设，同时下大力气淘汰一批产品质量低劣、能耗高、资源利用不合理、安全隐患较大、环保无法达标的炼油装置。二是加快油品质量升级，随着国Ⅵa阶段标准2019年在全国实行，炼厂还需进一步完善装置配套能力，提升加工水平。三是加大绿色、环保、安全等方面的投入，打造资源利用率高、产品质量好、环境污染少的绿色低碳型炼厂。四是加快“两化”融合，助推炼油工业实现智能化、数字化。五是顺应产业发展的大趋势，做好能源转型，部分先进炼厂形成“油头—化身—高化尾”的一体化产业模式，进一步拓展炼化行业的发展空间，并带动整个行业转型升级和由大走强。

第一节 炼油厂原料及产品

原油是从地下开采出来的、未经炼油厂加工的石油。石油产品是以原油或原油某一部分做原料直接生产出来的各种商品的总称，原油经炼制加工后得到各种燃料油、润滑蜡、沥青、石油焦、石油溶剂与石化原料等6大类石油产品。了解石油和石油产品，以及它们的化学组成和物理性质，对于原油加工、产品使用以及石油的综合利用等有重要意义。

【我国石油开采的历史】

中国发现、开采和利用石油及天然气已有2000多年的历史，《易经》中有“上火下泽”“泽中有火”等记载，班固《汉书·地理志》记载“高奴，有洧水，可燃”，北宋沈括在《梦溪笔谈》中描写到“鄜延境内有石油，生于水际沙石，与泉水相杂，颇似淳漆，燃之如麻，但烟甚浓”，并预言“此物后必大行于世”。但由于历史原因，我国的石油开发及加工生产发展极为缓慢，直至二十世纪七八十年代，随着我国自主开发出重油催化裂化、渣油加氢裂化、中\高压加氢裂化、连续催化重整等炼油新技术，我国的炼油工艺技术才接近或达到世界先进水平。

一、炼油厂原料

炼油厂的基本原料就是原油，有时称“黑色金子”，是一种极为复杂的混合物，其主要组成是烃类，还含有硫、氮、氧等化合物及少量金属的有机化合物。不同地区的原油，其物理化学性质不同，这对炼油厂的加工带来很大的变化。

1. 原油的外观性质

原油通常是淡黄色到黑色的，流动或半流动的，带有浓烈气味的黏稠液体，密度一般都小于1000kg/m^3。但世界各地所产原油从外观到性质都有不同程度的差异，从颜色看，绝大多数原油都是黑色的，但也有红、金黄、墨绿、褐红甚至透明的。原油的颜色是它本身所含胶质、沥青质的含量，含量越高颜色越深。中国重庆黄瓜山和华北大港油田有的油井产无色石油，克拉玛依石油呈褐色至黑色，大庆、胜利、玉门石油均为黑色。原油可溶于多种有机溶剂，不溶于水，但可与水形成乳状液。

2. 原油的化学组成

原油是一种极其复杂的混合物，有烃类化合物，也有非烃类化合物。原油中以碳、氢两种元素组成的烃类化合物主要有烷烃、环烷烃和芳香烃，这是石油或原油的主要成分。原油中没有烯烃，但是在加工过程中由于裂化或烷烃和环烷烃脱氢后生成烯烃，因此石油产品中有可能含有烯烃。

非烃类化合物的组成元素除了碳和氢之外，还有氧、硫、氮、钒、镍、铁等元素，是以复杂分子组分形式存在于原油中，虽然含量较少，但是对于原油的性质、原油加工过程以及原油催化加工中的催化剂有很大的影响。

(1) 烷烃　烷烃是开链的饱和链烃，分子中的碳原子都以单键相连，其余的价键都与氢结合的化合物。通式为C_nH_{2n+2}，是最简单的一种有机化合物。烷烃的主要来源是石油和天然气，是重要的化工原料和能源物资。

较简单的烷烃是甲烷、乙烷、丙烷、正丁烷、异丁烷和正戊烷、异戊烷、新戊烷等（图3-1）。当烷烃分子中的碳原子数大于3个时，就出现含有相同数量的碳原子和氢原子而结构不同的几种烃类。这是因为碳不仅可以形成链，还可以形成单或双支链，产生性质不同的异构物。例如正辛烷的马达法辛烷值是−17，而异辛烷的马达法辛烷值是100。

烷烃的异构物数目随碳原子数量的增加呈几何级数递增，例如丁烷有2种，戊烷有3种，己烷有5种，庚烷有9种，辛烷有18种，壬烷有35种，癸烷有75种，11碳烷有4347种，12碳烷有366319种。因此，烷烃的数量是非常多的。

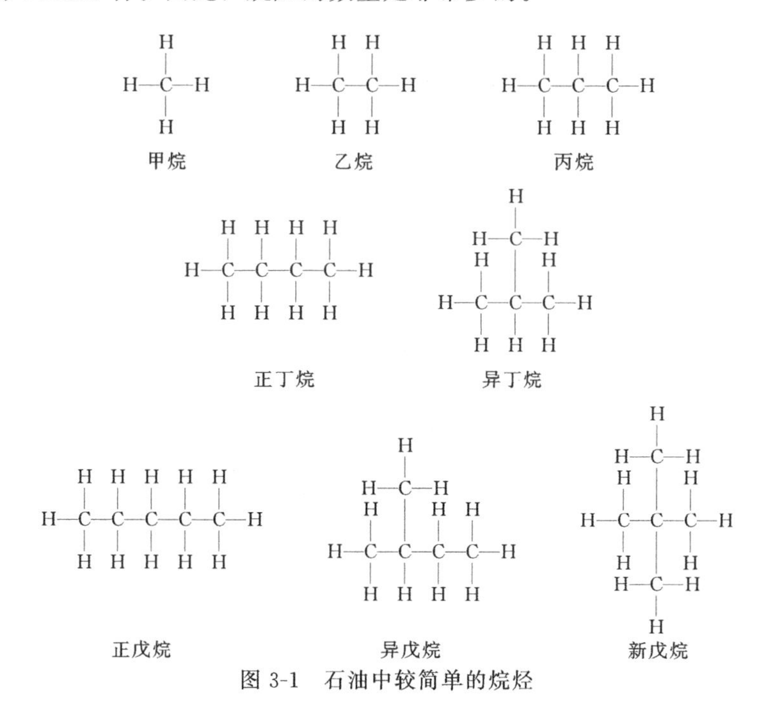

图3-1　石油中较简单的烷烃

（2）烯烃　烯烃是含有碳-碳双键（C=C键）的碳氢化合物，属于不饱和烃，按含双键数量分别称单烯烃、二烯烃等，单链烯烃分子通式为C_nH_{2n}。自然状态下的原油是不含烯烃的，而是在原油加工过程中产生的，甚至有时会生成二烯烃，由于其高活性，易于生成分子量大的聚合物，导致过滤器和设备的堵塞。

较简单的烯烃有乙烯（C_2H_4）和丙烯（C_3H_6），是石油化学工业中非常重要的原料。

当然最简单的不饱和烃还有乙炔（图3-2）。

$H_2C=CH_2$　　$CH_3-CH=CH_2$　　$HC\equiv CH$

乙烯　　丙烯　　乙炔

图3-2　石油产品中的不饱和烃

（3）环烷烃　环烷烃是分子结构中含有一个或者多个环的饱和烃类化合物，有单环环烷烃和稠环环烷烃。环戊烷、环己烷及它们的烷基取代衍生物是石油产品中常见的环烷烃，稠环环烷烃存在于高沸点石油馏分中（如图3-3）。环烷烃有很高的发热量，凝固点低，抗爆性介于正构烃和异构烃之间，化学性质和烷烃相似。其中以五碳环烷烃和六碳环烷烃的性质较稳定。

（4）芳香烃　芳香烃是一种分子中含有苯环结构的碳氢化合物，它是石油化工的基本产品和基础原料之一，主要包括苯、甲苯、二甲苯、乙苯等（如图3-4）。原油和石油产品中除了含有单环芳烃，还有稠环芳烃，在石油加工过程中，往往导致催化剂失活和焦炭生成，在柴油等燃料油中会引起环境污染。

（5）含硫化合物　硫在原油中少量以单质硫（S）和硫化氢（H_2S）形式存在，大多数以有机硫化物形式存在，如硫醇、硫醚、环硫醚、二硫化物、噻吩及其同系物等（图3-5）。不同的原油含硫量相差很大，从万分之几到百分之几，且含量随石油馏分沸点范围的升高而增加，大部分硫化物集中在重馏分和渣油中。由于硫对于石油加工影响极大，所以含硫量常作为评价石油的一项重要指标。

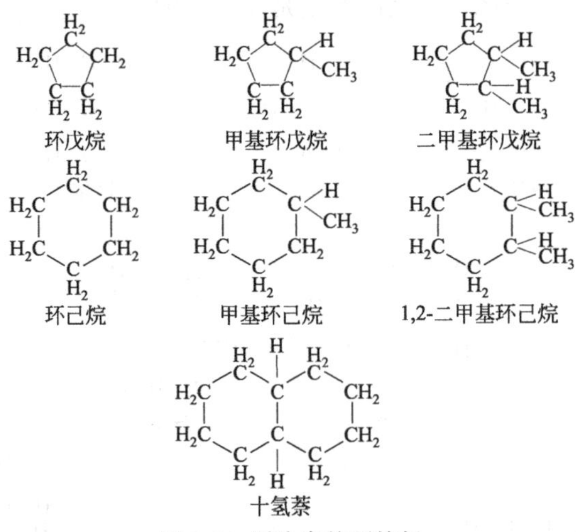

图3-3　原油中的环烷烃

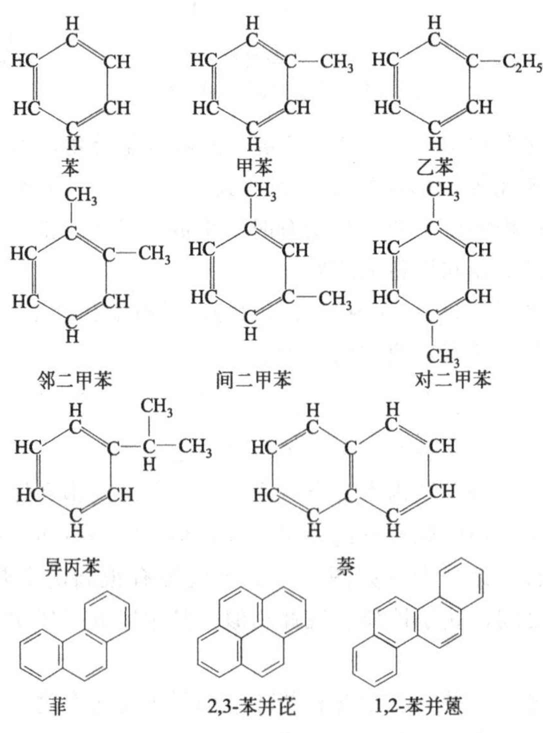

图3-4　原油中的芳香烃

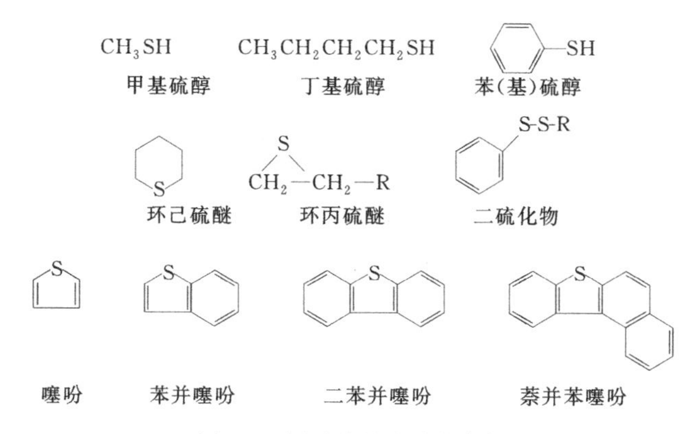

图 3-5 原油中的含硫化合物

(6) 含氮化合物 原油中的氮化物大多数是氮原子在环状结构中的杂环化合物，主要有吡啶、喹啉等的同系物（统称为碱性氮化物），以及吡咯、吲哚等的同系物（统称为非碱性氮化物），如图 3-6 所示。不同的原油含氮量相差也很大，含氮量一般在万分之几至千分之几。对于密度大、胶质多、含硫量高的原油，一般其含氮量也高。石油馏分中氮化物的含量随其沸点范围的升高而增加，大部分氮化物以胶状、沥青状物质存在于渣油中。原油中氮含量虽少，但对石油加工、油品储存和使用的影响却很大。所以，大多数油品需要精制过程来除去其中的氮化物。

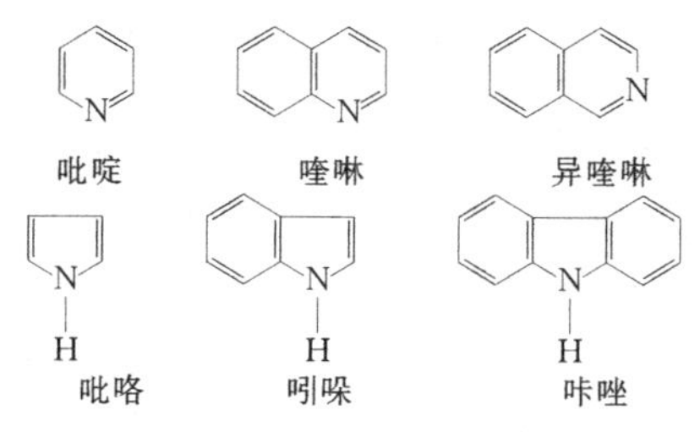

图 3-6 原油中的含氮化合物

(7) 含氧化合物 原油中的含氧量一般都很少，大约在千分之几的范围内，也有个别原油含氧量高达 2%～3%。原油中的含氧量因产地不同而差异较大，随馏分加重而增加，大部分集中在胶状沥青状物质中，因此，多胶的重质原油含氧量一般比较高。

目前，原油中含氧化合物已鉴定出 50 多种，分酸性氧化物和中性氧化物两大类。酸性氧化物有环烷酸、脂肪酸以及酚类，中性氧化物有醛、酮、酯等（图 3-7）。但是这些氧化物主要是与酸官能团（—COOH）有关的有机酸，有 C_1～C_{24} 的脂肪酸，C_5～C_{10} 的环烷酸，C_{10}～C_{15} 的类异戊二烯酸。原油中的有机酸和酚（酸性）统称石油酸，其中以环烷酸最多，占石油酸的 95%。这些有机酸在原油加工过程中造成设备腐蚀等问题。与此同时，几乎所有原油中都含有环烷酸，但含量变化较大，在 0.03%～1.9%之间，环烷酸易与碱金属作用生成环烷酸盐，环烷酸盐又特别易溶于水。因此地下水中环烷酸盐的存在是寻找油的标志之一。

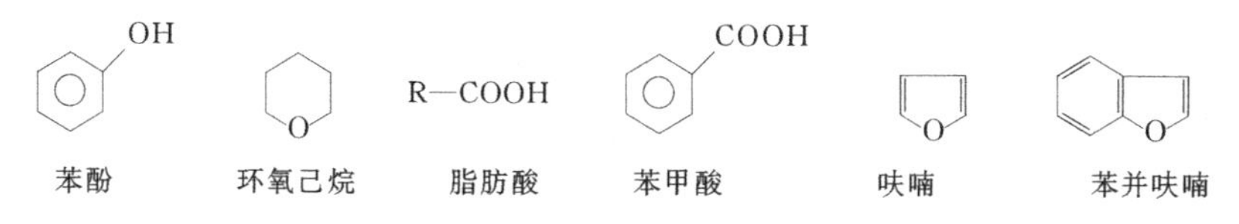

图 3-7 原油中的含氧化合物

(8) 金属化合物　原油中含的金属微量元素主要有钒（V）、镍（Ni）、铁（Fe）、铜（Cu）、钙（Ca）等，其中含量最多的是钒，最高可达 1000μg/g 以上，其次是镍，其含量最高达 100μg/g 以上。原油中，一部分微量金属以无机的水溶性盐类形式存在，如钾、钠、钙等的氯化物盐类，这些金属盐主要存在于原油乳化液中。在原油电脱盐脱水过程中，这些盐类通过水洗和加破乳剂而除去。另一些金属以油溶性的有机化合物或配合物的形式存在，主要是钒和镍等与卟啉形成的金属卟啉配合物（如图 3-8），大多浓集在渣油中，这对后续的渣油加工带来了很大的问题。

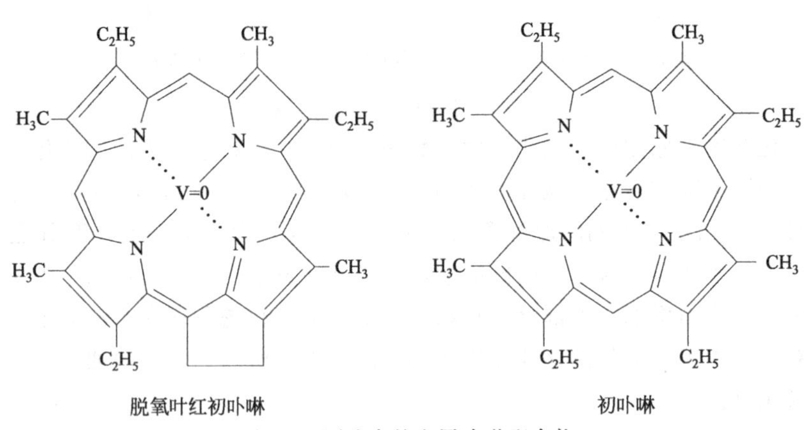

图 3-8　原油中的金属卟啉配合物

(9) 胶状沥青状物质　胶状沥青状物质是由碳、氢、硫、氮、氧以及一些金属元素组成的多环复杂结构的高分子化合物的复杂混合物，含量从百分之几到百分之几十，大量存在于减压渣油中。胶质通常为褐色至暗褐色的黏稠且流动性很差的液体或无定形固体，受热时熔融。胶质具有很强的着色能力，油品的颜色主要是由于胶质的存在而造成的。胶质是不稳定的物质，在常温下易被空气氧化而缩合为沥青质，是道路沥青、建筑沥青、防腐沥青等沥青产品的重要组分之一。沥青质是石油中平均分子量最大，结构最为复杂，含杂原子最多的物质。胶状沥青状物质对原油加工和产品使用有一定的影响。

3. 原油的物理性质

原油成分非常复杂，其物理性质随其化学组成的不同而有明显的差异，对原油的开发、集输、贮存、加工影响较大。因此原油的物理性质是评定石油产品质量和控制石油炼制过程的重要指标，也是涉及石油炼制工艺装置和设备的重要依据。

(1) 密度　指在地面标准条件下，脱气原油单位体积的质量，以吨每立方米（t/m^3）或克每立方厘米（g/cm^3）表示。石油相对密度（以往文献曾以比重表示）是 15.5℃或 20℃时原油密度与 4℃时水的密度的比值 d_4^{20}。国际上常用 API 度作为决定油价的标准。API 度与相对密度的相关关系式为：

$$\text{API度}=\frac{141.5}{\text{相对密度}}-131.5$$

API 度越大，相对密度越小。水的 API 度为 10。

原油的相对密度一般在 0.75～0.95，少数大于 0.95 或小于 0.75，相对密度在 0.9～1.0 的称为重质原油，小于 0.9 的称为轻质原油。

(2) 硫含量　指原油中所含硫（硫化物或单质硫分）的百分数。原油中含硫量较小，一般小于 1%，但对原油性质的影响很大，对管线有腐蚀作用，对人体健康有害。根据硫含量不同，可以分为低硫或含硫原油。

（3）黏度　原油黏度是指原油在流动时所引起的内部摩擦阻力，原油黏度大小取决于温度、压力、溶解气量及其化学组成。温度增高其黏度降低，压力增高其黏度增大，溶解气量增加其黏度降低，轻质油组分增加，黏度降低。原油黏度变化较大，一般为1～100mPa·s，黏度大的原油俗称稠油，稠油由于流动性差而开发难度增大。一般来说，黏度大的原油密度也较大。

（4）盐含量　原油从油井采出，其中含有大量的盐分，最高可达1000μg/g，它们多为钠、钙、镁和氯化物的混合物。通常炼油厂要求原油含盐量小于5mg/L。因此原油在加工之前必须先脱盐，否则会遇到严重的腐蚀问题，如渣油催化加工，要求原油中盐含量脱得更低，需小于3mg/L。

（5）残炭　残炭是在没有空气存在下蒸馏原油至炭渣测得的。残炭与原油的沥青含量和能被回收的润滑油馏分的量有关，多数情况下，残炭量越低，原油的价值越大。

（6）馏程范围　原油是复杂的混合物，所含各组分的沸点不同，所以在一定外压下，原油的沸点不是一个温度点，而是一个温度范围。在标准条件下，蒸馏原油所得的沸点范围称为"馏程"，即是在一定温度范围内该石油产品中可能蒸馏出来的油品数量和温度的标示。在我国对原油馏程的测定按照GB/T 26984—2011进行。在生产和科研中常用的馏程测定方法有实沸点蒸馏与恩氏蒸馏。

4. 原油的分类

概括地说，原油可按地质、化学、物理及工业等观点分类。一般倾向于化学分类，其次是工业分类。化学分类法有关键馏分分类法、特性因数分类法、相关系数分类法、结构族组成分类法等。

（1）化学分类　原油化学分类以化学组成为基础。化学组成不同是原油性质差异的根本原因，但原油的化学组成分析比较复杂，所以，通常是利用与化学组成有关联的物理性质作为分类依据。

① 特性因数分类法。原油的特性因数法分类见表3-1。

表3-1　原油的特性因数法分类

类别	特性因数	特点
石蜡基原油	$K>12.1$	密度较小，含蜡量较高，凝点高，含硫、含胶质量低。这类原油生产的汽油辛烷值低，柴油十六烷值较高，生产的润滑油黏温性质好。大庆原油是典型的石蜡基原油
中间基原油	$K=11.5\sim12.1$	介于石蜡基和环烷基原油之间
环烷基原油	$K=10.5\sim11.5$	一般密度大，凝点低。生产的汽油环烷烃含量高达50%以上，辛烷值较高；喷气燃料密度大，凝点低，质量发热值和体积发热值都较高；柴油十六烷值较低；润滑油的黏温性质差。环烷基原油中的重质原油，含有大量胶质和沥青质，可生产高质量沥青，如我国的孤岛原油

② 关键馏分分类法。通过原油蒸馏得到两种关键馏分进行原油分类的方法称为关键馏分分类法。第一关键馏分是在常压下蒸馏得250～275℃馏分，第二关键馏分是在5.3kPa（40mmHg）的残压下蒸馏，切取275～300℃馏分（相当于常压下395～425℃馏分）。一般以这两类馏分的相对密度划分原油的类型，见表3-2。

表3-2　关键馏分分类类别

序号	第一关键馏分的属性	第二关键馏分的属性	原油类别
1	石蜡基	石蜡基	石蜡基
2	石蜡基	中间基	石蜡-中间基
3	中间基	石蜡基	中间-石蜡基
4	中间基	中间基	中间基
5	中间基	环烷基	中间-环烷基
6	环烷基	中间基	环烷-中间基
7	环烷基	环烷基	环烷基

(2) 工业分类　原油工业分类也称商品分类，可作为化学分类的补充，在工业上也有一定的参考价值。分类的根据包括：按相对密度分类、按硫含量分类、按氮含量分类、按蜡含量分类、按胶质含量分类等。原油相对密度低则轻质油收率较高，硫含量高则加工成本高。国际石油市场对原油按相对密度和硫含量分类并计算不同原油的价格（表 3-3 和表 3-4）。

表 3-3　按原油的相对密度分类

类别	相对密度	特点
轻质原油	$(d_4^{20})<0.852$	一般含汽油、煤油、柴油等轻质馏分较高；或含烷烃较多，含硫及胶质较少，如青海原油和克拉玛依原油。有些原油轻质馏分含量并不多，但由于含烷烃多，所以密度小，如大庆原油
中质原油	$(d_4^{20})=0.852\sim0.930$	化学组成及性质介于轻质原油与重质原油之间
重质原油	$(d_4^{20})=0.931\sim0.998$	一般含轻馏分和蜡都较少，而含硫、氮、氧及胶质沥青质较多，如孤岛原油、阿尔巴尼亚原油
特稠原油	$(d_4^{20})>0.998$	特高黏度重质原油，沥青质和胶质含量较高、黏度较大的原油渣油量大，硫、氮、金属、酸等难处理组分含量高

表 3-4　按原油的硫含量分类

类别	硫含量	特点
低硫原油	<0.5%	重金属含量较低，如大庆原油
含硫原油	0.5%～2.0%	重金属含量有高有低，如胜利原油
高硫原油	>2.0%	重金属含量高，如孤岛原油、委内瑞拉保斯加原油

二、炼油厂产品

炼油厂产品是以原油或原油某一部分为原料直接生产出来的各种产品，也称石油产品。主要可分为六大类：燃料、润滑剂、石油沥青、石油蜡、石油焦、溶剂和化工原料，共二千多种。燃料主要包括汽油、柴油和喷气燃料等发动机燃料以及灯用煤油、燃料油等。我国的石油燃料约占石油产品的 80%，其中的六成左右为各种发动机燃料。润滑剂品种达百种以上，但仅占石油产品总量的 5%左右。溶剂和化工原料包括生产乙烯的裂解原料、石油芳烃及各种溶剂油，约占石油产品总量的 10%左右。石油沥青、石油蜡和石油焦占石油产品总量的 5%～6%。图 3-9 为某炼油厂的产品分布。

【我国油品标准升级】

随着人们生活水平的提高，环保法规日趋严格，人们对美好生活的愿望越来越强烈，油品质量升级刻不容缓。从 2017 年 11 月起，全国全面供应硫含量不大于 10ppm 的普通柴油，同时停止国内销售硫含量大于 10ppm 的普通柴油。包括北京、天津以及河北、山东、山西、河南等地的“2+26”城市区域已经全部供应符合国Ⅵ标准的车用汽柴油。这种油品升级的速度和力度不仅在中国历史上是首次，在全球范围内也是绝无仅有。国Ⅵ标准是目前世界上最严格的排放标准之一。

1. 液化石油气

液化石油气（LPG）是丙烷和丁烷的混合物，通常伴有少量的丙烯和丁烯。一般加入一种强烈的气味剂乙硫醇，这样液化气的泄漏会很容易被发觉。液化石油气是从油气田开采、炼油厂和乙烯工厂中生产的一种无色、挥发性气体，主要应用于汽车、城市燃气、有色金属冶炼和金属切割等行业。

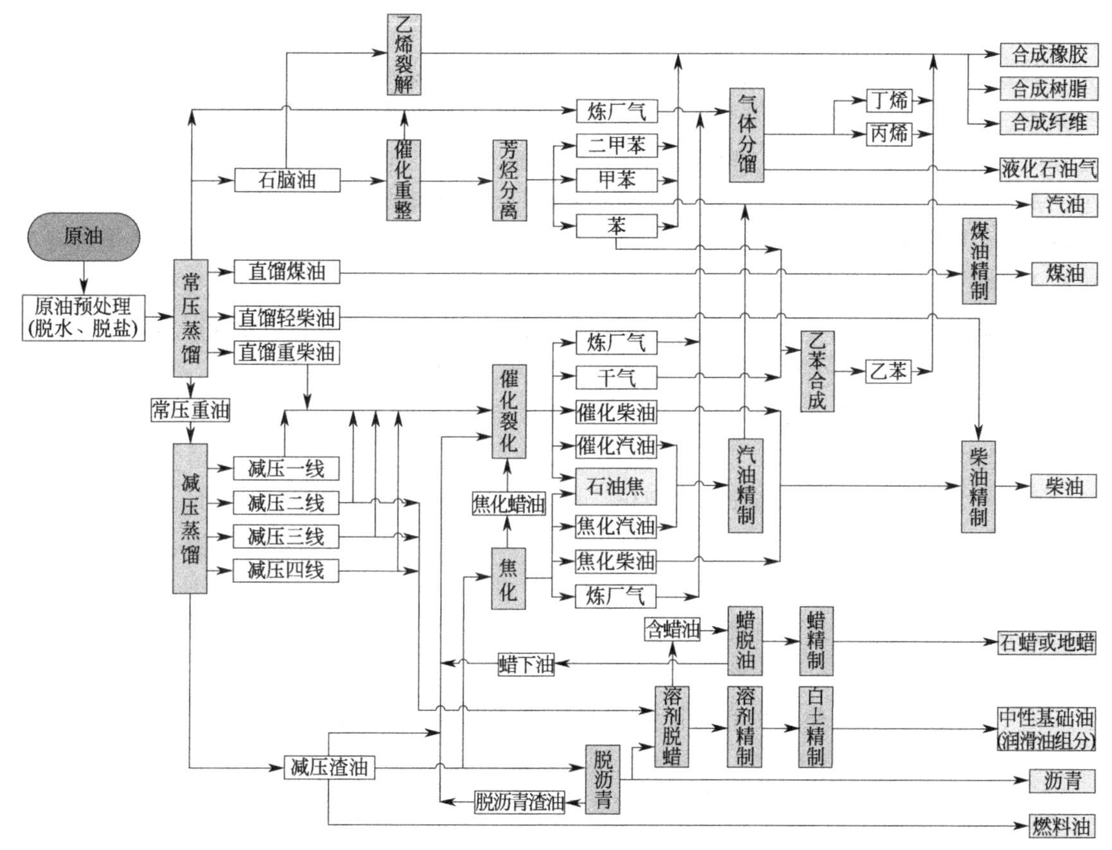

图 3-9　典型炼油厂的产品分布

全球 LPG 供需保持稳定增长，2016 年供应和需求分别为 2.95 亿吨和 2.72 亿吨，其中贸易量超过 1 亿吨。

中国是全球 LPG 行业发展较快的国家之一，2016 年中国液化石油气产量为 3503.9 万吨，同比增长 20.1%。预计 2020 年国内新增炼油能力将达到 8 亿吨，原油加工量保持 2.7%左右的稳定增长，供应量将达到 3890 万吨。

2. 汽油

汽油是一种可燃，外观为透明的液体，馏程为 30～220℃，主要成分为 C_5～C_{12} 脂肪烃和环烷烃类。以及一定量芳香烃。汽油具有较高的辛烷值（抗爆震燃烧性能），并按辛烷值的高低分为 90 号、93 号、95 号、97 号等牌号，车用汽油国 V 标准调整为 89 号、92 号、95 号，同时考虑汽车工业发展的趋势，在标准的附录中增加了 98 号车用汽油的指标要求。汽油由石油炼制得到的直馏汽油组分、催化裂化汽油组分、催化重整汽油组分等不同汽油组分经精制后与高辛烷值组分经调和制得，主要用作汽车点燃式内燃机的燃料。

汽油产品根据用途可分为航空汽油、车用汽油、溶剂汽油三大类。前两者主要用作汽油机的燃料，广泛用于汽车、摩托车、快艇、直升机、农林业用飞机等。溶剂汽油则用于合成橡胶、油漆、油脂、香料等。汽油组分还可以溶解油污等水无法溶解的物质，起到清洁油污的作用；汽油组分作为有机溶液，还可以作为萃取剂使用。

汽油质量的主要控制指标包括：抗爆性（研究法辛烷值、马达法辛烷值、抗爆指数）、硫含量、蒸汽压、烯烃含量、芳烃含量、苯含量、腐蚀性、馏程等。

3. 航空煤油

航空煤油是由直馏馏分、加氢裂化和加氢精制等组分及必要的添加剂调和而成的一种透明液体，馏程为150～250℃，主要成分为C_{10}～C_{15}，主要是饱和烃类，还含有不饱和烃和芳香烃。密度适宜，热值高，燃烧性能好，能迅速、稳定、连续、完全地燃烧，且燃烧区域小，积炭量少，不易结焦；低温流动性好，能满足寒冷低温地区和高空飞行对油品流动性的要求；热安定性和抗氧化安定性好，可以满足超音速高空飞行的需要；洁净度高，无机械杂质及水分等有害物质，硫含量尤其是硫醇性硫含量低，对机件腐蚀小。航空煤油是一种优良的喷气燃料，主要用作飞机发动机的燃料，而汽油、柴油之所以不能作喷气燃料，是因为汽油不安全，容易挥发，太容易燃烧；柴油黏度太大，在涡轮发动机里不适合，因为飞机发动机是要靠很细小的喷嘴把燃料喷成雾状，才能跟高温高压空气充分混合，产生猛烈燃烧。

4. 柴油

主要由原油蒸馏、催化裂化、热裂化、加氢裂化、石油焦化等过程生产的柴油馏分经精制和加入添加剂调配而成的，馏程为180～410℃，是C_{10}～C_{22}复杂的烃类混合物。分为轻柴油（沸点范围为180～370℃）和重柴油（沸点范围为350～410℃）两大类。柴油是一种压燃式发动机燃料，广泛用于大型车辆、铁路机车、船舰，由于柴油能耗低，所以一些小型汽车甚至高性能汽车也改用柴油。

同车用汽油一样，柴油也有不同的牌号。柴油按凝点分级，国Ⅴ标准轻柴油有0号、－10号、－20号、－35号、－50号五个牌号，重柴油有10号、20号、30号三个牌号。

柴油的主要控制指标是十六烷值、黏度、凝固点等。对柴油的质量要求是燃烧性能和流动性好。燃烧性能用十六烷值表示愈高愈好，大庆原油制成的柴油十六烷值可达68。高速柴油机用的轻柴油十六烷值为42～55，低速的在35以下。

5. 润滑油

润滑剂是一类很重要的石化产品，可以说所有带有运动部件的机器都需要润滑剂，否则就无法正常运行。虽然润滑剂的产量仅占原油加工量的2%左右，但因其使用条件千差万别，润滑剂的品种多达数百种，而且对其质量的要求非常严格，其加工工艺也较复杂。润滑剂包括润滑油和润滑脂。润滑油一般由基础油和添加剂两部分组成，其中基础油是由原油提炼而得，主要的生产过程有：常减压蒸馏、溶剂脱沥青、溶剂精制、溶剂脱蜡、白土或加氢补充精制等。

润滑油基础油的化学成分包括高沸点、高分子量烃类和非烃类混合物。其组成一般为烷烃（直链、支链、多支链）、环烷烃（单环、双环、多环）、芳烃（单环芳烃、多环芳烃）、环烷基芳烃以及含氧、含氮、含硫有机化合物和胶质、沥青质等非烃类化合物。

6. 石蜡

石蜡又称晶型蜡，通常是白色、无味的蜡状固体，是C_{18}～C_{30}的烃类混合物，主要组分为直链烷烃（为80%～95%），还有少量带个别支链的烷烃和带长侧链的单环环烷烃（两者合计含量在20%以下）。石蜡是从原油蒸馏所得的润滑油馏分经溶剂精制、溶剂脱蜡或经蜡冷冻结晶、压榨脱蜡制得蜡膏，再经脱油，并补充精制制得的片状或针状结晶。

根据加工精制程度不同，可分为全精炼石蜡、半精炼石蜡和粗石蜡3种。粗石蜡含油量较高，主要用于制造火柴、纤维板、篷帆布等。全精炼石蜡和半精炼石蜡用途很广，主要用于食品、口服药品及某些商品（如蜡纸、蜡笔、蜡烛、复写纸）的组分及包装材料，烘烤容器的涂敷料，用于水果保鲜、电器元件绝缘、提高橡胶抗老化性和增加柔韧性等，也可用于氧化生成合成脂肪酸。

7. 石油沥青

石油沥青是原油加工过程中以减压渣油为主要原料制成的一类石油产品，在常温下是黑色或黑褐色的黏稠的液体、半固体或固体，主要含有可溶于三氯乙烯的烃类及非烃类衍生物，其性质和组成随原油来源和生产方法的不同而变化。

石油沥青主要的评价指标有针入度、延展度、软化点、蜡含量、抗老化性等。主要用于道路铺设和建筑工程，也广泛用于水利工程、管道防腐、电器绝缘和油漆涂料等方面。

8. 溶剂油及化工轻油原料

溶剂油是对某些物质起溶解、洗涤、萃取作用的轻质石油产品，主要由直馏馏分或铂重整抽余油等馏分精制而成，不含裂化馏分。溶剂油馏程较窄，组分轻、蒸发性强，属易燃易爆轻质油品。

石油芳烃是重要的化工原料和溶剂，主要由催化重整生成油经芳烃抽提、精馏等工艺制得，也可由乙烯裂解焦油、煤焦油经加氢精制、芳烃抽提、精馏等工艺制得。石油芳烃均属易燃易爆危险品且均有毒性。化工轻油原料是炼油过程中的中间产品。

三、炼油过程

石油从地下开采出来后，除作燃料外，不能直接利用，需要通过炼油过程转化成形形色色的石油产品，才能被人类所利用，才能对社会有用。炼油过程中采用了多种物理和化学的方法，在各种不同的工艺设计、操作条件和化学反应中应用化学反应热、压力、催化剂和化学品把原油和其他烃类转化成石油产品。

炼油过程从蒸馏开始，将原油加热到沸腾之后分离成不同的组分或馏分，再通过裂化、重整、烷基化和其他转化工艺来改变分子的大小和结构，进一步转化各组分。转化产物经各种处理和分离过程以脱除不需要的成分并提高产品质量（图 3-10）。

按照炼油工艺和操作，炼油过程可分为以下五种类型：

（1）蒸馏　在常压蒸馏塔和减压蒸馏塔中根据分子大小和沸点范围将原油分离成几组沸点范围不同的馏分。

（2）转化工艺　通过改变分子大小和结构，将原油馏分转化成需要的产品组分。

① 分子分解：将大分子分解成沸点较低的较小分子，如催化裂化、加氢裂化、热破坏加工等工艺。

② 分子重排：将分子结构进行重新排列，形成新的分子结构，如催化重整、异构化等工艺。

③ 分子组合：将小分子结合成较大的分子，如烷基化、叠合等工艺。

（3）处理工艺　利用物理或化学的方法分离需要进一步处理已加工完的物料，进而获得最终产品，如脱盐、加氢脱硫、溶剂精制、溶剂脱蜡和抽提等工艺。

（4）调和　将性质相近的几种石油组分和添加剂按规定的比例混合、融合在一起生产具有特殊性能特征的产品。

（5）其他炼油过程　如轻烃回收、含硫污水汽提、制氢、酸性气和尾气处理、硫黄回收等。

总的来说，从原油到石油产品要经过多种工艺流程，不同的工艺流程会将同样的原料生产出不同的产品。工艺流程的正确设计不仅可以保证正常生产，而且对提高效益有重要的作用。

【炼化一体化项目】

2019 年，恒力 2000 万吨/年炼化一体化项目打通生产全流程，产出汽油、柴油、航空煤油、PX 等产品，生产稳定运行。该项目从调试、功能联运到打通全流程，创下了行业最快纪录。

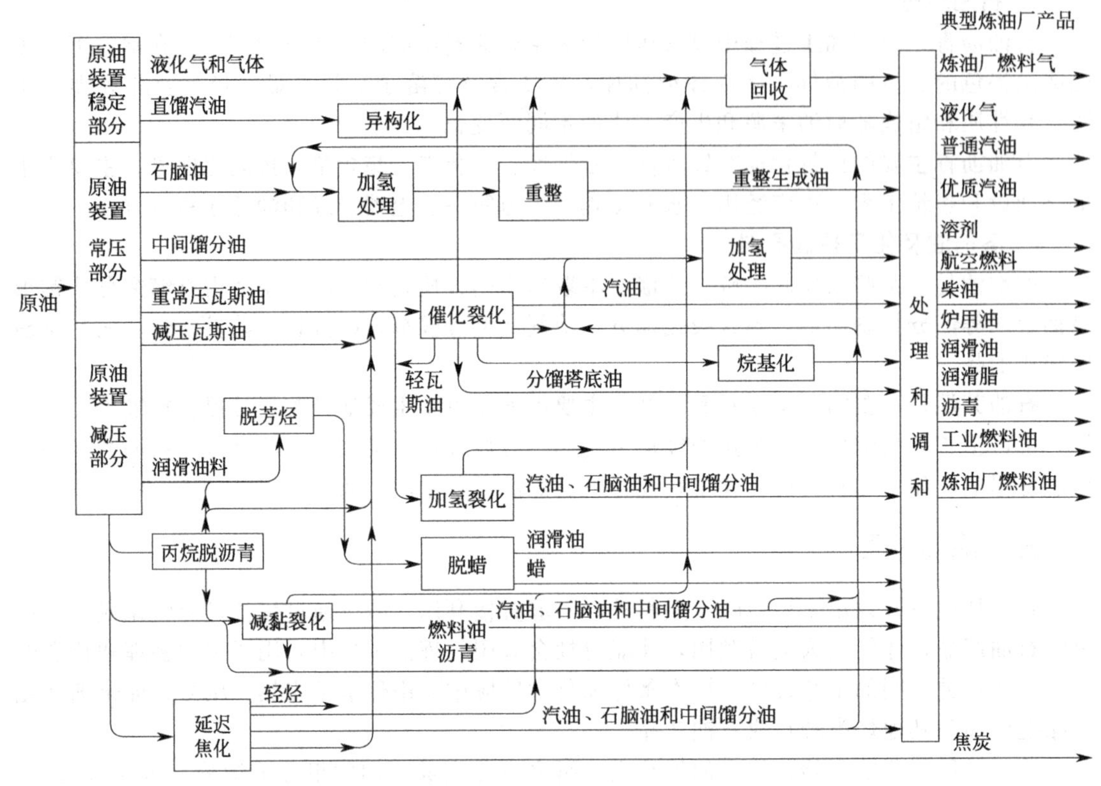

图 3-10　典型炼油厂流程图

知识拓展　石油的形成

大多数地质学家认为石油像煤和天然气一样，是古代有机物通过漫长的压缩和加热后逐渐形成的。按照这一理论，石油是由史前的海洋动物和藻类尸体变化形成的（陆上的植物则一般形成煤）。经过漫长的地质年代，这些有机物与淤泥混合，被埋在厚厚的沉积岩下。在地下的高温和高压下它们逐渐转化，首先形成蜡状的油页岩，后来退化成液态和气态的碳氢化合物。由于这些碳氢化合物比附近的岩石轻，它们向上渗透到附近的岩层中，直到渗透到上面紧密无法渗透的、本身多孔的岩层中。这样聚集到一起的石油形成油田。通过钻井和泵取人们可以从油田中获得石油。

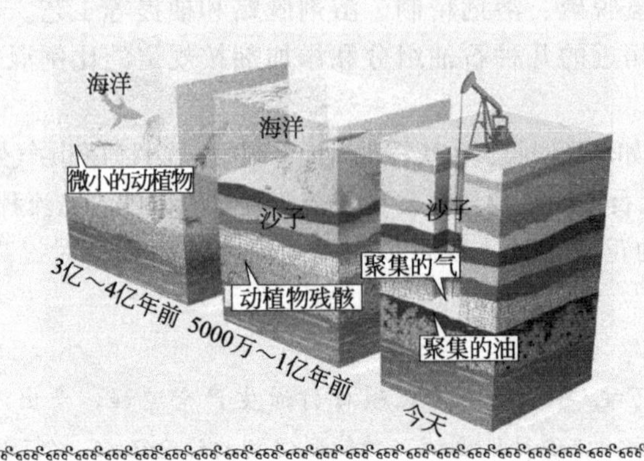

第二节 原油蒸馏

原油是一种沸程极宽的复杂烃类混合物，不能直接利用。为了充分利用原油，必须经过炼油厂加工成各种石油化工产品。原油蒸馏是将原油分割成直馏汽油、煤油、轻柴油和重柴油馏分及重质油馏分和渣油等。这些馏分部分经过适当的精制和调配便成为合格的石油产品，而另一些馏分作为炼油厂或石化厂进一步加工的原料，如重整原料、催化裂化原料、加氢裂化原料、乙烯裂解原料等。再加工的目的就是提高轻质油收率和产品质量，增加附加值高的产品。因此原油蒸馏是石油加工中不可缺少的第一道工序，常称原油蒸馏为一次加工，被誉为石油加工的“龙头”。

一、原油蒸馏产品

对于燃料型的石油加工企业，在蒸馏过程中得到的直馏汽油、煤油、轻柴油或重柴油等馏分只是半成品，将其分别经过适当的精制和调和便成为合格的产品；在蒸馏过程中得到的重质馏分油（减压馏分油）和渣油可以作为二次加工过程用原料，如催化裂化原料、加氢裂化原料、焦化原料等，以便进一步提高轻质油的产率。另外，为了提高汽油的辛烷值，还必须对汽油馏分进行催化重整加工。

如果是综合型的石油加工企业，则还可由减压馏分油经脱蜡、精制分离出润滑油基础油，同时副产石蜡；由减压渣油经脱沥青、脱蜡、精制分离出润滑油基础油，同时副产沥青和石蜡；亦可将直馏汽油、轻柴油等作为石油烃裂解制乙烯的原料；亦可对直馏汽油经催化重整生产石油芳烃。

1. 直馏汽油

直馏汽油一般由初馏塔和常压塔塔顶拔出。由于直馏汽油馏分的辛烷值低，一般不符合石油产品标准的要求。因此，这些馏分除可作为重整原料外，一般只作为调和汽油的组分，也可作为裂解乙烯的原料。

2. 直馏煤油

直馏煤油一般由常压塔第一侧线抽出。直馏煤油可用作喷气燃料和民用灯用煤油。喷气燃料的主要指标是密度和冰点（我国 1 号和 2 号喷气燃料使用结晶点，3 号喷气燃料使用冰点），要求密度高，冰点低。而这两者是互相制约的。我国大部分原油含正烷烃多，而沸点高的正烷烃冰点高，因此，当生产冰点要求较低的 1 号或 2 号喷气燃料时，只能切割终沸点比较低、馏程也相应比较窄的馏分，故产品收率较低。此外，除大庆喷气燃料外，其他原油喷气燃料馏分的酸度都超过产品标准的要求，需要精制。

3. 直馏柴油

直馏柴油可分为轻柴油和重柴油，分别从常压塔第二侧线（也可出灯用煤油）和第三侧线抽出。大部分含蜡高、含硫低的原油，都适宜生产质量很好的灯用煤油及直馏轻柴油。

4. 常压渣油

常压重油是常压蒸馏塔塔底产品，有时也叫常压渣油。常压重油可进行减压蒸馏，得到减压馏分油和减压渣油；也可直接进行催化裂化或热裂化。

5. 减压馏分油

减压馏分油从减压塔侧线抽出，也叫重质馏分油。减压馏分油可作催化裂化的原料，有的也可作润滑油加工的原料。

6. 减压渣油

减压渣油是减压蒸馏塔塔底产品。减压渣油可作为催化裂化、加氢裂化、热裂化的原料；也可作为生产高黏度润滑油的原料。

二、原油蒸馏方法及特点

1. 实沸点蒸馏曲线

任何原油样品的组成都是由实沸点蒸馏（TBP）曲线进行粗略估计的。原油的实沸点蒸馏是在一种标准蒸馏设备中进行的蒸馏（GB/T 6536—2010）。这种蒸馏设备的分馏效率相当于15个理论塔板，回流比为5∶1。蒸馏在常压及减压条件下进行。

2. 闪蒸汽化

闪蒸，又称平衡汽化，是指进料以某种方式被加热至部分汽化，经过减压设施，在一个容器的空间（如闪蒸罐、蒸发塔、蒸馏塔的汽化段等）内，在一定的温度和压力下，气、液两相迅即分离，得到相应的气相和液相产物的过程，见图3-11。

在炼油厂中，经常用闪蒸进行混合物料的粗分离。

3. 精馏

精馏是分离液相混合物很有效的手段。精馏有连续式和间歇式两种，现代石油加工装置中大部分采用连续式精馏；间歇式精馏是一种不稳定过程，而且处理能力有限，因而只用于小型装置和实验室，如实沸点蒸馏等。典型连续式精馏塔见图3-12。

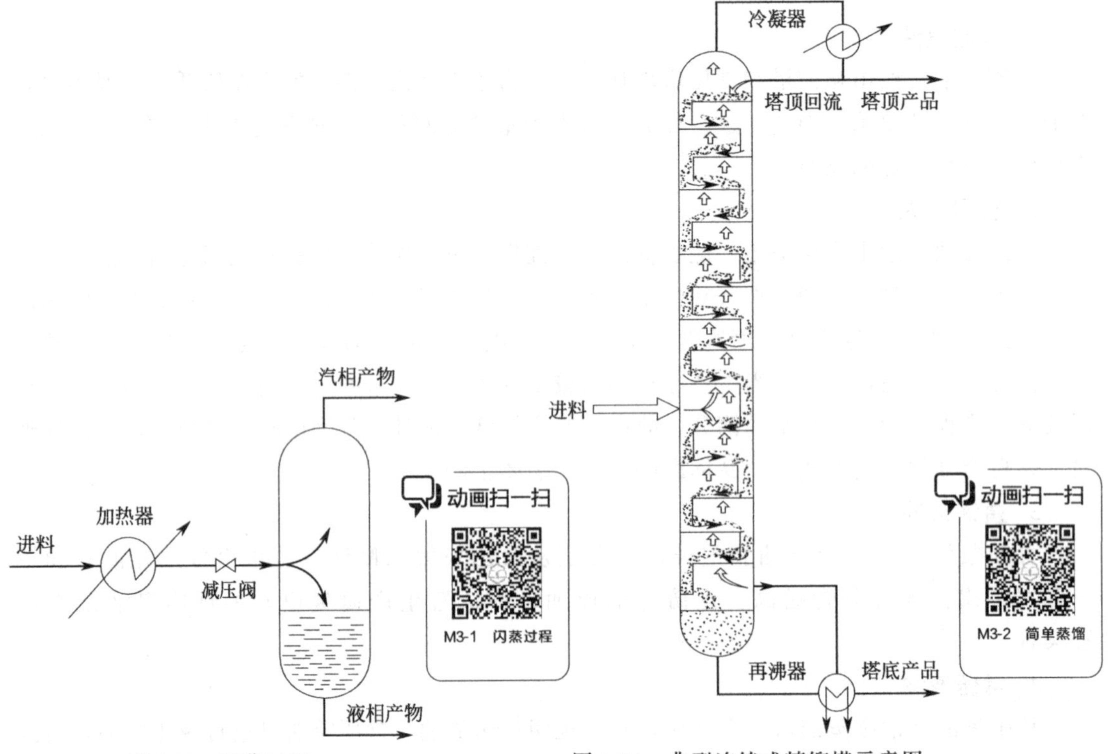

图3-11 闪蒸过程　　图3-12 典型连续式精馏塔示意图

【精馏技术专家余国琮院士】

20 世纪 80 年代初，我国大庆油田首批巨资引进原油稳定装置，但由于装置的设计没有充分考虑我国原油的特殊性，投运后无法正常运行和生产。外国技术人员在现场连续数月攻关，仍未能解决问题，巨额经济效益一天天流失。

余国琮院士应邀带领团队对这一装置开展研究，很快发现问题所在，并应用自主技术对装置实施改造，成功解决制约装置正常生产的多个关键性技术问题，最终使整套装置实现正常生产。不仅如此，经过他们改造的装置，技术指标还超过了原来的设计要求。随后，余国琮又带领团队先后对我国当时全套引进的燕山石化生产 30 万吨乙烯装置、茂名石化大型炼油减压精馏塔、上海高桥千万吨级炼油减压精馏塔、齐鲁石化百万吨级乙烯汽油急冷塔等一系列超大型精馏塔进行了“大手术”。这样的“手术”提高了炼油过程中石油产品拔出率 1%～2%，仅这一项就可为企业每年增加数千万元的经济效益。

精馏过程的实质是不平衡的气液两相经过热交换，气相多次部分冷凝与液相多次部分汽化相结合的过程，从而使气相中的轻组分和液相中的重组分都得到了提浓，最后达到预期的分离效果。

4. 组合塔蒸馏

原油通过常压蒸馏要切割成汽油、煤油、轻柴油、重柴油和重油五个馏分。按照一般的多元精馏办法，就需要四个精馏塔来分离。但是在原油精馏中，各种产品本身依然是一种复杂混合物，对分离这种产品的精馏塔的分离精确度要求不是很高，两种产品之间需要的塔板数并不多。因此，采用一个精馏塔多条侧线采出的方法，相当于几个精馏塔组合起来，这样的塔称为组合塔精馏，见图 3-13。

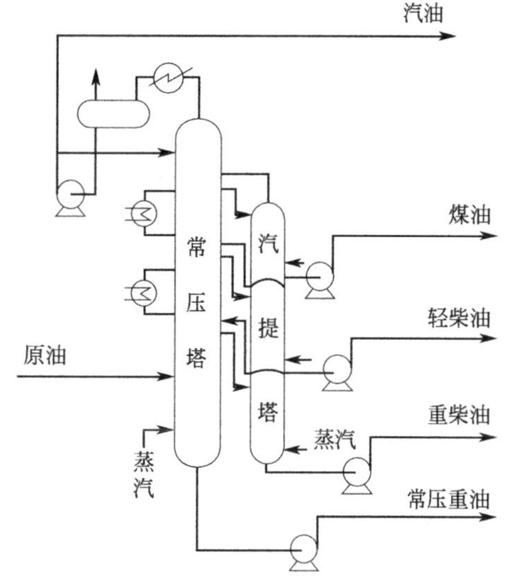

图 3-13　组合塔精馏

5. 进料温度

当将原油加热到 350℃以上后，其中的一些重组分就会发生热裂解、缩合等化学反应。所以工业上一般控制进料温度不超过 350℃，或者不能超过 350℃太多。而原油中有 30%～70%的成分其常压沸点是超过 350℃的，要想将其用蒸馏的办法分离，必须要采用减压、水蒸气汽提等方法。一般常压炉出口不超过 360～370℃（对于国外原油，由于轻组分含量高，一般取 355～365℃），常压塔进口为 350℃。

6. 水蒸气汽提

原油蒸馏采用组合塔，从侧线抽出的馏分产品会含有相当数量相邻馏分的物料，例如煤油馏分中含有部分汽油，而轻柴油馏分中含有相当数量的煤油馏分的物料，这样不仅影响本侧线产品的质量（如轻柴油的闪点等），而且还降低了较轻馏分的产率。这些侧线产品可以使用 2%～3%（质量分数）的过热水蒸气来汽提，通过降低油气分压，使低沸点烃被汽提出来，而提高产品的质量。

在原油蒸馏过程中，塔底重物料中也有会相当数量的轻组分未被汽化，因此，蒸馏塔底也采用汽提的方法再次汽化部分轻组分（图 3-13）。

7. 回流

塔内回流的作用一是提供塔板上的液相回流，造成气液两相充分接触，达到传热、传质的目的；二是取走塔内多余的热量，维持全塔热平衡，以控制、调节产品的质量。在正常的精馏塔中，热量由再沸器提供并在塔顶冷凝器中取出，但是这种回流方式在原油蒸馏中并不完全可行，因为塔顶温度太低使得热量难以回收，且气相量大，需要塔的直径非常大。为了最大量地回收热量并使塔中气液相负荷量均匀，在精馏塔的中部抽出，经过热量交换，再返回塔中，称为中段循环回流。一般设置 3～4 个中段循环回流。

三、原油蒸馏工艺流程

所谓工艺流程，就是一个生产装置的设备（如塔、反应器、加热炉）、机泵、工艺管线按生产的内在联系而形成的有机组合。

1. 三段汽化工艺流程

目前炼油厂最常采用的原油蒸馏流程是两段汽化流程和三段汽化流程。两段汽化流程包括两个部分：常压蒸馏和减压蒸馏。三段汽化流程包括三个部分：原油初馏、常压蒸馏和减压蒸馏（图 3-14）。

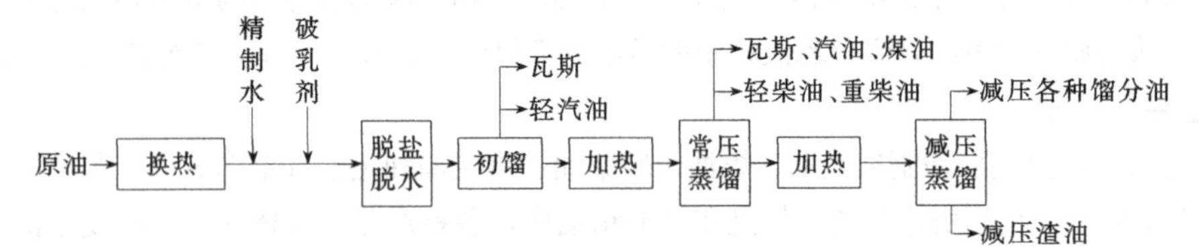

图 3-14　原油三段汽化常减压蒸馏工艺流程方框图

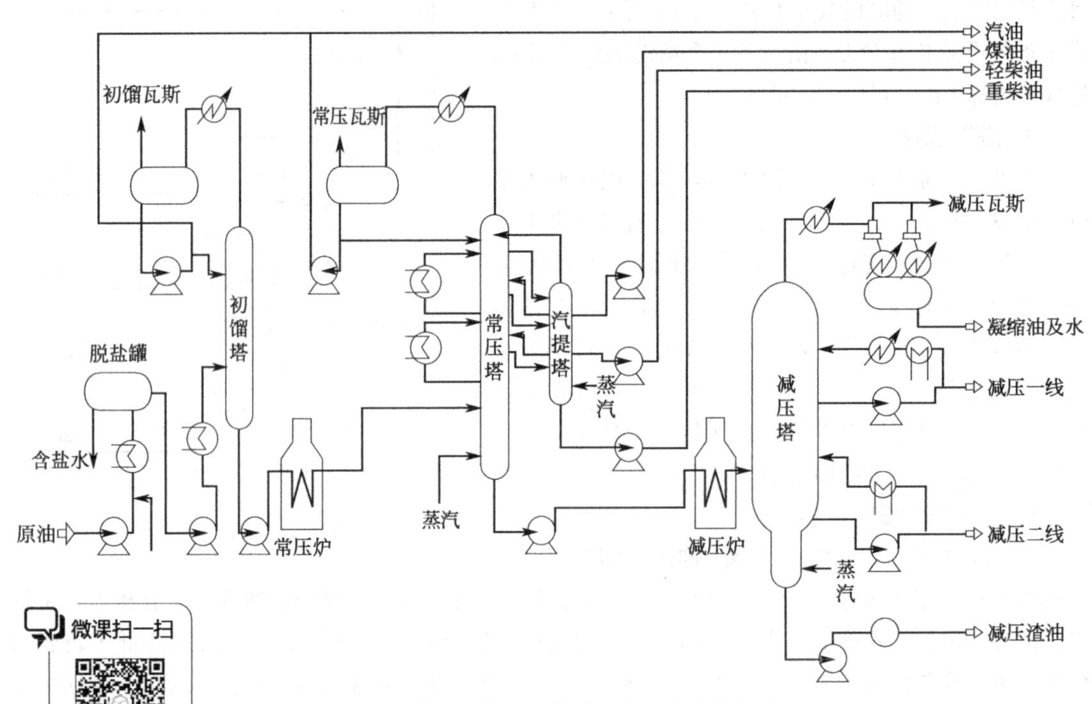

图 3-15　原油三段汽化常减压蒸馏工艺流程图

微课扫一扫

M3-3　原油蒸馏分离工艺

原油三段汽化常减压蒸馏工艺流程（图 3-15）的特点有：

① 初馏塔顶产品轻汽油一般作为催化重整装置的进料。由于原油中含砷的有机物质，随着原油温度的升高而分解汽化，因而初馏塔塔顶汽油的砷含量较低，而常压塔塔顶汽油含砷量很高。砷是重整催化剂的有害物质，因而一般含砷量高的原油生产重整

原料均采用初馏塔。

② 常压塔可设 3～4 个侧线，生产溶剂油、煤油（或喷气燃料）、轻柴油、重柴油等馏分。

③ 减压塔侧线出催化裂化或加氢裂化的原料，产品较简单，分馏精度要求不高，故只设 2～3 个侧线，不设汽提塔。

④ 抽真空系统是减压蒸馏的核心设备之一，其作用是将塔内产生的不凝气（主要是裂解气和漏入的空气）和吹入的水蒸气连续地抽走以保证减压塔的真空度的要求。工业上常采用蒸汽喷射器的抽真空系统。

2. 原油脱盐脱水

原油从地下采出后一般都含有水分，这些水中都溶解有 NaCl、$CaCl_2$、$MgCl_2$ 等盐类。原油脱盐脱水是炼油厂的第一个加工步骤，目的是在原油进入炼油厂的原油蒸馏装置之前，脱去原油中的盐和水。这是因为原油含盐含水会增加原油加工的能量消耗，影响蒸馏塔的平稳操作和二次加工原料的质量，以及导致腐蚀设备等问题。图 3-16 为原油脱盐脱水的工艺流程。

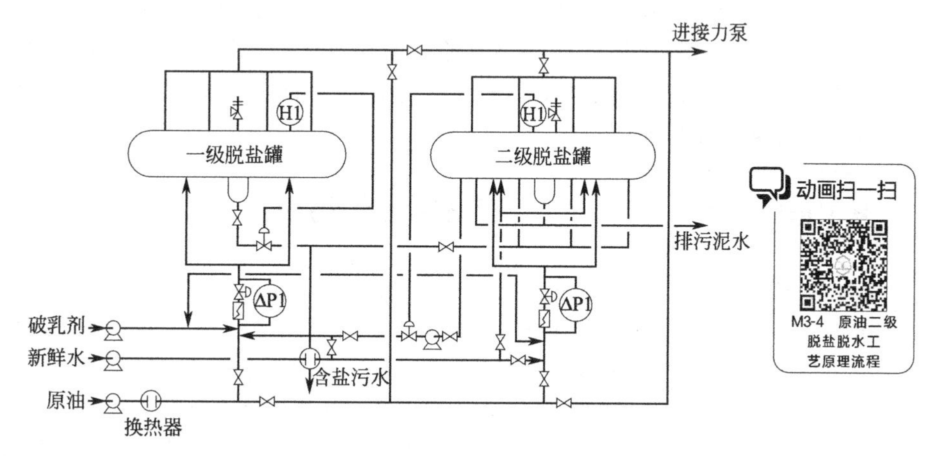

图 3-16 原油二级脱盐脱水工艺流程图

通过注水的方法既溶解了原油中悬浮的颗粒盐，又增大了水滴聚结力，同时加化学破乳剂和电场，使盐水微滴快速聚结从原油中分离出来。炼油厂一般采用二级脱盐工艺，一级脱盐过程中水的脱除率可达 90%～95%，而二级脱盐水的脱除率可达 99%。

四、原油蒸馏技术进展

1. 装置大型化技术

原油的一次加工能力就是原油蒸馏装置的处理能力，常被视为一个国家炼油水平的标志。2017 年，我国原油加工能力已达 5.7 亿吨，原油加工量稳步增长。我国原油一次加工能力超过千万吨级的原油蒸馏装置炼油厂达 25 家，随着炼油装置的结构不断调整，大型原油蒸馏装置将得到进一步发展，我国已进入发展大型化蒸馏装置的重要时期。

2. 减压深拔技术

减压蒸馏装置是炼油厂深度加工的基础装置，增加减压蒸馏装置馏分油的拔出率，减少低价值的渣油，可以进一步提高产品的价值。减压蒸馏装置深拔，其效益不仅体现在本装置上，更体现在下游的催化裂化、焦化装置及整个炼油厂的综合效益上。

在减压拔出率上，国内与国外相比，存在一定差距。国内减压渣油实沸点切割温度多数在520～540℃，而国外已将减压渣油的切割点设在565℃，有的甚至设在600℃以上。

国外常减压装置减压渣油的实沸点切割温度设计标准为565℃，最高已达到600℃。美国KBC公司的原油深度切割技术使减压蒸馏切割点达到607～621℃，荷兰Shell公司的HVU减压蒸馏技术，蜡油终馏点为595℃ 。

国内传统炼油厂减压塔的最高拔出温度普遍低于530℃，一般为510～520℃，通常认为切割点大于540℃称得上深拔。近几年，国内新建千万吨蒸馏装置分别引入了荷兰Shell公司和美国KBC公司的减压深拔技术。

3. 轻烃回收技术

近年来，随着国内原油市场的变化和国内与国际原油价格的接轨，国内各主要炼油厂加工中东油的比例越来越高。中东原油一般都具有硫含量高、轻油收率和总拔较高的特点。从常压蒸馏中所得到的轻烃组成看，其中C_1、C_2占20%左右，C_3、C_4占60%左右，而且都以饱和烃为主。这样就给常减压装置带来一个新的技术问题——轻烃回收问题。

只有处理好轻烃回收和含硫轻烃回收的问题，才能提高炼油厂的综合效益。因此对新建的以加工中东原油为主的炼油厂，应该考虑单独建立轻烃回收系统。对掺炼进口原油的老厂，在没有单独设置回收系统时，常借助于催化裂化的富余能力，可采用常减压与催化裂化联合回收轻烃和提压操作回收轻烃的方法。

知识拓展 》》 石油输出国组织

石油输出国组织（Organization of the Petroleum Exporting Countries，缩写：OPEC）简称“欧佩克”，是亚洲、非洲、拉丁美洲的石油生产国为协调成员国石油政策、反对西方石油垄断资本的剥削和控制而建立的国际组织，1960年9月成立。现有成员国13个，即伊拉克、伊朗、科威特、沙特阿拉伯、委内瑞拉、阿尔及利亚、刚果、加蓬、赤道几内亚、利比亚、尼日利亚、阿拉伯联合酋长国、安哥拉。总部设在奥地利维也纳。它的宗旨是协调和统一成员国石油政策，维持国际石油市场价格稳定，确保石油生产国获得稳定收入。最高权力机构为成员国大会，由成员国代表团组成，负责制定总政策；执行机构为理事会，日常工作由秘书处负责处理。另设专门机构经济委员会，以协助维持石油价格的稳定。该组织自成立以来，与西方石油垄断资本坚持斗争，在提高石油价格和实行石油工业国有化方面取得重大进展。

第三节 催化裂化

催化裂化是一种重油轻质化的重要手段，是将重质石油烃类在加热和催化剂作用下发生以裂化反应为主的一系列化学反应，生产出液化气、汽油、柴油等轻质油品的工艺过程，在炼油工业生产中占有重要的地位，是我国炼油工业中最重要的一种二次加工工艺。在我国，催化裂化汽油占商品汽油的80%（质量分数），催化裂化柴油占商品柴油的1/3。2017年，我国催化裂化加工能力超过200Mt/a，占原油加工能力的42%（质量分数）。从当前我国炼油工艺发展和炼油厂改造与建设情况来看，催化裂化仍居重要地位，并未因生产清洁燃料的苛刻要求而止步不前。常规催化裂化汽油的进一步深度裂化也可增产丙烯和芳烃，催化裂化汽油的芳构化也是增产芳烃的途径之一，催化裂化工艺已成为炼油与化工之间的纽带，是今后炼油-化工一体化的核心。

【中国催化裂化工程技术奠基人陈俊武院士】

陈俊武是中国科学院资深院士、中国催化裂化工程技术奠基人、中国著名的炼油工程技术专家、现代煤化工工程技术专家，他投身中国石油石化工业70余载，推动中国催化裂化工程技术从无到有、从弱到强，为中国炼油工业进步做出开创性贡献。

一、催化裂化工艺特点

催化裂化过程是以重质馏分油或渣油为原料，在常压和450～510℃条件下，在分子筛催化剂的存在下，发生分解、异构化、氢转移、芳构化、缩合等一系列化学反应，原料油转化生成气体、汽油、柴油等主要轻质油产品及油浆、焦炭的生产过程。

1. 原料油的来源

催化裂化的原料油范围比较广泛，主要是直馏减压馏分油、常压重油和焦化重馏分油（需经加氢精制），还有一些重质油或渣油也可作为催化裂化的原料，如减压渣油、溶剂脱沥青油、加氢处理重质油等重质原料。一般情况下，是减压馏分油中掺入了这些重质原料，其掺入比主要取决于原料中的金属含量和残炭值。当减压馏分油中掺入更重质的原料时的催化裂化统称为重油催化裂化。

2. 产品及产品特点

催化裂化过程中，当所用原料、催化剂及反应条件不同时，所得产品的产率和性质也不相同。但总的来说催化裂化过程及产品具有以下几个特点：

① 催化裂化气体产品，收率为10%～20%（质量分数），其中C_3和C_4气体占80%，C_3中丙烯约占70%，C_4中各种丁烯可占55%，烯烃比烷烃多，是优良的石油化工原料和生产高辛烷值组分的原料；

② 催化裂化汽油，收率为40%～60%（质量分数），由于其中有较多烯烃、异构烷烃和芳烃，所以辛烷值较高，研究法辛烷值可达85～95，汽油的安定性也较好；

③ 催化裂化柴油，收率为20%～40%（质量分数），十六烷值较低，只有35左右，常与直馏柴油调和使用或经加氢精制提高十六烷值，以满足规格要求；

④ 油浆，收率为0%～10%（质量分数），一般不作产品，可返回提升管反应器进行回炼，若经澄清除去催化剂也可以生产部分（3%～5%）澄清油，因其中含有大量芳烃，油浆是生产重芳烃和炭黑的好原料；

⑤ 焦炭，收率为5%～7%（质量分数），催化裂化的焦炭沉积在催化剂上，不能作产品，催化剂再生时基本被烧掉。

由以上产品产率和产品质量情况可以看出，催化裂化过程的主要目的是生产汽油。我国的公共交通运输事业和农业发展都需要大量柴油，所以催化裂化的发展都在大量生产汽油的同时，能提高柴油的产率，这是我国催化裂化技术的特点。

二、催化裂化生产原理

催化裂化产品的数量和质量，取决于原料中的各类烃在催化剂上所进行的反应。为了更好地控制生产，以达到高产优质的目的，必须了解催化裂化反应的实质、特点以及催化剂的组成和结构特征等。

1. 催化裂化的化学反应

催化裂化的原料油主要是由各种烷烃、环烷烃、芳烃组成，也会有烯烃和其他非烃类化合物。在催化剂上，各种单体烃进行着不同的反应，有分解反应、异构化反应、氢转移反应、芳构化反应、缩合生焦反应等。其中，以分解反应为主，催化裂化这一名称就是因此而得的。石油馏分催化裂化的各种反应是同时进行的，并且相互影响。为了更好地了解催化裂化的反应过程，首先应了解单体烃的催化裂化反应。

单体烃的催化裂化化学反应主要有：

（1）裂化反应　裂化反应是C-C键断裂的反应，反应速率较快。主要是烷烃、烯烃和环烷烃的烷基侧链的裂化反应。

（2）异构化反应　分子量大小不变的情况下，烃类分子发生结构和空间位置的变化。

正构烷烃⟶异构烷烃　正构烯烃⟶异构烯烃

（3）氢转移反应　即某一烃分子上的氢脱下来，立即加到另一烯烃分子上，使这一烯烃得到饱和的反应。

环烷烃＋烯烃⟶芳烃＋烷烃

烯烃＋烯烃⟶烷烃＋二烯烃

环烷-芳烃（如四氢萘、十氢萘等）＋ 烯烃⟶ 稠环芳烃 ＋ 烷烃

（4）芳构化反应　芳构化反应是烷烃、烯烃环化后进一步氢转移的反应，反应过程不断放出氢原子，最后生成芳烃。

（5）缩合反应　单环芳烃可缩合成稠环芳烃，最后缩合成焦炭，并放出氢气，使烯烃饱和。

由以上反应可见，在烃类的催化裂化反应过程中，随着裂化反应的进行，使大分子烃类分解为小分子的烃类，这是催化裂化工艺成为重质油轻质化重要手段的根本依据。而氢转移反应使催化汽油饱和度提高，安定性好。异构化、芳构化反应是催化汽油辛烷值提高的重要原因。

催化裂化得到的石油馏分仍然是许多种烃类组成的复杂混合物。催化裂化并不是各族烃类单独反应的综合结果，在反应条件下，任何一种烃类的反应都将受到同时存在的其他烃类的影响，即在催化剂表面各种烃类分子之间是竞争吸附与阻滞的关系。还需要考虑催化剂存在对过程的影响，也就是说，石油馏分催化裂化反应时还需要考虑反应深度的问题。原料在裂化时，同时朝着几个方向进行反应，这种反应称为平行反应；同时随着反应深度的增加，中间产物又会继续反应，这种反应称为顺序反应，统称为平行-顺序反应。所以原料油可直接裂化为汽油或气体，汽油又可进一步裂化生成气体或者焦炭，如图3-17所示。

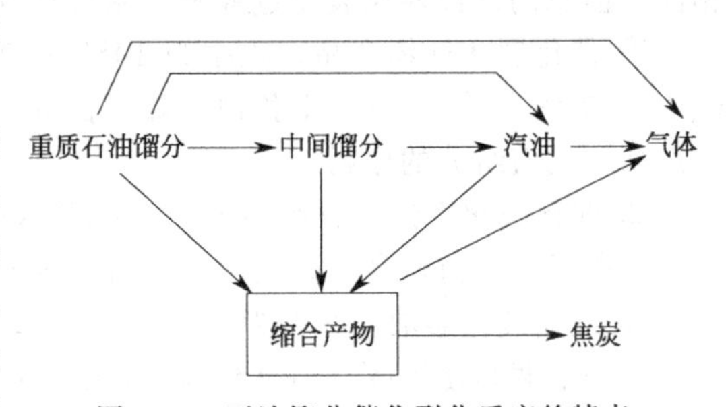

图3-17　石油馏分催化裂化反应的特点

2. 催化裂化催化剂

工业上采用的催化裂化催化剂可以分为三类：一是经酸处理的天然硅铝酸盐；二是人工合成的无定形硅酸铝；三是人工合成的具有晶格结构的硅铝酸盐——沸石或分子筛。目前工业装置中采用的大部分催化剂是分子筛，原因是分子筛催化剂具有以下几个方面的优势：

① 较高的活性；

② 汽油的产率较高；

③ 汽油产品中含的烷烃和芳香烃较高，辛烷值高；

④ 焦炭产率较低；

⑤ 单程转化的能力较强。

分子筛催化剂的高活性可以允许短的裂化停留时间，因此大部分催化

裂化装置采用了提升管催化裂化装置。催化剂在提升管反应器中返混的量小，积炭对催化剂的活性和选择性的不利影响最小。在分子筛催化剂中，Y 型分子筛最具有工业意义，其中超稳 Y 型沸石分子筛，在高达 1200K（约 927℃）时晶体结构能保持不变。

工业上现在选用的沸石分子筛具有自己特定的孔径大小，常常对原料和产物都表现了不同的选择特性。如在 HZSM-5 沸石分子筛上，烷烃和支链烷烃的裂化速率依下列次序减小：正构烷烃＞一甲基烷烃＞二甲基烷烃，沸石分子筛这种对原料分子大小表现的选择性和对产物分布的影响称为分子筛催化剂的择形性。ZSM-5 用作脱蜡过程的催化剂，就是利用了沸石的择形催化裂化功能。

三、催化裂化工艺流程

催化裂化技术的发展密切依赖于催化剂的发展。有了微球催化剂，才出现了流化床催化裂化装置；分子筛催化剂的出现，才发展了提升管催化裂化装置。选用适宜的催化剂对于催化裂化过程的产品产率、产品质量以及经济效益具有重大影响。1974 年我国建成了第一套提升管催化裂化工业装置，从此我国催化裂化工艺技术开始登上新的台阶。

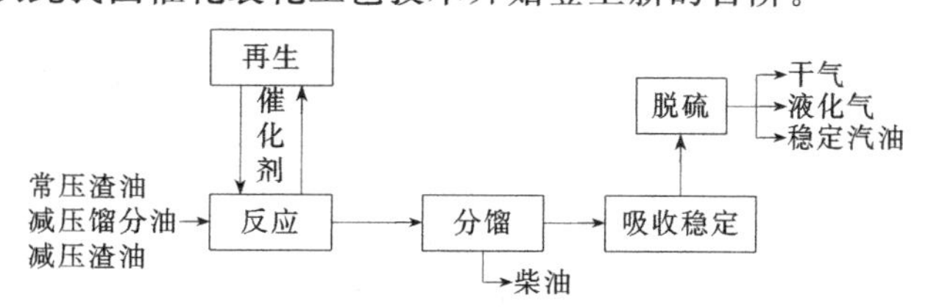

图 3-18　催化裂化生产工艺流程方框图

催化裂化装置主要由反应-再生系统、分馏系统、吸收稳定系统、主风及烟气能量回收系统等组成。催化裂化生产工艺流程方框图如图 3-18 所示。

1. 反应-再生系统

反应-再生系统是催化裂化装置的核心，其任务是使原料油通过反应器或提升管，与催化剂接触反应生成反应产物。反应产物送至分馏系统处理。反应过程中生成的焦炭沉积在催化剂上，催化剂不断进入再生器，用空气烧去焦炭，使催化剂得到再生。烧焦放出的热量，经再生催化剂转送至反应器或提升管，供反应时耗用，如图 3-19 所示。

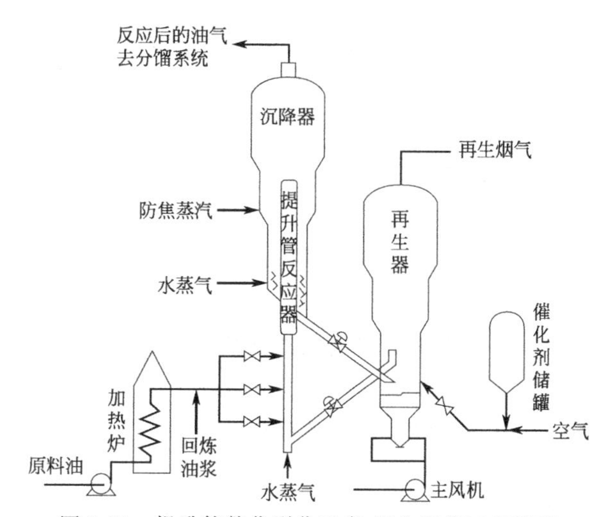

图 3-19　提升管催化裂化反应-再生系统工艺流程

2. 分馏系统

催化裂化分馏系统主要由分馏塔、柴油汽提塔、原料油缓冲罐、回炼油罐以及塔顶油气冷凝冷却系统、各中段循环回流及产品的热量回收系统组成，其主要任务是将来自反应系统的高温油气脱过热后，根据各组分沸点的不同切割为富气、汽油、柴油、回炼油和油浆等馏分。

富气经压缩后与粗汽油送到吸收稳定系统；柴油经碱洗或化学精制后作为调和组分或作为柴油加氢精制或加氢改质的原料送出装置；回炼油和油浆可返回反应系统进行裂化，也可将全部或部分油浆冷却后送出装置。如图 3-20 所示。

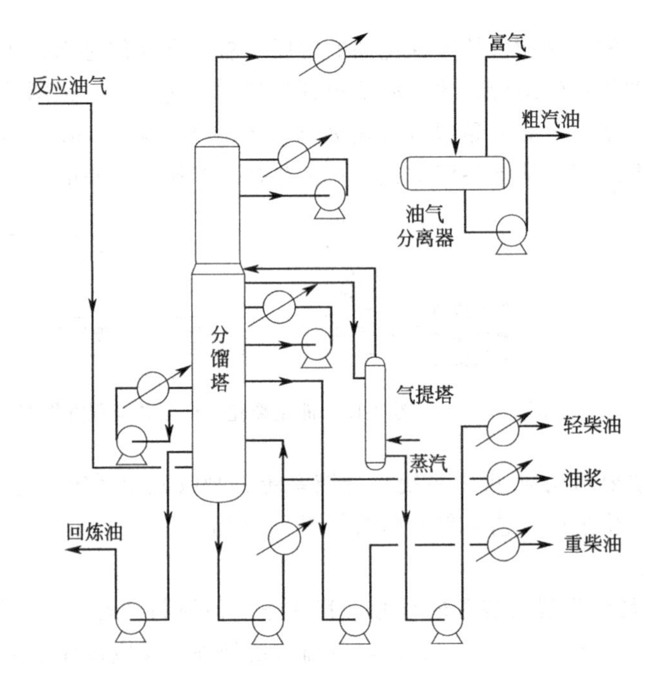

图 3-20　分馏系统工艺流程

3. 吸收稳定系统

吸收稳定系统主要包括吸收塔、解吸塔、稳定塔、再吸收塔和凝缩油罐、汽油碱洗沉降罐以及相应的冷换设备等，其主要任务是将来自分馏系统的粗汽油和来自气压机的压缩富气分离成干气、合格的稳定汽油和液态烃，如图 3-21 所示。

4. 烟气能量回收系统

烟气能量回收系统的设备主要包括主风机、增压机、高温取热器、烟气轮机以及余热锅炉等，目的是将烟气能量转化为有用的机械能、电能及产蒸汽。其主要任务：

① 为再生器提供烧焦用的空气及催化剂输送提升用的增压风、流化风等；

② 回收再生烟气的能量，降低装置能耗。

图 3-22 为烟气能量回收系统工艺流程。

四、催化裂化（FCC）新技术

我国的原油产量逐渐提升，而其中的稠油所占比例也在逐渐增加。交通运输量逐渐提

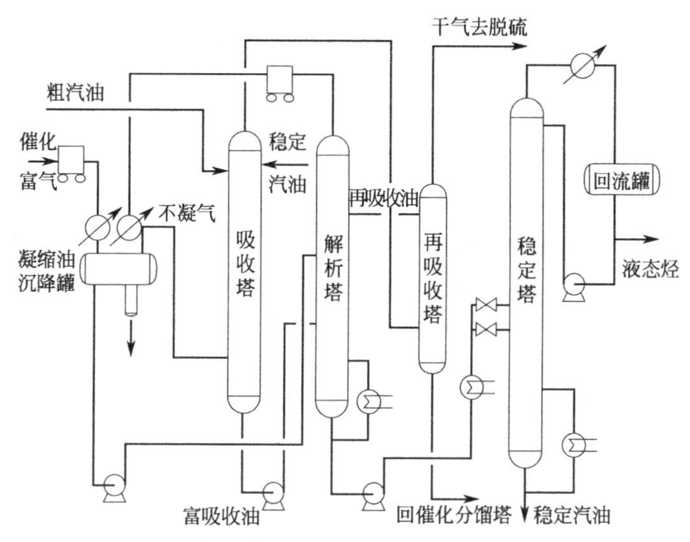

图 3-21 吸收稳定系统工艺流程

升，燃料的需求量也不断地上升，因此需不断进行重油的深加工，提炼出轻质油。催化裂化技术（FCC）正是对重油进行深加工的技术。未来对FCC影响较大的主要有以下几个因素：原油的价格、环境保护的需要以及燃料的新规格的发展。环境保护法的实施和来自炼油效益的压力，大大地推动了FCC技术的变革，FCC需要解决的问题也变得复杂化和多样化，FCC新工艺及其相关技术仍在不断涌现。20世纪80年代之后，我国的催化裂化技术主要表现在以下两个方面，其一是成功开发了掺炼渣油技术，其二是催化裂化家族的一些相关技术，比如液化气的MGG（多产液化气同时生产高质量汽油的工艺和催化剂）技术以及MIO技术（多产异构烯烃的催化裂化新技术）等。

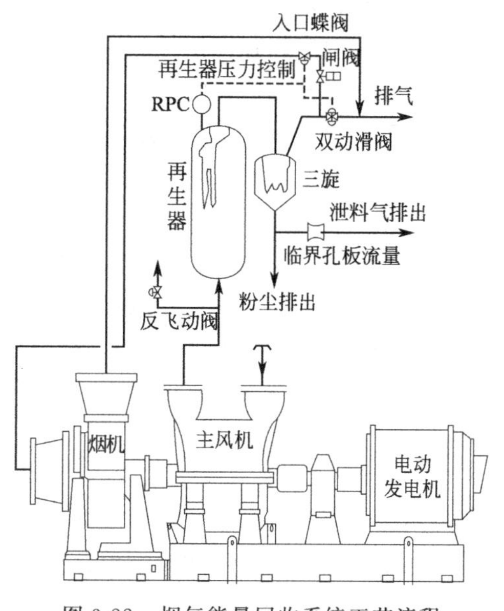

图 3-22 烟气能量回收系统工艺流程

1. 渣油催化裂化技术进展

（1）IsoCatl 工艺 PePtrobras（巴西石油）公司开发的IsoCatl工艺的特点是将经冷却器取热后的冷却催化剂送入提升管底部与直接从再生器来的热催化剂混合，然后进入提升管与原料油接触反应。其好处主要有：

① 降低催化剂和油接触时的温度，减少热反应，降低干气和焦炭的产率；

② 提高原料预热温度，有利于大分子的汽化；

③ 提高剂油比，增强催化反应，提高重油转化率。

采用这种工艺后，PePtrobras（巴西石油）公司可加工残炭为8%～10%的环烷基常压渣油。

（2）IRCP 双向组合工艺 中国石油化工股份有限公司石油化工科学研究院（IRPP）开

发的渣油加氢-重油催化裂化双向组合工艺——IRCP技术，是为了弥补传统的渣油加氢原料中必须添加减压馏分油（VGO）的不足并改善渣油催化裂化（RFCC）产品分布而提出的。此技术的创新点是将FCC装置的回炼油在加氢装置与FCC装置间进行大循环操作，这对渣油加氢装置和RFCC装置的操作性能均能有所改善，并将渣油最大限度加工为轻质油品。2006年5月9日在中国石油化工股份有限公司齐鲁分公司进行了IRCP组合工艺的首次工业试验。

2. 生产清洁燃料的FCC技术进展

（1）CGP技术　RIPP在多产异构烷烃的FCC工艺MIP（多产异构化烷烃）基础上，开发了汽油组分能满足欧Ⅲ排放标准并增产丙烯的CGP工艺。该工艺以重质油为原料，采用由串联提升管反应器构成的新型反应系统，第一反应区以裂化反应为主，原料油在该区内一次裂化反应深度增加，从而生成更多的富含烯烃的汽油和富含丙烯的液化石油气；第二反应区以氢转移反应和异构化反应为主，并有适度二次裂化反应。在二次裂化反应和氢转移反应的双重作用下，汽油中的烯烃转化为丙烯和异构烷烃。

（2）FDFCC-Ⅲ工艺　中国石化集团洛阳石油化工工程公司开发的FDFCC-Ⅲ（灵活多效催化裂化）工艺是在FDFCC-Ⅰ工艺的基础上，将温度相对较低、剩余活性较高的汽油提升管待生催化剂输送至重油提升管底部与再生催化剂混合，提高重油提升管的剂油比，降低油剂瞬时接触温度，强化催化反应，抑制热裂化反应，实现降低干气和焦炭产率、提高丙烯收率、改善产品分布的目的。

（3）TSRFCC工艺　中国石油大学（华东）开发成功的两段串联提升管FCC工艺（TSRFCC），与单段FCC工艺相比，具有催化剂接力反应、分段反应、反应时间短以及大剂油比操作等特点，可以降低FCC汽油的烯烃含量并可以提高轻质油的收率。

3. 多产低碳烯烃的FCC技术进展

（1）DCC技术　IRPP开发的催化裂解（DCC）工艺是常规FCC向石油化工延伸的典范。该技术采用含改性择形沸石催化剂和提升管加密相流化床反应器，在高反应温度、低烃分压、高剂油比和长停留时间下操作，加工石蜡基原料时的丙烯产率达到23%左右。

（2）PetroFCC技术　美国UOP公司的PetroFCC工艺是采用一种双提升管共用一个再生器的结构，以达到高裂解深度的催化裂化工艺，以RxCat技术（降低干气和煤炭的技术）为基础，采用高反应温度和高剂油比操作，裂解深度提高，丙烯增产；采用第二提升管进行FCC汽油回炼，进一步增产丙烯；使用高ZSM-5含量助剂，将汽油裂化成丙烯。MxCat技术采用部分待生催化剂循环与高温再生催化剂在位于提升管底部的MxR混合箱内混合，可以降低油剂接触温度，减少热裂化。其丙烯＋丙烷产率可以由常规FCC工艺的6%提高到21.5%。

4. 降低FCC装置烟气污染物排放的技术进展

控制SO_x排放的技术有原料油脱硫、烟气净化和硫转移助剂等，这些技术可以单独使用，也可以组合使用。

控制FCC再生烟气中NO_x排放的方法可分为三大类：一是FCC装置硬件的改造，如采用新型再生系统；二是后处理技术；三是使用NO_x还原添加剂。

通过改进催化剂的耐磨性能及粒径分布、改进旋风分离器效率，以及使用三级分离器（TSS）和静电除尘（ESP）等技术，颗粒物的排放可以得到有效控制。

知识拓展　炼化一体化

炼化一体化，就是集上游炼化到下游产品生产、销售于一体，其核心是实现工厂流程和总体布局的整体化与最优化。

打个比方，就如同我们的住宅区附近要建设幼儿园、小学、菜场、医院、超市等配套项目，炼化一体化就意味着在炼油厂的周边建立以相应产品为原料的配套化工厂，这样化工厂就有充足的原料来源，实现自给自足；而炼油厂生产的化工原料也可以直接供给化工厂，减少储存和运输环节，降低危险和成本。

根据国内石化行业的统计，如果石油开采投入50亿元，其下游产业生产的乘数效应，则可达到石油开采投入的50倍，也就是2500亿元，这种带动效应非常庞大。

日本研究中心的研究也证实：单纯生产油品的炼油厂的利润率约为20%，炼油与乙烯一体化企业的利润率为29%～30%。美国斯坦福国际咨询及研究所的研究也表明：炼油/石化联合企业的利润一般高于单独的炼油厂。

研究还表明，在一体化建设理念下，伴随石油加工产业链的延伸，其经济效益呈指数级增加的同时，安全环保水平也大幅提升。由于项目设计一体化，化工产品上下游关联形成产业链，装置之间通过管道连接，生产规模匹配，资源优化配置，实现“隔墙供应”和零库存，也就避免了产品泄漏等化工企业较易发生的环境问题（图3-23）。

可以说，在石油化工行业，炼化一体化的最大优势是能够有效整合资源，实现资源优化配置。这决定了企业的资源创效能力和社会的整体效益水平。最终，炼化一体化将实现生产效率高、产业结构优、资源消耗低、环境污染少的美好愿望。

图3-23　大连某石化有限公司的炼化一体化项目

第四节　催化重整

催化重整是在加热、氢压和催化剂存在的条件下，将石脑油转化为富含轻芳烃（简称BTX）的重整汽油并副产氢气的过程。催化重整是炼油厂生产高辛烷值汽油的关键工艺。经芳烃抽提制取的BTX（苯、甲苯、二甲苯）是一级基本化工原料，全球所需的BTX有近

70%来自催化重整。副产的氢气是炼油厂加氢装置（如加氢精制、加氢裂化）用氢的重要来源。

由此可见，催化重整不仅是生产优质发动机燃料的重要手段，而且是重要的化工原料——芳烃的重要来源，在炼油和化工生产中占有十分重要的地位。截至2017年底，中国催化重整总产能在7438万吨，其中中石化3393万吨/年，中石油2405万吨/年，山东独立炼厂1540万吨/年。我国催化重整能力仅次于美国、俄罗斯和日本，居于世界第四位。

近年来油品质量升级、化工原料需求的增加以及加氢技术的快速发展使得催化重整在炼油业中的地位有所提升。我国催化重整与炼油业的发展息息相关，催化重整技术的发展为炼油业带来了多重效益、推进了炼化一体化进程、促进了炼油业的结构调整。同时，炼油业的发展也推动了催化重整的创新和再创新，推动了催化重整技术的进步。

【催化重整是“绿色担当”】

由于环保和节能的需要，世界范围内把生产高辛烷值的清洁汽油作为总的发展趋势。在发达国家的车用汽油中，催化重整汽油组分约占25%～30%。在广泛推行无铅汽油的形式下，催化重整在炼厂加工流程中的地位日益突出，加工能力也迅速扩大。

一、催化重整工艺特点

催化重整是以石脑油为原料，在加热、氢压和催化剂存在的条件下，使烃类分子发生重排，将石脑油转化为富含轻芳烃（苯、甲苯、二甲苯，简称BTX等芳烃）的重整汽油并副产氢气的工业过程。

1. 原料油的来源

催化重整通常以直馏石脑油为原料，直馏石脑油是原油常压蒸馏得到的，由于其烯烃和杂质含量小，是最理想的重整原料，但问题是直馏石脑油较为紧缺。为了解决直馏石脑油的供需矛盾，扩展重整原料来源，还可作为重整原料的有加氢裂化石脑油、焦化石脑油、催化裂化石脑油、裂解乙烯石脑油抽余油。其中加氢裂化石脑油同样具有烯烃和杂质含量小的优点，是较为理想的原料，而焦化石脑油和催化裂化石脑油中烯烃和杂质含量较高，作为重整原料不是很理想，通过预处理后，可以作为催化重整的原料。裂解乙烯石脑油抽余油是经过加氢处理和芳烃抽提后得到的，其中烷烃含量低、环烷烃和芳香烃含量较高，较为理想。

根据催化重整生产目的的不同，对原料油的馏程有一定的要求。为了维持催化剂的活性，对原料油杂质含量有严格的限制。

（1）原料油的沸点范围　重整原料的沸点范围根据生产目的确定。

当生产高辛烷值汽油时，一般采用80～180℃馏分。小于C_6的馏分（80℃以下馏分）本身辛烷值比较高，所以馏分的初馏点应选在80℃以上。馏分的终馏点超过200℃，会使催化剂表面上的积炭迅速增加，从而使催化剂活性下降。因此适宜的馏程是80～180℃。

生产轻芳烃时，应根据生产的目的芳烃产品选择适宜沸点范围的原料馏分。如：

① C_6烷烃及环烷烃的沸点在60～80℃；

② C_7烷烃和环烷烃沸点在90～110℃；

③ C_8烷烃和环烷烃的沸点在120～144℃。

因此，沸点小于60℃的烃类分子中的碳原子数小于6，故原料中含小于60℃馏分的反应时不可能增加芳烃产率，反而会降低装置本身的处理能力，大于145℃馏分的反应会生成重芳烃，易在催化剂表面生成焦炭。故适合选用60～145℃馏分作重整原料，但其中的130～145℃属于航煤馏分的沸点范围。在同时生产喷气燃料的炼厂，多选用60～130℃馏分。

（2）重整原料油的杂质含量　重整的原料对杂质含量有极严格的要求，这是从保护价格昂贵的催化剂活性方面考虑的。原料中少量的砷、铅、铜、铁等都会引起催化剂永久中毒，尤其是砷与铂可形成砷铂化合物，使催化剂丧失活性，不能再生。原料油中的含硫、含氮化合物和水分在重整条件下，分别生成硫化氢和氨，它们的含量过高，会降低催化剂的性能（金属性和酸性）。因此，为保证重整催化剂能长期使用，对原料油中各种杂质的含量必须严格控制。

2. 产品及产品特点

催化重整生产方案、原料的组成和性质、催化剂组成和性能、工艺流程及操作条件等对催化重整产品分布和产品收率都有较大的影响。

（1）高辛烷值汽油生产方案　以生产高辛烷值汽油为目的的生产过程的产品分布及特点如下：

① H_2，收率为3.5%～4.5%，纯度为80%～96%，可作为催化加氢及本装置原料预处理和反应循环廉价氢的来源；

② 裂解气（C_1～C_2），主要为热裂解的产物，收率较低，含有一定量的氢气，主要用作本装置的燃料；

③ 液化气（C_3～C_4），主要为催化裂化产物，饱和度较高；

④ 高辛烷值汽油组分，辛烷值较高，研究法辛烷值可达100以上，作为高辛烷值汽油的主要调和组分。

（2）芳烃生产方案　以生产化工原料芳烃为目的的生产过程的产品分布及特点如下：

① H_2，基本与生成汽油的方案一致；

② 裂解气（C_1～C_2），由于含有少量氢气，一般作为本装置的燃料；

③ 液化气（C_3～C_4），可作为民用液化气燃料；

④ 戊烷油，辛烷值较高，可作为汽油调和组分；

⑤ 芳烃，包括苯、甲苯、二甲苯、乙苯及$\geqslant C_9$重质芳烃；

⑥ 重整芳烃抽余油，通常占重整原料的25%～50%，其主要成分为链烷烃，辛烷值较低，不宜作汽油调和组分，但因其烯烃和杂质含量低，可用来生产各种低沸点溶剂油，也可作乙烯裂解的原料。

二、催化重整生产原理

催化重整无论是生成高辛烷值汽油还是芳香烃，都是在铂类贵金属催化剂表面通过化学反应来实现的。为了更好地控制生产，以达到高产优质的目的，必须对重整条件下所进行的反应类型、反应特点以及催化剂的组成和结构特征等有较为清楚的认识。

1. 重整化学反应

在一连串复杂的化学反应中，除了生成目标产品之外也会生成不希望的产品。反应条件的选择有利于目标反应并抑制不希望的反应。

（1）芳构化反应　凡是能够生成芳香烃的反应统称芳构化反应，在芳构化反应生成芳香烃的过程中都会脱氢，所以有时把这类反应也称为脱氢反应。在重整条件下主要的芳构化反应有：

$$六元环烷烃 \overset{脱氢}{\rightleftharpoons} 苯（或甲苯和二甲苯）+氢气$$

$$五元环烷烃 \overset{异构化}{\rightleftharpoons} 六元环烷烃 \overset{脱氢}{\rightleftharpoons} 苯（或甲苯和二甲苯）+氢气$$

$$烷烃 \overset{环化}{\rightleftharpoons} 六元环烷烃 \overset{脱氢}{\rightleftharpoons} 苯（或甲苯和二甲苯）+氢气$$

芳构化反应总体是强吸热反应，随着反应的进行温度会逐渐下降，需要在反应器之间采用中间加热器以使反应物料保持足够高的温度，保证反应速率。在所有重整反应中，芳构化反应是最主要的反应，也是反应速率最快的反应，其中六元环烷烃脱氢反应最快，五元环烷烃异构化脱氢反应次之，烷烃环化脱氢反应较慢。结合这类反应的特点，在生产中，高温低压有利于芳构化反应的进行。

（2）异构化反应　在重整条件下，异构化反应是轻度放热反应。与转化为芳香烃相比，链烷烃和五元环异构化所生成的产品的辛烷值通常较低。但是相比未异构化的物质，辛烷值仍有显著的提高。因此，异构化反应对最终产品的辛烷值的提高和生产芳烃有重要的影响。

（3）加氢裂化反应　加氢裂化反应是中等放热反应，可将部分原料油转化成较轻的液体和气体产品。反应速率相对较慢，因此大多数加氢裂化反应发生在反应器的最后一段。主要的加氢裂化反应有裂化和加氢饱和，同时也伴随异构化反应。该类反应具有提高汽油辛烷值的特点，但也有可能会将液体产品进一步裂化生成气体产品，降低汽油的产率，故加氢裂化反应需适当控制。

（4）缩合生焦反应　在重整条件下，有些烃类还可以发生叠合和缩合等分子增大的反应，最终缩合成焦炭，覆盖在催化剂表面，导致催化剂失活。因此，这类反应必须加以抑制，在工业生产中常采用循环氢气保护，一方面将容易缩合的烯烃饱和，另一方面抑制芳香烃深度脱氢生成焦炭的前驱物。

2. 重整催化剂

图片扫一扫

M3-8　重整催化剂微观图

近代催化重整催化剂的金属组分主要是铂，酸性组分为卤素（氟或氯），载体为氧化铝。其中铂构成脱氢活性中心，促进脱氢反应；而酸性组分提供酸性中心，促进裂化、异构化等反应。改变催化剂中的酸性组分及其含量可以调节其酸性功能。为了改善催化剂的稳定性和活性，20世纪自60年代末以来出现了各种双金属或多金属催化剂。这些催化剂中除铂外，还加入铼、铱或锡等金属组分作助催化剂，以改进催化剂的性能。

三、催化重整工艺流程

一套完整的重整工业装置大都包括原料油预处理、反应（再生）、芳烃抽取和芳烃精馏等。根据生产的目的产品不同，重整的工艺流程有所不一样。当以生产高辛烷值汽油为目的时，其工艺流程主要有原料预处理和反应（再生）两个部分；当以生产轻质芳香烃为目的时，其工艺流程为上述的四个部分（图3-24）。

催化重整的反应-再生部分按催化剂再生方式可分为：固定床半再生、固定床循环再生和移动床连续再生三种类型。目前国内外催化重整的工业装置在这三种类型中所占的比例约为50％、10％和40％，随着生产规模的扩大，移动床连续再生的比例会越来越大。

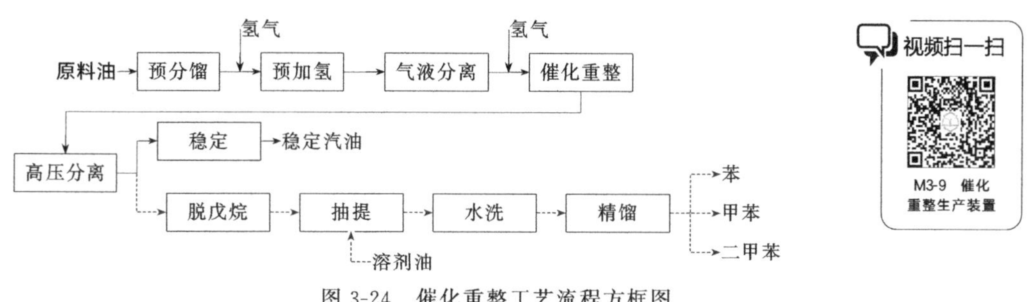

图 3-24 催化重整工艺流程方框图

1. 重整原料油的预处理工艺

重整原料的预处理的目的是切取符合重整要求的馏分和脱除对重整催化剂有害的杂质及水分，满足重整原料的馏分、族组成和杂质含量的要求。重整原料的预处理由预脱砷、预分馏、预加氢和脱水等单元组成，其典型流程如图 3-25。

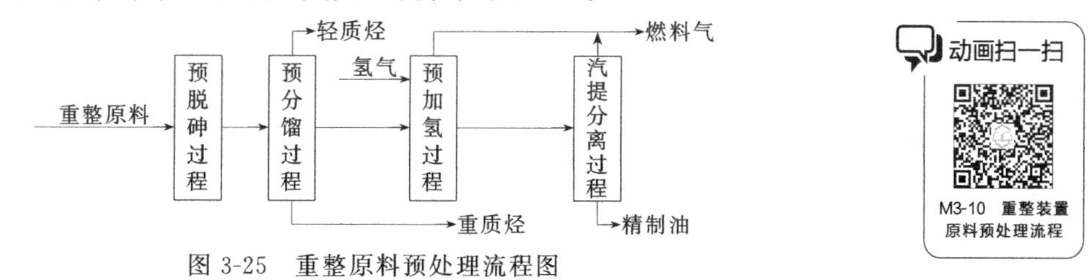

图 3-25 重整原料预处理流程图

(1) 预分馏 预分馏的目的是根据目的产品的要求对原料进行精馏以切取适宜的馏分。例如，生产芳烃时，切除<60℃的馏分；生产高辛烷值汽油时，切除<80℃的馏分。原料油的终馏点一般由上游装置控制，也有的通过预分馏切除过重的组分，概括地说就是“把头、去尾、取中”。在预分馏过程中也可同时脱除原料油中的部分水分。

(2) 预脱砷 砷能使重整催化剂中毒失活，因此要求进入重整反应器的原料油中砷含量不得高于 1×10^{-9}。若原料油含砷量较低，例如 $<100\times10^{-9}$，则可不经预脱砷，只需经过预加氢就可达到要求。常用预脱砷的方法有：吸附预脱砷、加氢预脱砷、化学氧化预脱砷等。

(3) 预加氢 预加氢的目的是脱除原料油中的杂质。其原理是在催化剂和氢的作用下，使原料油中的硫、氮和氧等杂质分解，分别生成 H_2S、NH_3 和 H_2O 被除去。烯烃加氢饱和，砷、铅等重金属化合在预加氢条件下进行分解，并被催化剂吸附除去。预加氢所用的催化剂是钼酸镍。

(4) 重整原料油的脱水和脱硫 加氢过程得到的生成油中尚溶解有 H_2S、NH_3 和 H_2O 等，为了保护重整催化剂，必须除去这些杂质。脱除的方法有汽提法和蒸馏脱水法。以蒸馏脱水法较为常用。

2. 重整反应部分工艺流程

(1) 固定床半再生式催化重整 半再生式催化重整装置由 4 个装有催化剂的固定床反应器、加热炉、带有气体干燥器的循环氢系统及产品脱戊烷塔组成。

经过预处理的石脑油与循环氢混合，通过换热器和加热炉，在 500℃左右的温度下进入第一个反应器，由于重整反应的主反应是强吸热反应，第一个反应器的出口温度会下降，物料需重新加热后再进入第二个反应器，以此类推，一直到最后一个反应器。

上述流程采用一段混氢操作，即全部循环氢与原料油一次混合进入反应系统。大多数的装置采用两段混氢操作，即将循环氢分为两部分，一部分直接与重整进料混合，另一部分从第二反应器出口加入，进入第三反应器（图 3-26），这种操作可减小反应系统的压降，有利于重整反应，并可降低动力消耗。

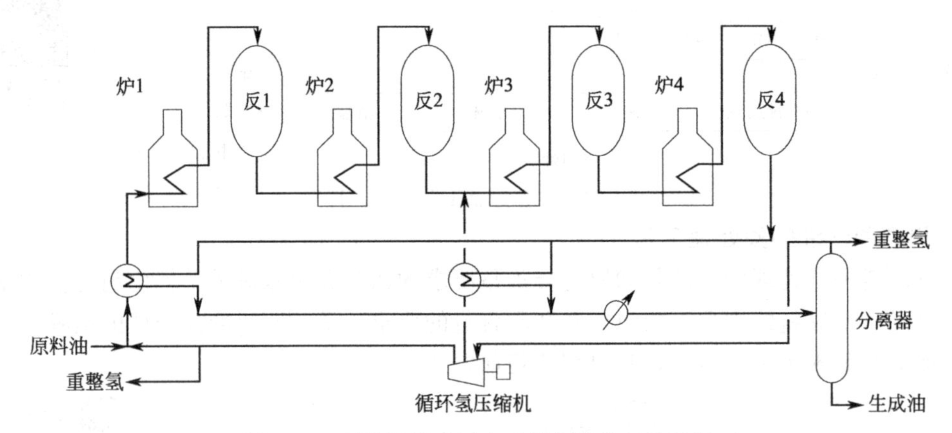

图 3-26　两段混氢半再生式催化重整工艺流程

(2) 移动床连续再生式催化重整　连续重整最显著的特点是在反应器中催化剂始终能够保持较高的活性，一部分催化剂持续取出再生后又返回到反应器中。这样重整操作可以在高温、低压下进行，从而可以得到在高苛刻条件下才能得到的重整汽油产率。催化剂活性在整个运行过程中保持不变，不需要停车，也不需要像半再生重整装置一样进行周期性再生。连续重整可以为炼厂加氢工艺连续地供应氢气。

目前，世界上较为典型的移动床反应器连续再生式重整（即连续重整）有重叠式（美国 UOP）和并列式（法国 IFP/Axens）两种工艺。主要特征是设有专门的再生器，反应器和再生器都采用移动床，催化剂在反应器和再生器之间连续不断地进行循环反应和再生。图 3-27 和图 3-28 分别显示了 IFP 连续重整反应过程的原则流程和 UOP 连续重整再生过程的原则流程。

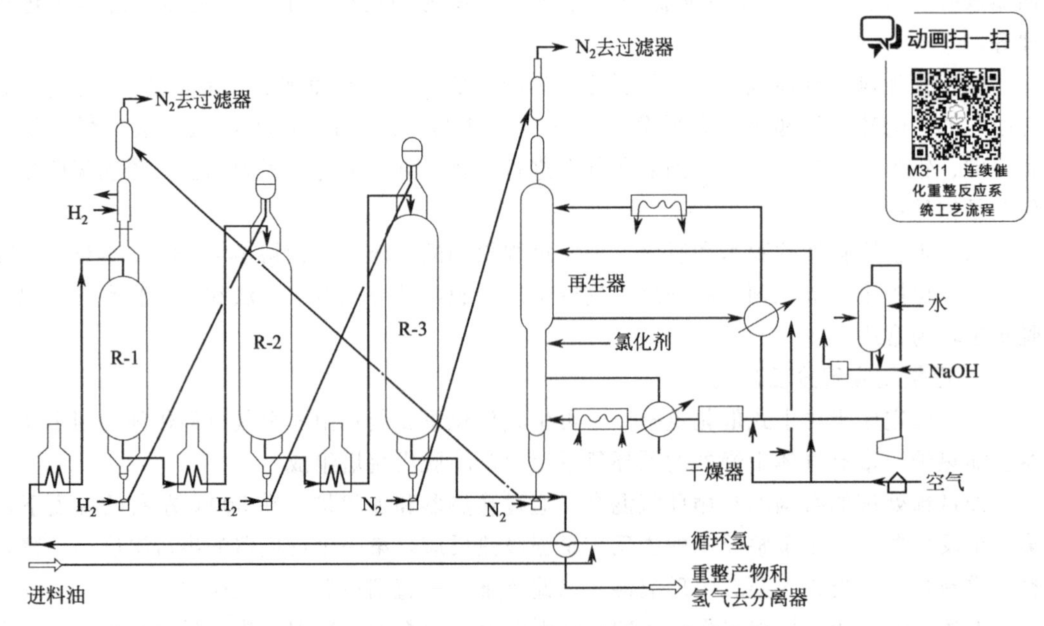

图 3-27　法国 IFP 连续重整反应过程原则工艺流程图

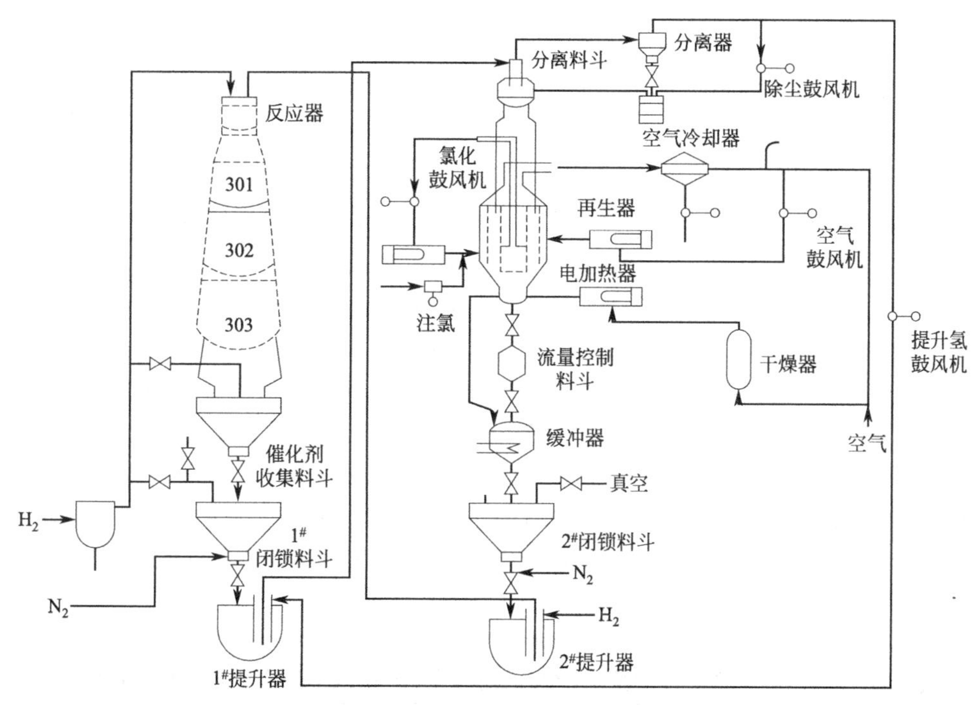

图 3-28　美国 UOP 连续重整再生过程原则流程图

四、催化重整技术发展

1. 催化重整工艺的发展方向

（1）扩宽原料来源，消除发展瓶颈　我国原油的直馏石脑油收率较低，而以石脑油为裂解原料的乙烯装置比例却在逐年上升，要在优化炼油与化工资源互补的基础上，扩宽催化重整石脑油来源以消除原料不足带来的短板效应。

裂解芳烃抽余油中环烷烃的含量非常高，我国许多炼厂的芳潜量高达 60%以上，远远大于石脑油芳潜量，所以裂解芳烃抽余油是非常理想的催化重整原料。部分炼厂的减压柴油或掺入一定比例重油催化裂化柴油后的减压柴油，经过加氢裂化得到的石脑油芳潜量在 50%左右，亦是不错的催化重整原料选择。

（2）持续改进催化剂，推动催化重整革新　催化重整反应的主反应是吸热、体积减小的反应，所以不断提高反应温度、降低反应压力是推动催化重整反应的重点，由此带来的催化剂选择性、活性、水热稳定性以及强度等的提高也是未来催化剂发展的难点。同时日益增长的催化重整运行周期，也是推动催化重整催化剂技术进步的强有力的力量之一。

国产催化剂虽然在我国市场占有率较高，但由于国产催化剂发展较晚，与国外相比，我国的催化剂在系列化、多样化和制备方法等方面还存在一些差距。目前还没有发现比 Pt-Sn 双金属组元更好的组合，在此基础上，可引入适合的助金属以改变酸性功能和金属功能，改进催化剂制备方法以提高催化剂活性和选择性，调节载体性能以提高收率、降低催化剂的积炭速率。

（3）优化催化重整技术，实现长久效益最大化　汽油中的芳烃特别是苯可以引发癌症，目前汽油产品对苯含量都提出了严格要求，但尚未提及其他芳烃。为了实现石化行业的可持续发展，生产无苯低芳烃的高辛烷值汽油将是未来的发展趋势。所以，开发先进的降苯、降芳烃工艺，对生产汽油组分的催化重整装置进行芳烃含量的控制已经非常迫切。

现有的催化重整反应遵循同碳量转化的原则，这在一定程度上限制了产品的分布和效益，为了实现石脑油价值的最大化，可以朝着改变碳分子数的方向来改进催化重整技术，如最大限度地将石脑油转化为特定的高效益产品（目前有二甲苯、对二甲苯）等。

2. 我国催化重整技术的创新

自20世纪80年代后期以来，我国在固定床催化重整应用工艺技术方面取得了不少进展，主要有：两端混氢工艺、铂-铼催化剂两段串联重整工艺、开工工艺技术、水-氯平衡控制技术、重整原料油制氢和制精制油工艺技术、重整生成油后加氢技术。

为打破国外公司对于催化重整技术的垄断，近些年来以中国石油化工股份有限公司石油化工科学研究院、中国石化工程建设有限公司（SEI）为代表的国内炼化科研、设计单位在重整技术的国产化方面一直进行着不懈的努力并最终取得了一系列重大突破。2013年，世界上首套采用逆流连续技术的催化重整装置（6×10^5t/a）在济南炼化一次投产成功。该装置的成功投产标志着世界上又诞生了一种新的连续重整工艺技术，使中国石化成为世界上继美国UOP和法国IFP之后拥有完全自主知识产权和独立商业运作权的第三家连续重整技术的公司，使我国的催化重整工艺技术水平跨入了国际先进行列。

知识拓展 》》 清华大学化学化工系学生昼夜捍卫PX百科词条事件

2014年3月30日，广东茂名街头反PX（对二甲苯）游行群情激奋。同一时间，百度百科上也上演了一场PX词条的“上甘岭争夺战”，以清华大学化学工程系学生为主的学院派，昼夜捍卫PX“低毒”属性长达120h。

2014年4月4日，国际在线刊登《清华化学化工系学生昼夜捍卫PX百科词条低毒说明》。随后包括人民网、新华网等多家知名媒体转载该文。

在“战斗”最激烈的2014年4月2日晚，词条每过半小时就会被刷新一次。网友除了坚守“低毒”阵地，更有复旦等高校化学专业学生加入“保卫队”行列，完善细节、留言声援、刷存在感。

这不是百度PX词条第一次上演拉锯争夺战，早在2012年宁波反PX运动期间，对PX是否危险的观念冲突，就始终是抗议热潮中一个引人注目的事项。当时，PX词条在3天内同样被修改了20多次。

近些年来，针对PX项目的抵制几乎已经成了各地民众与地方政府进行维权抗争的一个标杆，从厦门到大连，从宁波到昆明，再到成都，以及最近的茂名，可以算是此起彼伏，绵延不绝。或许未来的人们在写这段历史时，PX一词不再只是单纯的化学术语，而将成为转型期中国的一个象征符号。

第五节 催化加氢

石油炼制工业发展的目标是提高轻质油收率和产品质量，但世界范围内原油重质化和劣质化的趋势正在加剧及对高品质石油产品的要求越来越高。一般的石油加工过程，产品收率和质量往往是矛盾的，而催化加氢过程却能几乎同时满足这两个要求。

随着世界范围内原油变重、品质变差，炼厂加工含硫原油和重质原油的比例逐年增大，从目前及发展趋势来看，采用加氢技术是改善原料性质、提高产品品质，实现这类原油加工最有效的方法之一，催化加氢工艺已经成为炼油工业重要的组成部分。

炼油工业的催化加氢广义上是指在催化剂、氢气的存在下对石油馏分油或重油（包括渣油）进行加工的过程，根据加氢过程原料的裂解程度分为加氢精制和加氢裂化两大类。

一、加氢精制

加氢精制是指在有催化剂和氢气存在的条件下，进行油品精制，其目的是除掉油品中的硫、氮、氧杂原子及金属杂质，同时使烯烃、二烯烃、芳烃和稠环芳烃选择加氢饱和，从而改善原料的品质和产品的使用性能。在炼油厂中广泛应用的精制过程主要有重油加氢精制和馏分油加氢精制。在炼油厂中，加氢精制是只有≤10%的原料油分子变小的加氢技术，包括原料处理和产品精制，如催化重整、催化裂化、渣油加氢等原料的加氢处理；石脑油、汽油、喷气燃料、柴油、润滑油、石蜡和凡士林的加氢精制等。

加氢精制具有产品质量好、产品收率高、操作条件缓和、不需要高压设备、氢耗量不高对环境友好、劳动强度小等优点。

【MCI柴油加氢改造新技术】

2002年“MCI柴油加氢改造新技术及工业应用”项目获国家技术发明二等奖。这项技术是我国独创的、具有自主知识产权的柴油加氢新技术。MCI柴油加氢改质新技术的开发应用成功，对我国炼油企业应对世界燃料发展趋势产生了积极的影响，为我国炼油企业带来了更加显著的经济和社会效益。

1. 生产原理

（1）加氢精制反应　加氢精制的主要任务是脱出杂质，其主要脱除的杂质是硫、氮、氧杂原子和烯烃、金属。

① 加氢脱硫、氮、氧杂原子。含硫、含氮、含氧等非烃类化合物与氢发生氢解反应，分别生成硫化氢、氨、水和相应的烃，进而从油品中除去。这些氢解反应都是放热反应，在这几种非烃化合物的氢解反应中，含氮化合物的加氢反应最难进行，含硫化合物的加氢反应能力最大，含氧化合物的加氢反应居中，即三种杂原子化合物的加氢稳定性依次为：含氮化合物＞含氧化合物＞含硫化合物。例如：焦化柴油进行加氢精制时，在脱硫率达90%的条件下，脱氮率仅为40%。

② 加氢脱金属。金属有机化合物大部分存在于重质石油馏分中，特别是渣油中。因此加氢脱金属主要是针对重质油。金属有机化合物在加氢精制的条件下会发生氢解，生成的金属会沉积在催化剂表面上造成催化剂的活性下降，并导致床层压降升高。所以催化加氢催化剂要周期性地进行变换。

③ 加氢饱和反应。在各类烃中，环烷烃和烷烃很少与氢发生反应，而大部分的烯烃与氢反应生成饱和的烷烃。

除此外，在加氢精制条件下，还会发生异构化反应和加氢裂化反应，只是程度不显著。

（2）加氢精制催化剂　加氢精制催化剂是以多孔性材料氧化铝作为载体，其活性组分有铂、钯、镍等金属和钨、钼、镍、钴的混合硫化物，它们对各类反应的活性顺序为：

加氢脱硫：Mo-Co＞ Mo-Ni＞ W-Ni＞ W-Co；

加氢脱氮：W-Ni＞ Mo-Ni＞ Mo-Co＞ W-Co；

加氢饱和：Pt，Pb＞ Ni＞W-Ni＞ Mo-Ni＞ Mo-Co＞ W-Co。

为了保证金属组分以硫化物的形式存在，在反应过程中需要一个最低比例的 H_2S 和 H_2 混合气分压，低于这个比例，催化剂活性会降低和逐渐丧失。

2. 工艺流程

各种油品加氢精制工艺流程基本相同，如图 3-29 所示，包括反应系统、生成油换热、冷却、分离系统和循环氢系统等部分。

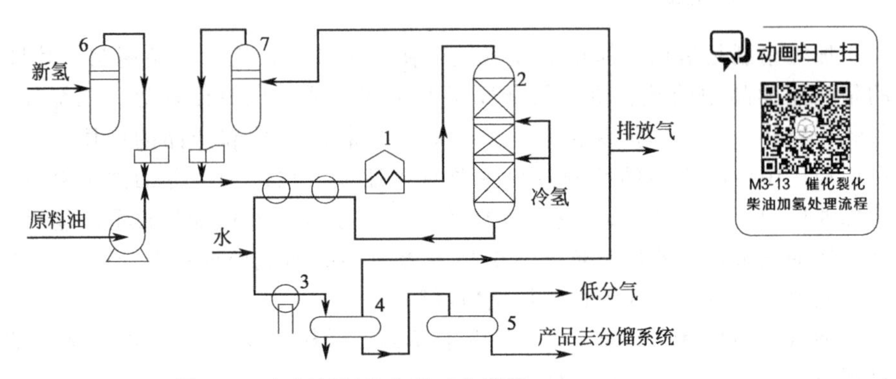

图 3-29 加氢精制的典型工艺流程

1—加热炉；2—反应器；3—冷却器；4—高压分离器；

5—低压分离器；6—新氢储罐；7—循氢储罐

原料油与氢气（新氢和循环氢）混合后，送入加热炉加热到规定温度，再进入装有颗粒状催化剂的反应器（绝大多数的加氢过程采用固定床反应器）中。反应完成后，反应产物经过换热、冷却后（在冷却器前要向产物中注入高压洗涤水，以溶解反应生成的氨和部分硫化氢）进入高压分离器。氢气在高压分离器中分出（还有少量未溶解的硫化氢），并经压缩机循环使用，在高压分离器最底部分离出溶有部分氨和硫化氢的废水。溶有少量的气态烃和硫化氢的液体油料进入低压分离器，进一步分离出气态烃等组分。产品去分馏系统分离成合格产品。

二、加氢裂化

加氢裂化是重质原料在催化剂和氢气存在下进行的催化加工、生产各种轻质燃料油的工艺过程。其实质是加氢和催化裂化这两种反应的有机结合，可以将低质量的重质油转化成优质的轻质油。加氢裂化的目的是将大分子裂化为小分子以提高轻质油的收率，同时除去一些杂质，使反应生成的不饱和烃饱和。

加氢裂化按加工原料的不同，可分为馏分油加氢裂化和渣油加氢裂化。馏分油加氢裂化原料主要有直馏汽油、直馏柴油、减压馏蜡油、焦化蜡油、裂化循环油及脱沥青油等，其目的是生产高质量的轻质产品，如液化气、汽油、喷气式燃料（包括航空煤油）、柴油等清洁燃料和轻石脑油、重石脑油、尾油等优质化工原料。渣油加氢裂化以常压重油和减压渣油为原料生产轻质燃料油和化工原料。

加氢裂化的特点：处理原料油范围宽，产品灵活性大，产品质量好，轻质油收率高，产品饱和度高，杂质含量少。

1. 生产原理

（1）加氢裂化反应　石油烃类在高温、高压及催化剂存在下，通过一系列化学反应，使重质油品转化为轻质油品，其主要反应包括：裂化、加氢、异构化、环化及脱硫、脱氮和脱金属等。

① 烷烃。烷烃加氢裂化反应包括两个步骤，即原料分子在 C-C 键上的断裂，反应中生

成的烯烃先进行异构化随即被加氢生成异构烷烃。烷烃加氢反应的反应速率随着烷烃分子量的增大而加快，异构化的反应速率也随着分子量的增大而加快。

② 烯烃。烷烃分解和带侧链环状烃断链都会生成烯烃。在加氢裂化条件下，烯烃加氢变为饱和烃，反应速率最快。除此之外，烯烃还进行聚合、环化反应。

③ 环烷烃。单环环烷烃在加氢裂化过程中发生异构化、断环、脱烷基以及不明显的脱氢反应。双环环烷烃和多环环烷烃首先异构化生成五元环的衍生物然后再断链。反应产物主要由环戊烷、环已烷和烷烃组成。

④ 芳烃。单环芳烃的加氢裂化不同于单环环烷烃，若侧链上有三个碳原子以上时，首先发生异构化反应并断侧链，生成相应的烷烃和芳烃。除此之外，少部分芳烃还可能加氢饱和生成环烷烃然后再按环烷烃的反应规律继续反应。

双环、多环和稠环芳烃的加氢裂化是分步进行的，通常一个芳香环首先加氢变为环烷烃，然后环烷环断开变成单烷基芳烃，再按单环芳烃规律进行反应。在氢气存在下，稠环芳烃的缩合反应被抑制，因此不易生成焦炭产物。

⑤ 非烃类化合物。原料油中的含硫、含氮、含氧化合物，在加氢裂化条件下进行加氢反应，生成硫化氢、氨和水被除去。因此，加氢产品无需另行精制。

（2）加氢裂化催化剂　根据催化原理，加氢裂化反应可分为两大类：一类是脱杂质、多环芳烃和单环芳烃的加氢饱和，该类反应由催化剂的金属加氢功能完成；另一类是加氢脱烷基、加氢开环、加氢裂化和加氢异构化，该类反应由催化剂的载体酸性功能促进完成。

加氢裂化催化剂是硅酸铝负载稀有金属（如 Ni-Co-Fe，Mo-W-U）的催化剂。通过改变硅铝比来控制加氢脱烷基、加氢开环、加氢裂化和加氢异构化的程度。裂化反应随着催化剂中硅含量的增加而增强。金属硫化物能控制脱硫反应、脱氮反应和烯烃、芳烃的加氢等反应。

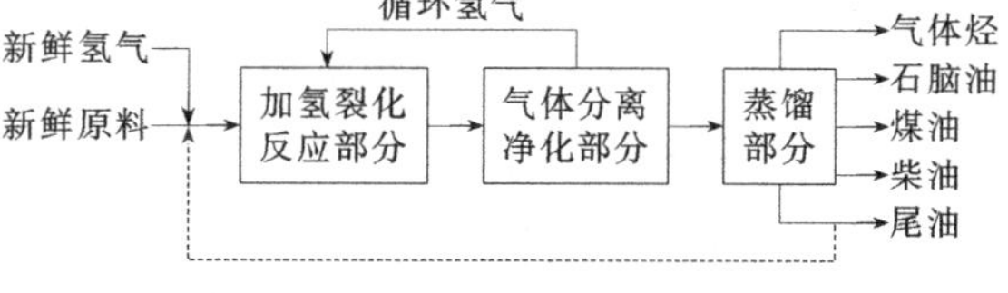

图 3-30　一段加氢裂化流程

工业上，常根据所要处理的原料和所需产品的性质来选择不同的催化剂体系。一般情况下，通过采用两个或多个具有不同酸性功能和加氢功能的催化剂得到合适的催化剂体系。

2. 工艺流程

加氢裂化流程，根据原料性质、产品要求、处理量的大小和催化剂的性能而分一段流程、二段流程以及串联流程。典型的一段加氢裂化流程和二段加氢流程裂化如图 3-30 和图 3-31 所示。

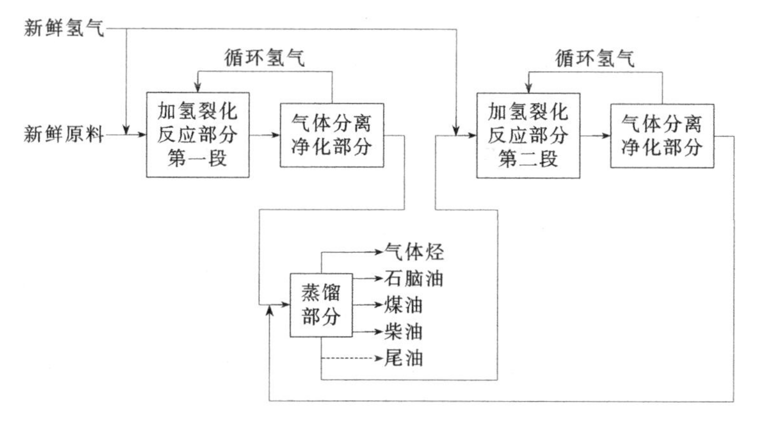

图 3-31　二段加氢裂化流程

一段加氢流程用于由减压蜡油、脱沥青油生产喷气燃料和柴油。二段加氢流程对原料的适用性广，操作灵活性强。原料首先在第一段（精制段）用加氢活性高的催化剂进行预处理，经过加氢精制处理的生成油作为第二段的进料，在裂解活性较高的催化剂上进行裂化反应和异构化反应，最大限度地生产重整原料或中间馏分油。两段加氢裂化流程适合处理高硫高氮减压蜡油、催化裂化循环油、焦化蜡油或这些油的混合油，亦即适合处理一段加氢裂化难处理或不能处理的原料。

三、催化加氢技术的发展方向

原料、产品、环保和效益是近期和未来国内外炼油技术发展的主要推动力，炼油技术的进步与原料侧、产品侧的变化，以及环境的新要求和提高炼厂效益等紧密相关。加氢装置将成为炼厂中最重要的装置之一，加氢裂化能力增长更快，将从 2013 年的 4.6×10^9t/a 增加到 2030 年的 6.4×10^9t/a；加氢处理将从 2013 年的 34×10^9t/a 增加到 2030 年的 45×10^9t/a。

1. 原油重质化、劣质化将驱动加氢技术的发展和应用

未来原油品质总体将呈现劣质化和重质化。劣质、重质原油高效转化的技术将不断进步，渣油加氢技术的开发和应用将日益广泛，沸腾床加氢裂化技术在重质原油及油砂沥青加工方面的工业应用需求呈增长趋势；浆态床渣油加氢技术研究已取得突破，预计也将结合工业应用进一步得到完善和发展。

2. 轻质油品需求的增长将推动加氢能力快速增加，亚太和中东地区增量最大

未来 10 年，燃料油需求量将明显降低。轻质油品需求的增长将推动加氢裂化能力的年均增速快速增长，远高于一次原油加工能力的增速。全球对中间馏分油的需求将促使炼油厂通过增加其产量来提高效益，使得中间馏分油的加氢能力提高，年均增长高于加氢精制/处理的增速。石油产品需求增量最多的地区主要是亚太和中东。

3. 日益严格的环保要求将促使加氢装置在炼油厂中发挥更大的作用

有数据显示，未来油品质量将趋于严格。近期内全球约 60%的汽油含硫量低于 100×10^{-6}，北美、西欧、日本和中国的汽油硫含量已降至 50×10^{-6} 以下，甚至 10×10^{-6} 以下。欧盟国家已要求柴油硫含量不大于 10×10^{-6}，美国要求不大于 15×10^{-6}。到 2030 年，除非洲以外，汽油硫含量将下降至 25×10^{-6}，甚至 10×10^{-6}；苯含量的体积分数小于 1.0%；车用柴油硫含量将下降至 35×10^{-6} 以下，甚至 10×10^{-6}；十六烷值为 47～51；密度变化不大。各地日趋严格的油品质量要求必然促使企业新增更多的加氢精制装置。

4. 炼厂低毛利将不断驱使加氢技术向低成本和高附加值方向发展

从炼油厂效益来看，盈利水平不足已经成为全球炼厂的共同问题，且该状况将长期存在。尤其是为了解决全球气候变暖和能源安全问题，鼓励新能源发展，各国政府对化石能源的补贴将会减少或取消，这对于成本不断增长的炼油业来说是雪上加霜。为提高炼厂效益，从加氢技术发展趋势上看，一方面要通过加氢技术自身的进步和价值链分析，将日益苛刻化及多样化的原料尽可能地转化为高附加值的目标产品，向价值最大化方向发展；另一方面要通过应用新型催化剂材料技术、新型制氢与储氢技术等，降低生产成本，获取最大的经济效益。

知识拓展 》》 炼化简史

据考证，人类在三四千年前就已经发现、开采和直接利用石油了。而加工利用并逐渐形成石油炼制工业始于19世纪30年代，到20世纪40年代至50年代形成的现代炼油工业，是最大的加工工业之一。19世纪30年代起，陆续建立了石油蒸馏工厂，产品主要是灯用煤油，当时汽油没有用途而被当作废料抛弃。19世纪70年代建造了润滑油厂，并开始把蒸馏得到的高沸点油作为锅炉燃料。19世纪末至20世纪初，汽轮机和内燃机的问世，汽车工业的发展和第一次世界大战对汽油的需求猛增，从石油蒸馏直接取得的汽油在数量上已不能满足需要，从较重的馏分油或重油中生产汽油的热裂化技术应运而生。于是诞生了以增产汽油、柴油为目的，综合利用各种油分的二次加工工艺。

20世纪，石油的二次加工工艺逐步得到开发。如1913年实现了热裂化；1930年实现了延迟焦化；1930年催化裂化技术出现并且发展迅速，逐渐成为生产汽油的主要加工过程。与此同时，润滑油生产技术也有较大的发展；1940年为满足对汽油抗爆性的要求，出现了铂重整技术，大大促进了催化重整技术的发展。由于催化重整产出廉价的副产氢气，也促进了加氢技术的发展，逐渐形成了现代的石油炼制工业。

20世纪60年代，分子筛催化剂出现并首先在催化裂化过程中大规模地使用，使催化裂化技术发生了革命性的变革；70年代，由中东石油禁运引起的石油危机促进了节能技术的发展。同时，石油来源受限和石油价格上涨促进了重质油轻质化技术的发展；进入80年代，从世界范围看，炼油工业的规模和基本技术构成相对比较稳定。

1946～1950年的五年间，平均每年在中东发现的石油资源就多达270亿桶，为当时世界石油年产量约30亿桶的9倍。在20世纪50年代至60年代，世界各国出现汽车、电视机、电冰箱、洗衣机四大件购买热，而这些都离不开合成材料，因此造就了石油化工的迅猛发展，形成了现代的石油化学工业。

第六节 热加工过程

要将原油重质组分转化为轻质燃料，只有通过化学反应将碳和氢重新分配。其过程有：第一，去碳，如催化裂化和热加工过程；第二，加氢，如加氢裂化。热加工是指主要靠高温裂解，将重质原料油转化成气体、轻质油、燃料油或焦炭的一类工艺过程。热加工过程主要包括热裂化、减黏裂化和焦化。

在炼油工业发展史中，热加工过程曾经发挥了重要的作用（如热裂化、热重整等过程）。在现代炼油工业中，热加工过程仍然占据着重要地位，是目前渣油加工，特别是劣质渣油深加工最有效的手段之一。随着炼化一体化的发展，渣油热转化所产的石脑油已经是我国乙烯生产的重要原料来源，从而进一步促进了渣油热加工工艺的发展。

一、热加工基本原理

热加工所处理的原料主要有石油馏分及重油、残油等，这些组成较为复杂的原料油在高温下主要发生两类化学反应：一类是裂解反应，大分子烃类裂解成较小分子的烃类，因此从较重的原料油可以得到汽油馏分、中间馏分，以至小分子的烃类气体；另一类是缩合反应，即原料和中间产物中的芳烃、烯烃等缩合成大分子量的产物，从而可以得到比原料油沸程高的残油甚至焦炭。

烷烃在高温下主要发生裂解反应，其实质是烃分子C-C链断裂，属自由基反应，生成的气体烃中，容易生成甲烷、乙烷、乙烯、丙烯等低分子烃。

环烷烃热稳定性较高，在高温（500～600℃）下单环环烷烃断环生成两个烯烃分子，如：在700～800℃条件下，环己烷分解生成烯烃和二烯烃。除此之外，环烷烃在高温下发生脱氢反应生成芳烃或环烯烃，如：双环的环烷烃在高温下脱氢可生成四氢萘。带长链的环烷烃在裂化条件下，首先发生侧链断裂反应，然后才是开环反应。

芳烃是耐热性非常稳定的组分，热加工时主要发生长侧链的断裂（即去烷基化）反应，在高温条件下生成以氢气为主的气体、高分子缩合物和焦炭。

原料中的烯烃或热分解生成的烯烃，既可以如烷烃发生裂解反应生成小分子的烯烃，又可以缩合生成高分子的叠合物，甚至焦炭。

二、热裂化过程

热裂化是以常压重油、减压馏分油、焦化蜡油和减压渣油等重质组分为原料，在高温（450～550℃）和高压（3～5MPa）下裂化生成裂化汽油、裂化气、裂化柴油和燃料油的过程。由于热裂化的产品质量差、收率低，开工周期短，现在基本上已被催化裂化过程取代。

三、减黏裂化过程

减黏裂化是一种浅度热裂化过程，其主要目的在于减小原料油的黏度，生产合格的重质燃料油和少量轻质油品，也可为其他工艺过程（如催化裂化等）提供原料。

减黏裂化只是处理渣油的一种方法，特别适用于原油的浅度加工和大量需要燃料油的情况。减黏裂化的原料可用减压渣油、常压重油、全馏分重质原油或拔头重质原油。减黏裂化反应在450～490℃，4～5MPa的条件下进行。反应产物除减黏渣油外，还有中间馏分及少量的汽油馏分和裂化气。在减黏反应条件下，原料油中的沥青质基本上没有变化，非沥青质类首先裂化，转变成低沸点的轻质烃。轻质烃能部分地溶解或稀释沥青质，从而达到降低原料黏度的作用。

据统计，世界上有60%的渣油加工能力还是属于热加工范畴，其中减黏裂化约占热加工能力的50%，主要原因在于热加工装置的投资费用和操作费用比较低，技术比较成熟，不但能生产出所需要的轻质油品，而且还能为不断增长的催化转化工艺提供原料。目前，国内减黏裂化装置的主要任务是降低燃料油的黏度。

四、焦炭化过程

焦炭化过程（简称焦化）是提高原油加工深度，促进重质油轻质化的重要热加工手段。它又是唯一能生产石油焦的工艺过程，这是任何其他过程无法代替的，焦化在炼油工业中一直占据着重要地位。

焦化是以贫氢重质残油（如减压渣油、裂化渣油以及沥青等）为原料，在高温（400～500℃）下进行的深度热裂化反应。通过裂解反应，使渣油的一部分转化为气体烃和轻质油品，通过缩合反应，使渣油的另一部分转化为焦炭。一方面由于焦化的原料重，含相当数量的芳烃；另一方面焦化的反应条件更苛刻，因此缩合反应占很大比例，生成的焦炭多。

炼油工业中曾经用过的焦化方法主要是釜式焦化、平炉焦化、接触焦化、延迟焦化、流化焦化等。目前延迟焦化应用最广泛，是炼油厂提高轻质油收率的手段之一，在我国炼油工业中将继续发挥重要作用。

延迟焦化的特点是，原料油在管式加热炉中被急速加热，达到约500℃高温后迅速进入焦炭塔内，停留足够的时间进行深度裂化反应，使得原料的生焦过程不在炉管内进行而延迟到塔内进行。这样可避免炉管内结焦，延长运转周期，这种焦化方式就称为延迟焦化。

原料油经换热及加热炉对流管加热到340～350℃，进入分馏塔底部的缓冲段，与来自焦炭塔顶部的高温油气（430～440℃）换热。一方面把原料油中的轻质油蒸发出来，同时又将原料加热到约390℃；另一方面淋洗高温油气中夹带的焦沫并将过热油气冷却到饱和油气，便于分馏塔的分馏。原料油和循环油形成混合原料一起从分馏塔塔底抽出，用热油泵送进加热炉辐射室炉管，快速升温至约500℃后，分别经过两个四通阀进入焦炭塔底部。油气混合物在塔内发生热裂化和缩合反应，最终转化为轻烃和焦炭。焦炭聚集在焦炭塔内，反应产生的油气自焦炭塔塔顶引出，进入分馏塔，与原料油换热后，经过分馏得到富气、粗汽油、柴油、蜡油和循环油（图3-32和图3-33）。粗汽油和富气去吸收-稳定系统，进一步分离为干气、液化气和稳定汽油。

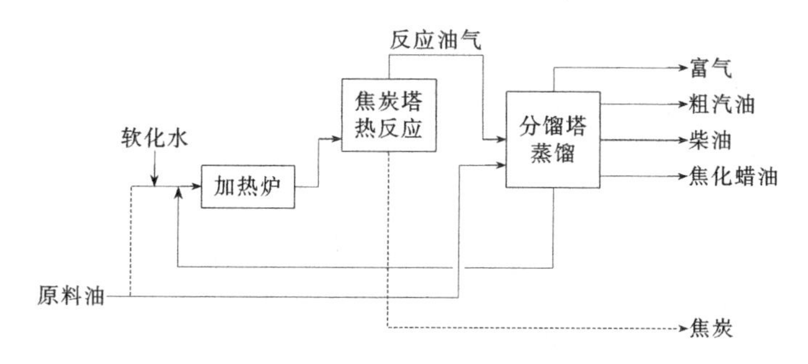

图3-32　延迟焦化工艺原理流程

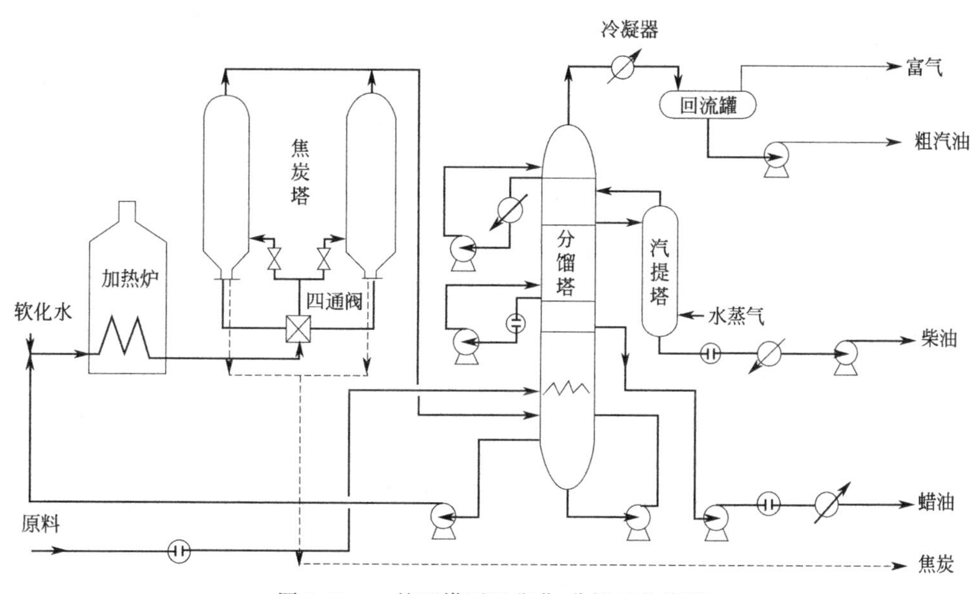

图3-33　一炉两塔延迟焦化-分馏工艺流程

五、延迟焦化技术发展方向

延迟焦化已成为当今炼油厂渣油特别是劣质渣油加工的主要手段之一。随着国民经济结构的调整、市场需求的变化和对环境保护的重视，延迟焦化技术目前面临严峻的挑战，如何完善和改进延迟焦化技术，提高延迟焦化工艺的生命力，充分发挥延迟焦化装置在炼油厂的作用，是当前非常迫切的任务之一。

【渣油加工】

在世界范围内，由于重质原油产量的增加和环保法规的日益严格，以及环保意识的增强，使得渣油加工具有重要意义。渣油加工方案及加工技术有多种方法可供选择，需根据原料性质、产品需求、经济效益综合考虑抉择。热加工过程中的延迟焦化工艺是较经济的加工工艺，焦炭部分气化—燃气、蒸汽联合循环发电是降低炼厂公用工程成本的有效方法之一，应引起重视。

1. 进一步降低焦炭产率

面对延迟焦化装置产品结构不适应市场要求、石油焦无出路及价格低廉和轻油收率偏低的挑战，延迟焦化技术的发展应进一步降低焦炭产率和提高蜡油收率。降低焦炭产率可明显提高焦化装置的经济效益；提高蜡油收率，蜡油经加氢处理后再催化裂化可以增产汽油。目前，降低焦炭产率的主要措施有降低循环比、降低操作压力、提高反应温度、延长加热炉停留时间和馏分油循环等。

2. 开发针状焦生产技术

针状焦具有结晶度好、石墨化性能好、机械轻度高、热膨胀系数低等特点。所制成的高功率和超高功率电极具有电阻率小、耐热冲击性能强、抗氧化性能好等优点，与普通的石墨电极相比，可使冶炼时间缩短 30%～50%，吨钢电耗可减少 50%，生产能力可提高 1.3 倍。目前国内石油系的针状焦只有锦州石化生产，但是满足不了国内的需求。随着催化裂化装置加工量的增加，催化油浆的产量也随之增加，开发针状焦生产技术，不但能满足国内对优质针状焦的需求，而且可以解决部分油浆的出路问题。

3. 加工更加劣质的渣油

“渣油加氢＋催化”路线的轻油收率高、经济效益好，但是渣油加氢对原料的劣质化程度有一定的要求，如重金属含量、残炭和沥青质不能太高等。延迟焦化就应该加工其不能加工的更加劣质的原料，如减压深拔渣油、沥青、油浆和移动床加氢的未转化油等。劣质渣油主要体现在高硫或高酸、密度大、黏度大、残炭高、沥青质含量高、重金属含量高等。采用常规延迟焦化装置加工会出现炉管严重结焦、分馏塔结焦、产生弹丸焦、腐蚀加重、运行周期缩短等。因此需要通过技术改进使之适应加工更劣质的原料。

4. 发展组合工艺

因为重质原油的恶劣趋势增快，加强了市场对渣油加工的重视。因此将催化裂化与延迟焦化、溶剂脱沥青等技术工艺结合，才能更好地发挥重质原油催化裂化的技术，还能够提高轻质油的收油率，使催化裂化装置能够更深入地进行渣油加工。这一组合工艺，打破了传统的工艺流程，将两项技术融为一体，运用到更多的产品加工中，从而在很大程度上提升炼油工业的经济效益。

5. 进一步提高装置的环保水平

目前延迟焦化装置在环保方面的突出问题主要有：除焦过程排放的废气、开放式切焦水系统挥发的废气、石油焦露天堆放及装运过程中产生的粉尘和加热炉烧焦时产生的烟气等。针对除焦过程产生的废气，SEI 开发并应用了除焦排放废气的回收处理技术；针对石油焦和切焦水的污染问题，国内正在开发密闭式除焦、脱水和脱气工艺技术；针对炉管烧焦烟气对环境的污染，目前国内的机械清焦技术已经成熟，应设置烧焦烟气净化设施。

知识拓展 》》 **第一滴原油**

其实石油业必需的钻井技术，早就被发明出来了，发明者是中国人。在古代自贡等地的井盐生产中，钻探深度多达数百米乃至上千米。这一技术在近代被欧洲人引进，后来又传入美国，只不过一直没人想到用这种东方技术来钻探石油。

19世纪中期，一位名为比斯尔的商人在当时美国主要的石油产地宾夕法尼亚州开设了一家小公司，主要业务是收购零零散散的原油，然后卖给煤油提炼商。某日他不知从哪儿来了一股灵感，决定下大本钱用中国的井盐技术去钻探石油。

为此他高薪聘请了一位名叫德雷克的前火车司机来当“工程师”，在消耗了一年多的时光，换了许多井盐工之后，1859年8月27日，他们终于打出了第一滴原油。

想一想，练一练

1. 石油产品主要有哪些？
2. 什么是汽油的辛烷值？
3. 我国汽油的牌号有哪几种？请一一列举。
4. 原油蒸馏的目的是什么？
5. 原油为什么要脱盐脱水？
6. 原油蒸馏出的馏分油有哪些？
7. 什么是催化裂化？
8. 催化裂化装置工艺由哪几大系统构成？
9. 什么是催化重整？
10. 催化重整的主要任务是什么？
11. 催化重整的典型工艺流程有哪些？
12. 根据原料裂解程度，催化加氢主要有哪两大类？
13. 加氢精制的主要任务是什么？
14. 加氢裂化的主要任务是什么？
15. 一段加氢和二段加氢裂化工艺的优缺点是什么？
16. 什么是热加工过程，主要任务是什么？
17. 热加工过程主要有哪几个过程？
18. 什么是延迟焦化过程？

参 考 文 献

[1] 侯芙生．中国炼油技术．第3版．北京：中国石化出版社，2011.
[2] 杨兴锴，李杰．燃料油生产技术．北京：化学工业出版社，2010.
[3] 李吉春．中国西部原油与裂解原料性能．北京：化学工业出版社，2007.
[4] 郑哲奎，温守东．汽柴油生产技术．北京：化学工业出版社，2012.
[5] 陈长生．石油加工生产技术．第2版．北京：高等教育出版社，2013.
[6] 张建芳．炼油工艺基础知识．第3版．北京：中国石化出版社，2009.
[7] 徐春明，杨朝合．石油炼制工程．第4版．北京：石油工业出版社，2009.

第四章 基础石化产品的生产

知识目标

- 了解石油烃类的热裂解反应、原料、操作条件及工艺流程；
- 了解裂解气的分离；
- 了解丁二烯、石油芳烃及甲醇的生产。

技能要求

- 熟悉各类石油基础产品，并对其生产原理、操作条件的选择、生产方案等有一个全面的了解。

石油化学工业中大多数的中间产品和终端产品均以烯烃和芳烃为基础原料，烯烃和芳烃约占石化生产总耗用原料烃的四分之三。近年来甲醇身价倍增，甲醇是仅次于三烯和三苯的重要基础石油化工产品，尤其在有些发达国家中，甲醇以清洁燃料的身份登上了环境保护的殿堂，更使其身价倍增。因此，发达国家中甲醇产量仅次于乙烯、丙烯、苯，居第四位，特别是合成气生产甲醇得到了重视。所以石油化学工业的基础产品主要包括：乙烯、丙烯、丁二烯、苯、甲苯、二甲苯、甲醇等。由这些基础产品出发可进一步加工生产各种石油化工产品。所以本章根据这一思路，第一节和第二节介绍乙烯和丙烯的生产技术，第三节介绍丁二烯的生产技术，第四节介绍芳烃的生产技术，第五节介绍甲醇的生产技术，使大家对五个基础产品的生产原理、操作条件的选择、生产方案等有一个全面的了解。

第一节 石油烃类的热裂解

一、概述

石油烃类的热裂解就是以石油烃为原料，利用石油烃在高温下不稳定、易分解的性质，在隔绝空气和高温条件下，使大分子的烃类发生断链和脱氢等反应，以制取低级烯烃的过程。

石油烃热裂解的主要目的是生产乙烯，同时可联产丙烯，经过后续生产装置进行分离后还可得到丁二烯以及苯、甲苯和二甲苯等产品。

【乙烯生产技术的突破】

1962 年兰州化学工业公司年产 5000 吨的炼厂气裂解、分离装置建成投产，在国内第一次以石油气为原料生产出乙烯。近年来，大型乙烷制乙烯成套技术在两个国家示范工程——

兰州石化长庆 80 万吨/年乙烷制乙烯项目和独山子石化塔里木 60 万吨/年乙烷制乙烯项目，实现了我国自主乙烷裂解制乙烯技术工业化应用从无到有的突破。

大分子烯烃裂解为乙烯和丙烯，也能脱氢生成炔烃、二烯烃，进而生成芳烃。环烷烃裂解生成较多的丁二烯，芳烃收率较高，而乙烯收率较低。不带烷基的芳烃不易裂解，带烷基的芳烃的裂解主要是烷基发生断键和脱氢反应。各族烃裂解的容易程度大致顺序为：正构烷烃＞异构烷烃＞环烷烃＞芳烃。烃类热裂解是制取石油化工基本原料最重要的工艺过程。不同烃的裂解条件有较大差别。

目前世界上 98％以上的乙烯来自石油烃类的热裂解，约 70％的丙烯、90％的丁二烯、30％的芳烃均来自裂解装置的副产，以“三烯”和“三苯”的总量计，约 65％来自裂解装置。除此之外，乙烯还是石油化工中最重要的产品，它的发展也带动了其他有机产品的生产。因此，常常将生产乙烯的裂解装置生产能力的大小作为衡量一个国家或地区石油化学工业发展水平的标志。

2018 年北美乙烯产能约为 4577 万吨/年，在世界总产能中的占比从 2017 年的 24％升至 26％；亚太地区乙烯产能约为 6000 万吨/年，约占世界总产能的 34％；中东和西欧等其他地区的占比基本保持不变。世界乙烯装置总数为 314 座，平均规模 56.7 万吨/年，比上年提高 1.1 万吨/年。美国和中国大陆地区的乙烯产能仍稳居世界前两位，韩国超过德国位居世界第六。2018 年世界前 10 大乙烯生产国乙烯产能达到 1.23 亿吨/年，约占世界乙烯总产能的 69.3％。2018 年世界各地乙烯产能占比如图 4-1 所示。

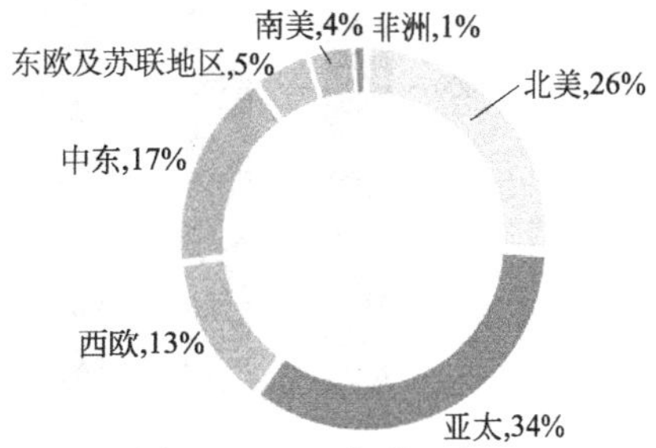

图 4-1　2018 年世界各地乙烯产能占比

2018 年全球乙烯需求增加约 600 万吨/年，达 1.64 亿吨/年，连续 5 年保持增长态势，需求增长主要来自东北亚、南亚和中东等消费升级地区。欧洲乙烯市场出现需求下行信号。美国的一些乙烯项目开始陆续释放产能，但短期内市场供应仍维持紧张局面。由于全球其他地区新增乙烯产能有限，建设工期推迟，加之聚乙烯等衍生物新建装置已投产，乙烯市场供应依然偏紧。

乙烯是石油化工的基本有机原料，目前约有 75％的石油化工产品由乙烯生产，它主要用来生产聚乙烯、聚氯乙烯、环氧乙烷/乙二醇、二氯乙烷、苯乙烯、聚苯乙烯、乙醇、乙酸等多种重要的有机化工产品，实际上，乙烯产量已成为衡量一个国家石油化工工业发展水平的标志。近年来，我国乙烯工业发展迅速，生产技术、装置规模和单炉装置产能都有很大发展，2013 年产能已经增加到 1776.5 万吨/年，成为仅次于美国的世界第二大乙烯生产国，占全球乙烯产能的 12.5％。生产装置从全套引进到国产化率 70％以上，已经具备了自主建设百万吨级乙烯装置的能力，乙烯工业总体水平步入了世界先进国家行列，呈现跨越式发展的趋势。

1. 我国乙烯行业的现状

近年来，我国乙烯工业发展迅速，生产技术、装置规模和单炉装置产能都有很大的发展。2018 年 12 月全国乙烯产量为 160 万吨，同比下降 0.1％；2018 年 1～12 月全国乙烯产量为 1840.97 万吨，同比增长 1％。已经具备了自主建设百万吨级乙烯装置的能力，乙烯工业总体水平步入了世界先进国家行列，呈现跨越式发展的趋势。2010～2018 年全国乙烯产量统计图如图 4-2 所示。

规模效益促使世界乙烯工业装置（图4-3）向着大型化方向发展。为了降低乙烯的单位产能投资，提高市场竞争力，乙烯装置大型化趋势已明显。早在1992年1月，我国就确定了石化工业“大型、先进、高效”的发展方向。中国石油经济技术研究院提供的数据显示，“十三五”时期将是乙烯产能投产的高峰期。2020年前，以石脑油为主要原料的数个百万吨级乙烯装置将集中投产，其中包括恒力石化150万吨/年、云南石化100万吨/年、盛虹石化110万吨/年、中科大连油80万吨/年、浙江石化一期140万吨/年、泉州石化100万吨/年等装置。此外，数个乙烷裂解制乙烯项目正在规划之中。据不完全统计，2017～2021年，国内计划新投产乙烯项目超过40个，涉及新增产能至少2400万吨/年，其中山东地方企业计划新投产乙烯产能超过600万吨/年，浙江石化、古雷石化及中化泉州等多个100万吨/年大乙烯项目也处于在建状态。到2020年，国内乙烯总产能将达到3516万吨/年。

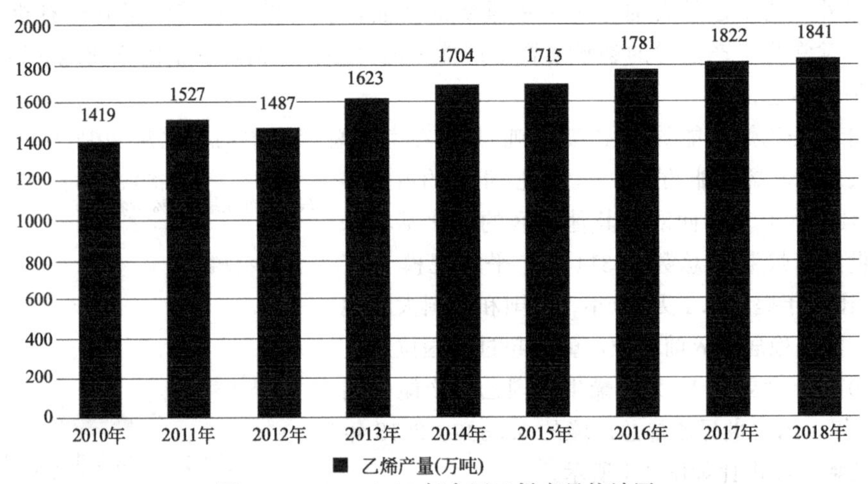

图4-2　2010～2018年全国乙烯产量统计图

图4-3　乙烯装置

2. 重大装备国产化

2007年4月，国家发改委起草了《关于加快推进石化装备国产化的实施方案（讨论稿）》为石化装备国产化设定了百万吨级乙烯及深加工设备成套装备的国产化率不低于75%。在“十一五”期间，百万吨乙烯装置中最关键、最难国产化的核心设备裂解气压缩机、丙烯制冷压缩机和乙烯压缩机均已实现了国产化。

例如：天津百万吨乙烯工程中，作为核心装备的裂解气压缩机和冷箱首次由国内厂家制造，该项目乙烯装备国产化率达到78%，主要设备1775台（套），引进设备仅为212台（套），其余均为国产设备。

茂名乙烯技术改造中，实现了大型裂解气压缩机和冷箱等关键设备的国产化，该项目总共510台设备，其中448台是中国制造，国产化率达87.8%，首创使用国内技术和设备国产化率的最高纪录。

镇海炼化百万吨乙烯工程实现了三大核心机组之一的丙烯制冷压缩机的首台国产化，整个工程项目共有13台（套）大型设备被列为国家重大设备国产化攻关和重点推广应用项目，均实现自主设计、自主制造、自主安装，有力地推动了国内装备制造业水平的提升。

抚顺石化80×10^4t/a乙烯装置建设中，装置国产化率达72%，装置采用的乙烯压缩机组由沈阳鼓风机集团股份有限公司提供，这是我国自主研制的首台百万吨乙烯装置用乙烯压缩机组。

通过自主创新和合作开发，我国石化企业已具备了采用自主技术建设百万吨级乙烯装置的能力。据不完全统计，中国研制和推广应用的重大国产化设备达2000多套。其中关键设备乙烯裂解炉及其急冷锅炉、低温泵、高压板翅式换热器（冷箱）、大型乙烯球罐、聚丙烯反应器以及大型双螺杆造粒机组等相继研制成功。石化企业大型装备的国产化，有力地推动了石化装备制造业的发展和产品结构调整，增强了中国石化装备工业参与国际市场竞争的能力。

二、烃类裂解过程的化学反应

在裂解原料中，主要烃类有烷烃、环烷烃和芳香烃，二次加工的馏分油中还含有烯烃。尽管原料的来源和种类不同，但其主要成分是一致的，只是各种烃的比例有差异。烃类在高温下裂解，不仅原料发生多种反应，生成物也能继续反应，其中既有平行反应又有连串反应，包括脱氢、断链、异构化、脱氢环化、脱烷基、聚合、缩合、结焦等反应过程。因此，烃类裂解过程的化学变化是十分错综复杂的，生成的产物也多达数十种甚至上百种。裂解过程中的部分化学反应见图4-4。

由图4-4可见，要全面描述这样一个十分复杂的反应过程是很困难的，所以，人们根据反应的前后顺序，将它们简化归类分为一次反应和二次反应。

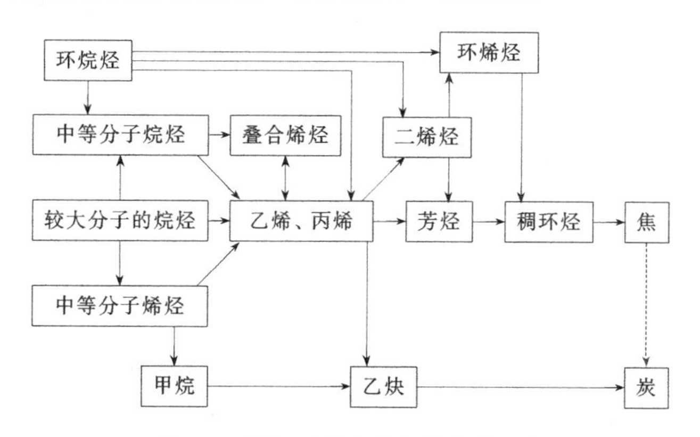

图4-4　裂解过程中的部分化学反应

（1）平行反应　平行反应是典型复合反应（对行反应、平行反应和连串反应）之一，是指反应物能同时平行地进行几种不同的反应，平行进行的几个反应中，反应较快或产物在混合物中所占比例较高的称为主反应，其余称为副反应。

(2) 连串反应　反应产物同时可以进一步反应而生成其他产物的反应称为连串反应。反应通式可表示如下：A→B→C。其主要特征是随着反应的进行，中间产物浓度逐渐增大，达到极大值后又逐渐减少。许多化工生产过程如氯苯、乙苯等的生产过程都属于连串反应。以中间产物为目的产物的生产工艺称为连串反应工艺。

(3) 异构化　异构化是指化合物分子进行结构重排而其组成和分子量不发生变化的反应过程，一般指有机化合物分子中原子或基团位置的改变而其组成和分子量不发生变化的过程，常在催化剂的存在下进行。烃类分子的结构重排主要有烷基的转移、双键的移动和碳链的移动。

(4) 脱氢环化　所谓烷烃脱氢环化反应就是在金属功能（和酸性功能）的作用下，将烷烃转化成芳烃的反应过程。

1. 烃类裂解的一次反应

所谓烃类裂解的一次反应是指生成目的产物以乙烯、丙烯等低级烯烃为主的反应。

(1) 烷烃裂解的一次反应

① 断链反应。断链反应是C—C链断裂的反应，反应后产物有两个，一个是烷烃，一个是烯烃，其碳原子数都比原料烷烃减少。其通式为：$C_{(m+n)}H_{2(m+n)+2} \longrightarrow C_nH_{2n} + C_mH_{(2m+2)}$。

② 脱氢反应。脱氢反应是C—H键断裂的反应，生成的产物是碳原子数与原料烷烃相同的烯烃和氢气。其通式为：$C_nH_{(2n+2)} \longrightarrow C_nH_{2n} + H_2$。

(2) 环烷烃的断链（开环）反应　环烷烃的热稳定性比对应的烷烃好。环烷烃热裂解时，可以发生C—C链的断裂（开环）与脱氢反应，生成乙烯、丁烯和丁二烯等烃类。

以环己烷为例，断链反应：

$\longrightarrow 2C_3H_6$

$\longrightarrow C_2H_4 + C_4H_6 + H_2$

$\longrightarrow C_2H_4 + C_4H_8$

$\longrightarrow \frac{3}{2}C_4H_6 + \frac{3}{2}H_2$

$\longrightarrow C_4H_6 + C_2H_6$

环烷烃的脱氢反应生成的是芳烃，芳烃缩合最后生成焦炭，所以，不能生成低级烯烃，即不属于一次反应。

(3) 芳烃的断侧链反应　芳烃的热稳定性很高，一般情况下，芳环不易发生断裂。所以，由苯裂解生成乙烯的可能性极小。但烷基芳烃可以断侧链生成低级烯烃、烷烃和苯。

—CH_2—CH_3 $\longrightarrow$ + C_2H_4

—CH_2—CH_3 + H_2 $\longrightarrow$ + C_2H_6

(4) 烯烃的断链反应　常减压车间的直馏馏分中一般不含烯烃，但二次加工的馏分油中可能含有烯烃。大分子烯烃在热裂解温度下能发生断链反应，生成小分子的烯烃。例如：

$$C_5H_{10} \longrightarrow C_3H_6 + C_2H_4$$

2. 烃类裂解的二次反应

所谓烃类裂解的二次反应就是其一次反应生成的乙烯、丙烯继续反应并转化为炔烃、二烯烃、芳烃直至生炭或结焦的反应。烃类热裂解的二次反应比一次反应复杂。原料烃经过一次反应后，生成氢、甲烷和一些低分子量的烯烃，如乙烯、丙烯、丁二烯、异丁烯、戊烯等，氢和甲烷在裂解温度下很稳定，而烯烃则可以继续反应。主要的二次反应有：

（1）低分子烯烃脱氢反应

$$C_2H_4 \longrightarrow C_2H_2 + H_2$$

$$C_3H_6 \longrightarrow C_3H_4 + H_2$$

（2）二烯烃叠合芳构化反应

$$2C_2H_4 \longrightarrow C_4H_6 + H_2$$

$$C_2H_4 + C_4H_6 \longrightarrow C_6H_6 + 2H_2$$

（3）结焦反应　烃的生焦反应，要经过生成芳烃的中间阶段，芳烃在高温下发生脱氢缩合反应而形成多环芳烃，它们继续发生多阶段的脱氢缩合反应生成稠环芳烃，最后生成焦炭。

$$\text{烯烃} \xrightarrow{-H} \text{芳烃} \xrightarrow{-H} \text{多环芳烃} \xrightarrow{-H} \text{稠环芳烃} \xrightarrow{-H} \text{焦}$$

除烯烃外，环烷烃脱氢生成的芳烃和原料中含有的芳烃都可以脱氢发生结焦反应。

（4）生炭反应　在较高温度下，低分子烷烃、烯烃都有可能分解为炭和氢，这一过程是随着温度升高而分步进行的。如乙烯脱氢先生成乙炔，再由乙炔脱氢生成炭。

$$CH_2{=}CH_2 \longrightarrow CH{\equiv}CH + H_2$$

$$CH{\equiv}CH \longrightarrow 2C + H_2$$

因此，实际上生炭反应只有在高温条件下才可能发生，并且乙炔生成的炭不是断链生成单个碳原子，而是脱氢稠合成几百个碳原子。

结焦和生炭过程二者的机理不同，结焦是在较低温度下（$<927℃$）通过芳烃缩合而成，生炭是在较高温度下（$>927℃$），通过生成乙炔的中间阶段，脱氢成为稠合的碳原子。

由此可以看出，一次反应是生产的目的，而二次反应既造成烯烃的损失、浪费原料，又会生炭或结焦，致使设备或管道堵塞，影响正常生产，所以二次反应是不希望发生的。因此无论在选取工艺条件或在进行设计时，都要尽力促进一次反应，尽可能地抑制二次反应。

三、烃类裂解的原料

1. 裂解原料的族组成

裂解原料是由各种烃类组成的，按其结构可分为四大族，即烷烃族（P）、烯烃族（O）、环烷烃族（N）和芳烃族（A），这四大族的族组成以 PONA 值来表示。从以上的讨论，可以归纳出各烃类的热裂解反应的大致规律：

（1）烷烃　正构烷烃最利于生成乙烯、丙烯，是生产乙烯最理想的原料。分子量越小则烯烃的总收率越高。异构烷烃的烯烃总收率低于同碳原子数的正构烷烃，随着分子量的增大，这种差别逐渐减少。

（2）环烷烃　在通常裂解条件下，环烷烃脱氢生成芳烃的反应优于断链（开环）生成单烯烃的反应。含环烷烃多的原料，其丁二烯、芳烃的收率较高，乙烯的收率较低。

（3）芳烃　无侧链的芳烃基本上不易裂解为烯烃；有侧链的芳烃，主要是侧链逐步断链及脱氢。芳烃倾向于脱氢缩合生成稠环芳烃，直至结焦。所以，芳烃不是裂解的合适原料。

（4）烯烃　大分子的烯烃能裂解为乙烯和丙烯等低级烯烃，但烯烃会发生二次反应，最后生成焦和炭。所以，含烯烃的原料（如二次加工产品）作为裂解原料并不理想。

因此，从族组成上看，高含量的烷烃、低含量的芳烃和烯烃是理想的裂解原料。

2. 裂解原料的来源

裂解原料的来源主要有两个方面，一是天然气加工厂的轻烃，如乙烷、丙烷、丁烷等；二是炼油厂的加工产品，如炼厂气、石脑油、柴油、重油、渣油等，以及炼油厂二次加工油，如焦化加氢油、加氢裂化尾油等。

3. 选择裂解原料的考虑因素

原料在乙烯成本中占很大的比例，以石脑油和柴油为原料的乙烯装置原料油费用占总成本的70%～75%。因此，原料的优劣对乙烯的竞争力有重要的影响；选择乙烯的裂解原料时要考虑多种因素。

第一要考虑原料对乙烯收率的影响。原料由轻到重，乙烯产率下降，而生产每吨乙烯所需的原料增加。用柴油为原料所用的原料量是用乙烷为原料的3倍。

第二要考虑原料对能耗的影响。使用重质原料的乙烯装置能耗远远大于轻质原料，以乙烷为原料的乙烯装置生产成本最低，若乙烷原料的能耗为1，则丙烷、石脑油和柴油的能耗分别是1.23、1.52、1.84。

第三要考虑原料对装置投资的影响。采用乙烷、丙烷为原料，由于烯烃收率高，副产品很少，工艺较简单，相应的投资较少。采用重质原料时，乙烯收率低，原料消耗定额大幅度提高，例如，用减压柴油作原料是用乙烷做原料的定额消耗的3.9倍，装置炉区较大，副产品数量大，分离较复杂，则投资也较大。

第四要考虑原料对生产成本的影响。由于原料不同会影响裂解所用原料量的多少、能耗的高低和装置投资的大小等，最终会影响乙烯生产成本的高低。原料由轻到重，装置的生产成本由低到高。

4. 各国裂解原料的选择

选择以石油馏分还是以液化天然气为原料生产乙烯，各国各地区根据自己国家的资源和市场情况会有所侧重。美国、加拿大及中东地区因为有丰富廉价的天然气资源，所以侧重于以乙烷、丙烷为裂解原料生产乙烯。西欧和东北亚地区由于天然气资源短缺，基本不用轻烃作为裂解原料。

从提高乙烯竞争力的长远目标考虑，我国的乙烯原料应以石脑油为主，加氢尾油和轻烃作为补充，减少直至取消柴油作乙烯原料。同时应发挥炼化一体化的优势，对提供乙烯原料的炼油厂在配置国内原油时，应尽量选择含直链烷烃较多的石蜡基原油（如大庆油）；对沿海加工进口原油并提供乙烯原料的炼油厂，可选择来源稳定、石脑油收率高、链烷烃含最高的中东轻质原油加工，以保证乙烯原料的优质化；也可考虑适当进口轻烃，以补充乙烯原料的不足和增加生产的灵活性。

目前，乙烯生产原料的发展趋势有两个，一是原料趋于多样化；二是原料中的轻烃比例增加。

四、裂解过程的操作条件

1. 裂解温度

从热力学上分析，烃类裂解是强吸热的反应，需要在高温下才能进行。提高温度有利于断链和脱氢生成低级烯烃的一次反应，但同时温度越高，对烃类分解成炭和氢的二次反应也越有利，即二次反应在热力学上占优势。从动力学上分析，烃类高温裂解生成乙烯（一次反应）的反应速率较烃类分解成炭和氢（二次反应）的反应速率快，即一次反应在动力学上占优势。所以，应从热力学和动力学两方面综合考虑，确定一个适宜的温度范围。

一般当温度低于750℃时，生成乙烯的可能性较小，或者说乙烯收率较低；但当反应温度太高，特别是超过900℃时，甚至达到1100℃时，对结焦和生炭等二次反应极为有利。因此，理论上烃类裂解制乙烯的温度一般选择为750～900℃的高温。因为高温有利于一次反应的化学平衡，同时将反应限制在较短时间范围内，使烃类分解生成炭和氢的二次反应来不及进行或进行得很少，因为二次反应速率较慢，这样就可以得到较高的乙烯收率。而实际裂解温度的选择还与裂解原料、产品分布、裂解技术、炉管管材等因素有关。

不同的裂解原料具有不同的最适裂解温度，较轻的裂解原料裂解温度较高，较重的裂解原料，裂解温度较低。如某厂乙烷裂解炉的裂解温度是850～870℃，石脑油裂解炉的裂解温度是840～865℃，轻柴油裂解炉的裂解温度是830～860℃。若改变反应温度，裂解反应进行的程度就不同，一次产物的分布也会改变，所以可以选择不同的裂解温度，以达到调整一次产物分布的目的。如裂解的目的产物是乙烯，则裂解温度可适当地提高，如果要多产丙烯，裂解温度可适当地降低；提高裂解温度还受炉管合金的最高耐热温度的限制，也正是管材合金和加热炉设计方面的进展，使裂解温度可从最初的750℃提高到900℃以上，目前某些裂解炉管已允许壁温达到1115～1150℃，但这不意味着裂解温度可选择1100℃以上，它还要与停留时间相匹配。

2. 停留时间

停留时间是指裂解原料由进入裂解辐射管到离开裂解辐射管所经过的时间，即反应原料在反应管中停留的时间。停留时间一般用 t 来表示，单位为秒（s）。

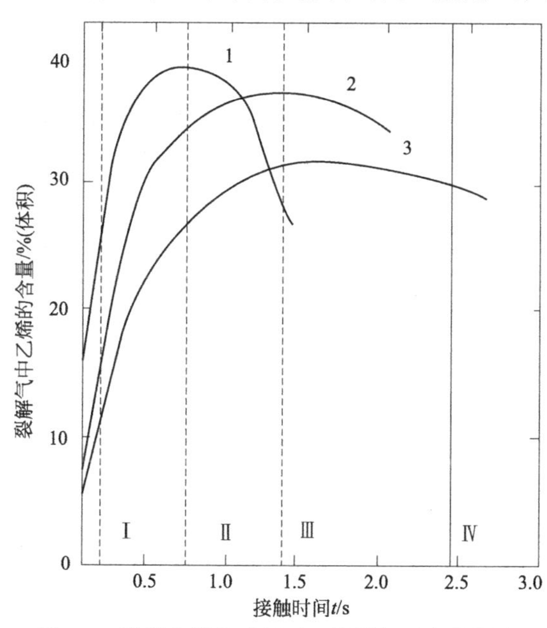

图 4-5　温度和停留时间对乙烷裂解反应的影响

1—843℃；2—816℃；3—782℃

如果裂解原料在反应区停留时间太短，大部分原料还来不及反应就离开了反应区，原料的转化率很低，这样就增加了未反应原料的分离、回收的能量消耗；原料在反应区停留时间过长，对促进一次反应是有利的，故转化率较高，但也使二次反应时间更加充分，一次反应生成的乙烯大部分都发生二次反应被消耗掉，乙烯收率反而下降。同时，二次反应的进行将生成更多的焦和炭，缩短了裂解炉管的运行周期，既浪费了原料，又影响生产的正常。所以，选择合适的停留时间，既可使一次反应更加充分，又能有效地抑制并减少二次反应。

停留时间的选择主要取决于裂解温度，当停留时间在适宜的范围内，乙烯的生成量较大，而乙烯的损失较小，即有一个最高的乙烯收率称为峰值收率。如图4-5中Ⅱ所示。不同的裂解温度所对应的峰值收率不同，温度越高，乙烯的峰值收率越高，相对应的最适宜的停留时间越短，这是因为二次反应主要发生在转化率较高的裂解后期，如控制很短的停留时间，一次反应产物还没来得及发生二次反应就迅速离开了反应区，从而提高了乙烯的收率。

停留时间的选择除与裂解温度有关外，也与裂解原料和裂解工艺技术等有关，在一定的反应温度下，每一种裂解原料都有它最适宜的停留时间。如裂解原料较重，则停留时间应短一些，原料较轻则可选择稍长一些；20 世纪 50 年代由于受裂解技术的限制，停留时间为 1.8～2.5s，目前一般为 0.15～0.25s（二程炉管），单程炉管可达 0.1s 以下，即以毫秒（ms）计。

3. 裂解反应的压力

（1）压力对平衡转化率的影响　烃类裂解的一次反应是分子数增加的反应，降低压力对反应平衡向正反应方向移动是有利的。但是在高温条件下，断链反应的平衡常数很大，几乎接近全部转化，反应是不可逆的，因此改变压力对断链反应的平衡转化率影响不大。对于脱氢反应，它是一可逆的反应过程，降低压力有利于提高反应物的转化率。二次反应中的聚合、脱氢缩合、结焦等二次反应，都是分子数减少的反应。因此，降低压力不利于平衡向产物生成的方向移动，可抑制此类反应的发生。所以从热力学上分析可知，降低压力对一次反应有利，而对二次反应不利。

（2）压力对反应速率的影响

① 烃类裂解的一次反应是单分子反应，其反应速率可表示为：$r_{裂}=k_{裂}C$；

② 烃类聚合或缩合反应为多分子反应，其反应速率为：$r_{聚}=k_{聚}C_n$，$r_{缩}=k_{缩}C_AC_B$。

其中 k 为反应速率常数，C 为反应物的浓度。改变压力不能改变速率常数 k 的大小，但能通过改变浓度 C 的大小来改变反应速率 r 的大小。降低压力会使气相中反应物分子的浓度降低，也就减少了反应速率。由以上三式可见，浓度的改变虽对三个反应速率都有影响，但影响的程度不一样，浓度的降低使双分子和多分子反应速率的降低比单分子反应速率要大得多。

所以从动力学上分析得出：降低压力可增大一次反应对于二次反应的相对反应速率。

故无论从热力学还是动力学分析，降低裂解压力对增产乙烯的一次反应有利，可抑制二次反应，从而减轻结焦的程度。

（3）稀释剂的降压作用　因为裂解是在高温下进行的，如果在生产中直接采取减压操作，当某些管件连接不严密时，有可能漏入空气，不仅会使裂解原料和产物部分氧化而造成损失，更严重的是空气与裂解气能形成爆炸性混合物而导致爆炸。另外，如果在此处采取减压操作，就会增加后继分离部分的裂解气压缩操作负荷，即增加了能耗。工业上常用的办法是在裂解原料气中添加稀释剂以降低烃分压，而不是降低系统总压。

稀释剂可以是惰性气体（例如氮）或水蒸气。工业上都是用水蒸气作为稀释剂，其优点如下：

① 易于从裂解气中分离。水蒸气在急冷时可以冷凝，很容易就实现了稀释剂与裂解气的分离。

② 可以抑制原料中的硫对合金钢管的腐蚀。

③ 可脱除炉管的部分结焦，水蒸气在高温下能与裂解管中沉淀的焦炭发生如下反应：

$$C+H_2O \longrightarrow H_2+CO$$

使固体焦炭生成气体随裂解气离开，延长了炉管的运转周期。

④ 减轻了炉管中铁和镍对烃类气体分解生炭的催化作用。水蒸气对金属表面起一定的氧化作用，使金属表面的铁、镍形成氧化物薄膜，这可以抑制这些金属对烃类气体分解生炭

反应的催化作用。

⑤ 稳定炉管裂解温度。水蒸气的比热容大，水蒸气升温时耗热较多，稀释水蒸气的加入，可以起到稳定炉管裂解温度、防止炉管过热、保护炉管的作用。

⑥ 降低烃分压的作用明显。稀释蒸汽可降低炉管内的烃分压，水的摩尔质量小，同样质量的水蒸气其分压较大，在总压相同时，烃分压可降低较多。加入水蒸气的量不是越多越好，增加稀释水蒸气量将增大裂解炉的热负荷，增加燃料的消耗量，增加水蒸气的冷凝量，从而增加能量消耗，同时会降低裂解炉和后部系统设备的生产能力。水蒸气的加入量随裂解原料而异，一般地，轻质原料裂解时所需稀释蒸汽量可以降低，随着裂解原料变重，为减少结焦所需稀释水蒸气量将增大。

综上所述，石油烃热裂解的操作条件宜采用高温、短停留时间、低烃分压，产生的裂解气要迅速离开反应区，因为裂解炉出口的高温裂解气在出口温度条件下将继续进行裂解反应，使二次反应增加，乙烯损失随之增加，故需将裂解炉出口的高温裂解气加以急冷，当温度降到 650℃以下时，裂解反应基本终止。

裂解原料配入稀释剂后的混合气体处于高温低压状态，接近于理想气体，故可以把经和稀释剂混合气体的压力称为总压，把混合气体中的某一种烃的压力称为烃分压。

五、烃类裂解的工艺流程

要实现石油烃热裂解的高温、短停留时间、低烃分压的适宜操作条件及急冷的要求，生产中就需要配套的设备，目前常用的主要反应设备是管式裂解炉。

1. 管式裂解炉

为了提高乙烯的收率和降低原料和能量的消耗，多年来管式裂解炉技术取得了较大进展，并不断开发出各种新炉型。尽管管式裂解炉有不同的形式，但从结构上看，总是包括对流段（或称对流室）和辐射段（或称辐射室）组成的炉体、炉体内适当布置的由耐高温合金钢制成的炉管、燃料燃烧器三个主要部分。图 4-6 所示为鲁姆斯 SRT 型裂解炉。

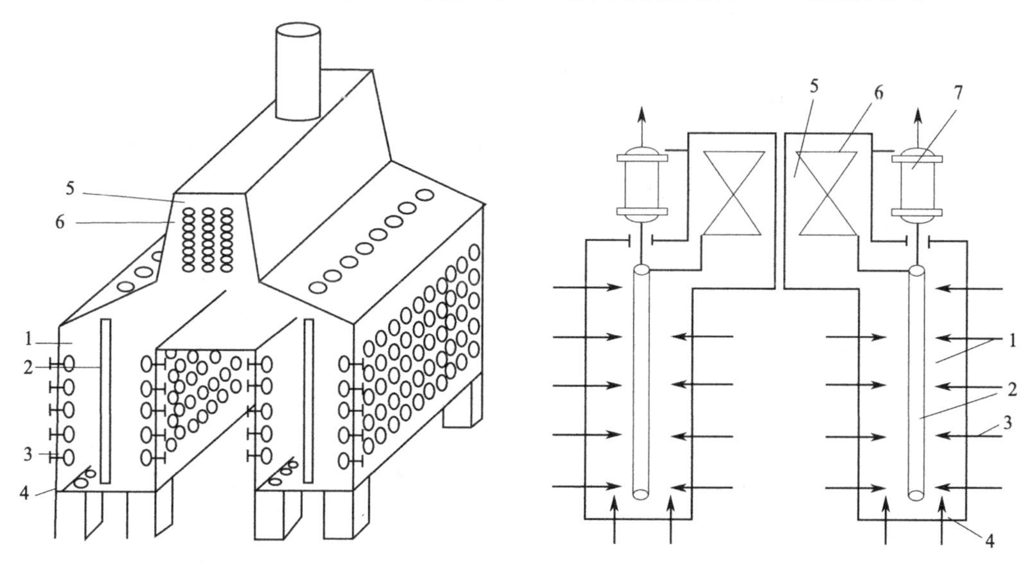

图 4-6　鲁姆斯 SRT 型裂解炉基本结构

1—辐射段；2—垂直辐射管；3—侧壁燃烧器；4—底部燃烧器；5—对流段；6—对流管，7—急冷锅炉

（1）炉体　炉体由两部分组成，即对流段和辐射段。对流段内设有数组水平放置的换热管用来预热原料、工艺上用的稀释水蒸气、急冷锅炉进水和过热的高压蒸汽等；辐射段由耐火砖（里层）和隔热砖（外层）砌成，在辐射段炉墙或底部的一定部位安装有一定数量的燃烧器，所以辐射段又称为燃烧室或炉膛，裂解炉管垂直放置在辐射室中央。为放置炉管，还有一些附件如管架、吊钩等。

（2）炉管　炉管前一部分安置在对流段的称为对流管，对流管内物料被管外的高温烟道气以对流方式进行加热并汽化，达到裂解反应温度后进入辐射管，故对流管又称为预热管。炉管后一部分安置在辐射段的称为辐射管，燃料燃烧的高温火焰、产生的烟道气、炉墙辐射加热将热量通过辐射管管壁传给物料，裂解反应在该管内进行，故辐射管又称为反应管。在管式裂解炉运行时，裂解原料的流向是先进入对流管，再进入辐射管，反应后的裂解产物离开裂解炉经急冷锅炉给予急冷。燃料在燃烧器燃烧后，则先在辐射段生成高温烟道气并向辐射管提供大部分反应所需的热量。然后，烟道气再进入对流段，把余热提供给刚进入对流管内的物料，最后经烟道从烟囱排放。烟道气和物料是逆向流动的，这样热量利用更为合理。

（3）燃烧器　燃烧器又称为烧嘴，它是管式炉的重要部件之一。管式炉所需的热量是通过燃料在燃烧器中燃烧得到的。性能优良的烧嘴不仅对炉子的热效率、炉管热强度和加热均匀性起着十分重要的作用，而且使炉体外形尺寸缩小、结构紧凑、燃料消耗低，烟气中 NO_x 等有害气体含量低。烧嘴因其所安装的位置不同分为底部烧嘴和侧壁烧嘴。管式裂解炉的烧嘴设置方式可分为三种：一是全部由底部烧嘴供热；二是全部由侧壁烧嘴供热；三是由底部烧嘴和侧壁烧嘴联合供热。按所用燃料不同，燃烧器又分为气体燃烧器、液体（油）燃烧器和气油联合燃烧器。

工业装置中所采用的管式炉裂解技术有十几种，常用的有鲁姆斯公司的 SRT（短停留时间）型裂解炉、凯洛格公司的毫秒裂解炉、斯通-韦伯斯特公司的 USC（超选择性）裂解炉、KIT 公司的 GK 裂解炉和林德公司的 LSCC 裂解炉等。

2. 裂解气急冷

从裂解管出来的裂解气是富含烯烃和大量的水蒸气的气体，温度为 727～927℃，烯烃容易反应，若任它们在高温下长时间停留，仍会发生二次反应，引起结焦，导致烯烃收率下降及生成经济价值不高的副产物。因此，必须使裂解气急冷以终止反应。

急冷的方法有两种，一种是直接急冷，另一种是间接急冷。直接急冷用急冷剂与裂解气直接接触，急冷剂用油或水，急冷下来的油水密度相差不大，分离困难，污水量大，不能回收高品位的热量。

采用间接急冷的目的首先是回收高品位的热量，产生高压水蒸气作动力能源以驱动压缩机（裂解气、乙烯、丙烯）、汽轮机发电及高压水泵等机械，同时终止二次反应。间接急冷虽然比直接急冷能回收高品位能量和减少污水对环境的污染，但急冷换热器的技术要求很高，裂解气的压力损失也较大，而直接急冷的压力损失就较小。生产中一般都先采用间接急冷，即裂解产物先进急冷换热器，取走热量，然后再采用直接急冷，即油洗和水洗来降温。

油洗的作用一是将裂解气继续冷却，并回收其热量；二是使裂解气中的重质油和轻质油冷凝洗涤下来，回收，然后送去水洗。水洗的作用一是将裂解气继续降温到 40℃左右；二是将裂解气中所含的稀释蒸汽冷凝下来，并将油洗时没有冷凝下来的一部分轻质油也冷凝下来，同时也可回收部分热量。

对不同的裂解原料直接急冷方式有所不同，如裂解原料为气体，则适合的直接急冷方式为“水急冷”，而裂解原料为液体时，适合的直接急冷方式为“先油后水”。

3. 裂解炉的结焦与清焦

(1) 裂解炉和急冷锅炉的结焦　虽然我们在裂解时尽可能抑制了二次反应，但生焦反应在较低的温度下即可以发生。所以，在裂解和急冷过程中不可避免地会发生二次反应，最终会结焦，积附在裂解炉管的内壁上和急冷锅炉换热管的内壁上。随着裂解炉运行时间的延长，焦的积累量不断地增加，有时结成坚硬的环状焦层，使炉管内径变小，阻力增大，进料压力增加；另外，由于焦层导热系数比合金钢低，有焦层的地方局部热阻大，导致反应管外壁温度升高，一是增加了燃料消耗；二是影响反应管的寿命，同时破坏了裂解的最佳工况。故在炉管结焦到一定程度时应及时清焦。

当急冷锅炉出现结焦时，除阻力较大外，还会引起急冷锅炉出口裂解气温度上升，以致减少副产高压蒸汽的回收，并加大急冷油系统的负荷。

(2) 裂解炉和急冷锅炉的清焦　当出现下列任一情况时，应进行清焦：

① 裂解炉管管壁温度超过设计规定值。

② 裂解炉辐射段入口压力增加值超过设计值。

③ 废热锅炉出口温度超过设计允许值，或废热锅炉进出口压差超过设计允许值。

清焦方法有停炉清焦法和不停炉清焦法（也称在线清焦）。停炉清焦法是将进料及出口裂解气切断（离线）后，将裂解炉和急冷锅炉停车拆开，分别进行除焦，用惰性气体和水蒸气清扫管线，逐渐降低炉温，然后通入空气和水蒸气烧焦。其化学反应为：

$$C+O_2 \longrightarrow CO_2$$

$$C+H_2O \longrightarrow CO+H_2$$

$$CO+H_2O \longrightarrow CO_2+H_2$$

由于氧化（燃烧）反应是强放热反应，故需加入水蒸气以稀释空气中氧的浓度，减慢燃烧速度。烧焦期间不断检查出口尾气的二氧化碳含量，当二氧化碳浓度降至 0.2%以下时，可以认为在此温度下烧焦结束。在烧焦过程中裂解管出口温度必须严格控制，不能超过 750℃，以防烧坏炉管。

停炉清焦需 3～4 天时间，这样会减少全年的运转日数，设备生产能力不能充分发挥。不停炉清焦法是一个改进的方法。它有交替裂解法、水蒸气清焦法等。使用重质原料（如轻柴油等）裂解一段时间后有较多的焦生成，交替裂解法是需要清焦时切换轻质原料（如乙烷）去裂解，并加入大量水蒸气的方法，这样可以起到裂解和清焦的作用。当压降减少后（焦已大部分被清除），再切换为原来的裂解原料。水蒸气清焦法是定期将原料切换成水蒸气，方法同上，也能达到不停炉清焦的目的。对整个裂解炉系统，可以对炉管组轮流进行清焦操作。不停炉清焦的时间一般在 24h 之内，这样裂解炉运转的周期大为增加。

在裂解炉进行清焦操作时，废热锅炉在一定程度上可以清理部分焦垢，管内焦炭不能完全用燃烧的方法清除，所以，一般需要在裂解炉 1～2 次清焦周期内对废热锅炉进行水力清焦或机械清焦。

此外，近年研究了添加结焦抑制剂，以抑制焦的生成。添加结焦抑制剂能起到减弱结焦的效果，但当裂解温度较高时（例如 850℃），温度对结焦的生成是主要的影响因素，抑制剂的作用就无能为力了。

4. 裂解工艺流程

不同的裂解技术，其工艺流程也不同，但原理基本一致。现以常用的鲁姆斯裂解技术为例，以轻柴油为原料的裂解工艺流程包括原料供给和预热系统、裂解和高压水蒸气系统、急冷油和燃料油系统、急冷水和稀释水蒸气系统等四大部分。不包括压缩、深冷分离系统。图 4-7 所示是轻柴油裂解工艺流程。

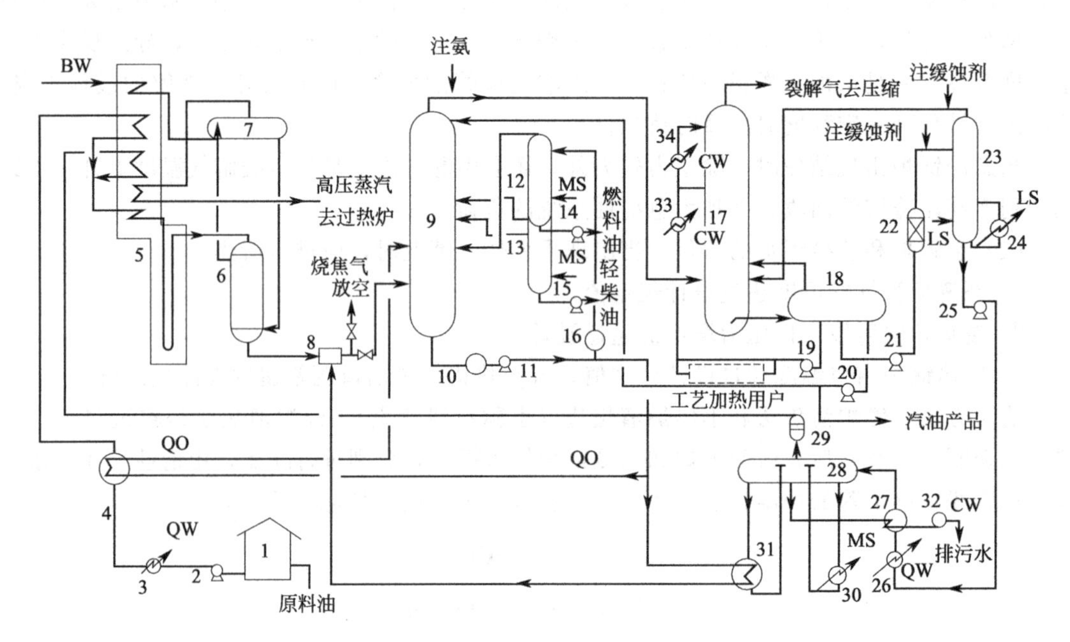

图 4-7 轻柴油裂解工艺流程

1—原料油储罐；2—原料油泵；3，4—原料油预热器；5—裂解炉；6—急冷换热器；7—汽包；8—急冷器；9—油洗塔；10—急冷油过滤器；11—急冷油循环泵；12—燃料油汽提塔；13—裂解轻柴油汽提塔；14—燃料油输送泵；15—裂解轻柴油输送泵；16—燃料油过滤器；17—水洗塔；18—油水分离器；19—急冷水循环泵；20—汽油回流泵；21—工艺水泵；22—工艺水过滤器；23—工艺水汽提塔；24—再沸器；25—稀释蒸汽发生器给水泵；26，27—预热器；28—稀释蒸汽发生器汽包；29—分离器；30—中压蒸汽加热器；31—急冷油加热器；32—排污水冷却器；33，34—急冷水冷却器；QW—急冷水；CW—冷却水；MS—中压水蒸气；LS—低压水蒸气；QO—急冷油；BW—锅炉给水

（1）原料油供给和预热系统　原料油从储罐 1 经预热器 3 和 4 与过热的急冷水和急冷油热交换后进入裂解炉的预热段。原料油供给必须保持连续、稳定，否则直接影响裂解操作的稳定性，甚至有损毁炉管的危险。因此，原料油泵须有备用泵及自动切换装置。

（2）裂解和高压蒸汽系统　预热过的原料油进入对流段初步预热后与稀释蒸汽混合，再进入裂解炉的第二预热段预热到一定温度，然后进入裂解炉5辐射段进行裂解。炉管出口的高温裂解气迅速进入急冷换热器6中，使裂解反应很快终止。

急冷换热器的给水先在对流段预热并局部汽化后送入高压汽包7，靠自然对流流入急冷换热器6中，产生11MPa（110bar或112.17kg/cm^2）的高压水蒸气，从汽包送出的高压水蒸气进入裂解炉预热段过热，过热至470℃后供压缩机的蒸汽透平使用。

（3）急冷油和燃料油系统　从急冷换热器6出来的裂解气再去油急冷器8中用急冷油直接喷淋冷却，然后与急冷油一起进入油洗塔9，塔顶出来的气体为氢、气态烃和裂解汽油以及稀释水蒸气和酸性气体。裂解轻柴油从油洗塔9的侧线采出，经汽提塔13汽提其中的轻组分后，作为裂解轻柴油产品。裂解轻柴油含有大量的烷基萘，是制萘的好原料，常称为制萘馏分。塔釜采出重质燃料油。自油洗塔塔釜采出的重质燃料油，一部分经汽提塔12汽提出其中的轻组分，然后作为重质燃料油产品送出，大部分则作为循环急冷油使用。循环急冷油分两股进行冷却，一股用来预热原料轻柴油之后，返回油洗塔作为塔的中段回流，另一股用来发生低压稀释蒸汽，急冷油本身被冷却后循环送至急冷器作为急冷介质，对裂解气进行冷却。

M4-3　油急冷塔系统

急冷油系统常会出现结焦堵塞而危及装置的稳定运转，结焦产生原因有二：一是急冷油与裂解气接触后温度超过300℃时不稳定，会逐步缩聚成易于结焦的聚合物；二是不可避免地会由裂解管、急冷换热器带来焦粒。因此，在急冷油系统内设置6mm滤网的过滤器10，并在急冷器油喷嘴前设较大孔径的滤网和燃料油过滤器16。

萘：萘是一种稠环芳香烃，是有机化合物，分子式为$C_{10}H_8$，无色，有毒，属易升华并有特殊气味的片状晶体。从炼焦的副产品煤焦油和石油蒸馏中大量生产，主要用于合成邻苯二甲酸酐等。以往的卫生球就是用萘制成的，但由于萘的毒性，现在卫生球已经禁止使用萘作为成分。暴露的萘能导致肝脏和神经系统损伤、白内障和视网膜出血。萘的合理预期是人类的致癌物，并且可能与喉癌和大肠癌的风险增加有关。

（4）急冷水和稀释水蒸气系统　裂解气在油洗塔9中脱除重质燃料油和裂解轻柴油后，由塔顶采出进入水洗塔17，此塔的塔顶和中段用急冷水喷淋，使裂解气其中一部分的稀释水蒸气和裂解汽油冷凝下来。冷凝下来的油水混合物由塔釜引至油水分离器18，分离出的水一部分供工艺加热用，冷却后的水再经急冷水冷却器33和34冷却后，分别作为水洗塔17的塔顶和中段回流，此部分的水称为急冷循环水。另一部分相当于稀释水蒸气的水量，由工艺水泵21经过滤器22送入汽提塔23，将工艺水中的轻烃汽提回水洗塔17，保证塔釜中含油少于100μg/g。此工艺水由稀释水蒸气发生器给水泵25送入稀释水蒸气发生器汽包28，再分别由中压水蒸气加热器30和急冷油加热器31加热汽化产生稀释水蒸气，经气液分离器29分离后再送入裂解炉。这种稀释水蒸气循环使用系统，节约了新鲜的锅炉给水，也减少了污水的排放量。

M4-4　水急冷塔及稀释蒸汽发生系统

油水分离器18分离出的汽油，一部分由泵20送至油洗塔9作为塔顶回流而循环使用，另一部分从裂解中分离出的裂解汽油作为产品送出。经脱除绝大部分水蒸气和裂解汽油的裂解气，温度约为40℃，送至裂解气压缩系统。

知识拓展 》》 石化产业的分类及上游，中游和下游区分

石油化工产品大致分为两类。一类是特用化学用品（specialty chemicals），一般用于军事、医药、化学等不宜经常与普通人体接触的物质。

另一类就是日常化学用品（commodity chemicals），如洗涤、纺织、印刷之类，几乎渗透人类生活的方方面面。

石油化工上游：提炼；

石油化工中游：运输和交易；

石油化工下游：营销。

第二节 裂解气的分离

一、裂解气的组成及分离方法

1. 裂解气的组成及分离要求

石油烃裂解的气态产品——裂解气是一个多组分的气体混合物，其中含有许多低级烃类，主要是甲烷、乙烯、乙烷、丙烯、丙烷与碳四、碳五等烃类，此外还有氢气和少量杂质如硫化氢和二氧化碳、水分、炔烃、一氧化碳等，其具体组成随裂解原料、裂解方法和裂解条件不同而异。表 4-1 列出了用不同裂解原料所得裂解气的组成。

表 4-1 不同裂解原料所得裂解气的组成 单位：%（体积）

组分	原料来源		
	乙烯裂解	石脑油裂解	轻柴油裂解
H_2	34.0	14.09	13.18
$CO+CO_2+H_2S$	0.19	0.32	0.27
CH_4	4.39	26.78	21.24
C_2H_2	0.19	0.41	0.37
C_2H_4	31.51	26.10	29.34
C_2H_6	24.35	5.78	7.58
C_3H_4		0.48	0.54
C_3H_6	0.76	10.30	11.42
C_3H_8		0.34	0.36
C_4	0.18	4.85	5.21
C_5	0.09	1.04	0.51
$\geqslant C_6$		4.53	4.58
H_2O	4.36	4.98	5.40

要得到高纯度、单一的烃，如重要的石油化工产品乙烯、丙烯等，就需要将它们与其他烃类和杂质等分离开来，并根据工业上的需要，使之达到一定的纯度，这一操作过程，称为

裂解气的分离。

不同石油化工产品的合成，对于原料纯度的要求是不同的。有的产品对原料纯度要求不高，例如，用乙烯与苯烷基化生产乙苯时，对乙烯纯度要求不太高。对于聚合用的乙烯和丙烯的质量要求则很严，生产聚乙烯、聚丙烯要求乙烯、丙烯纯度在99.9%或99.5%以上，其中有机杂质不允许超过5～10μg/g。这就要求对裂解气进行精细的分离和提纯，所以分离的程度可根据后续产品合成的要求来确定。

2. 裂解气分离方法简介

裂解气的分离和提纯工艺是以精馏分离的方法完成的。精馏方法要求将组分冷凝为液态。甲烷（熔点：－182.5℃；沸点：－161.5℃）和氢气（熔点：－259.2℃；沸点：－252.77℃）不容易液化，C_2以上的馏分相对地比较容易液化。因此，裂解气在除去甲烷、氢气以后，其他组分的分离就比较容易。所以分离过程的主要矛盾是如何将裂解气中的甲烷和氢气先行分离。解决这一矛盾的不同措施，便构成了不同的分离方法。

工业生产上采用的裂解气分离方法，主要有深冷分离和油吸收精馏分离两种。

油吸收法利用裂解气中各组分在某种吸收剂中的溶解度不同，用吸收剂吸收除甲烷和氢气以外的其他组分，然后用精馏的方法把各组分从吸收剂中逐一分离。此方法流程简单，动力设备少，投资少，但技术经济指标和产品纯度差，现已被淘汰。

工业上一般把冷冻温度高于－50℃称为浅度冷冻（简称浅冷）；而在－50～－100℃的称为中度冷冻；把等于或低于－100℃称为深度冷冻（简称深冷）。

深冷分离是在－100℃左右的低温下，将裂解气中除了氢和甲烷以外的其他烃类全部冷凝下来。然后利用裂解气中各种烃类的相对挥发度不同，在合适的温度和压力下，以精馏的方法将各组分分离开来，达到分离的目的。因为这种分离方法采用了－100℃以下的冷冻系统，故称为深度冷冻分离，简称深冷分离。

图4-8　深冷分离装置

深冷分离法是目前工业生产中广泛采用的分离方法。它的经济技术指标先进、产品纯度高、分离效果好，但投资较大、流程复杂、动力设备较多，需要大量的耐低温合金钢。因此，适宜于加工精度高的大工业生产。本节重点介绍裂解气精馏分离的深冷分离方法。深冷分离装置如图4-8所示。

在深冷分离过程中，为把复杂的低沸点混合物分离开来需要进行一系列操作过程的组合。但无论各操作的顺序如何，总体可概括为三大部分。

（1）压缩和冷冻系统　该系统的任务是加压、降温，以保证分离过程顺利进行。

（2）气体净化系统　为了排除对后继操作的干扰，提高产品的纯度，通常设置有脱酸性气体、脱水、脱炔和脱一氧化碳等操作过程。

（3）低温精馏分离系统　这是深冷分离的核心，其任务是将各组分进行分离并将乙烯、丙烯产品精制提纯。它由一系列塔器构成，如脱甲烷塔、乙烯精馏塔和丙烯精馏塔等。下面就按以上三大系统顺序，分别详细介绍。

二、裂解气的压缩与制冷

裂解气分离过程中需加压、降温，所以必须进行压缩与制冷来保证生产的要求。

1. 裂解气的压缩

在深冷分离装置中用低温精馏方法分离裂解气时，需要使裂解气冷凝。如果在常压下冷凝，需要降低到很低的温度。从表4-2中可以看出，乙烯在常压下的沸点是−104℃，即乙烯气体需冷却到−104℃才能冷凝为液体，这不仅需要大量的冷量，而且要用很多耐低温钢材制造的设备，这无疑增大了投资和能耗，在经济上不够合理。

表4-2　不同压力下某些组分的沸点　　单位：℃

组分	压力/kPa					
	110.3	1013	1519	2026	2523	3039
H_2	−263	−244	−239	−238	−237	−235
CH_4	−162	−129	−144	−107	−101	−93
C_2H_4	−104	−55	−39	−29	−20	−13
C_2H_6	−86	−33	−18	−7	3	11
C_3H_6	−47.7	9	29	37	44	47

但从表4-2还看出，当乙烯加压到1013kPa时，只需冷却到−55℃即可。所以生产中根据物质的冷凝温度随压力增加而升高的规律，可对裂解气加压，从而使各组分的冷凝点升高，即提高深冷分离的操作温度，这既有利于分离，又可节约冷冻量和低温材料。随着压力上升，其组分压力也随之上升。同时对裂解气压缩冷却，还能除掉相当量的水分和重质烃，以减少后继干燥及低温分离的负担。提高裂解气压力还有利于裂解气的干燥过程，提高干燥过程的操作压力，可以提高干燥剂的吸湿量，减少干燥器直径和干燥剂用量，提高干燥度。所以，裂解气的分离首先需进行压缩。

裂解气经压缩后，不仅会使压力升高，而且气体温度也会升高。为避免压缩过程温升过大造成裂解气中双烯烃，尤其是丁二烯之类的二烯烃在较高的温度下发生大量的聚合，以致形成聚合物堵塞叶轮流道和密封件，裂解气压缩后的气体温度必须要限制，压缩机出口温度一般不能超过100℃，在生产上主要是通过裂解气的多段压缩和段间冷却相结合的方法来实现。

在多段压缩中，被压缩机吸入的气体先进行一段压缩，压缩后压力、温度均升高，烃冷却，降低气体温度并分离出凝液，再进行二段压缩，以此类推。压缩机每段气体出口温度都不高于规定范围。

裂解气段间冷却通常采用水冷，相应各段入口温度一般为38～40℃。采用多段压缩可以节省压缩做功的能量，效率也可提高。根据深冷分离法对裂解气的压力要求及裂解气压缩过程中的特点，目前工业上对裂解气大多采用三段至五段压缩。同时，压缩机采用多段压缩可减少压缩比，也便于在压缩段之间进行净化与分离，例如脱酸性气体、干燥和脱重组分可以安排在段间进行。

2. 制冷

深冷分离裂解气需要把温度降到−100℃以下。为此，需向裂解气提供低于环境温度的冷剂。获得冷量的过程称为制冷。深冷分离中常用的制冷方法有两种：冷冻循环制冷和节流膨胀制冷。现主要介绍冷冻循环制冷。

冷冻循环制冷的原理是利用制冷剂自液态汽化时，要从物料或中间物料吸收热量而使物料温度降低的过程。所吸收的热量，在热值上等于制冷剂的汽化潜热。液体的汽化温度（即沸点）是随压力的变化而改变的，压力越低，相应的汽化温度也越低。

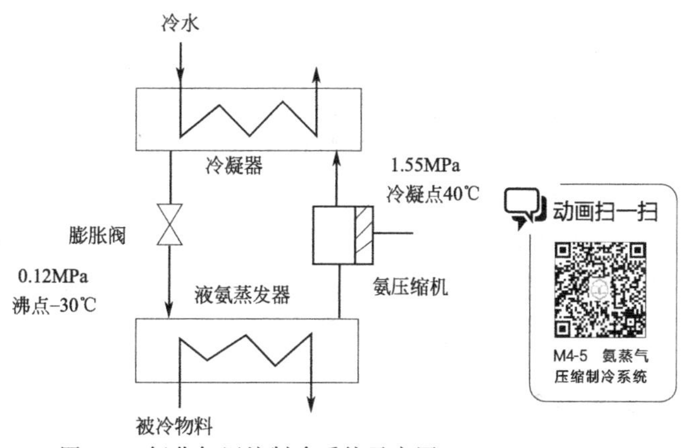

图 4-9　氨蒸气压缩制冷系统示意图

（1）氨蒸气压缩制冷　氨蒸气压缩制冷系统可由四个基本过程组成，如图 4-9 所示。

① 蒸发。在低压下液氨的沸点很低，如压力为 0.12MPa 时沸点为－30℃。液氨在此条件下，在蒸发器中蒸发变成氨蒸气，则必须从通入液氨蒸发器的被冷物料中吸取热量，产生制冷效果，使被冷物料冷却到接近－30℃。

② 压缩。蒸发器中所得的是低温、低压的氨蒸气。为了使其液化，首先通过氨压缩机压缩，使氨蒸气压力升高。

③ 冷凝。高压下的氨蒸气的冷凝点是比较高的。例如，把氨蒸气加压到 1.55MPa 时，其冷凝点是 40℃，此时，可用普通冷水做冷却剂，使氨蒸气在冷凝器中变为液氨。

④ 膨胀。若液氨在 1.55MPa 压力下汽化，由于沸点为 40℃，不能得到低温，为此，必须把高压下的液氨，通过节流阀降压到 0.12MPa，若在此压力下汽化，温度可降到－30℃。节流膨胀后形成低压、低温的气液混合物进入蒸发器。此时液氨又重新开始下一次低温蒸发，形成一个闭合循环操作过程。

氨通过上述四个过程构成了一个循环，称之为冷冻循环。这一循环必须由外界向循环系统输入压缩功才能进行。因此，这一循环过程是消耗机械功获得冷量。

氨是上述冷冻循环中完成转移热量的一种介质，工业上称为制冷剂或冷冻剂，冷冻剂本身的物理化学性质决定了制冷温度的范围。如液氨降压到 0.098MPa 时进行蒸发，其蒸发温度为－33.4℃，如果降压到 0.11MPa，其蒸发温度为－40℃，但是在负压下操作是不安全的。因此，用氨作制冷剂不能获得－100℃的低温，要获得－100℃的低温，必须用沸点更低的气体作为制冷剂。

原则上，沸点低的物质都可以用作制冷剂，而实际选用时，则需选用可以降低制冷装置投资、运转效率高、来源容易、毒性小的制冷剂。对乙烯装置而言，乙烯和丙烯为该装置产品，已有储存设施，且乙烯和丙烯具有良好的热力学特性，因而均选用乙烯和丙烯作为制冷剂。在装置开工初期尚无乙烯产品时，可用混合 C_2 馏分代替乙烯作为制冷剂，待生产出合格乙烯后再逐步置换为乙烯。

汽化潜热：即温度不变时，单位质量的某种液体物质在汽化过程中所吸收的热量。汽化潜热的单位为“千焦/千克（kJ/kg）”。物质从液态转变为气态的过程叫汽化。汽化分两种，蒸发和沸腾。两者都吸热，蒸发只在液体表面，而沸腾是在液体的内部和表面同时进行的。两者都吸热。同种物质液体分子的平均距离比气体中小得多。汽化时分子平均距离加大、体积急剧增大，需克服分子间引力并反抗大气压力做功。因此，汽化要吸热。单位质量的液体转变为相同温度的蒸气时吸收的热量称为汽化潜热，简称汽化热。它随温度升高而减小，因为在较高温度下液体分子具有较大能量，液相与气相差别变小。在临界温度下，物质处于临界态，气相与液相的差别消失，汽化热为零。

冷量：冷量通常指低温物体相对周围环境所具有的吸收热量的能力。

（2）丙烯制冷系统　由表 4-2 看出，丙烯的常压沸点是－47.7℃，1.864MPa 的条件下，丙烯的冷凝点为 45℃。如果将氨制冷循环中的氨改为丙烯，则在裂解气分离装置中，丙烯制冷系统可为装置提供－40℃以上温度级的冷量，同时加压到 1.864MPa 时，可以用普通冷水进行冷凝。但仍然不能提供－100℃的冷量。

【熔喷布】

熔喷布是口罩最核心的材料，熔喷布以聚丙烯为主要原料，纤维直径可以达到 1～5μm。空隙多、结构蓬松、抗褶皱能力好，具有独特毛细结构的超细纤维增加了单位面积纤维的数量和表面积，从而使熔喷布具有很好的过滤性、屏蔽性、绝热性和吸油性。2020年 3 月 8 日，国务院国资委对外介绍，面对口罩核心材料熔喷布需求井喷的现象，国务院国资委指导推动相关中央企业加快生产线建设、尽快投产达产，扩大熔喷布市场供给，为新冠疫情防控提供保障。

（3）乙烯制冷系统　由表 4-2 看出，乙烯常压沸点为－104℃，所以用乙烯可以提供－100℃的冷量。实际生产中乙烯制冷系统用于提供裂解气低温分离装置所需的－40～－102℃各温度级的冷量。其主要冷量用户为裂解气在冷箱中的预冷以及脱甲烷塔塔顶冷凝。如对高压脱甲烷的顺序分离流程，乙烯制冷系统冷量的 30%～40%用于脱甲烷塔塔顶冷凝，其余 60%～70%用于裂解气脱甲烷塔进料的预冷。大多数乙烯制冷系统均采用三级节流的制冷循环，相应提供三个温度级的冷量，通常提供－50℃、－70℃、－100℃左右三个温度级的冷量。

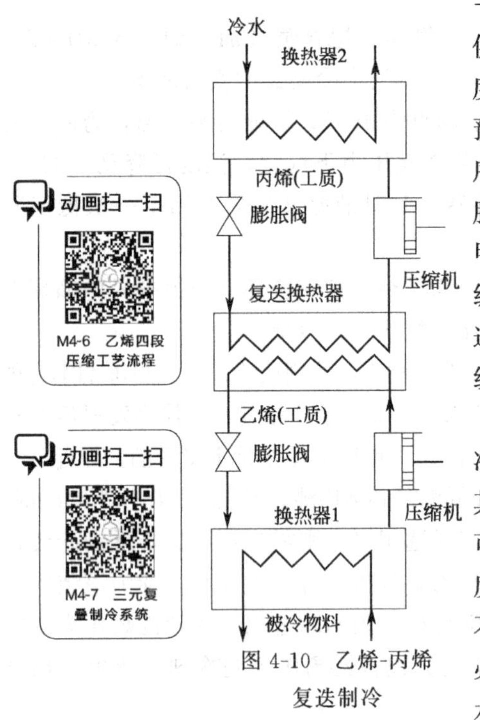

图 4-10　乙烯-丙烯复迭制冷

（4）乙烯-丙烯复迭制冷　用乙烯作制冷剂构成冷冻循环制冷中，维持压力不低于常压的条件下，其蒸发温度可降到－104℃左右，即乙烯作制冷剂可以获得－100℃的低温条件。但是乙烯的临界温度为 9.9℃，临界压力为 5.15MPa，在此温度之上，不论压力多大，也不能使其液化，即乙烯冷凝温度必须低于其临界温度 9.9℃，所以不能用普通冷却水使之液化。为此，乙烯冷冻循环制冷中的冷凝器需要使用制冷剂冷却。工业生产中常采用丙烯作制冷剂来冷却乙烯，这样丙烯的冷冻循环和乙烯冷冻循环制冷组合在一起，构成乙烯-丙烯复迭制冷，如图 4-10 所示。

在乙烯-丙烯复迭制冷循环中，冷水在换热器 2 中向丙烯供冷，带走丙烯冷凝时放出的热量，丙烯被冷凝为液体。然后，经节流膨胀降温，在复迭换热器中汽化，此时向乙烯气供冷，带走乙烯冷凝时放出的热量，乙烯气变为液态乙烯，液态乙烯经膨胀阀降压到换热器 1

中汽化，向被冷物料供冷，可使被冷物料冷却到－100℃左右。在图 4-10 中可以看出，复迭换热器既是丙烯的蒸发器（向乙烯供冷），又是乙烯的冷凝器（向丙烯供热）。当然，在复迭换热器中一定要有温差存在，即丙烯的蒸发温度一定要比乙烯的冷凝温度低，才能组成复迭制冷循环。

用乙烯作制冷剂在正压下操作，不能获得－104℃以下的制冷温度。生产中需要－104℃以下的低温时，可采用沸点更低的制冷剂，如甲烷在常压下的沸点是－161.5℃，因而可制取－160℃温度级的冷量。但是由于甲烷的临界温度是－82.5℃，若要构成冷冻循环制冷，需用乙烯作制冷剂为其冷凝器提供冷量，这样就构成了甲烷-乙烯-丙烯三元复迭制冷。在这个系统中，冷水向丙烯供冷，丙烯向乙烯供冷，乙烯向甲烷供冷，甲烷向低于－104℃的冷量用户供冷。

三、裂解气的气体净化

裂解气在深冷精馏前首先要脱除其中所含的杂质，包括脱酸性气体、脱水、脱炔和脱一氧化碳等。

1. 酸性气体的脱除

裂解气中的酸性气体主要是指 CO_2、H_2S 和其他气态硫化物。此外，尚含有少量的有机硫化物，如氧硫化碳（COS）、二硫化碳（CS_2）、硫醚（RSR′）、硫醇（RSH）、噻吩等，可以在脱酸性气体操作过程中除去。

（1）酸性气体的来源　裂解气中的酸性气主要来自以下几个方面：

① 气体裂解原料带入的气体硫化物和 CO_2。

② 液体裂解原料中所含硫化物在高温下与氢或水蒸气反应生成 H_2S 和 CO_2，如：

$$RSH + H_2 \longrightarrow RH + H_2S$$

$$CS_2 + 2H_2O \longrightarrow CO_2 + H_2S$$

$$COS + H_2O \longrightarrow CO_2 + H_2S$$

③ 裂解原料烃与水蒸气反应，如：

$$CH_4 + H_2O \longrightarrow CO_2 + 4H_2$$

④ 炉管中的结炭与水蒸气反应，如：

$$C + 2H_2O \longrightarrow CO_2 + 2H_2$$

（2）酸性气体的危害　这些酸性气体含量过多时，对裂解气分离装置以及乙烯和丙烯衍生物加工装置都会带来很大危害。对裂解气分离装置而言，H_2S 能腐蚀设备管道，使干燥用的分子筛寿命缩短，还能使加氢脱炔用的催化剂中毒；CO_2 则在深冷操作中会结成干冰，堵塞设备和管道，影响正常生产。酸性气体杂质对于乙烯或丙烯的进一步利用也有危害，例如，生产低压聚乙烯时，二氧化碳和硫化物会破坏聚合催化剂的活性。生产高压聚乙烯时，二氧化碳在循环乙烯中积累，降低乙烯的有效压力，从而影响聚合速率和聚乙烯的分子量。所以必须将这些酸性气体脱除。

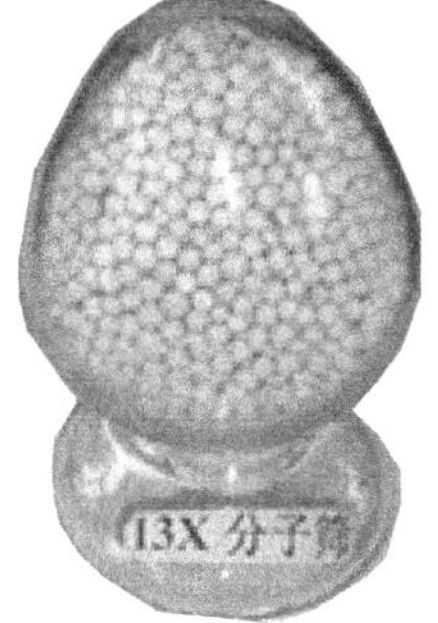

图 4-11　分子筛

分子筛：一种人工合成的具有筛选分子作用的水合硅铝酸盐（泡沸石）或天然沸石。其化学通式为 $(M'_2M)O \cdot Al_2O_3 \cdot xSiO_2 \cdot yH_2O$，它在结构上有许多孔径均匀的孔道和排列整齐的孔穴，不同孔径的分子筛把不同大小和形状的分子分开。分子筛广泛应用于有机化工和石油化工，也是煤气脱水的优良吸附剂。在废气净化上也日益受到重视。分子筛实物如图 4-11 所示。

（3）脱除的方法　工业生产中，一般采用吸收法脱除酸性气体，即在吸收塔内让吸收剂和裂解气进行逆流接触，裂解气中的酸性气体则有选择性地进入吸收剂中或与吸收剂发生化学反应。工业生产中常采用的吸收剂有 NaOH 溶液或乙醇胺，用 NaOH 溶液脱酸性气体的方法称碱洗法，用乙醇胺脱酸性气体的方法称乙醇胺法。两种方法具体情况比较见表 4-3。

表 4-3　碱洗法与醇胺法脱除酸性气体的比较

方法	碱洗法	醇胺法
吸收剂原理	氢氧化钠(NaOH) $CO_2+2NaOH \longrightarrow Na_2CO_3+H_2O$ $H_2S+2NaOH \longrightarrow Na_2S+2H_2O$	乙醇胺($HOCH_2CH_2NH_2$) $2HOCH_2CH_2NH+H_2S \rightleftharpoons (HOCH_2CH_2NH_3)_2S$ $2HOCH_2CH_2NH_2+CO_2 \rightleftharpoons (HOCH_2CH_2NH_3)_2CO_3$
优点 缺点	对酸性气体吸收彻底 碱液不能回收,消耗量较大	吸收剂可再生循环使用,吸收液消耗少 醇胺法吸收不如碱洗彻底 醇胺法对设备材质要求高,投资相应增大 (醇胺水溶液呈碱性,但当有酸性气体存在时,溶液 pH 值急剧下降,从而对碳钢设备产生腐蚀) 醇胺溶液可吸收丁二烯和其他双烯烃 (吸收双烯烃的吸收剂在高温下再生时易生成聚合物,由此既造成系统结垢,又损失了丁二烯)
适用情况	裂解气中酸性气体含量少时	裂解气中酸性气体含量多时

2. 脱水

在乙烯生产过程中，为避免水分在低温分离系统中结冰或形成水合物，堵塞管道和设备，需要对裂解气、氢气、乙烯和丙烯进行脱水处理，以保证乙烯生产装置的稳定运行，并保证产品乙烯和丙烯中的水分达到规定值。

（1）裂解气脱水　裂解气脱水的相关问题见表 4-4。

表 4-4　裂解气脱水问题总结

水的来源	水的危害	脱水的方法
由于裂解原料在裂解时加入一定量的稀释蒸汽,所得裂解气经急冷水洗和脱酸性气体的碱洗等处理,裂解气中不可避免地带一定量的水(400～700μg/g)	在低温分离时,水会凝结成冰;另外,在一定压力和温度下,水还能与烃类生成白色的晶体水合物,水合物在高压低温下是稳定的冰和水合物附在管壁上,轻则增大动力消耗,重者使管道堵塞,影响正常生产	工业上对裂解气进行深度干燥的方法很多,主要采用固体吸附方法。吸附剂有硅胶活性氧化铝、分子筛等。目前广泛采用的效果较好的是分子筛吸附剂

（2）氢气脱水　裂解气中分离出的氢气用作 C_2 馏分和 C_3 馏分加氢的氢源时，也必须经干燥脱水处理，否则会影响加氢效果，同时水分带入低温系统也会造成冻堵。氢气中多数水分是甲烷化法脱 CO 时产生的。

（3）C_2 馏分脱水　实际生产中，C_2 馏分加氢后物料中大约有 3μg/g 左右的含水量。因此，通常在乙烯精馏塔进料前设置 C_2 馏分干燥器。

（4）C_3 馏分脱水　当部分未经干燥脱水的物料进入脱丙烷塔时，脱丙烷塔塔顶采出的 C_3 馏分含一定的水分，必须进行干燥脱水处理。在 C_3 馏分气相加氢时，C_3 馏分的干燥脱水设置在加氢之后，进入丙烯精馏塔之前；在 C_3 馏分液相加氢时，C_3 馏分的干燥脱水一般安排在加氢之前。

3. 脱炔

(1) 炔烃的来源 在裂解反应中，由于烯烃进一步脱氢反应，使裂解气中含有一定量的乙炔，还有少量的丙炔、丙二烯。裂解气中炔烃的含量与裂解原料和裂解条件有关，对一定的裂解原料而言，炔烃的含量随裂解深度的提高而增加。在相同裂解深度下，高温短停留时间的操作条件将生成更多的炔烃。

裂解深度：裂解深度是指裂解反应进行的程度。

(2) 炔烃的危害 少量乙炔、丙炔和丙二烯的存在严重地影响乙烯、丙烯的质量。乙炔的存在还将影响合成催化剂的寿命，恶化乙烯聚合物性能，若积累过多还具有爆炸的危险。丙炔和丙二烯的存在，将影响丙烯聚合反应的顺利进行。

(3) 脱除的方法 在裂解气分离过程中，裂解气中的乙炔将富集于 C_2 馏分中，丙炔和丙二烯将富集于 C_3 馏分中。乙炔的脱除方法主要有溶剂吸收法和催化加氢法，溶剂法是采用特定的溶剂，选择性地将裂解气中少量的乙炔、丙炔和丙二烯吸收到溶剂中，达到净化的目的，同时也相应回收一定量的乙炔。催化加氢法是将裂解气中的乙炔加氢成为乙烯。这两种方法各有优缺点，一般在不需要回收乙炔时，都采用催化加氢法脱除乙炔；丙炔和丙二烯的脱除方法主要是催化加氢法，此外一些装置也曾采用精馏法脱除丙烯产品中的炔烃。

① 催化加氢除炔的反应原理。选择性催化加氢法是在催化剂的存在下，炔烃加氢变成烯烃。它的优点是不会给裂解气和烯烃馏分带入任何新的杂质，工艺操作简单，又能将有害的炔烃变成产品烯烃。

动画扫一扫

M4-8 乙炔加氢脱除工艺流程

C_2 馏分加氢可能发生如下反应：

主反应：
$$CH \equiv CH + H_2 \longrightarrow CH_2 = CH_2$$

副反应：
$$CH \equiv CH + 2H_2 \longrightarrow CH_3 - CH_3$$
$$CH_2 = CH_2 + H_2 \longrightarrow CH_3 - CH_3$$

乙炔也可能聚合生成二聚物、三聚物等俗称绿油的物质。

C_3 馏分加氢可能发生下列反应：

主反应：
$$CH \equiv C - CH_3 + H_2 \longrightarrow CH_2 = CH - CH_3$$
$$CH_2 = C = CH_2 + H_2 \longrightarrow CH_2 = CH - CH_3$$

副反应：
$$CH_2 = CH - CH_3 + H_2 \longrightarrow CH_3 - CH_2 - CH_3$$
$$nC_3H_4 \longrightarrow (C_3H_4)_n \text{ 低聚物}$$
$$nC_4H_6 \longrightarrow \text{高聚物}$$

生产中希望主反应发生，这样既脱除炔烃，又增加烯烃的收率，而不希望发生或少发生副反应。因为副反应虽除去了炔烃，乙烯或丙烯却受到损失，远不及主反应那样对生产有利。要实现这样的目的，最主要的是催化剂的选择。工业上脱炔多用钯系催化剂，它是一种加氢选择性很强的催化剂，其加氢反应难易顺序为：丁二烯＞乙炔＞丙炔＞丙烯＞乙烯。

② 前加氢与后加氢。用催化加氢法脱除裂解气中的炔烃有前加氢和后加氢两种不同的工艺技术。在脱甲烷塔之前进行加氢脱炔称为前加氢，即氢气和甲烷尚没有分离之前进行加氢除炔。前加氢因氢气未分出就进行加氢，加氢用的氢气是由裂解气中带入的，不需外加氢气，因此，前加氢又叫作自给加氢。在脱甲烷塔之后进行加氢脱炔称为后加氢，即裂解气中所含氢气、甲烷等轻质馏分分出后，再对分离所得到的 C_2 馏分和 C_3 馏分分别进行加氢的

过程，后加氢所需氢气由外部供给。

前加氢由于氢气自给，故流程简单，能量消耗低，但前加氢也有不足之处：

一是加氢过程中乙炔浓度很低，氢分压较高，因此，加氢选择性较差，乙烯损失量多；同时副反应的剧烈发生，不仅造成乙烯、丙烯加氢遭受损失，而且可能导致反应温度的失控，乃至导致催化剂床层温度飞速上升；

二是当原料中乙炔、丙炔、丙二烯共存时，当乙炔脱除到合格指标时，丙炔、丙二烯却达不到要求的脱除指标；

三是在顺序分离流程中，裂解气的所有组分均进入加氢除炔反应器，丁二烯未分出，导致丁二烯损失量较高，此外裂解气中较重组分的存在，对加氢催化剂性能有较大的影响，使催化剂寿命缩短。

后加氢是对裂解气分离得到的 C_2 馏分和 C_3 馏分，分别进行催化选择加氢，将 C_2 馏分中的乙炔、C_3 馏分中的丙炔和丙二烯脱除，其优点有：

一是在脱甲烷塔之后进行，氢气已分出，加氢所用氢气按比例加入，加氢选择性高，乙烯几乎没有损失；

二是加氢产品质量稳定，加氢原料中所含乙炔、丙炔和丙二烯的脱除均能达到指标要求；

三是加氢原料气体中杂质少，催化剂使用周期长，产品纯度高。

但后加氢属外加氢操作，通入的本装置所产氢气中常含有甲烷。为了保证乙烯的纯度，加氢后还需要将氢气带入的甲烷和剩余的氢脱除，因此，需设第二脱甲烷塔，导致流程复杂，设备费用高。

所以前加氢与后加氢各有其优缺点，目前更多厂家采用后加氢方案，但前脱乙烷分离流程和前脱丙烷分离流程配上前加氢脱炔工艺技术，经济指标也较好。

4. 脱一氧化碳（甲烷化）

（1）CO 的来源　裂解气中的一氧化碳是在裂解过程中由如下反应生成的：

焦炭与稀释水蒸气反应：　$C+H_2O \longrightarrow CO+H_2$

烃类与稀释水蒸气反应：　$CH_4+H_2O \longrightarrow CO+3H_2$

$$C_2H_6+2H_2O \longrightarrow 2CO+5H_2$$

（2）CO 的危害　经裂解气低温分离，一氧化碳部分富集于甲烷馏分中，另一部分富集于富氢馏分中。裂解气中少量的 CO 带入富氢馏分中，会使加氢催化剂中毒。另外，随着烯烃聚合高效催化剂的发展，对乙烯和丙烯的 CO 含量的要求也越来越高。因此，脱除富氢馏分中的 CO 是十分必要的。

（3）脱除的方法　乙烯装置中采用的脱除 CO 的方法是甲烷化法，甲烷化法是在催化剂存在的条件下，使裂解气中的一氧化碳催化加氢生成甲烷和水，从而达到脱除 CO 的目的。其主反应方程为：

$$CO+H_2 \longrightarrow CH_4+H_2O$$

该反应是强放热反应，从热力学上考虑，温度稍低对化学平衡有利。但温度低，反应速率慢。采用催化剂可以解决二者之间的矛盾，一般采用镍系催化剂。

催化剂中毒（catalyst poisoning）：反应原料中含有的微量杂质使催化剂的活性、选择性明显下降或丧失的现象。

四、裂解气的深冷分离

1. 深冷分离的任务

裂解气经压缩、制冷和净化过程为深冷分离创造了条件（高压、低温、净化）。深冷分离的任务就是根据裂解气中各低碳烃相对挥发度的不同，用精馏的方法逐一进行分离，最后获得纯度符合要求的乙烯和丙烯产品。

裂解气深冷分离主要的精馏塔如下。

（1）脱甲烷塔　将甲烷、氢与 C_2 馏分及比 C_2 馏分更重的组分进行分离的塔，称为脱甲烷塔，简称脱甲塔。

（2）脱乙烷塔　将 C_2 馏分及比 C_2 馏分更轻的组分与 C_3 馏分及比 C_3 馏分更重的组分进行分离的塔，称为脱乙烷塔，简称脱乙塔。

（3）脱丙烷塔　将 C_3 馏分及比 C_3 馏分更轻的组分与 C_4 馏分及比 C_4 馏分更重的组分进行分离的塔，称为脱丙烷塔，简称脱丙塔。

（4）乙烯精馏塔　将乙烯与乙烷进行分离的塔，称乙烯精馏塔，简称乙烯塔。

（5）丙烯精馏塔　将丙烯与丙烷进行分离的塔，称丙烯精馏塔，简称丙烯塔。

2. 三种深冷分离流程

在实际生产中，各精馏塔在深冷分离中所处的位置取决于本地区、本企业的要求，根据要求的不同可以构成三种分离流程：顺序深冷分离流程、前脱乙烷深冷分离流程和前脱丙烷深冷分离流程。

（1）顺序深冷分离流程　顺序深冷分离流程是按裂解气中各组分摩尔质量增加的顺序进行分离。先分离甲烷-氢，其次是脱乙烷和乙烯-乙烷的分离，接着是脱丙烷和丙烷-丙烯的分离，最后是脱丁烷的分离，塔底得 C_5 馏分。顺序深冷分离流程如图 4-12 所示。

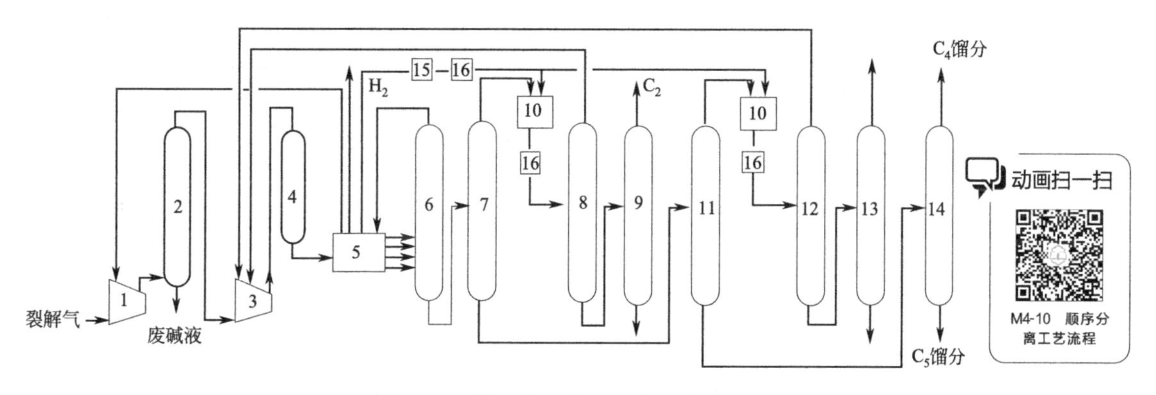

图 4-12　顺序深冷分离工艺流程简图

1—压缩Ⅰ、Ⅱ、Ⅲ段；2—碱洗塔；3—压缩Ⅳ、Ⅴ段；4—干燥器；5—冷箱；6—脱甲烷塔；7—第一脱乙烷塔；8—第二脱甲烷塔；9—乙烯塔；10—加氢反应器；11—脱丙烷塔；12—第二脱乙烷塔；13—丙烯塔；14—脱丁烷塔；15—甲烷化；16—氢气干燥器

（2）前脱乙烷深冷分离流程　前脱乙烷深冷分离流程是以脱乙烷塔为界限，将物料分成两部分。一部分是轻馏分，即甲烷、氢、乙烷和乙烯等组分；另一部分是重组分，即丙烯、丙烷、丁烯、丁烷以及 C_5 馏分以上的烃类。然后再将这两部分各自进行分离，分别获得所需的烃类，如图 4-13 所示。

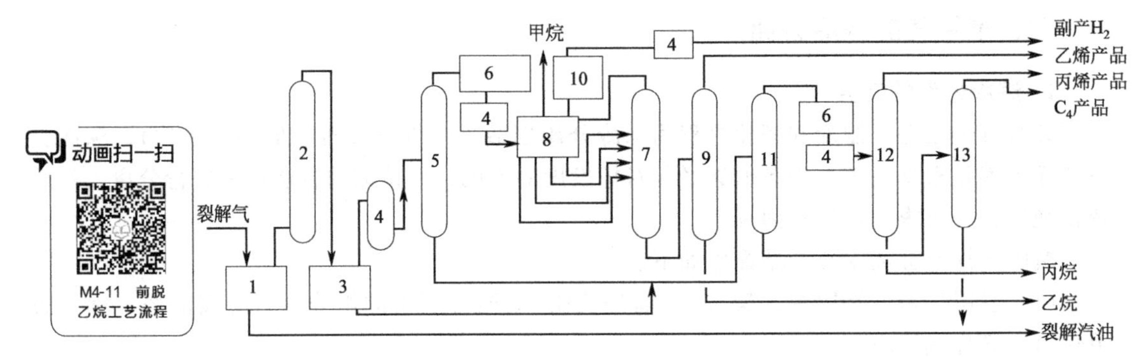

图 4-13 前脱乙烷深冷分离工艺流程

1—Ⅰ、Ⅱ、Ⅲ段压缩；2—碱洗；3—Ⅴ、Ⅵ段压缩；4—干燥；5—脱乙烷塔；6—催化加氢；7—脱甲烷塔；8—冷箱；9—乙烯塔；10—甲烷化；11—脱丙烷塔；12—丙烯塔；13—脱丁烷塔

(3) 前脱丙烷深冷分离流程　前脱丙烷深冷分离流程是以脱丙烷塔为界限，将物料分为两部分。一部分为丙烷及比丙烷更轻的组分；另一部分为 C_4 馏分及比 C_4 馏分更重的组分。然后再将这两部分各自进行分离，获得所需产品。如图 4-14 所示。

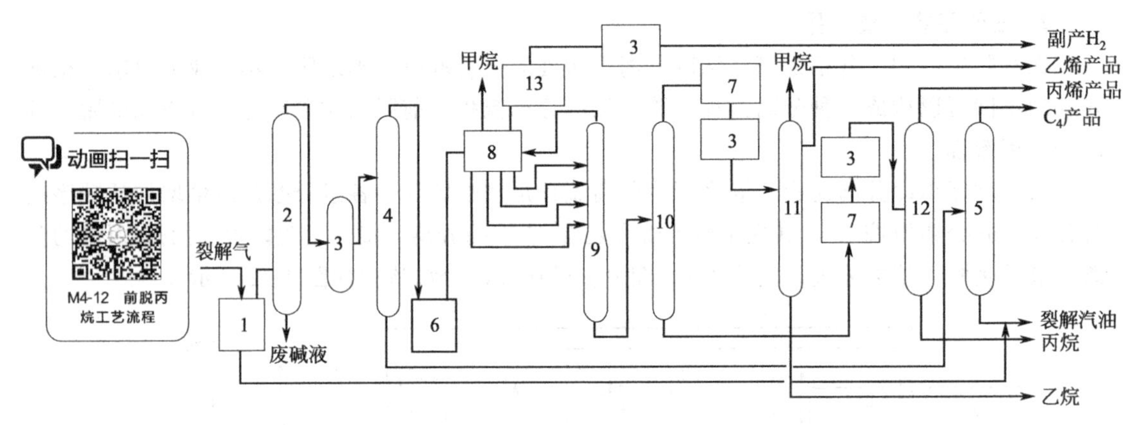

图 4-14 前脱丙烷深冷分离工艺流程图

1—Ⅰ、Ⅱ、Ⅲ段压缩；2—碱洗；3—干燥；4—脱丙烷塔；5—脱丁烷塔；6—Ⅳ段压缩；7—加氢除炔反应；8—冷箱；9—脱甲烷塔；10—脱乙烷塔；11—乙烯塔；12—丙烯塔；13—甲烷化

3. 三种流程的异同点

(1) 都采取了先易后难的分离顺序　先将不同碳原子数的烃分开，再分离同一碳原子数的烯烃和烷烃。因为不同碳原子数的烃的沸点差别较大，而同一碳原子数的烯烃和烷烃的沸点差别较小，所以不同碳原子数的烃就容易分离，而相同碳原子数的烯烃和烷烃较难分离。

(2) 出产品的乙烯塔与丙烯塔并联安排　成品塔为并联安排，都为二元组分的精馏塔。这样物料比较单纯，容易保证产品纯度。并联安排有利于稳定操作，提高产品质量。

(3) 各精馏塔的排列顺序不同　顺序深冷分离流程是按组分碳原子数的顺序排列的，其顺序为：①脱甲烷塔；②脱乙烷塔；③脱丙烷塔，简称为［123］顺序排列；前脱乙烷深冷分离流程的排列顺序为［213］；前脱丙烷深冷分离流程的排列顺序为［312］。

(4) 加氢脱炔的位置不同　顺序深冷分离流程一般采用后加氢，前脱乙烷流程一般采用前加氢。

（5）冷箱的位置不同　在脱甲烷塔系统中为了防止低温设备散冷，减少其与环境接触的表面积，常把节流膨胀阀、高效板式换热器、气液分离器等低温设备，封闭在一个由绝热材料做成的箱子中，此箱称为冷箱。按冷箱在流程中所处的位置，可分为前冷和后冷两种。冷箱在脱甲烷塔之前的称为前冷流程，冷箱在脱甲烷塔之后的称为后冷流程，目前采用前冷流程的较多。

知识拓展　　**石脑油**

石脑油（naphtha）是石油产品之一（图4-15），又称化工轻油，是以原油或其他原料加工生产的用于化工原料的轻质油，主要用作重整原料和化工原料。因用途不同有各种不同的馏程，中国规定石脑油的馏程为初馏点至220℃左右。作为生产芳烃的重整原料时，采用70～145℃馏分，称轻石脑油；当以生产高辛烷值汽油为目的时，采用70～180℃馏分，称重石脑油；用作溶剂时，则称溶剂石脑油；来自煤焦油的芳香族溶剂也称重石脑油或溶剂石脑油。

图4-15　石脑油

第三节　丁二烯的生产

一、概述

国内外丁二烯（图4-16）的来源主要有两种，一种是从乙烯裂解装置副产的混合馏分中抽提得到，另一种是从炼油厂C_4馏分脱氢得到。20世纪60年代之后，以石脑油为原料裂解制乙烯技术的迅速发展，在裂解制得乙烯和丙烯的同时可分离得到副产物C_4馏分，为抽提丁二烯提供价格低廉的原料，经济上占优势，因而成为目前世界上丁二烯的主要来源；而脱氢法只在一些丁烷、丁烯资源丰富的少数几个国家采用。全球乙烯副产丁二烯装置的生产能力约占丁二烯总生产能力的92%，其余8%来自正丁烷和正丁烯的脱氢工艺。

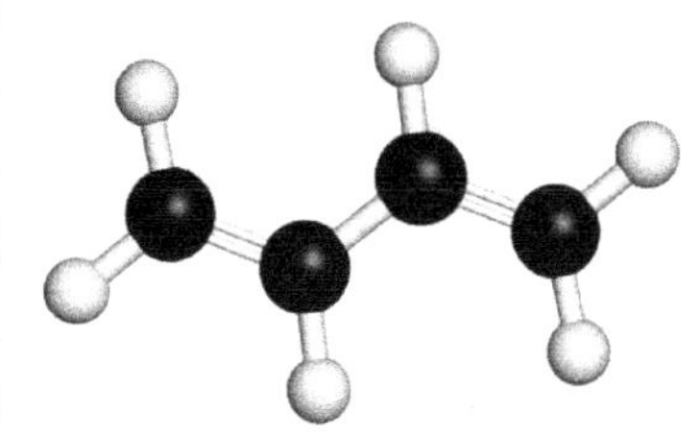
图4-16　丁二烯的球棍模型

1,3-丁二烯是无色气体、有特殊气味的物质，稍溶于水，溶于乙醇、甲醇，易溶于丙酮、乙醚、氯仿等。1,3-丁二烯是制造合成橡胶、合成树脂、尼龙等的原料；制法主要有丁烷和丁烯脱氢，或由碳四馏分分离而得；有麻醉性，特别是对黏膜有刺激性，易液化；与空气形成爆炸性混合物，爆炸极限为2.16%～11.47%（体积）。

【顺丁橡胶生产】

1966年，国家科委、石油部、化工部联合组织顺丁橡胶技术攻关会战，以锦州石油六厂为主要现场，成功开发以丁二烯为原料制顺丁橡胶的工艺，并建成1000吨/年顺丁橡胶的工业装置。1985年，顺丁橡胶生产新技术的研发成果获得1985年度“国家科学技术进步奖特等奖”。

二、萃取精馏的基本原理

C_4 馏分中各组分的沸点极为接近（见表 4-5），有的还能与丁二烯形成共沸物。无论是乙烯裂解装置副产 C_4 馏分还是丁烯氧化脱氢所得的 C_4 馏分，要从其中分离出高纯度的丁二烯，用普通精馏的方法是十分困难的，一般须采用特殊的分离方法。目前工业上广泛采用萃取精馏和普通精馏相结合的方法。

萃取精馏法与一般精馏不同之处，在于萃取精馏是在精馏塔中加入某种选择性溶剂（萃取剂），这种溶剂对精馏系统中的某一组分具有较大的溶解能力，而对其他组分溶解能力较小。这样，使分子间的距离加大，分子间作用力发生改变，被分离组分之间的相对挥发度差值增大，使精馏分离变得容易进行。其结果使易溶的组分随溶剂一起由塔釜排出，未被萃取下来的组分由塔顶逸出，以达到分离的目的。

由表 4-5 和表 4-6 可以看出，未加溶剂之前，顺-2-丁烯、反-2-丁烯等相对挥发度都<1，说明它们都比丁二烯难挥发。但当加入溶剂以后，顺-2-丁烯、反-2-丁烯等相对挥发度却>1，这说明它们比丁二烯更易挥发。这是因为溶剂对丁二烯有选择性溶解能力，从而使丁二烯较难挥发。其他 C_4 烃的相对挥发度也有改变，更利于分离。

表 4-5　C_4 馏分中各组分的沸点和相对挥发度（未加溶剂）

组分	异丁烷	异丁烯	1-丁烯	丁二烯	正丁烷	反-2-丁烯	顺-2-丁烯
沸点/℃	−11.57	−6.74	−6.1	−4.24	−0.34	−0.34	3.88
相对挥发度	1.18	1.030	1.031	1.000	0.886	0.845	0.805

表 4-6　50℃时 C_4 馏分在各溶剂中的相对挥发度［溶剂浓度（无水）100%］

组分	乙腈	二甲基甲酰胺	*N*-甲基吡咯烷酮
丁烯	1.92	2.17	2.38
丁二烯	1.00	1.00	1.00
正丁烷	3.13	3.43	3.66
反-2-丁烯	1.59	2.17	1.90
顺-2-丁烯	1.45	1.76	1.63

三、萃取精馏操作时应注意的问题

萃取精馏的最大特点是加入了萃取剂，而且萃取剂的用量较多，沸点又高，所以在塔内各板上，基本维持一个固定的浓度值，此值即为溶剂的恒定浓度，一般为 70%～80%。而且要使被萃取组分和萃取剂完全互溶，严防分层，否则会使操作恶化，达不到分离要求。根据这一特点，在进行萃取精馏操作时应注意以下几点。

1. 必须严格控制好溶剂比

溶剂比指溶剂量与加料量之比，通常情况下，溶剂比增大，选择性明显提高，分离容易进行。但是，过大的溶剂比将导致设备与操作费用增加，经济效果差。过小则会破坏正常操作，使其产品不合格。在实际操作中，随溶剂的不同其溶剂比也不同。

2. 考虑溶剂物理性质的影响

溶剂的物理性质对萃取蒸馏过程有很大的影响，如乙腈作溶剂时因沸点低，可在较低温度下操作，降低能量损耗，但塔顶馏出物中溶剂夹带量增加，导致溶剂损耗量上升。溶剂黏度对萃取精馏塔板效率有较大的影响，*N*-甲基吡咯烷酮黏度大作溶剂时板效率低，而乙腈黏度小则板效率大。溶剂的物理性质见表4-7。

表 4-7　三种溶剂的常用物理性质

指标	乙腈	二甲基甲酰胺	*N*-甲基吡咯烷酮
分子量	41.0	73.1	99.1
沸点/℃	81.6	152.7	202.4
20℃时的密度/(g/m^3)	0.7830	0.9439	1.0270
25℃时的黏度/(mPa·s)	0.35	0.80	1.65

(1) 乙腈　乙腈又名甲基氰，无色液体，极易挥发，有类似于醚的特殊气味，有优良的溶剂性能，能溶解多种有机、无机和气体物质；有一定毒性，与水和醇无限互溶。常用于乙烯基涂料，也用作脂肪酸的萃取剂、酒精变性剂、丁二烯萃取剂和丙烯腈合成纤维的溶剂，在织物染色、照明、香料制造和感光材料制造中也有许多用途。

(2) 二甲基甲酰胺　二甲基甲酰胺（DMF）是一种透明液体，能和水及大部分有机溶剂互溶。它是化学反应的常用溶剂。纯二甲基甲酰胺是有特殊臭味，工业级或变质的二甲基甲酰胺则有鱼腥味，因其含有二甲基胺的不纯物。

(3) *N*-甲基吡咯烷酮（*N*-methylpyrrolidone）　也称1-甲基2-吡咯烷酮，简称NMP。*N*-甲基吡咯烷酮是无色至淡黄色透明液体，是一种极性的非质子传递溶剂，沸点高、极性强、黏度低、溶解能力强、无腐蚀、毒性小、生物降解能力强、挥发度低、化学稳定性、热稳定性优良，主要应用于石油化工、塑料工业、药品、农药、染料以及锂离子电池制造业等许多行业，与水、乙醇、乙醚、丙酮、乙酸乙酯、氯仿、苯等多数有机溶剂混溶。

3. 选择合适的溶剂进塔温度

在萃取精馏操作过程中，由于溶剂量很大，所以溶剂的进料温度的微小变化对分离效果都有很大的影响。溶剂进料温度主要影响塔内每层塔板上的各组分的浓度和气液相平衡。若萃取温度低，会使塔内回流量增加，反而会使“恒定浓度”降低，不利于分离正常进行，导致塔釜产品不合格；如果溶剂温度过高，使塔底溶剂损失量增加，塔顶产品不合格。生产中温度一般比塔顶温度高3～5℃。

4. 调节溶剂含水量

溶剂中加入适量的水可提高组分间的相对挥发度，使溶剂选择性大大提高。另外，含水溶剂可降低溶液的沸点，使操作温度降低，减少蒸汽消耗，避免二烯烃自聚。但是，随着溶剂中含水量不断增加，烃类在溶剂中的溶解度降低。为避免萃取精馏塔内出现分层现象，则需要提高溶剂比，从而增加了蒸汽和动力消耗。在工业生产中，以乙腈为溶剂，加水量以8%～12%为宜。由于二甲酰胺受热易发生水解反应，因此不易操作。

5. 维持适宜的回流比

这一点不同于普通精馏，萃取精馏塔的回流比一般非常接近最小回流比，操作过程一定要仔细地控制、精心地调节。回流比过大不会提高产品质量，反而会降低产品质量。因为增加回流量就直接降低了每层塔板上溶剂的浓度，不利于萃取精馏操作，使分离变得困难。

回流比R：精馏操作中，由精馏塔塔顶返回塔内的回流液流量L与塔顶产品流量D的比值，即$R=L/D$。回流比的大小，对精馏过程的分离效果和经济性有着重要的影响。

四、工艺流程

从乙烯裂解装置副产的混合C_4馏分中抽提生产丁二烯，根据所用溶剂的不同，该生产方法又可分为乙腈法（ACN 法）、二甲基甲酰胺法（DMF 法）和 *N*-甲基吡咯烷酮法（NMP 法）三种。

1. 乙腈法

乙腈法最早由美国 Shell 公司开发成功，并于 1956 年实现工业化生产。它以含水 10% 的乙腈（ACN）为溶剂，由萃取、闪蒸、压缩、高压解吸、低压解吸和溶剂回收等工艺单元组成。目前，该方法以意大利 SIR 工艺和日本 JSR 工艺为代表。

意大利 SIR 工艺以含水 5%的 ACN 为溶剂，采用 5 塔流程（氨洗塔、第一萃取精馏塔、第二萃取精馏塔、脱轻塔和脱重塔）。

日本 JSR 工艺以含水 10%的 ACN 为溶剂，采用两段萃取蒸馏，第一萃取蒸馏塔由两塔串联而成。

我国于 1971 年 5 月由中国石油兰州分公司合成橡胶厂自行开发的乙腈法 C_4 抽提丁二烯装置试车成功。该装置采用两级萃取精馏的方法，一级是将丁烷、丁烯与丁二烯进行分离，二级是将丁二烯与炔烃进行分离。其工艺流程见图 4-17 所示。

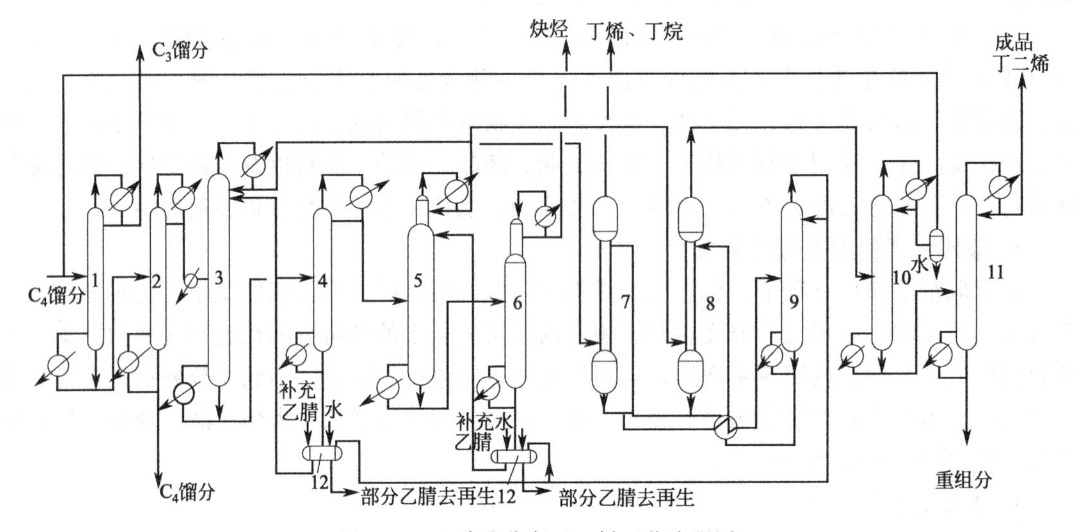

图 4-17　乙腈法分离丁二烯工艺流程图

1—脱 C_3 塔；2—脱 C_5 塔；3—丁二烯萃取精馏塔；4—丁二烯蒸出塔；5—炔烃萃取精馏塔；
6—炔烃蒸出塔；7—丁烷、丁烯水洗塔；8—丁二烯水洗塔；9—乙腈回收塔；
10—脱轻组分塔；11—脱重组分塔；12—乙腈中间储槽

由裂解气分离工序送来的 C_4 馏分首先送进脱 C_3 塔 1、脱 C_5 塔 2，分别脱除 C_3 馏分和 C_5 馏分，得到精制的 C_4 馏分。精制后的 C_4 馏分，经预热汽化后进入丁二烯萃取精馏塔 3。丁二烯萃取精馏塔分为两段，共 120 块塔板，塔顶压力为 0.45MPa，塔顶温度为 46°C，塔釜温度为 114℃。C_4 馏分由塔中部进入，乙腈由塔顶加入，经萃取精馏分离后，塔顶蒸出的丁烷、丁烯馏分进入丁烷、丁烯水洗塔 7 水洗，塔釜排出的含丁二烯及少量炔烃的乙腈溶液，进入丁二烯蒸出塔 4。在塔 4 中塔釜排出的乙腈经冷却后供丁二烯萃取精馏塔循环使用，丁二烯、炔烃从乙腈中蒸出去塔顶，并送进炔烃萃取精馏塔 5。经萃取精馏后，塔顶丁二烯送入丁二烯水洗塔 8，塔釜排出的乙腈与炔烃一起送入炔烃蒸出塔 6。为防止乙烯基乙炔爆炸，炔烃蒸出塔 6 塔顶的炔烃馏分必须间断地或连续地用丁烷、丁烯馏分进行稀

释，使乙烯基乙炔的含量低于30%（摩尔），炔烃蒸出塔釜排出的乙腈返回炔烃蒸出塔循环使用，塔顶排放的炔烃送出用作燃料。

在塔8中经水洗脱除丁二烯中微量的乙腈后，塔顶的丁二烯送脱轻组分塔10。在塔10中塔顶脱除丙炔和少量水分，为保证丙炔含量不超标，塔顶产品丙炔允许伴随60%左右的丁二烯，塔釜丁二烯中的丙炔小于5μg/g，水分小于10μg/g。对脱轻组分塔来说，当釜压为0.45MPa、温度为50℃左右时，回流量为进料量的1.5倍，塔板为60块左右，即可保证塔釜产品质量。

脱除轻组分的丁二烯送入脱重组分塔11，脱除顺-2-丁烯、1，2-丁二烯、2-丁炔、二聚物、乙腈及C_5馏分等重组分。其塔釜丁二烯含量不超过5%（质量），塔顶蒸气经过冷凝后即为成品丁二烯。成品丁二烯纯度为99.6%（体积）以上，乙腈含量小于10μL/L，总炔烃小于50μL/L。为了保证丁二烯的质量要求，脱重组分塔采用85块塔板，回流比为4.5，塔顶压力为0.4MPa左右。

丁烷、丁烯水洗塔7和丁二烯水洗塔8中，均用水作萃取剂，分别将丁烷、丁烯及丁二烯中夹带的少量乙腈萃取下来送往乙腈回收塔9，塔顶蒸出乙腈与水的共沸物，返回萃取精馏塔系统，塔釜排出的水经冷却后，送水洗塔循环使用。另外，部分乙腈送去净化再生，以除去其中所积累的杂质，如盐、二聚物和多聚物等。

采用ACN法生产丁二烯的特点：

① 沸点低，萃取、汽提操作温度低，易防止丁二烯自聚；

② 汽提可在高压下操作，省去了丁二烯气体压缩机，减少了投资；

③ 黏度低，塔板效率高，实际塔板数少；

④ 毒性微弱，在操作条件下对碳钢腐蚀性小；

⑤ 丁二烯分别与正丁烷、丁二烯二聚物等形成共沸物，溶剂精制过程复杂，操作费用高；

⑥ 蒸气压高，随尾气排出的溶剂损失大；

⑦ 用于回收溶剂的水洗塔较多，相对流程长。

顺-2-丁烯：分子式为C_4H_8是一种含有4个碳原子的烯烃，常温常压下为无色气体；能溶于有机溶剂，不溶于水；用于制丁二烯、汽油及其他化学品等。

二聚物：二聚物表示相同或同一种类的物质，以成双的形态出现，可能具有单一状态时没有的性质或功能。

2. 二甲基甲酰胺法

二甲基甲酰胺法（DMF法）又名GPB法，由日本瑞翁公司于1965年实现工业化生产，并建成一套45kt/a的生产装置。1976年中国石化燕山分公司首次从日本瑞翁公司引进DMF法生产技术，建设了以DMF为溶剂的4.5×10^4t/a的丁二烯生产装置。该工艺采用二级萃取精馏和二级普通精馏相结合的流程，包括丁二烯萃取精馏、炔烃萃取精馏、普遍精馏和溶剂净化四部分。其工艺流程如图4-18所示。

原料C_4馏分汽化后进入第一萃取精馏塔1的中部，二甲基甲酰胺则由塔顶部第七或第八板加入，其加入量约为C_4馏分进料量的7倍。第一萃取精馏塔塔顶丁烯、丁烷馏分直接送出装置，塔釜含丁二烯、炔烃的二甲基甲酰胺进入第一解吸塔2。解吸塔釜的二甲基甲酰胺溶剂，经废热利用后循环使用。丁二烯、炔烃由塔顶解吸出来经丁二烯压缩机8加压后，进入第二萃取精馏塔3，由第二萃取精馏塔塔顶获得丁二烯馏分，塔釜含乙烯基乙炔、丁炔的二甲基甲酰胺进入丁二烯回收塔4。为了减少丁二烯损失，由丁二烯回收塔塔顶采出含丁二烯多的炔烃馏分，以气相返回丁二烯压缩机，塔底含炔烃较多的二甲基甲酰胺溶液进入第

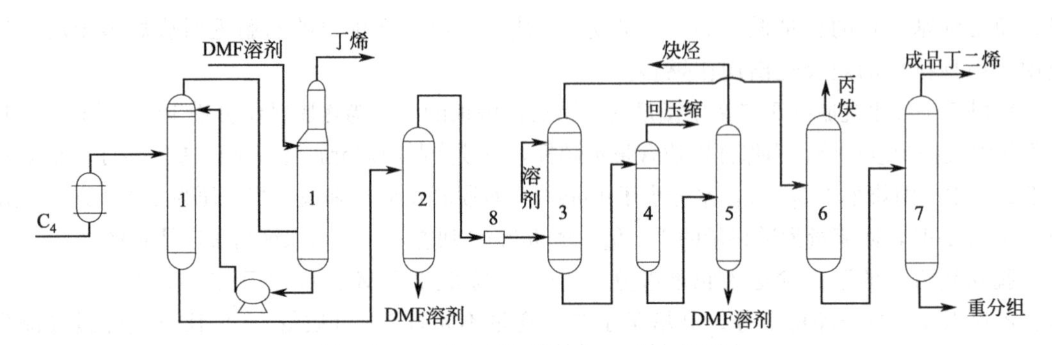

图 4-18　二甲基甲酰胺抽提丁二烯流程图

1—第一萃取精熘塔；2—第一解吸塔；3—第二萃取精馏塔；4—丁二烯回收塔；
5—第二解吸塔；6—脱轻组分塔；7—脱重组分塔；8—丁二烯压缩机

二解吸塔 5。炔烃由第二解吸塔塔顶采出，可直接送出装置，塔釜二甲基甲酰胺溶液经废热利用后循环使用，由第二萃取精馏塔塔顶送来的丁二烯馏分进入脱轻组分塔 6，用普通精馏的方法由塔顶脱除丙炔，塔釜液进脱重组分塔 7。在脱重组分塔中，塔顶获得成品丁二烯，塔釜采出重组分，主要组分是顺-2-丁烯、乙烯基乙炔、丁炔、1,2-丁二烯以及二聚物、C_5 馏分等，其中丁二烯含量小于 2%，一般作为燃料。

为除去循环溶剂中的丁二烯二聚物，将待再生的二甲基甲酰胺抽出 0.5%，送入溶剂精制塔，塔顶除去二聚物等轻组分，塔釜得到净化后的再生溶剂（图中未画出）。

DMF 法工艺的特点：

① 对原料中 C_4 组分的适应性强，丁二烯含量在 15%～60%范围内都可生产出合格的丁二烯产品；

② 生产能力大，成本低，工艺成熟，安全性好、节能效果较好，产品、副产品回收率高达 97%；

③ 由于 DMF 对丁二烯的溶解能力及选择性比其他溶剂高，所以循环溶剂量较小，溶剂消耗量低；

④ 无水 DMF 可与任何比例的 C_4 馏分互溶，因而避免了萃取塔中的分层现象；

⑤ DMF 与任何 C_4 馏分都不会形成共沸物，有利于烃和溶剂的分离，由于其沸点较高，溶剂损失小；

⑥ 热稳定性和化学稳定性良好；

⑦ 由于其沸点高，萃取塔及解吸塔的操作温度都较高，易引起双烯烃和炔烃的聚合；

⑧ 无水情况下对碳钢无腐蚀性，但在水分存在下会分解生成甲酸和二甲胺，因而有一定的腐蚀性。

3. *N*-甲基吡咯烷酮法

N-甲基吡咯烷酮法（NMP 法）由德国 BASF 公司开发成功，并于 1968 年实现工业化生产，建成一套 75kt/a 生产装置。我国于 1994 年由新疆独山子引进了第一套装置。其生产工艺主要包括萃取蒸馏、脱气和蒸馏以及溶剂再生工序。

NMP 法从 C_4 馏分中分离丁二烯的基本流程与 DMF 法相同。其不同之处在于溶剂中含有 5%～10%的水，使其沸点降低，有利于防止自聚反应，具体流程如图 4-19 所示。原料中 C_4 馏分经塔 1 脱 C_5 组分后，进行加热汽化，进入第一萃取精馏塔 3，由塔上部加入含水 NMP 溶剂进行萃取精馏，丁烷、丁烯由塔顶采出，直接送出装置，塔釜的丁烯、丁二烯、炔烃、溶剂进入丁烯解吸塔4。在塔4中塔顶解吸后的气体主要含有丁烯、丁二烯，返回塔3；中部侧线气相采出丁二烯、炔烃馏分送入第二萃取精馏塔5，塔釜为含炔烃、丁二烯的溶剂，送入脱气塔6。塔5上部加入溶剂进行萃取精馏，粗丁二烯由塔顶部采出送入丁二烯精馏塔8，塔釜的炔烃和溶剂返回塔4。脱气塔6顶部采出的丁二烯经压缩机9压缩后返回塔4，中部的侧线采出经水洗塔7回收溶剂后，送到火炬系统，塔釜回收的溶剂再返回塔3和塔5循环使用。在丁二烯精馏塔8中，塔顶分出丙炔，塔釜采出重组分，产品丁二烯由塔下部侧线采出。

NMP法工艺的特点：

① 溶剂性能优良，毒性低，可生物降解，腐蚀性低；

② 原料范围较广，可得到高质量的丁二烯，产品纯度可达99.7%～99.9%；

③ C_4炔烃无须加氢处理，流程简单，投资低，操作方便，经济效益高；

④ NMP法所用溶剂具有优良的选择性和溶解能力，沸点高、蒸气压低，因而运转中溶剂损失小；

⑤ 热稳定性和化学稳定性极好，即使发生微量水解，其产物也无腐蚀性，因此，装置可全部采用普通碳钢。

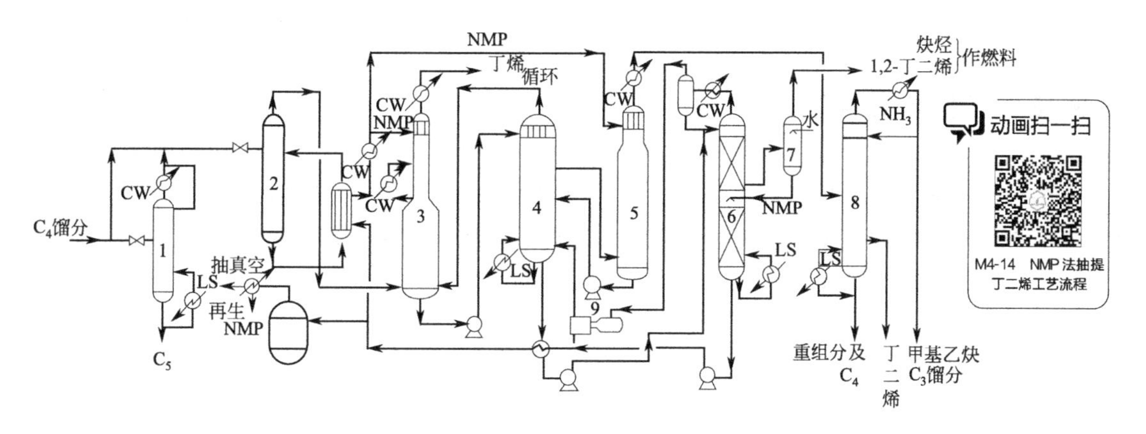

图4-19　NMP法丁二烯抽提装置工艺流程

1—脱C_5塔；2—汽化塔；3—第一萃取精馏塔；4—解吸塔；5—第二萃取精熘塔；6—脱气塔；7—水洗塔；8—丁二烯精馏塔；9—压缩机；CW—冷却水；LS—低压水蒸气

知识拓展　爆炸极限及萃取

1. 爆炸极限

可燃物质（可燃气体、蒸气和粉尘）与空气（或氧气）必须在一定的浓度范围内均匀混合，形成预混气，遇着火源才会发生爆炸，这个浓度范围称为爆炸极限，或者是爆炸浓度极限。

2. 萃取

萃取又称溶剂萃取或液液萃取，亦称抽提，是利用系统中组分在溶剂中有不同的溶解度来分离混合物的单元操作。即利用物质在两种互不相溶（或微溶）的溶剂中溶解度或分配系数的不同，使溶质物质从一种溶剂内转移到另外一种溶剂中的方法，广泛应用于化学、冶金、食品等工业，通用于石油炼制工业。

第四节 石油芳烃的生产

一、概述

芳烃尤其是苯、甲苯、二甲苯等轻质芳烃是仅次于烯烃的石油化工的重要基础产品。芳烃最初完全来源于煤焦油，进入20世纪70年代以后，全世界几乎95%以上的芳烃都来自石油，品质优良的石油芳烃已成为芳烃的主要资源。

石油芳烃的来源主要有两种生产技术。一是石脑油催化重整法，其液体产物重整油依原料和重整催化剂的不同，芳烃含量一般可达50%～80%（质量）；二是裂解汽油加氢法，即从石油烃热裂解装置的副产裂解汽油中回收芳烃，随裂解原料和裂解深度不同，芳烃一般可达40%～80%（质量）。

自1949年世界第一套铂催化重整装置投产以来，催化重整工艺已经历了70余年的发展。由于全球环保法规日益严格、高辛烷值汽油和芳烃需求不断增加，以及喷气燃料、柴油、汽油等加氢工艺的发展需要廉价氢源，催化重整工艺仍然是炼油工业中的主要加工工艺之一。

【芳烃生产技术突破】

2016年“高效环保芳烃成套技术开发及应用”项目被授予国家科技进步特等奖，中国成为第三个全面掌握该技术的国家。该项目围绕芳烃核心技术开展科研攻关，尤其在PX吸附分离技术上取得突破。其高性能PX吸附剂制备技术是关键，含高吸附量分子筛合成方法、吸附剂成型工程技术、吸附剂后处理技术等。

二、催化重整法

催化重整是以C_6～C_{11}石脑油为原料，在一定的操作条件和催化剂的作用下，使轻质原料油（石脑油）的烃类分子结构重新排列整合，变成富含芳烃的高辛烷值汽油（重整汽油），并副产液化石油气和氢气的过程。

2012年我国催化重整总能力超过45Mt/a，成为仅次于美国，拥有世界第二大催化重整生产能力的国家。

辛烷值：辛烷值是交通工具所使用的燃料（多指汽油）抵抗震爆的指标。汽油内有多种碳氢化合物，其中正庚烷在高温和高压下较容易引发自燃，造成震爆现象，降低引擎效率，更可能导致气缸壁过热甚至活塞损裂。

高辛烷值燃料：高辛烷值燃料是一种具有高抗爆性的燃料，系含有高辛烷值的烃类（如异构烷烃和芳香烃）或加有抗爆剂、抗爆组分（如四乙基铅、甲基叔丁基醚等）的燃料，如高辛烷值汽油等。

（一）催化重整的反应原理

重整原料在催化重整条件下的化学反应主要以下几种。

1. 芳构化反应

（1）六元环烷烃脱氢反应　这类反应的特点是吸热、体积增大、生成苯并产生氢气、可逆反应，它是重整过程生成芳烃的主要反应。

$$\rightleftharpoons \quad +3H_2$$

$$-CH_3 \rightleftharpoons -CH_3 \quad +3H_2$$

$$CH_3,\ -CH_3 \rightleftharpoons CH_3,\ -CH_3 \quad +3H_2$$

（2）五元环烷烃异构脱氢反应　这类反应也是吸热、体积增大、生成芳烃并产生氢气的可逆反应。它的反应速率较快，但稍慢于六元环烷烃脱氢反应，仍是生成芳烃的主要反应。

$$-CH_3 \rightleftharpoons \quad \rightleftharpoons \quad +3H_2$$

$$CH_3,\ CH_3 \rightleftharpoons -CH_3 \rightleftharpoons -CH_3 \quad +3H_2$$

五元环烷烃在直馏重整原料的环烷烃中占有很大的比例，因此在重整反应中，将大于 C_6 的五元环烷烃转化为芳烃是仅次于六元环烷烃转化为芳烃的重要途径。

（3）烷烃的环化脱氢反应　这类反应也有吸热和体积增大等特点。在催化重整反应中，由于烷烃环化脱氢反应可生成芳烃，所以它是增加芳烃收率的最显著的反应。但其反应速率较慢，故要求有较高的反应温度和较低的空速等苛刻条件。

$$n\text{-}C_6H_{14} \xrightleftharpoons{-H_2} \quad \rightleftharpoons \quad +3H_2$$

$$n\text{-}C_7H_{16} \xrightleftharpoons{-H_2} -CH_3 \rightleftharpoons -CH_3 \quad +3H_2$$

$$i\text{-}C_8H_{18} \rightleftharpoons CH_3-\ -CH_3 \quad +4H_2$$

$$i\text{-}C_8H_{18} \rightleftharpoons -CH_3,\ -CH_3 \quad +4H_2$$

$$i\text{-}C_8H_{18} \rightleftharpoons CH_3-\ -CH_3 \quad +4H_2$$

2. 异构化反应

异构化反应也称异构化，指某种化学物质在特定条件下改变自身的组成结构，从而成为新物质的反应。产物通常是反应物的异构体。许多异构体的键能相差不大，因此在常温下可相互转化。

各种烃类在重整催化剂的活性表面上都能发生异构化反应。例如：

$$n\text{-}C_7H_{16} \longrightarrow i\text{-}C_7H_{16}$$

$$-CH_3 \rightleftharpoons$$

$$CH_3-\ -CH_3 \rightleftharpoons -CH_3,\ -CH_3$$

正构烷烃的异构化反应有反应速率较快、轻度热量放出的特点，它不能直接生成芳烃和氢气，但正构烷烃反应后生成的异构烷烃易于环化脱氢生成芳烃。所以，只要控制适宜的反应条件，异构化反应也是十分重要的。五元环烷烃异构为六元环烷烃更易于脱氢生成芳烃，有利于提高芳轻的收率。

3. 加氢裂化反应

在催化重整条件下，各种烃类都能发生加氢裂化反应，并可以认为是加氢、裂化和异构化三者同时发生的反应。例如：

$$\text{(环戊基)}-CH_3 + H_2 \longrightarrow CH_3-CH_2-CH_2-\underset{\displaystyle CH_3}{\underset{|}{CH}}-CH_3$$

$$\text{(苯基)}-\underset{\displaystyle CH_3}{\underset{|}{CH}}-CH_3 + H_2 \longrightarrow \text{(苯)} + C_3H_8$$

这类反应是不可逆的放热反应，对生成芳烃不利，过多会使液体产率下降。

4. 缩合生焦反应

烃类还可以发生叠合和缩合等分子增大的反应，最终缩合成焦炭覆盖在催化剂表面使其失活。在生产中必须抑制这类反应，工业上采用循环氢保护，一方面使容易缩合的烯烃饱和，另一方面抑制芳烃深度脱氢。

从上述的化学反应可知，催化重整反应主要有两大类：脱氢（芳构化）反应和裂化、异构化反应。这就要求重整催化剂应兼备两种催化功能，既能促进环烷烃和烷烃的脱氢（芳构化）反应，又能促进环烷烃和烷烃的异构化反应，是一种双功能催化剂。现代重整催化剂由三部分组成：活性组分（如铂、钯、铱、铑）、助催化剂（如铼、锡）和酸性载体（如含卤素的 γ-Al_2O_3）。其中，铂构成活性中心，促进脱氢、加氢反应；而酸性载体提供酸性中心，促进裂化、异构化等反应。同时重整催化剂的两种功能必须适当地配合才能得到满意的结果。如果只是脱氢活性很强，则只能加速六元环烷烃的脱氢反应，而对于五元环烷烃和烷烃的异构化则反应不足，不能达到提高芳烃产率的目的。反之如果只是酸性功能很强，就会有过度的加氢裂化，使液体产物的收率下降，五元环烷烃和烷烃转化为芳烃的选择性下降，同样也不能达到预期的目的。因此，在制备重整催化剂和生产操作中都要考虑催化剂两种功能的配合问题。

（二）催化重整的生产过程

按照对目的产品的不同要求，工业催化重整装置分为以生产芳烃为主的化工型、以生产高辛烷值汽油为主的燃料型和包括副产氢气的利用与化工及燃料两种产品兼顾的综合型三种。

化工型常用的加工方案是预处理－催化重整－芳烃抽提－芳烃精馏的联合过程，装置的示意流程见图 4-20 所示。

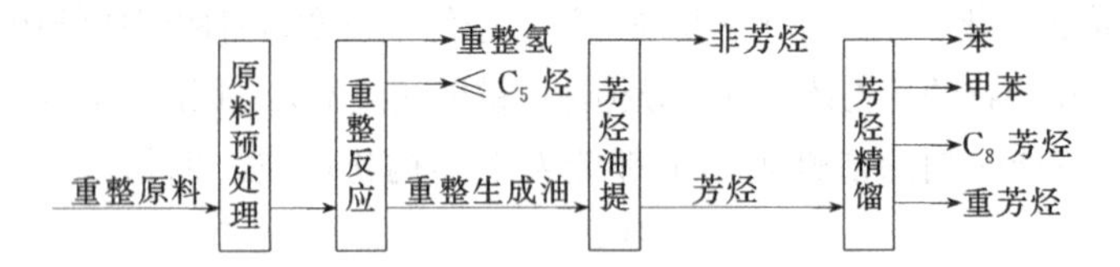

图 4-20　化工型催化重整装置流程示意图

1. 原料的预处理过程

重整原料的预处理由预分馏、预加氢、预脱砷和脱水等单元组成，其典型工艺流程如图 4-21 所示，其目的是切取符合重整要求的馏分和脱除对重整催化剂有害的杂质及水分。

（1）原料预分馏部分　预分馏的作用是切取适宜馏程的重整原料。在重整生产过程以产品芳烃为主时，预分馏塔切取 60～130℃（或 140℃）馏分为重整原料，＜60℃的轻馏分可作为汽油组分或化工原料。

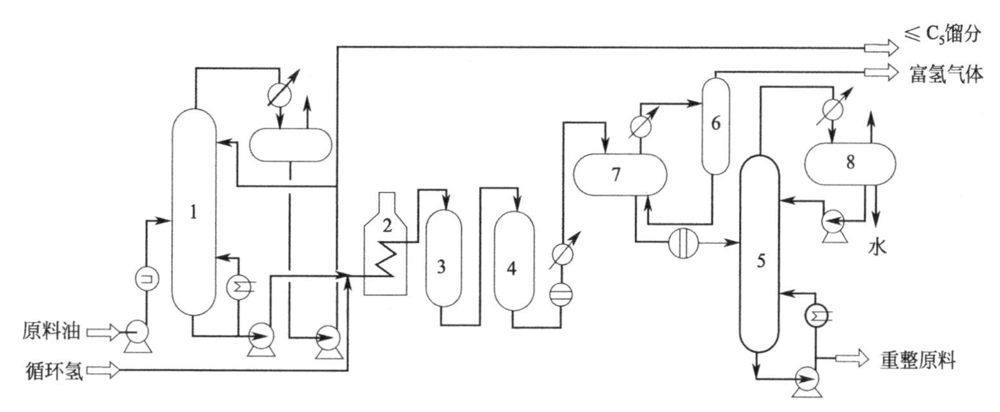

图 4-21　催化重整装置原料预处理部分典型工艺流程图

1—预分馏塔；2—预加氢加热炉；3，4—预加氢反应器；5—脱水塔；
6—气液分离罐；7—高压分离器；8—油水分离器

(2) 预加氢部分　预加氢的目的是脱除原料油中对催化剂有害的杂质，同时也使烯烃饱和以减少催化剂的积炭，从而延长运转周期。

在预加氢条件下，原料中微量的硫、氮、氧等杂元素化合物杂质能进行加氢裂解反应，相应地生成 H_2S、NH_3 及水等而被除去，烯烃则通过加氢变成饱和烃。例如：

$$C_5H_9SH+2H_2 \longrightarrow C_5H_{12}+H_2S$$

$$\text{(噻吩)}+2H_2 \longrightarrow C_4H_{10}+H_2S$$

$$\text{(吡啶)}+5H_2 \longrightarrow C_5H_{12}+NH_3$$

$$\text{(苯酚)}+H_2 \longrightarrow \text{(苯)}+H_2O$$

$$C_7H_{14}+H_2 \longrightarrow C_7H_{16}$$

加氢裂解：在加压条件下，原料油和氢气直接反应，制取富甲烷、乙烷气体的油制气方法。原料油可以是石油原油或其制品或者是煤焦油，如石脑油等。

(3) 预脱砷部分　砷不仅是重整催化剂最严重的毒物，也是各种预加氢精制催化剂的毒物。因此，必须在预加氢前把砷含量降到较低程度。重整反应原料的砷含量要求在 lng/g（纳克/克）以下，如果原料油的含砷量<100ng/g，可不经过单独脱砷，经过预加氢就可符合要求。

砷，俗称砒，是一种类金属元素，单质以灰砷、黑砷和黄砷这三种同素异形体的形式存在。砷元素广泛存在于自然界，共有数百种的砷矿物质已被发现。砷与其化合物被运用在农药、除草剂、杀虫剂与多种合金中。其化合物三氧化二砷被称为砒霜，是一种毒性很强的物质。

2. 重整反应过程

重整反应过程是催化重整装置的核心部分，工业装置广泛采用的反应系统流程可分为两大类：固定床半再生式工艺流程和移动床反应器连续再生式工艺流程。

(1) 固定床半再生式工艺流程　固定床半再生重整的特点是当催化剂运转一定时期后，活性下降而不能继续使用时，需要停工再生，再生后重新开工运转，因此称为半再生重整过程。以生产芳烃为目的的铂铼双金属半再生重整工艺原理流程如图 4-22 所示。经过预处理后的原料油与循环氢混合并经换热、加热后依次进入三个串联的重整反应器。重整反应是强

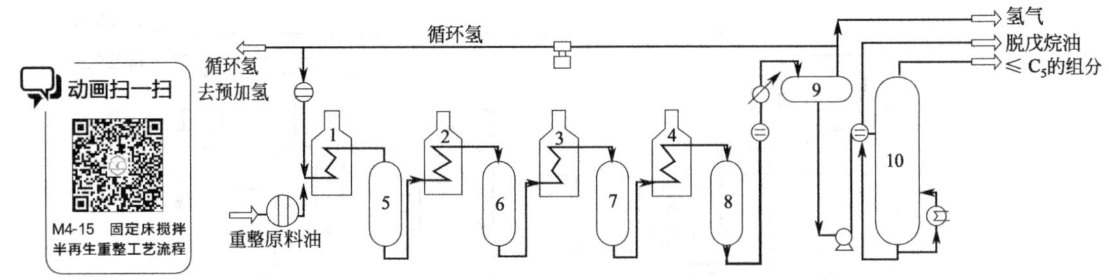

图 4-22　固定床半再生式重整反应过程工艺流程图

1～4—加热炉；5～7—重整反应器；8—后加氢反应器；

9—高压分离器；10—脱戊烷塔

吸热反应，反应时温度下降，因此为得到较高的平衡转化率和保持较快的反应速率，就必须维持合适的反应温度，这就需要在反应过程中不断地补充热量。为此，半再生式装置的固定床重整反应器一般由 3～4 个绝热式反应器串联，反应器之间有加热炉提供热量。

后加氢反应器可使少量生成油中的烯烃饱和，以确保芳烃产品的纯度。后加氢反应产物经冷却后，进入高压分离器进行油气分离，分出的含氢气体一部分用于预加氢汽提，大部分经循环氢气压缩机升压后与重整原料混合循环使用。

重整生成油自高压分离器经换热到 110℃左右进入脱戊烷塔，塔顶蒸出≤C_5 的组分，塔底是含有芳烃的脱戊烷油，可作为抽提芳烃的原料，以进一步生产单体芳烃。

采用固定床重整的反应器，工业上常用的有两种，一是轴向反应器，二是径向反应器。其结构如图 4-23 所示。

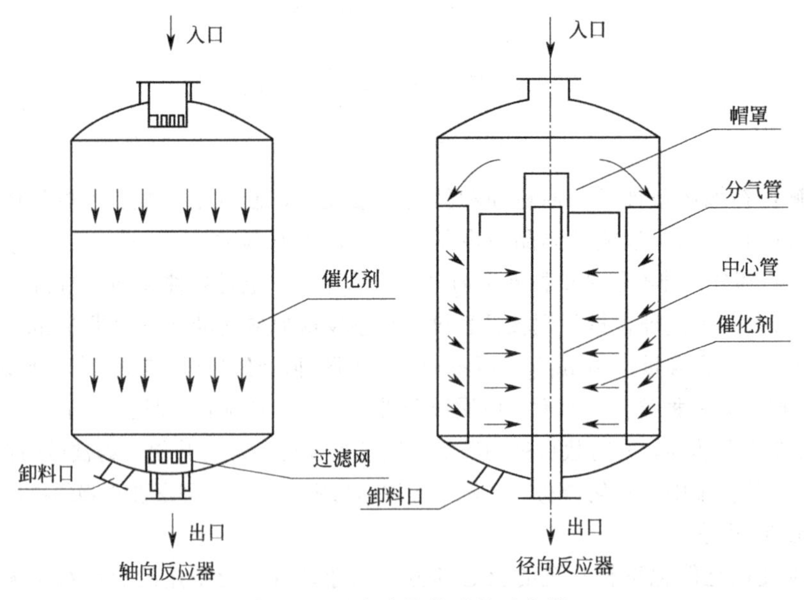

图 4-23　固定床催化重整反应器

与轴向反应器相比，径向反应器的主要特点是气流以较低的流速径向通过催化剂床层，床层压降较低，这一点对于连续重整装置尤为重要。因此，连续重整装置的反应器都采用径向反应器，而且其再生器也采用径向式的。

固定床反应器是指在反应器内装填颗粒状固体催化剂或固体反应物，形成一定高度的堆积床层，气体或液体物料通过颗粒间隙流过静止固定床层的同时，实现非均相反应过程的装置。这类反应器的特点是充填在设备内的固体颗粒固定不动，有别于固体物料在设备内发生运动的移动床和流化床反应器，又称填充床反应器。固定床反应器的分类见图 4-24。

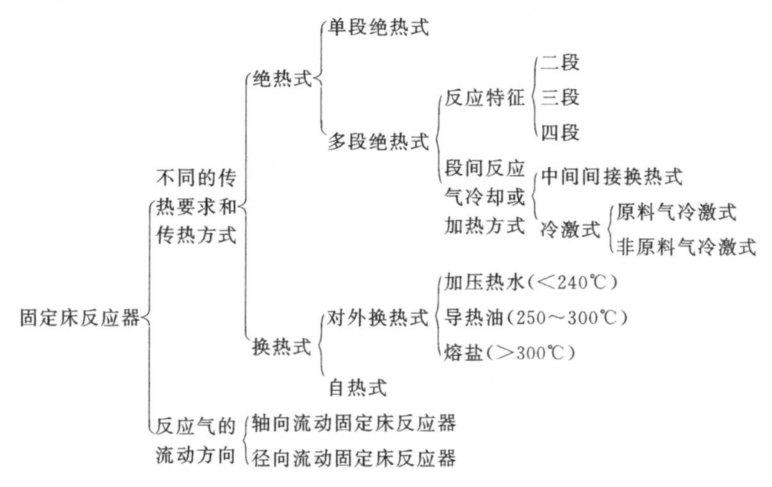

图 4-24　固定床反应器分类

(2) 移动床反应器连续再生式工艺流程　半再生式重整会因催化剂的积炭而停工进行再生，为了能经常保持催化剂的高活性，并且随炼油厂加氢工艺的日益增加，需要连续地供应氢气，UOP 和 IFP 分别研究和发展了移动床反应器连续再生式重整（简称连续重整）工艺。主要特征是设有专门的再生器，反应器和再生器都采用移动床，催化剂在反应器和再生器之间连续不断地进行循环反应和再生。下面以 IFP 连续重整为例，反应系统的流程参见图 3-27。

IFP 连续重整的三个反应器并行排列，称为径向并列式连续重整工艺。催化剂在每两个反应器之间用氢气提升至下一个反应器的顶部，从末段反应器出来的待生催化剂则用氮气提升到再生器的顶部。

连续重整技术是近年来重整技术的重要进展之一。它针对重整反应的特点提供了更为适宜的反应条件，因而取得了较高的芳烃产率和氢气收率，突出的优点是改善了烷烃芳构化反应的条件。但是连续重整的投资比半再生重整装置要大，从总投资来看，一座 60×10^4 t/a 连续重整的总投资比相同规模的半再生重整装置约高出 30%。规模小的装置采用连续重整是不经济的。

3. 芳烃抽提过程

催化重整脱戊烷油和加氢裂解汽油都是芳烃与非芳烃的混合物，所以存在芳烃的分离问题。重整脱戊烷油中组分复杂，很多芳烃和非芳烃的沸点相近。例如，苯的沸点为 80.1℃，环己烷的沸点为 80.74℃，3-甲基丁烷的沸点为 80.88℃，它们之间的沸点相差很小，在工业上很难用精馏的方法从它们的混合物中分离出纯度很高的苯。此外，有些非芳烃组分和芳烃组分形成了共沸混合物，用一般的精馏方法就更难将它们分开了，工业上广泛采用液相抽提的方法分离出其中的混合芳烃。

液相抽提利用某些有机溶剂对芳烃和非芳烃具有不同的溶解能力，即利用各组分在溶剂中溶解度的差异，经逆流连续抽提过程而使芳烃和非芳烃得以分离。在溶剂与重整脱戊烷油混合后生成的两相中，一个是溶剂和溶于溶剂的芳烃，称为提取液，另一个是在溶剂中具有极小溶解能力的非芳烃，称为提余液。将两相液层分开后，再用汽提的方法将溶剂和溶解在溶剂中的芳烃分开，以获得芳烃混合物。抽提部分的流程如图 4-25 所示。

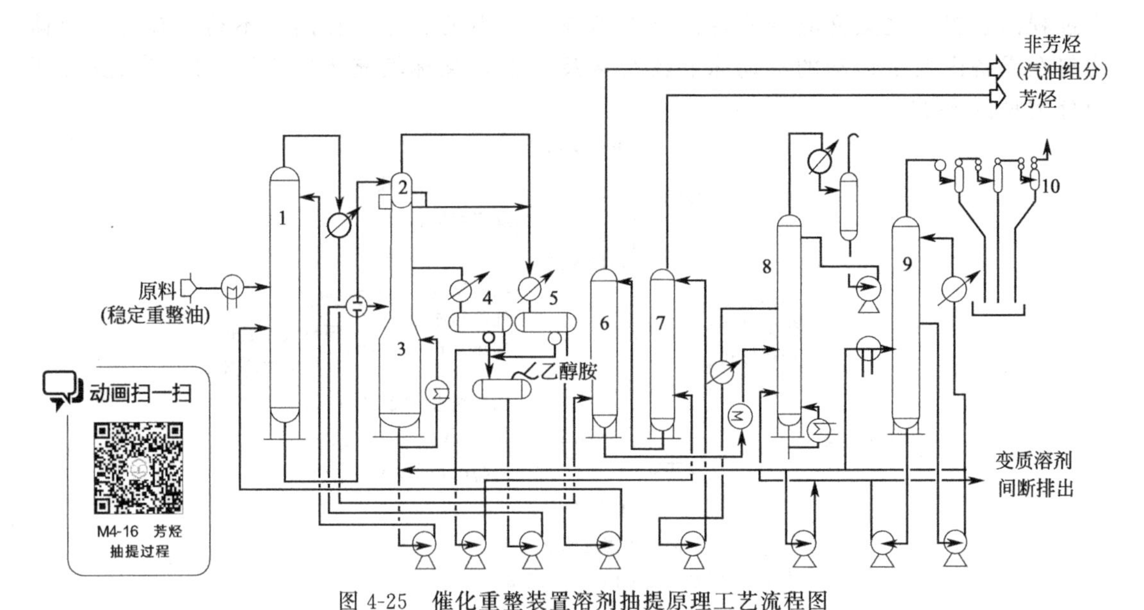

图 4-25 催化重整装置溶剂抽提原理工艺流程图

1—抽提塔；2—闪蒸罐；3—汽提塔；4—抽出芳烃罐；5—回流芳烃罐；
6—非芳烃水洗塔；7—芳烃水洗塔；8—水分馏塔；9—减压塔；10—三级抽真空

自重整部分来的脱戊烷油打入抽提塔 1 中部，含水 5%～10%（质量）的溶剂（贫溶剂）自抽提塔顶部喷入，塔底打入回流芳烃（含芳烃 70%～85%，其余为戊烷）。经逆向溶剂抽提后，塔顶引出提余液，塔底引出提取液。

提取液（又称富溶剂）经换热后，温度以 120℃左右自抽提塔塔底借本身压力流入汽提塔 3 顶部的闪蒸罐，在其中由于压力骤降，溶于提取液中的轻质非芳烃、部分苯和水被蒸发出来，与汽提塔顶部蒸出的油气汇合，经冷凝冷却后进入回流芳烃罐 5 进行油水分离，分出的油去抽提塔底部作回流芳烃。分出的水与从抽出芳烃罐分出的水一起流入循环水罐，用泵打入汽提塔作汽提用水。经闪蒸后未被蒸发的液体自闪蒸罐流入汽提塔。

混合芳烃自汽提塔侧线呈气相被抽出，因为若从塔顶引出则不可避免地混有轻质非芳烃戊烷等，而从侧线以液态引出又会带出过多溶剂，引出的芳烃经冷凝分水后送入水洗塔 7，经水洗后回收残余的溶剂，然后送芳烃精馏部分进一步分离成单体芳烃。

4. 芳烃精馏过程

由溶剂抽提所得的混合芳烃中含有苯、甲苯、二甲苯、乙苯及少量较重的芳烃，而有机合成工业所需的原料有很高的纯度要求，为此必须将混合芳烃通过精馏的方法分离成高纯度的单体芳烃，这一过程称为芳烃精馏。芳烃精馏的部分原理工艺流程如图 4-26 所示。

混合芳烃依次送入苯塔、甲苯塔、二甲苯塔，分别通过精馏的方法进行切取，得到苯、甲苯、二甲苯及 C_9 芳烃等单一组分。此法芳烃的纯度为：苯 99.9%，甲苯 99.0%，二甲苯 96%。二甲苯还需要进一步分离，以得到供不应求的对二甲苯。

三、裂解汽油加氢法

（一）裂解汽油的组成

裂解汽油含有 C_6～C_9 芳烃，因而它是石油芳烃的重要来源之一。裂解汽油的产量、组成以

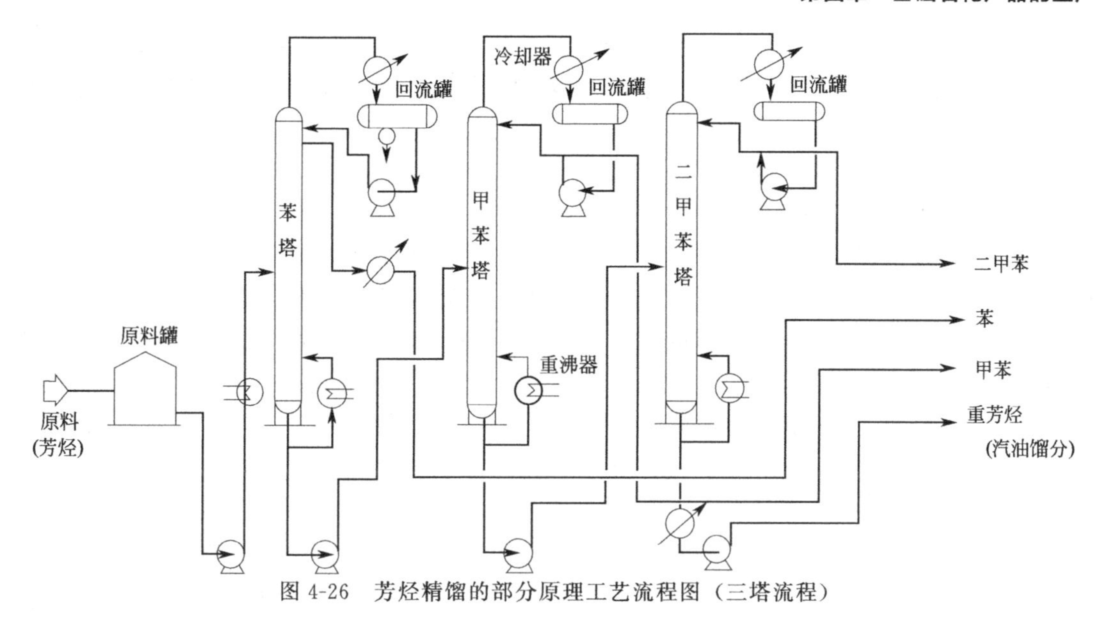

图 4-26　芳烃精馏的部分原理工艺流程图（三塔流程）

及芳烃的含量，随裂解原料和裂解条件的不同而异。例如，以石脑油为裂解原料生产乙烯时能得到大约 20%（质量）的裂解汽油，其中芳烃含量为 40%～80%；用煤油、柴油为裂解原料时，裂解汽油产率约为 24%，其中芳烃含量达 45%左右。裂解汽油除富含芳烃外，还含有相当数量的二烯烃、单烯烃、少量直链烷烃和环烷烃以及微量的硫、氧、氮、氯及重金属化合物等组分。

裂解汽油中的芳烃与重整生成油中的芳烃在组成上有较大差别。首先裂解汽油中所含的苯约占 C_6～C_8 芳烃的 50%，比重整产物中的苯高出 5%～8%，其次裂解汽油中含有苯乙烯，含量为裂解汽油的 3%～5%，此外裂解汽油中不饱和烃的含量远比重整生成油高。

（二）裂解汽油加氢精制过程

由于裂解汽油中含有大量的二烯烃、单烯烃，因此裂解汽油的稳定性极差，在受热和光的作用下很易氧化并聚合生成称为胶质的胶黏状物质，在加热条件下，二烯烃更易聚合。这些胶质在生产芳烃的后加工过程中极易结焦和析炭，既影响过程的操作，又影响最终所得芳烃的质量。硫、氮、氧、重金属等化合物对后续生产芳烃工序的催化剂、吸附剂均构成毒物。所以，裂解汽油在芳烃抽提前必须进行预处理，为后加工过程提供合格的原料。目前普遍采用催化加氢精制法。

1. 反应原理

裂解汽油与氢气在一定条件下，通过加氢反应器催化剂层时，主要发生两类反应。首先是二烯烃、烯烃这些不饱和烃加氢生成饱和烃，苯乙烯加氢生成乙苯的反应。其次是含硫、氮、氧有机化合物的加氢分解反应（又称氢解反应），C—S、C—N、C—O 键分别发生断裂，生成气态的 H_2S、NH_3、H_2O 以及饱和烃。例如：

HC——CH（=HC、S、CH 环）（噻吩）$+4H_2 \longrightarrow C_4H_{12}+H_2S$

（吡啶）$+5H_2 \longrightarrow C_5H_{12}+NH_3$

$C_6H_5OH + H_2 \longrightarrow C_6H_6 + H_2O$

金属化合物也能发生氢解或被催化剂吸附而除去。加氢精制是一种催化选择加氢反应，在340℃反应温度以下，芳烃加氢生成环烷烃甚微。但是，条件控制不当，不仅会发生芳烃的加氢造成芳烃损失，还能发生不饱和烃的聚合、烃的加氢裂解以及结焦等副反应。

2. 操作条件

（1）反应温度　反应温度是加氢反应的主要控制指标。加氢是放热反应，降低温度对反应有利，但是反应速率太慢，对工业生产是不利的。提高温度可提高反应速率，缩短平衡时间。但是温度过高，既会使芳烃加氢又易产生裂解与结焦，从而降低催化剂的使用周期。所以，在确保催化剂活性和选择加氢的前提下，尽可能把反应温度控制到最低温度为宜。由于一段加氢采用了高活性催化剂，二烯烃的脱除在中等温度下即可顺利进行，所以反应温度一般为60～110℃。二段加氢主要是脱除单烯烃以及氧、硫、氮等杂质，一般反应在320℃下进行最快。当采用钴-钼催化剂时，反应温度一般为320～360℃。

在化学反应中，反应物总能量大于生成物总能量的反应称为放热反应。包括燃烧、酸碱中和、金属氧化、铝热反应、较活泼的金属与酸反应、由不稳定物质变为稳定物质的反应等。

（2）反应压力　加氢反应是体积缩小的反应，提高压力有利于反应的进行。高的氢分压能有效地抑制脱氢和裂解等副反应的发生，从而减少焦炭的生成，延长催化剂的寿命，同时还可加快反应速率，将部分反应热随过剩氢气移出。但是压力过高，不仅会使芳烃发生加氢反应，而且对设备要求高、能耗也增大。

（3）氢油比　加氢反应是在氢存在下进行的。提高氢油比，从平衡观点看，反应可进行得更完全，并对抑制烯烃聚合结焦和控制反应温升过快都有一定效果。然而，提高氢油比会增加氢的循环量，能耗大大增加。

（4）空速　空速越小，所需催化剂的装填量越大，物料在反应器内停留时间较长，相应地给加氢反应带来不少麻烦，如结焦、析炭、需增加设备等。但空速过大，会导致转化率降低。

3. 工艺流程

以生产芳烃原料为目的的裂解汽油加氢工艺普遍采用两段加氢法，其工艺流程如图4-27所示。第一段加氢目的是将易聚合的二烯烃转化为单烯烃，包括烯基芳烃转化为芳烃。催化剂多采用贵重金属钯为主要活性组分，并以氧化铝为载体。其特点是加氢活性高、寿命长，在较低反应温度（60℃）下即可进行液相选择加氢，避免了二烯烃在高温条件下的聚合和结焦。

第二段加氢目的是使单烯烃进一步饱和，而氧、硫、氮等杂质被破坏而除去，从而得到高质量的芳烃原料。催化剂普遍采用非贵重金属钴-钼系列，具有加氢和脱硫性能，并以氧化铝为载体。该段加氢是在300℃以上的气相条件下进行的，两个加氢反应器一般都采用固定床反应器。

裂解汽油首先进行预分馏，先进入脱C_5塔1将其中的C_5及C_5以下馏分从塔顶分出，然后进入脱C_9塔2将C_9及C_9以上馏分从塔釜除去。分离所得的C_6～C_8中心馏分送入一段加氢反应器3，同时通入加压氢气进行液相加氢反应。反应条件是温度为60～110℃、反应压力为2.60MPa，加氢后的双烯烃含量接近零，其聚合物可抑制在允许限度内。反应放热引起的温升是用反应器底部液体产品冷却循环来控制的。

由一段加氢反应器来的液相产品，经泵加压在预热器内，与二段加氢反应器流出的液相物料换热到控制温度后，送入二段加氢反应器混合喷嘴，在此与热的氢气均匀混合。已汽化的进料、补充氢与循环气在二段加氢反应器附设的加热炉4内，加热后进入二段加氢反应器5，在此进行烯烃与硫、氧、氮等杂质的脱除。反应温度为329～385℃，反应压力为2.97MPa。反应器的温度用循环气以及两段不同位置的炉管温度予以控制。

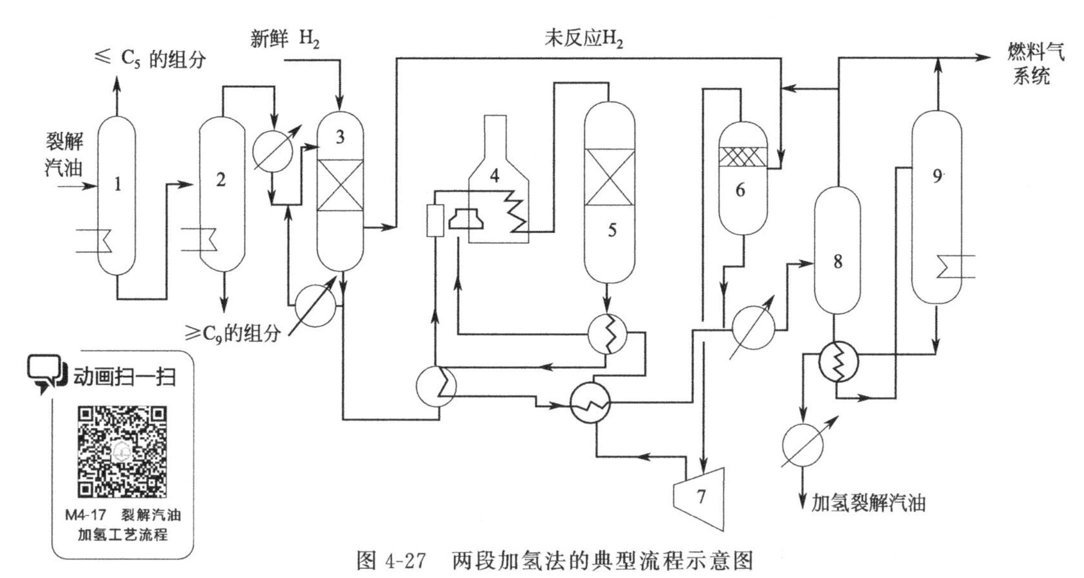

图 4-27　两段加氢法的典型流程示意图

1—脱 C_5 塔；2—脱 C_9 塔；3—一段加氢反应器；4—加热炉；5—二段加氢反应器；6—循环压缩机回流罐；7—循环压缩机；8—高压闪蒸罐；9—H_2S 汽提塔

二段加氢反应器的流出物经过一系列换热后，在高压闪蒸罐 8 中分离。该罐分离出的大部分气体同补充氢气一起经循环压缩机回流罐 6 进入循环压缩机 7，返回加热炉，剩余的气体循环回乙烯装置或送至燃料气系统。从高压闪蒸罐分出的液体，换热后进入硫化氢汽提塔 9，含有微量硫化氢的溶解性气体从塔顶除去，返回乙烯装置或送至燃料气系统。汽提塔塔釜产品则为加氢裂解汽油，可直接送芳烃抽提装置，经芳烃抽提和芳烃精馏后，得到符合要求的芳烃产品。

四、对二甲苯的生产

我们在芳烃精馏中得到的二甲苯仍然是一个 C_8 芳烃的混合物，包括对二甲苯、邻二甲苯、间二甲苯和乙苯等成分，其中对二甲苯用途最为广泛。要想得到市场上供不应求的对二甲苯，还必须经过芳烃歧化和烷基转移（将甲苯和 C_9 芳烃转化为混合二甲苯）、混合二甲苯异构化（将邻二甲苯、间二甲苯和乙苯转化为对二甲苯）、吸附分离（将对二甲苯分离出来）等过程，同时这些过程必须联合生产，才能最大限度地生产出对二甲苯产品。如图 4-28 所示，整个过程由歧化、异构化、吸附分离及脱 C_9 以上的芳烃蒸馏四个部分组成。

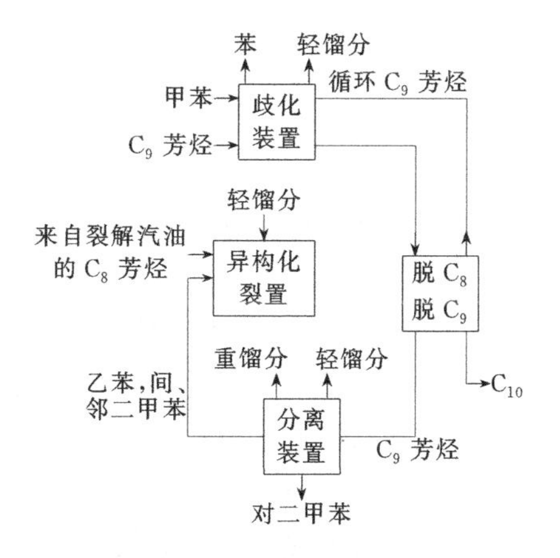

图 4-28　对二甲苯生产流程示意图

1. 歧化或烷基转移生产苯与二甲苯

（1）反应原理　甲苯歧化和甲苯与 C_9 芳烃的烷基转移工艺是增产苯与二甲苯的有效手段。芳烃的歧化反应一般是指两个相同芳烃分子在催化剂作用下，一个芳烃分子的侧链烷基转移到另一个芳烃分子上的过程。而烷基转移反应是指两个不同芳烃分子间发生烷基转移的过程。

主反应：

① 歧化反应。

$$2\,C_6H_5CH_3 \rightleftharpoons C_6H_6 + C_6H_4(CH_3)_2\text{（指生成邻、间、对三种产物）}$$

$$2\,CH_3C_6H_3(CH_3)_2 \rightleftharpoons CH_3C_6H_4CH_3 + CH_3C_6H_2(CH_3)_3$$

② 烷基转移反应。

$$C_6H_5CH_3 + CH_3C_6H_3(CH_3)_2 \rightleftharpoons 2\,CH_3C_6H_4CH_3$$

歧化反应是氧化还原反应的一种类型，又称自身氧化还原反应。在歧化反应中，若氧化作用和还原作用发生在同一分子内部处于同一氧化态的元素上，使该元素的原子（或离子）一部分被氧化，另一部分被还原。

副反应：

① 在临氢条件下发生加氢脱烷基反应，生成甲烷、乙烷、丙烷、苯、甲苯、乙苯等。

② 歧化反应。由二甲苯生成甲苯、三甲苯等，即主反应中烷基转移的逆过程。

③ 烷基转移。如苯和三甲苯生成甲苯和四甲苯等。

④ 芳烃加氢、烃类裂解、芳烃缩聚等反应。

（2）操作条件

① 原料中三甲苯的浓度。投入原料 C_9 混合芳烃馏分中只有三甲苯是生成二甲苯的有效成分，所以原料 C_9 芳烃馏分中三甲苯浓度的高低，将直接影响反应的结果。当原料中三甲苯浓度为50%左右时，生成物中 C_8 芳烃的浓度为最大。为此应采用三甲苯浓度高的 C_9 芳烃作原料。

② 反应温度。歧化和烷基转移反应都是可逆反应。由于热效应较小，温度对化学平衡影响不大，而催化剂的活性一般随反应温度的提高而增强。温度升高，反应速率加快，转化率升高，但苯环裂解等副反应也随之增加，目的产物收率降低。温度低，虽然副反应少、原料损失少，但转化率低，造成循环量大、运转费用高。在生产中主要选择能确保转化率的温度，当温度为400～500℃时，相应的转化率为40%～45%。

③ 反应压力。此反应无体积变化，所以压力对平衡组成影响不明显。但是，压力增加既可使反应速率加快，又可提高氢分压，有利于抑制积炭，从而提高催化剂的稳定性。一般选取压力为2.6～3.5MPa。

④ 氢油比。主反应虽然不需要氢，但氢的存在可抑制催化剂的积炭倾向，可避免催化剂频繁再生，延长运转周期，同时氢气还可起到热载体的作用。但是，氢量过大，反应速率下降，循环费用增加。此外，氢油比与进料组成有关，当进料中 C_9 芳烃较多时，由于 C_9 芳烃比甲苯易产生裂解反应，所以需提高氢油比。当 C_9 芳烃中甲苯、乙苯和丙苯含量高时，更应该提高氢油比，一般氢油比（摩尔）为10∶1，氢气纯度>80%。

⑤ 空速。反应转化率随空速降低而升高，但当转化率达40%～45%时，其增加的速率显著降低。此时，如空速继续降低，转化率增加甚微，相反将导致设备利用率下降。

（3）工艺流程　以甲苯和 C_9 芳烃为原料的歧化和烷基转移生产苯和二甲苯的工业生产方法主要有两种。一种是加压临氢气相法，另一种是常压不临氢气相法。

以下介绍应用最广泛的加压临氢气相法，其工艺流程如图 4-29 所示。原料甲苯、C_8 芳烃及循环甲苯、循环 C_9 芳烃和氢气混合后，经换热器预热、加热炉 1 加热到反应温度（390～500℃），以 3.4MPa 压力和 1.14h^{-1} 空速（体积）进入反应器 2。加热炉的对流段设有废热锅炉。

动画扫一扫
M4-18　歧化或烷基化转移流程

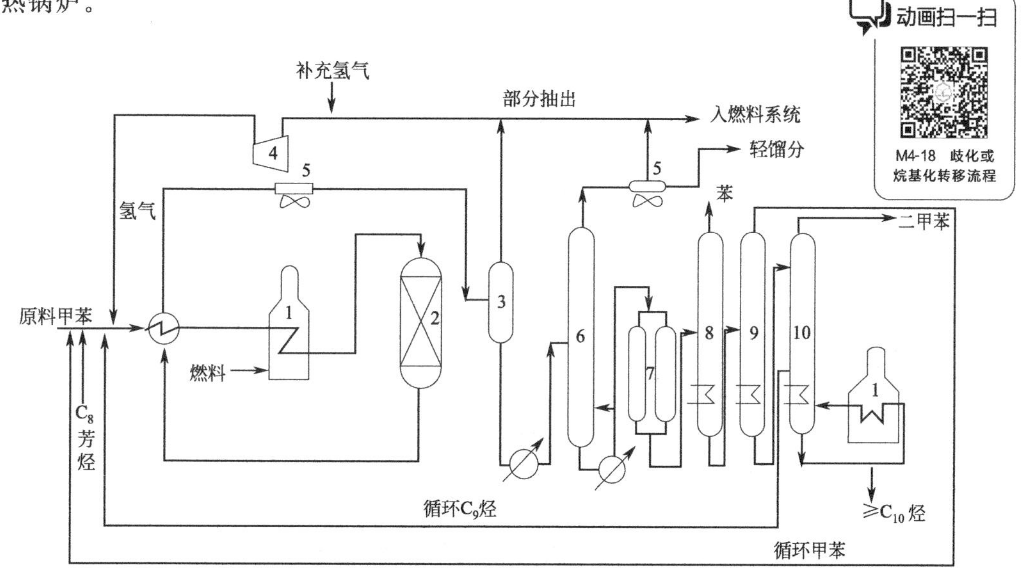

图 4-29　甲苯歧化和甲苯与 C_9 芳烃烷基转移工艺流程

1—加热炉；2—反应器；3—产品分离器；4—氢气压缩机；5—冷凝器；6—汽提塔；7—白土塔；8—苯塔；9—甲苯塔；10—二甲苯塔

反应原料在绝热式固定床反应器 2 中进行歧化和烷基转移反应，产物经换热冷却后进入产品分离器 3 进行气液分离。产品分离器分出的大部分氢气，经循环氢压缩机 4 压缩返回反应系统，小部分循环气为保持氢气纯度而排放至燃料气系统或异构化装置，并补充新鲜氢气。产品分离器流出的液体去汽提塔 6 脱除轻馏分，塔底物料一部分进入再沸加热炉，以气液混合物返回塔中，另一部分物料经换热后进入白土塔 7。物料通过白土吸附，在白土塔中除去烯烃后依次进入苯塔 8、甲苯塔 9 和二甲苯塔 10。从苯塔和二甲苯塔顶部分别馏出目的产品（含量>99.8%）苯和二甲苯。从甲苯塔顶部和二甲苯塔侧线分别得到的甲苯和 C_8 芳烃，循环回反应系统，二甲苯塔塔底为 C_{10} 及 C_{10} 以上重芳烃。

2. C_8 混合芳烃异构化

由各种方法制得的 C_8 芳烃，都是对二甲苯、邻二甲苯、间二甲苯和乙苯的混合物（称为 C_8 混合芳烃），其组成视芳烃来源而异。不论何种来源的 C_8 芳烃，其中以间二甲苯含量最多，通常是对二甲苯和邻二甲苯的总和，而有机合成迫切需要的对二甲苯含量却不多。为了增加对二甲苯的产量，最有效的方法是通过异构化反应，将间二甲苯及其他 C_8 芳烃转化为对二甲苯。

异构化的实质是把对二甲苯含量低于平衡组成的 C_8 芳烃，通过异构后使其接近反应温度及反应压力下的热力学平衡组成。平衡组成与温度有关，不论在哪个温度下，其中对二甲苯含量并不高。因此，在生产中 C_8 芳烃异构化工艺必须与二甲苯分离工艺相联合，才能最大限度地生产对二甲苯。也就是说，先分离出对二甲苯（或对二甲苯和邻二甲苯），然后将余下的

动画扫一扫
M4-19　C8芳烃异构化工艺流程

C_8 芳烃非平衡物料，通过异构化方法转化为对二甲苯、间二甲苯、邻二甲苯平衡混合物，再进行分离和异构。如此循环，直至 C_8 芳烃全部转化为对二甲苯。

主反应：

① 混合二甲苯发生的反应。

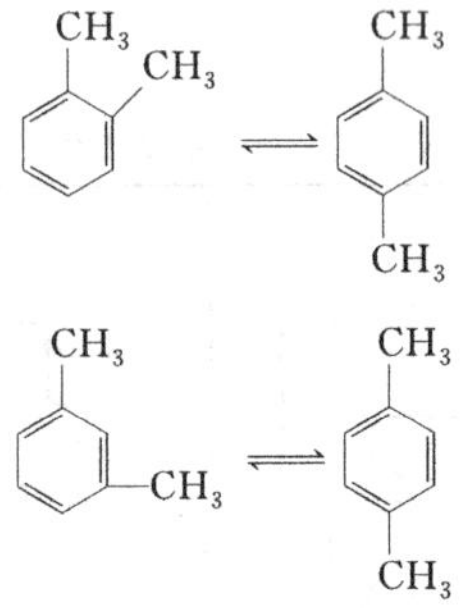

(邻二甲苯 ⇌ 对二甲苯)

(间二甲苯 ⇌ 对二甲苯)

② 乙苯转化为二甲苯的反应。

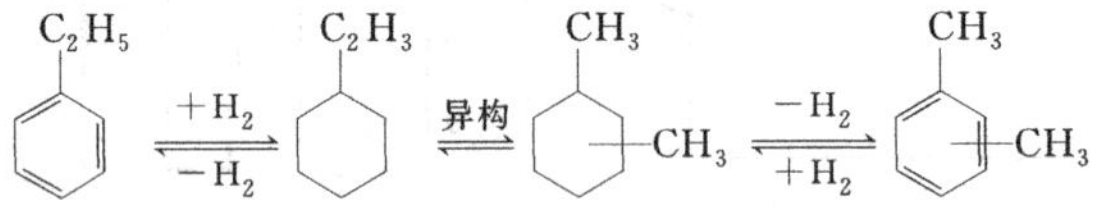

$$\text{乙苯}\ \underset{-H_2}{\overset{+H_2}{\rightleftharpoons}}\ \text{乙基环己烷}\ \overset{\text{异构}}{\rightleftharpoons}\ \text{二甲基环己烷}\ \underset{+H_2}{\overset{-H_2}{\rightleftharpoons}}\ \text{二甲苯}$$

副反应：

① 二甲苯、乙苯加氢烷基化，生成甲烷、乙烷、苯、甲苯等；

② 二甲苯加氢开环裂解，最终生成低级烷烃；

③ 二甲苯、乙苯发生歧化，生成苯、甲苯、三甲苯、二乙苯等。

可见，异构化产物是对位、间位、邻位三种二甲苯异构体混合物，还有少量的苯、甲苯及 C_9 以上芳烃、C_1～C_4 烷烃等。

3. 芳烃精馏脱除 C_9 以上芳烃

用精馏方法除去 C_9 以上芳烃，将所得的混合二甲苯送入二甲苯分离装置分离。

4. 混合二甲苯的分离

C_8 芳烃中各组分的主要物理性质见表 4-8。

表 4-8　芳烃的沸点与熔点

项目	乙苯	对二甲苯	间二甲苯	邻二甲苯
沸点/℃	136.186	138.351	139.104	144.411
熔点/℃	−94.975	13.263	−47.872	−25.173

其中对二甲苯与间二甲苯之间的沸点差仅为 0.573℃，难以用一般精馏法予以分离。用于分离二甲苯的方法主要有深冷分步结晶分离法和模拟移动床吸附分离法。

由表 4-8 可见，虽然各种 C_8 芳烃的沸点相近，但它们的熔点相差较大，其中以对二甲苯的熔点最高。因此，将 C_8 芳烃逐步冷凝，首先对二甲苯被结晶出来，然后滤除液态的邻二甲苯、间二甲苯和乙苯，得到晶体对二甲苯。

所谓吸附分离法就是利用某种固体吸附剂，有选择地吸附混合物中某一组分，随后使其从吸附剂上解吸出来，从而达到分离的目的。吸附分离 C_8 混合芳烃采用液相操作，其原理是选择分子筛作为吸附剂，它对对二甲苯的吸附能力较强，而对其他的二甲苯异构体吸附能力较弱，从而使对二甲苯可以从混合二甲苯中被吸附出来；然后用一种液体脱附剂冲洗，使对二甲苯从分子筛吸附剂上脱附；最后用精馏的方法分离对二甲苯和脱附剂，从而达到分离对二甲苯与其他异构体的目的。

以上三个部分即异构化、混合二甲苯分离和脱 C_9 以上芳烃的精馏的流程如图 4-30 所示。

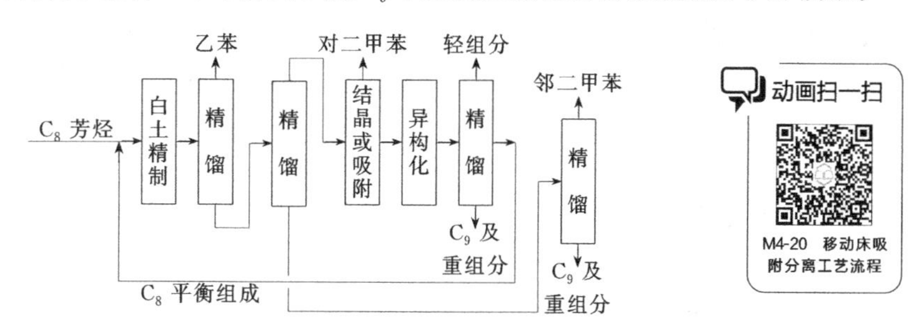

图 4-30　异构化、混合二甲苯分离和脱 C_9 以上芳烃的精馏流程示意图

知识拓展　　**移动床反应器**

移动床反应器是一种实现气固相反应过程或液固相反应过程的反应器。在反应器顶部连续加入颗粒状或块状固体反应物或催化剂，随着反应的进行，固体物料逐渐下移，最后自底部连续卸出。流体则自下而上（或自上而下）通过固体床层，以进行反应。由于固体颗粒之间基本上没有相对运动，但却有固体颗粒层的下移运动，因此，也可将其看成是一种移动的固定床反应器。

第五节　甲醇的生产

一、概述

近年来，我国石油消费总量不断上升，随着 PM2.5、空气污染等问题日益严重，甲醇作为一种绿色、廉价、可再生并且国内产能充足的二次能源，可以有效解决中国现在的能源环境问题。目前，合成气（$CO+H_2$）已成为当代碳利用的基础，理论上看，无论以什么化石能源为燃料，只要制备成合成气，就能生产一切的碳氢化合物，而甲醇则是合成气中转化率达到 100%的唯一物质。

目前通用的燃料是由石油资源中提炼出的汽油、柴油等的化石燃料。与汽油、柴油相比，甲醇在燃烧过程中更清洁环保，污染排放物少。一般燃料在燃烧的过程中通常分为自供氧燃烧和外供氧燃烧的双重燃烧状态。普通汽油的燃烧只能依赖于外供氧燃烧，而甲醇分子的自含氧量高达近 50%，它是一种高含氧燃料，燃料燃烧更加充分，更加彻底，从而大大降低了一氧化碳的排放量，避免汽车尾气中有害物质的排放。除了燃烧之外，甲醇也可以采用电化学方式进行能量转换，甲醇燃料电池就是其中的一种，而这一方式污染排放更少、更加清洁。甲醇及甲醇汽油如图 4-31 所示。

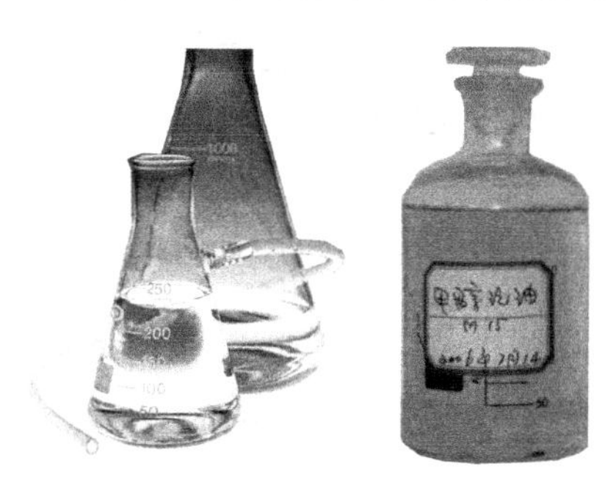

图 4-31　甲醇及甲醇汽油

工业上生产甲醇曾有过许多方法，如氯甲烷水解法、甲烷直接氧化法、合成气生产甲醇法。目前主要采用合成气（CO 和 H_2 的混合物）为原料的化学合成法。

合成气反应活性好，是优质的原料。此外，用合成气化学法代替传统的甲醇加工方法，能够降低原材料及能量的消耗，提高产品的经济效益。例如，合成气化学法可以利用其他方法无法使用的有机废料，单独或与煤联合作为生产甲醇的初始原料。因此，合成气作为制备甲醇的原料，具有广阔的前景。

【甲醇制芳烃技术】

2013年世界首套万吨级甲醇制芳烃工业试验装置通过石油和化学工业联合会组织的鉴定。至此，中国成为全球首个以煤为原料生产石油化工产业链全部产品的国家，在新型煤化工产业的技术应用和创新方面走在了世界前列。

二、合成气的制备

合成气最先以固体燃料（煤）为原料，在常压或加压下汽化，用水蒸气和氧气与之反应，生产出的水煤气作为甲醇生产的原料。水煤气是水蒸气通过炽热的焦炭而生成的气体，主要成分是一氧化碳、氢气，燃烧后排放水和二氧化碳，有微量CO、烃和NO_x。燃烧速度是汽油的7.5倍。

20世纪50年代以来，合成气的原料结构发生了一些变化，改为以气态烷烃、液体石油馏分为原料生产合成气。近几年以煤为原料生产合成气的比例又有了提高。本章主要介绍由天然气生产合成气的工艺。以天然气为原料生产合成气的方法主要有水蒸气转化法和部分氧化法等。

1. 天然气水蒸气转化法

在高温和催化剂存在下，天然气与水蒸气反应生产合成气的方法称为水蒸气转化法，是目前工业生产应用最广泛的方法。

甲烷与水蒸气在催化剂上发生的反应为：

$$CH_4+H_2O \rightleftharpoons CO+3H_2$$

天然气中所含的多碳烃类与水蒸气发生类似的反应：

$$C_nH_m+nH_2O \rightleftharpoons nCO+(n+m/2)H_2$$

2. 部分氧化法

部分氧化法是指用氧气（或空气）将烷烃部分氧化制备合成气的方法。甲烷在高温和有氧气存在的条件下，发生如下反应：

$$CH_4+1/2O_2 \longrightarrow CO+2H_2$$

三、合成气生产甲醇的原理

1. 主反应和副反应

（1）主反应

$$CO+2H_2 \rightleftharpoons CH_3OH$$

当有二氧化碳存在时，二氧化碳按下列反应生成甲醇：

$$CO_2+H_2 \rightleftharpoons CO+H_2O$$

$$CO+2H_2 \rightleftharpoons CH_3OH$$

两步反应的总反应式为：

$$CO_2+3H_2 \rightleftharpoons CH_3OH+H_2O$$

（2）副反应

① 平行副反应：

$$CO+3H_2 \rightleftharpoons CH_4+H_2O$$

$$2CO+2H_2 \rightleftharpoons CO_2+CH_4$$

$$4CO+8H_2 \rightleftharpoons C_4H_9OH+3H_2O$$

$$2CO+4H_2 \rightleftharpoons CH_3OCH_3+H_2O$$

当有金属铁、钴、镍等存在时，还可以发生生炭反应。

② 连串副反应：

$$2CH_3OH \rightleftharpoons CH_3OCH_3+H_2O$$

$$CH_3OH+nCO+2nH_2 \rightleftharpoons C_nH_{2n+1}CH_2OH+nH_2O$$

$$CH_3OH+nCO+2(n-1)H_2 \rightleftharpoons C_nH_{2n+1}COOH+(n-1)H_2O$$

这些副反应的产物还可以进一步发生脱水、缩水、酰化或酮化等反应，生成烯烃、酯类、酮类等副产物。当催化剂中含有碱性化合物时，这些化合物生成得更快。

副反应不仅消耗原料，而且影响粗甲醇的质量和催化剂的寿命。特别是生成甲烷的反应是一个强放热反应，不利于操作控制，而且生成的甲烷不能随产品冷凝，存在于循环系统中更不利于主反应的进行。

2. 催化剂

目前工业生产中广泛采用的是 ZnO 基和 CuO 基的二元或多元催化剂。其中，以 ZnO 或 CuO 为主催化剂，同时还要加入一些助催化剂。

ZnO 基催化剂中加入的助催化剂往往是一些难还原的金属氧化物，它们本身无活性，但都具有较高的熔点，能延缓主催化剂的老化。作为助催化剂的金属氧化物有 Cr_2O_3、Al_2O_3、V_2O_5、MgO、ThO_2、TaO_2 和 CdO，其中最有效的成分为 Cr_2O_3。在 CuO 基催化剂中，加入结构型助催化剂 Al_2O_3，起着分散和间隔活性组分的作用，加入适量的 Al_2O_3 可提高催化剂的活性和热稳定性。我国目前使用的是 C301 型 Cu 系催化剂，为 Cu-Zn-Al 三元催化剂，活性组分为 CuO，加入 ZnO 可以提高催化剂的热稳定性和活性。

CuO 和 ZnO 两种组分有相互促进的作用。实验证明，CuO-ZnO 催化剂的活性比任何单独一种氧化物都高。但该二元催化剂对老化的抵抗力差，并对毒物十分敏感。有实际意义的含铜催化剂都是三组分氧化物催化剂，第三组分是 Al_2O_3 或 Cr_2O_3。由于铬对人体有害，因此工业上 CuO-ZnO-Al_2O_3 应用更为普遍。

四、生产甲醇的操作条件

在甲醇生产的过程中，为了减少副反应，提高收率，选择适宜的工艺条件非常重要。工艺条件主要有温度、压力、原料气组成和空速等。

1. 反应温度

由合成气合成甲醇的反应为可逆放热反应，其总速率是正、逆反应速率之差。随着反应温度的增加，正、逆反应的速率都要增加，但是吸热方向（逆反应）反应速率增加得更多。因此，可逆放热反应的总速率有一个最大值，此最大值对应的温度即为“最适宜温度”，它可以由反应速率方程式计算出来。

实际生产中的操作温度取决于一系列因素，如催化剂、压力、原料气组成、空间速度和设备使用情况等，尤其取决于催化剂。在高压法锌铬催化剂上合成甲醇的操作温度是低于最适宜温度的。在催化剂使用初期为 380～390℃，后期提高为 390～420℃。温度太高，催化剂活性和机械强度下降很快，而且副反应严重。低、中压合成时，铜基催化剂特别不耐热，温度不能超过 300℃，而 200℃以下反应速率又很低，所以最适宜温度确定为 240～270℃。反应初期，催化剂活性高，控制在 240℃，后期逐渐升温到 270℃。

2. 反应压力

与副反应相比，合成甲醇的主反应是摩尔数减少最多而平衡常数最小的反应，因此，增加压力对提高甲醇的平衡浓度和加快主反应速率都是有利的。反应压力越高，甲醇生成量越多。但是增加压力要消耗能量，而且还受设备强度的限制，因此需要综合各项因素确定合理的操作压力。用 $ZnO\text{-}Cr_2O_3$ 催化剂时，反应温度高，由于受化学平衡限制，必须采用高压，以提高其推动力。而采用铜基催化剂时，由于其活性高，反应温度较低，反应压力也相应降至 5～10MPa。

3. 原料气组成

甲醇合成反应原料气的化学计量比为 H_2：CO＝2：1，但生产实践证明，一氧化碳含量高不好，不仅对温度控制不利，而且会引起羰基铁在催化剂上的积聚，使催化剂失去活性，故一般采用氢过量。氢过量可以抑制高级醇、高级烃和还原性物质的生成，提高粗甲醇的浓度和纯度。同时，过量的氢可以起到稀释作用，且因氢的导热性能好，有利于防止局部过热和控制整个催化剂床层的温度。

原料气中氢气和一氧化碳的比例对一氧化碳生成甲醇的转化率也有较大影响，增加氢浓度，可以提高一氧化碳的转化率。但是，氢过量太多会降低反应设备的生产能力。工业生产上采用铜基催化剂的低压法甲醇合成，一般控制氢气与一氧化碳的摩尔比为（2.2～3.0）：1。

由于二氧化碳的比热容比一氧化碳高，其加氢反应热效应却较小，故原料气中有一定含量的二氧化碳时，可以降低反应峰值温度。对于低压法合成甲醇，二氧化碳含量的体积分数为 5%时甲醇收率最好。此外，二氧化碳的存在也可抑制二甲醚的生成。

原料气中有氮及甲烷等惰性物质存在时，使氢气及一氧化碳的分压降低，导致反应转化率下降。由于合成甲醇的空速大，接触时间短，单程转化率低，因此反应气体中仍含有大量未转化的氢气和一氧化碳，必须循环使用。为了避免惰性气体的积累，必须将部分循环气从反应系统中排出，使反应系统中的惰性气体含量保持在一定浓度范围。工业生产上一般控制循环气量为新鲜原料气量的 3.5～6 倍。

4. 空间速度

空间速度的大小影响甲醇合成反应的选择性和转化率。表 4-9 列出了在铜基催化剂上转化率、生产能力随空间速度的变化数据。

表 4-9　铜基催化剂上空间速度与转化率、生产能力的变化

空间速度/h^{-1}	CO 转化率/%	粗甲醇产量/[m^3/(m^3 催化剂·h)]	空间速度/h^{-1}	CO 转化率/%	粗甲醇产量/[m^3/(m^3 催化剂·h)]
20000	50.1	25.8	40000	32.2	28.4
30000	41.5	26.1			

从表 4-9 可以看出，增加空速在一定程度上能够增加甲醇产量。另外，增加空速有利于反应热的移出，防止催化剂过热。但空速太高，转化率降低，导致循环气量增加，从而增加能量消耗。同时，空速过高会增加分离设备的负荷和换热负荷，引起甲醇分离效果降低；甚至由于带出的热量太多，造成合成塔内的催化剂温度难以控制。适宜的空速与催化剂的活性、反应温度及进塔气体的组成有关。采用铜基催化剂的低压法合成甲醇，工业生产上一般控制空速为 10000～20000h^{-1}，锌基催化剂一般为 35000～40000h^{-1}。

五、生产甲醇的工艺流程

工业上合成甲醇的工艺流程主要有高压法和中、低压法几种，在此主要介绍低压法工艺流程。

低压工艺流程是指采用低温、低压和高活性铜基催化剂，在5MPa左右的压力下，由合成气合成甲醇的工艺流程，如图4-32所示。

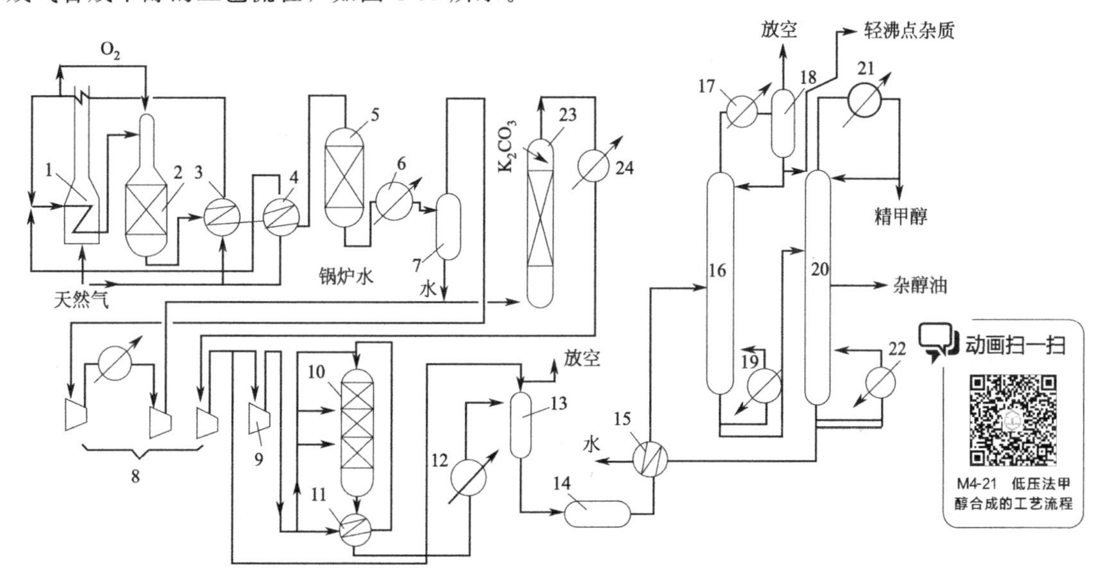

图4-32　低压法甲醇合成的工艺流程

1—加热炉；2—转化炉；3—废热锅炉；4—加热器；5—脱硫器；6，12，17，21，24—水冷器；7—汽液分离器；8—合成气压缩机；9—循环气压缩机；10—甲醇合成塔；11，15—热交换器；13—甲醇分离器；14—粗甲醇中间槽；16—脱轻组分塔；18—分离塔；19，22—再沸塔；20—甲醇精馏塔；23—CO_2吸收塔

天然气经加热炉1加热后，进入转化炉2发生部分氧化反应生成合成气，合成气经废热锅炉3和加热器4换热后，进入脱硫器5，脱硫后的合成气经水冷却和气液分离器7，分离除去冷凝水后进入合成气三段离心式压缩机8，压缩至稍低于5MPa。从压缩机第三段出来的气体不经冷却，与分离器出来的循环气混合后，在循环压缩机9中压缩到稍高于5MPa的压力，进入合成塔10。循环压缩机为单段离心式压缩机，它与合成气压缩机一样都采用汽轮机驱动。

合成塔塔顶尾气经转化后含CO_2量稍高，在压缩机的二段压缩后将气体送入CO_2吸收塔23，用K_2CO_3溶液吸收部分CO_2，使合成气中CO_2的含量保持在适宜值。吸收了CO_2的K_2CO_3溶液用蒸汽直接再生，然后循环使用。

合成塔中填充$CuO-ZnO-Al_2O_3$催化剂，于5MPa压力下操作。由于强烈的放热反应，必须迅速移出热量，流程中采用在催化剂层中直接加入冷原料的冷激法，保持温度在240～270℃。经合成反应后，气体中含甲醇3.5%～4%（体积），送入加热器11以预热合成气，塔10釜部物料在水冷器12中冷却后进入分离器13。粗甲醇送入中间槽14，未反应的气体返回循环压缩机9。为防止惰性气体的积累，把一部分循环气放空。

粗甲醇中甲醇含量约80%，其余大部分是水。此外，还含有二甲醚及可溶性气体，称为轻馏分，水、酯、醛、酮、高级醇称为重馏分。以上混合物送往脱轻组分塔16，塔顶引出轻馏分，塔底物送甲醇精馏塔20，塔顶引出产品精甲醇，塔底为水，接近塔釜的某一塔板处引出含异丁醇等组分的杂醇油。产品精甲醇的纯度可达99.85%（质量）。

知识拓展 》 二甲醚

二甲醚为易燃气体，与空气混合能形成爆炸性混合物，接触热、火星、火焰或氧化剂易燃烧爆炸；接触空气或在光照条件下可生成具有潜在爆炸危险性的过氧化物；密度比空气大，能在较低处扩散到相当远的地方，遇火源会着火回燃。二甲醚用于护发、护肤、药品和涂料中，作为各类气雾推进剂。二甲醚还可以替代柴油作为燃料，目前需要解决的问题主要有二甲醚对塑料物质的腐蚀和柴油发动机油路的改装。二甲醚还在制药、染料、农药工业中有许多独特的用途。

想一想，练一练

1. 烃类裂解的原料主要有哪些？选择原料应考虑哪些方面？
2. 裂解炉和急冷锅炉的清焦条件是什么？
3. 为什么在生产中要促进一次反应、抑制二次反应？
4. “间接急冷”与“直接急冷”各有何优缺点？
5. 轻柴油裂解生产工艺流程包括哪四部分？
6. 清焦的方法有哪些？请一一说明。
7. 裂解气为什么要进行压缩？
8. 裂解气分离的目的是什么？工业上采用哪些分离方法？
9. 酸性气体的主要组成是什么？有何危害？
10. 脱除酸性气体主要用什么方法，其原理分别是什么？
11. 为什么要脱除裂解气中的炔烃？脱炔的工业方法有哪几种？
12. 比较前加氢与后加氢的优缺点。
13. 简述萃取精馏的基本原理。
14. 萃取精馏操作应注意哪些问题？
15. 溶剂进塔温度对萃取精馏有何影响？
16. 试举例说出催化重整中发生了哪几种类型的化学反应。
17. 说明催化重整原料预处理的几个关键步骤是什么。
18. 说明芳烃抽提的目的及工业多采用哪些方法。
19. 说明用天然气生产合成气的主要方法，并写出相应的反应方程式。

参 考 文 献

[1] 王焕梅．石油化工工艺基础．第2版．北京：中国石化出版社，2013.
[2] 戴咏川，赵德智．石油化学基础．第2版．北京：中国石化出版社，2017.
[3] 王焕梅．有机化工生产技术．第2版．北京：高等教育出版社，2013.
[4] 陈淑芬，张春兰．石油化工催化剂及应用．北京：中国石化出版社，2013.
[5] 陈淑芬，汤长青．有机化学——理论篇．第3版．大连：大连理工大学出版社，2014.
[6] 陈淑芬，张春兰．石油产品添加剂．北京：化学工业出版社，2016.

第五章 高分子材料

知识目标

- 了解生活中常见的高分子材料；
- 熟悉高分子材料的定义、组成和类别；
- 初步掌握高分子合成材料的工业生产过程；
- 初步掌握塑料、橡胶、纤维的基本概念、分类、加工方法及重要品种的性能和应用。

技能要求

- 能阐明以石油、天然气和煤炭为原料生产高分子合成材料的基本过程，并能辨识不同种类的高分子材料。

材料是人类生活和生产的物质基础，是人类用于制造各种产品的物质。目前，材料与能源、信息并列称为现代文明的三大支柱，其中材料又是信息和能源的基础。一个国家材料的品种和产量是直接衡量其科学技术、经济发展和人民生活水平的重要标志，也是一个时代的标志。通常所说的材料包括金属材料（如铜、铁、钢等）、无机非金属材料（如水泥、玻璃、陶瓷等）和高分子材料（如塑料、橡胶、纤维、涂料等）等三大类。其中，高分子材料相对于传统材料如金属、陶瓷、水泥而言是后起之秀，但其发展的速度及应用的广泛性却大大超过了传统材料，现已广泛渗透人们生活的各个方面，并在工业、农业、国防和科技等领域发挥着巨大的作用。日常生活中的餐具、保鲜膜、食品包装袋、饮料瓶、漂亮的衣服、鞋子、玩具、手机、电脑等，无一不使用高分子材料来制造；在竞技体育、航海、航空、汽车、高铁、人造卫星等高端领域，高分子材料更是作为主要材料，扮演着极为重要的角色。

随着我国经济发展水平的提高，高分子材料的主要应用领域，如生活消费品制造、电子信息、汽车工业、机械制造、房地产、医疗器械及航天工业等都持续高速增长，促进了我国高分子材料行业的发展。尤其是最近10年，中国高分子材料行业呈现快速发展的态势，专业化、规模化、技术型企业不断出现和发展。加之我国“工业4.0”“智能制造2025”战略计划的实施，我国必将从制造大国转向制造强国，高分子材料，特别是功能高分子材料的合成及加工技术将是工业化进程的决定因素。

【《中国制造2025》之新材料】

新材料技术是21世纪最具发展潜力的技术，也是世界各国竞相发展的产业。我国已将新材料产业列为《中国制造2025》制造强国战略的十大重点领域之一，各地市也将新材料产业列为积极培育的新型产业之一。

第一节 高分子材料概述

一、认识高分子材料

在我们生活的周围，高分子材料可谓无处不在。我们的床、桌椅，房间的木门，墙上的壁纸，电视机和电脑的外壳、屏幕，窗上美丽的窗帘，我们穿的衣服、鞋子，盖的被子，吃的面包，用的电话，外卖的餐盒，汽车的轮胎、车身涂层、内部衬垫等都是高分子材料。那么，究竟什么是高分子材料呢？

所谓高分子材料，是由分子量较高的高分子化合物所构成的材料，这类化合物一个分子的分子量可达几万至几百万。因为目前多数材料是高分子材料，而且当今一切科学技术的发展或多或少都与高分子化合物有关，所以人们又把现在的时代称为高分子材料时代。实际上，人类自古至今就一直生活在高分子材料的时代。古希腊人曾把自然界的物质分为动物、植物和矿物，早期的炼金术士非常重视矿物，但中世纪以后的工匠们则更加重视动物和植物的研究和应用，而动植物主要就是由高分子化合物所构成，如蚕丝、羊毛、皮革、肉类、棉花、天然橡胶等等，它们是人们日常生活的基础。如今，大部分的化学家、生物化学家和化学工程师都在致力于高分子科学技术领域的研究和应用。

高分子材料按来源可分为天然高分子材料和合成高分子材料。上文所述的蚕丝、羊毛、天然橡胶等都属于天然高分子材料。随着生产的发展和科学技术的进步，天然高分子材料已经远远不能满足人们的需要，科技的发展帮助人们合成了大量品种繁多、性能优良的高分子化合物，如聚乙烯、聚丙烯、聚氯乙烯（PVC)、聚氨酯等等。通过适当方法可将它们制成塑料制品、橡胶制品、纤维制品、涂料、黏合剂等材料。这些以合成的高分子化合物为基础制造的有机材料即为合成高分子材料，其中以塑料、合成橡胶、合成纤维的产量最大、应用最广，称之为三大合成材料。随着科技的突飞猛进，塑料已经可以代替钢材、有色金属和木材应用在我们的日常生活中；合成橡胶广泛用于生产轮胎、胶鞋、密封材料等；合成纤维比天然的棉花、羊毛、蚕丝等更为牢固耐久，大量用于纺织。表 5-1 为部分常见高分子材料及组成材料的高分子化合物。近年世界与我国三大合成材料的产量见表 5-2。

表 5-1 部分常见高分子材料及组成材料的高分子化合物

材料名称	组成材料的高分子	材料名称	组成材料的高分子
泡沫塑料	聚苯乙烯	PVC 管	聚氯乙烯
尼龙丝袜	聚酰胺	肉类	蛋白质
有机玻璃	聚甲基丙烯酸甲酯	汽车保险杠	聚乙烯/聚丙烯混合物
CD 光盘	聚碳酸酯或聚苯乙烯	呼啦圈	聚丙烯或聚乙烯
食品保鲜袋	聚乙烯	棉质 T 恤	纤维素
橡皮筋	天然橡胶	饮料瓶	聚对苯二甲酸乙二醇酯
不粘锅涂层	聚四氟乙烯	奥纶毛衣	聚丙烯腈
枕头填充物	聚氨酯	纸张	纤维素

表 5-2 世界与我国三大合成材料产量 单位：1×10^4 t

合成材料	2010 年		2016 年	
	世界产量	中国产量	世界产量	中国产量
合成树脂	24500(2008)	5830	27393	8337(2017)
合成橡胶	1478	310	1483	546
合成纤维	3777(2009)	2853	5968	4124
合计	＞30000	8993	34844	＞12600

1. 高分子化合物的基本概念

高分子材料是以高分子化合物为基体，再配有其他添加剂所构成的一大类材料的总称。所谓高分子化合物，是由成千上万个原子通过化学键连接而成的高分子所组成的化合物，又称高聚物、聚合物（polymer），是区别于氧气、水等小分子化合物的一类大分子物质。

（1）高分子化合物的分子量　相对于小分子化合物而言，高分子化合物分子量的特点是分子量大，同时分子量具有多分散性。

那么分子量多大才算是高分子化合物呢？一般可按如下方式界定

分子量

低分子化合物 ＜ 1000 ＜ 过渡区（齐聚物） ＜ 10000 ＜ 高分子化合物

高分子化合物的分子量通常在 $10^4 \sim 10^6$ 范围，超高分子量的聚合物，其分子量可高达几百万。事实上，小分子物质的分子量的值是确定的（例如，水分子的分子量是 18），但某一种高分子化合物的分子量并不是一个固定值，组成高分子化合物的所有高分子的分子量并不相等，而且相差较大，即高分子化合物是许多分子量不等的同系物的混合物。这种高分子化合物的分子量不均一（即分子量大小不一、参差不齐）的特性，就称为高分子化合物分子量的多分散性。因此，实际中用来描述高分子化合物分子量的都是统计意义上的平均值（或某一范围），某些常见高分子化合物的分子量如表 5-3 所示。

表 5-3　某些常见高分子化合物的分子量

塑料	分子量/万	橡胶	分子量/万	纤维	分子量/万
聚乙烯	6～30	天然橡胶	20～40	涤纶	1.8～2.3
聚氯乙烯	5～15	丁苯橡胶	15～20	尼龙 66	1.2～1.8
聚苯乙烯	10～30	顺丁橡胶	25～30	腈纶	5～8

（2）单体、结构单元、聚合度　高分子化合物一般是通过中学化学讲到过的聚合反应形成的，以形成聚氯乙烯（PVC）的反应为例：

$$n\underset{\text{（氯乙烯）}}{CH_2{=}\underset{\displaystyle Cl}{\underset{|}{CH}}} \longrightarrow \sim CH_2{-}\underset{\displaystyle Cl}{\underset{|}{CH}}{+}CH_2{-}\underset{\displaystyle Cl}{\underset{|}{CH}}{+}CH_2{-}\underset{\displaystyle Cl}{\underset{|}{CH}}{+}CH_2{-}\underset{\displaystyle Cl}{\underset{|}{CH}}{+}CH_2{-}\underset{\displaystyle Cl}{\underset{|}{CH}}\sim$$

简写成：$\left[CH_2{-}\underset{\displaystyle Cl}{\underset{|}{CH}} \right]_n$（聚氯乙烯）

结构单元

此反应是以氯乙烯为原料聚合生成聚氯乙烯。我们把参加聚合反应的小分子原料（在这里是氯乙烯）称为单体。又例如，乙烯可聚合成聚乙烯，丙烯可聚合成聚丙烯，丁二烯和苯乙烯可聚合成丁苯橡胶，其中的乙烯、丙烯、丁二烯、苯乙烯等都是单体。带有方括号的式子是聚氯乙烯大分子的结构表示式。方括号中是构成聚氯乙烯大分子的最小重复结构单元，简称结构单元（或称为链节），每一个结构单元都来自氯乙烯分子，因此，单体也可以定义为能够形成结构单元的小分子化合物。式中下标 n 代表链节的数目，又称为聚合度，是衡量分子量大小的一个指标。

2. 高分子化合物的分子结构

高分子化合物由很大数目的（$10^3 \sim 10^5$ 数量级）结构单元组成，其分子一般呈链状，称为分子链。

高分子分子链的几何形状一般有线形、支链形和体形三种类型，见图 5-1。线形结构是由高分子的基本结构单元（链节）相互连成一条细长的链状结构，如图 5-1(a) 所示。支链形（或称带支链的线形）结构，是由一条很长的主链和许多较短的支链相互连接成若干个分支链，如图 5-1(b) 所示；这种结构也可看作是线形结构，其性质和线形结构基本相同。线形和支链形结构的大分子，其长链在非拉伸状态下通常蜷曲成不规则的线团状，在外力作用下可以伸长，在外力取消后又恢复到原来蜷曲的线团状。线形结构高分子化合物的特点是可以溶解在一定的溶剂中，加热时可以熔化，易于加工成形并能反复使用。具有这种结构特点的高分子材料又称热塑性高分子材料，如聚乙烯、聚氯乙烯、未硫化的橡胶等。

线形主链之间的支链彼此交联，便形成三维体（网）形结构，如图 5-1(c) 所示。体形结构的高分子材料的特点是加热时不熔化，只能软化，不溶于任何溶剂，不能重复加工和使用。具有这种结构特点的高分子材料又称热固性高分子材料，如酚醛树脂、氨基树脂、硫化橡胶等。

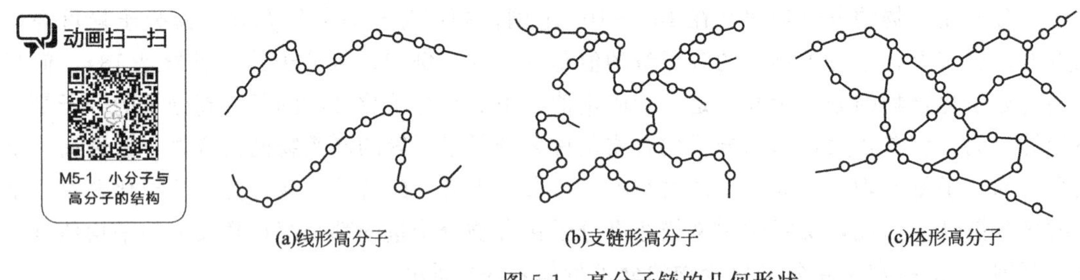

(a)线形高分子　(b)支链形高分子　(c)体形高分子

图 5-1 高分子链的几何形状

3. 高分子材料的分类

(1) 按照高分子材料的来源分类　按高分子材料的来源可以分为天然高分子材料和合成高分子材料。

① 天然高分子材料。天然高分子材料如动物皮毛、木材、蚕丝、天然橡胶等等。人类从远古时期就已开始使用天然高分子材料，在使用过程中，人们不断改进加工技术，将竹、木、棉、麻、丝、皮、毛等用于建筑、工具、用品、纺织、造纸、制衣制革、防寒制品等。随着社会的发展，人们将许多天然高分子材料经过改性，获得了新的高分子材料。例如，用硝酸溶解纤维素得到硝化纤维素，再加入樟脑做成了叫“赛璐珞”的塑料，用于制作照相底片、台球、乒乓球等；将天然橡胶与硫黄一起加热，获得硫化橡胶，大大增加橡胶的弹性和强度。这样的例子还有很多。

② 合成高分子材料。合成高分子材料是指从结构和分子量都已知的小分子原料出发，通过一定的聚合反应和工业方法合成的一系列聚合物。它们是目前人们使用最为普遍的高分子材料，也是本章后续要重点讲解的内容，如聚乙烯、聚丙烯、聚氯乙烯、有机玻璃、涤纶、尼龙、丁苯橡胶、氯丁橡胶等。

(2) 按照高分子材料的用途分类　按照高分子材料的用途可以分为塑料、橡胶、纤维、涂料、胶黏剂、功能高分子等。这是高分子材料从材料角度进行分类的一种最常用方法。下面就以这种分类方法为例介绍一下高分子材料的主要特性。

① 塑料。人们常用的塑料主要是以合成树脂（合成树脂是一大类合成的高分子化合物的总称）为基础，再加入添加剂（如填料、增塑剂、稳定剂、润滑剂、交联剂及其他添加剂）制得的高分子材料，它具有质轻、绝缘、耐腐蚀、美观、产品形式多样化等特点。目前已广泛地代替木材、有色金属和部分钢材。其中很多已被用于建筑材料、交通运输工具、化工设备、电器和机械零件，愈来愈成为材料工业中的重要成员。

图片扫一扫
M5-5　塑料的应用

塑料品种繁多，根据产量与使用情况可以分为量大面广的通用塑料和作为工程材料使用的工程塑料。通用塑料产量大，生产成本低，性能多样化，主要用来生产日用品或一般工农业产品，例如聚乙烯塑料可制成塑料袋、保鲜膜等，聚氯乙烯塑料可制成人造皮革、水管、塑料薄膜、电缆绝缘层等。工程塑料成本较高，但具有优良的机械强度和耐摩擦、耐热、耐化学腐蚀等特性，可作为工程材料用于制造机械零件以代替金属、陶瓷等，例如聚甲醛塑料可制成轴承、齿轮等。

塑料是有机材料，其主要缺点是绝大多数产品都可燃烧，在长期使用过程中受光线、氧、环境及热的影响会使其制品的性能逐渐变差甚至损坏，即发生老化现象。

② 橡胶。橡胶又称为弹性体，在外力作用下可产生较大形变，除去外力后又能迅速恢复原状，其特点是在很宽的温度范围内具有优异的弹性。橡胶按来源可分为天然橡胶和合成橡胶，天然橡胶是从自然界含胶植物中提取的一种高弹性物质，合成橡胶是用人工合成的方法制得的弹性材料。

图片扫一扫
M5-6　橡胶的应用

最初橡胶工业使用的全是天然橡胶，它几乎都是从橡胶树中采集得来的。第二次世界大战期间，由于军需橡胶量的激增以及工农业、交通运输业的发展，天然橡胶远不能满足需要，这促使人们进行合成橡胶的研究，通过将各种小分子物质经聚合反应合成出高弹性物质，即得到合成橡胶，再经硫化加工后可制成各种橡胶制品。某些种类的合成橡胶具有比天然橡胶更为优良的耐热、耐磨、耐老化、耐腐蚀或耐油等性能。根据产量和使用情况，合成橡胶可分为通用合成橡胶与特种合成橡胶两大类。通用合成橡胶主要代替天然橡胶生产轮胎、胶鞋、橡皮管、胶带等橡胶制品，包括丁苯橡胶、顺丁橡胶、乙丙橡胶、异戊橡胶、丁基橡胶、丁腈橡胶、氯丁橡胶等品种。特种合成橡胶具有特殊性能，专门用于制造各种耐寒、耐热、耐油、耐臭氧、耐腐蚀等特殊用途的橡胶制品，如氟橡胶、有机硅橡胶、聚氨酯橡胶、丙烯酸酯橡胶等。

③ 纤维。纤维是指长度比直径大很多倍并且有一定柔韧性的纤细物质。纤维是一类发展比较早的高分子化合物，如棉花、麻、蚕丝等都属于天然纤维。随着化学反应、合成技术及石油工业的不断进步，出现了人造纤维及合成纤维，并统称化学纤维。人造纤维是以天然聚合物为原料，并经过化学处理与机械加工而得到的纤维，主要有黏胶纤维、铜氨纤维、乙酸酯纤维等。合成纤维是由合成的聚合物制得，它的品种繁多，已投入工业化生产的有40余种，其中最主要的产品有聚酯纤维（涤纶）、聚酰胺纤维（尼龙）、聚丙烯腈纤维（腈纶）三大类。这三大类纤维的产量占合成纤维总产量的90%以上。此外，尚有耐高温、耐腐蚀或耐辐射的合成纤维如聚芳酰胺纤维、聚酰亚胺纤维、碳纤维等。

图片扫一扫
M5-7　纤维的应用

合成纤维与天然纤维相比具有强度高、耐摩擦、不被虫蛀、耐化学腐蚀等优点；缺点是不易着色，未经处理时易产生静电，多数合成纤维的吸湿性差等。因此合成纤维制成的衣物易污染，不吸汗，夏天穿着时易感到闷热。近年来通过改进纺丝工艺，发展了空芯纤维等新型合成纤维，使其性能得到很大改善。

④ 涂料。涂料是指涂布在物体表面而形成的具有保护和装饰作用的膜层材料。涂料主要由成膜物质、颜料和溶剂等三种组分组成。成膜物质是涂料最主要的成分，它是聚合物或者能形成聚合物的物质，其性质对涂料的性能（如保护性能、力学性能等）起主要作用。作为成膜物应能溶于适当的溶剂，还必须与物体表面和颜料具有良好的结合力。为了得到合适的成膜物，可用物理方法和化学方法对聚合物进行改性。颜料主要起遮盖和着色作用，一般为细度很小的无机粉末或有机粉末，无机颜料如铅铬黄、铁红、钛白粉等，有机颜料如炭黑、酞菁蓝等。有的颜料除了遮盖和着色作用外，还可赋予涂料特殊的性能，例如具有防锈功能的颜料如锌铬黄、红丹（铅丹）、磷酸锌等。溶剂是用来溶解成膜物质的易挥发性有机液体。常用的溶剂有甲苯、二甲苯、丁醇、丁酮、乙酸乙酯等。涂料涂覆于物体表面后，溶剂基本上应挥发尽，不是一种永久性的组分。溶剂的挥发是涂料造成大气污染的主要根源，溶剂的安全性、对人体的毒性也是涂料工作者在选择溶剂时所要考虑的。涂料的上述三种组分中溶剂和颜料有时可被除去，没有颜料的涂料被称为清漆，而含颜料的涂料被称为色漆。粉末涂料和光敏涂料（或称光固化涂料）则属于无溶剂的涂料。

由于现在人们越来越关注环境问题，因此绿色环保的水性涂料、无溶剂涂料、高固体分涂料等将是今后涂料工业发展的方向。

⑤ 胶黏剂。胶黏剂也称黏合剂，是一种把各种材料紧密地黏合在一起的物质。分为天然的、合成的，其中具有代表性的是以聚合物为基本组成、多组分体系的高分子胶黏剂。

高分子胶黏剂是以高分子化合物为主体制成的胶黏材料，应用较多的是合成胶黏剂。常用的有环氧树脂类、酚醛树脂类、不饱和聚酯类、聚丙烯酸树脂类胶黏剂等。除主要成分聚合物外，还根据配方和用途加上辅助成分。辅助成分有增塑剂或增韧剂、固化剂、填料、溶剂、稳定剂、稀释剂等。

⑥ 功能高分子材料。功能高分子材料是高分子材料领域中发展最快、具有重要理论研究和实际应用的新领域。这类材料除了具有聚合物的一般力学性能、绝缘性能和热性能外，还具有物质、能量和信息的转换、传递和储存，人体组织替代等特殊的物理、化学、医学、仿生学等功能。

物理功能高分子材料包括具有电、磁、光、声、热功能的高分子材料，是信息和能源等高技术领域的物质基础。化学功能高分子材料包括具有化学反应、催化、分离、吸附功能的高分子材料，在基础工业领域有广泛的应用。生物功能高分子材料就是医用高分子材料，如抗凝血高分子材料、高分子药物、软组织及硬组织替代材料、生物降解医用高分子材料等。功能转换型高分子材料是具有光-电转换、电-磁转换、热-电转换等功能的新型高分子材料。生态环境（绿色材料）、智能和具有特殊结构等的高分子材料如树枝形聚合物、超分子聚合物、拓扑聚合物、手性聚合物等是近几年发展起来的新型功能高分子材料。

功能高分子材料的多样化结构和新颖性功能不仅丰富了高分子材料研究的内容，而且扩大了高分子材料的应用领域。

二、高分子化合物的合成与命名

1. 高分子化合物的合成

高分子化合物的合成，主要是由单体（即可反应的小分子原料）通过聚合反应得到的。能够生成高分子的聚合反应包括加聚反应和缩聚反应两大类。

(1) 加聚反应　在众多的化学反应中，带有碳碳双键的烯烃化合物的加成反应是可以让小分子变大的化学反应。每当打开一个双键，加合上去的单元就会让分子量增大。例如，乙烯和氯气的反应就能让乙烯的分子量因氯原子的加入而变大。

$$CH_2 = CH_2 + Cl_2 \longrightarrow ClCH_2 - CH_2Cl$$

但是，这种反应进行一次就结束了，所得产物离高分子还相差甚远。如果让所有的乙烯分子全部打开双键并自身相互连接起来，这样反应就可以一直进行下去，产物分子不断增长，最终形成高分子的聚乙烯。

$$nCH_2 = CH_2 \longrightarrow \left[CH_2 - CH_2 \right]_n$$

这种利用加成反应的原理聚合形成高分子化合物的方法就称为加成聚合反应，简称加聚反应。绝大多数烯烃类高分子化合物都是通过加聚反应聚合成的，例如，乙烯聚合为聚乙烯、丙烯聚合为聚丙烯等的反应都是加聚反应。加聚反应能够进行的前提是原料单体必须含有碳碳双键。

加聚反应按照参加反应的单体的种类数目不同，又可分为均聚反应和共聚反应两类。由一种单体参加的聚合反应称为均聚反应，相应的产物称为均聚物，如聚乙烯、聚丙烯、聚苯乙烯、聚氯乙烯、聚丁二烯等。由两种以上单体共同参加的聚合反应称为共聚反应，相应的产物称为共聚物，如丁二烯和苯乙烯共聚生成丁苯橡胶，丙烯腈、丁二烯和苯乙烯共聚而成的 ABS 树脂等。

共聚物根据结构单元的排列方式不同，分为无规共聚物、交替共聚物、嵌段共聚物、接枝共聚物等四种类型。以两种单体聚合形成的共聚物为例，这四种共聚物类型的结构示意图如图 5-2 所示。

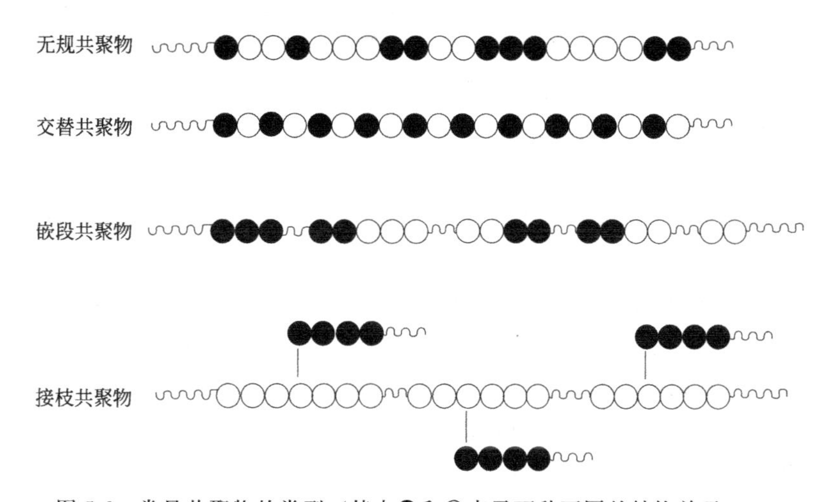

图 5-2　常见共聚物的类型（其中●和○表示两种不同的结构单元）

(2) 缩聚反应　除加聚反应外，另一个合成高分子化合物的方法是缩合聚合反应，简称缩聚反应。它是利用化学反应中的缩合反应，即两个或多个有机化合物分子之间，缩去水、氨、氯化氢等简单分子而生成一个较大分子的反应。最常见的缩合反应是酯化反应，例如乙酸和乙醇酯化生成乙酸乙酯的反应：

$$CH_3\overset{\overset{O}{\|}}{C}-OH + CH_3CH_2OH \longrightarrow CH_3\overset{\overset{O}{\|}}{C}-OCH_2CH_3 + H_2O$$

在此反应中两个分子利用乙酸中的羧基（—COOH）和乙醇中的羟基（—OH）的缩合，失去一分子水，并连成了一个较大的分子。显然一次酯化反应的产物并不是高聚物。然而，当我们使用一个二元酸和一个二元醇来进行酯化反应，情况就不一样了。例如，对苯二甲酸和乙二醇之间的反应：第一步酯化反应后的产物仍然保留有再发生酯化反应所需要的羧基和羟基，于是酯化反应仍可继续不断地进行下去。

$$HOOC-C_6H_4-COOH + HOCH_2CH_2OH \longrightarrow HOOC-C_6H_4-COOCH_2CH_2OH + H_2O$$

如果此酯化反应一直进行下去，最终就能得到高分子化合物——聚对苯二甲酸乙二醇酯（合成纤维中用作涤纶）。

$$n\,HOOC-C_6H_4-COOH + n\,HOCH_2CH_2OH \longrightarrow HO\!\left[\overset{O}{\overset{\|}{C}}-C_6H_4-COOCH_2CH_2O\right]_n\!H + (2n-1)H_2O$$

2. 高分子化合物的命名

合成高分子化合物后，究竟该怎样给它们起名字呢？迄今已有的高分子化合物约有几百万种，命名方法也很多，但归纳起来主要有系统命名法和习惯命名法两类。其中系统命名法比较复杂，这里不做介绍，重点介绍常用的习惯命名法。

（1）在单体名称前加“聚”字　在单体名称前加一个“聚”字，这是最常见的、用得最多的方法。比如，上文的加聚反应中提到，单体乙烯聚合形成的高聚物称为聚乙烯；缩聚反应中提到，单体对苯二甲酸和乙二醇聚合形成的高聚物称为聚对苯二甲酸乙二醇酯（“酯”字来源于该物质的结构特征）等。

（2）在单体名称后加“树脂”“橡胶”　在单体名称（或简名）后面缀上“树脂”“橡胶”来命名，不用“聚”字。比如，单体苯酚与甲醛共聚形成的高聚物称为苯酚甲醛树脂（简称酚醛树脂），单体尿素与甲醛共聚形成的高聚物简称为脲醛树脂，单体丁二烯与苯乙烯共聚形成的高聚物简称为丁苯橡胶，单体乙烯与丙烯共聚形成的高聚物简称为乙丙橡胶等。再比如，有一种高聚物叫作ABS树脂，其中A、B、S分别取自共聚单体丙烯腈（acrylonitrile）、丁二烯（butadiene）、苯乙烯（styrene）的英文首字母。

（3）以高分子化合物的结构特征命名　以高分子化合物的结构特征命名，常常是一大类高聚物的统称。比如，聚酯是一大类高分子化合物的统称，该类物质都具有一个共同的化学单元——酯基，常见的聚酯如聚对苯二甲酸乙二醇酯。聚酰胺、聚氨酯、聚碳酸酯、环氧树脂等也均以此法命名，它们分别含有自己特有的化学单元——酰胺基、氨基甲酸酯基、碳酸酯基、环氧基；如常见的聚酰胺——单体己二酸与己二胺聚合形成的聚己二酰己二胺。

（4）以商业习惯命名　合成纤维商品名常后缀一个“纶”字，如涤纶，表示聚对苯二甲酸乙二醇酯纤维；腈纶，表示聚丙烯腈纤维；丙纶，表示聚丙烯纤维；氨纶，表示聚氨酯纤维。聚酰胺在商业中习惯称“尼龙”（英文名为nylon），最初是由美国发明的，后来中国在辽宁省锦西（现辽宁省葫芦岛）化工厂成功合成聚酰胺，所以这种合成纤维后来又被命名为“锦纶”。

还有很多高分子材料，在日常使用中有商业俗名。如聚甲基丙烯酸甲酯，俗称有机玻璃；聚四氟乙烯，俗称塑料王，也叫特氟龙；聚乙烯醇缩甲醛，俗称维尼纶。

（5）英文缩写命名　高分子化合物的中文名称很多都太长、太繁，但其标准的英文缩写名称一般比较简单，因而在国内外被广泛采用。表5-4给出了部分常见高分子化合物的中文名、英文缩写及其相应的单体。

表 5-4 常见高分子化合物的中文名、英文缩写及其相应的单体

名称	英文缩写	商品名	结构式	单体
聚乙烯	PE		$\text{-[}CH_2-CH_2\text{]}_n\text{-}$	$CH_2=CH_2$（乙烯）
聚丙烯	PP	丙纶（用作纤维）	$\text{-[}CH_2-CH(CH_3)\text{]}_n\text{-}$	$CH_2=CH-CH_3$（丙烯）
聚苯乙烯	PS		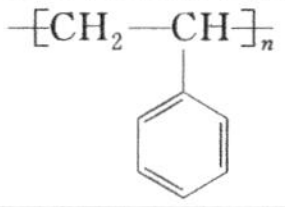 $\text{-[}CH_2-CH(C_6H_5)\text{]}_n\text{-}$	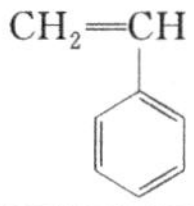 $CH_2=CH-C_6H_5$（苯乙烯）
聚氯乙烯	PVC		$\text{-[}CH_2-CH(Cl)\text{]}_n\text{-}$	$CH_2=CH-Cl$（氯乙烯）
聚丙烯腈	PAN	腈纶（用作纤维）	$\text{-[}CH_2-CH(CN)\text{]}_n\text{-}$	$CH_2=CH-CN$（丙烯腈）
聚甲基丙烯酸甲酯	PMMA	有机玻璃	$\text{-[}CH_2-C(CH_3)(COOCH_3)\text{]}_n\text{-}$	$CH_2=C(CH_3)-COOCH_3$（甲基丙烯酸甲酯）
聚四氟乙烯	PTFE	塑料王 特氟龙	$\text{-[}CF_2-CF_2\text{]}_n\text{-}$	$CF_2=CF_2$（四氟乙烯）
聚甲醛	POM		$\text{-[}CH_2-O\text{]}_n\text{-}$	$CH_2=O$ （甲醛）
聚对苯二甲酸乙二醇酯	PET	涤纶（用作纤维）	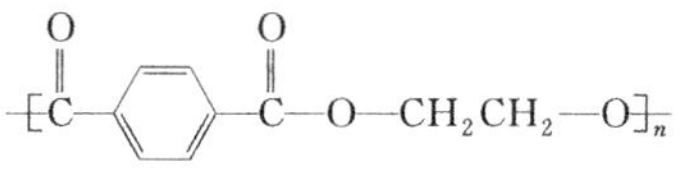 $\text{-[}CO-C_6H_4-CO-O-CH_2CH_2-O\text{]}_n\text{-}$	 $HOOC-C_6H_4-COOH$（对苯二甲酸） $OH-CH_2CH_2-OH$（乙二醇）
聚己二酰己二胺	PA66	尼龙 66	$\text{-[}CO-(CH_2)_4-CO-NH-(CH_2)_6-NH\text{]}_n\text{-}$	$HOOC-(CH_2)_4-COOH$（己二酸） $H_2N-(CH_2)_6-NH_2$（己二胺）
聚碳酸酯	PC		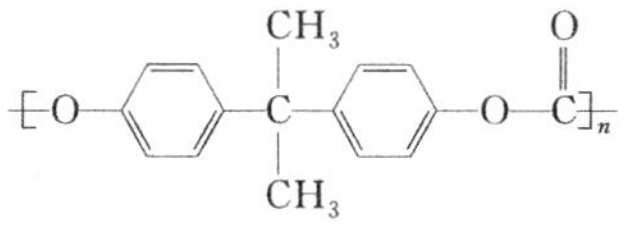 $\text{-[}O-C_6H_4-C(CH_3)_2-C_6H_4-O-CO\text{]}_n\text{-}$	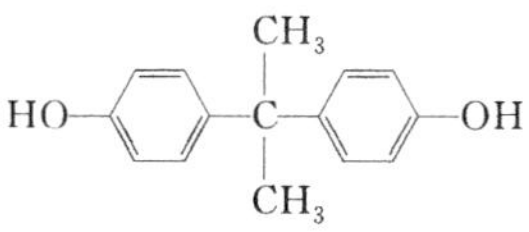 $HO-C_6H_4-C(CH_3)_2-C_6H_4-OH$（双酚 A） $COCl_2$ （光气）
酚醛树脂	PF		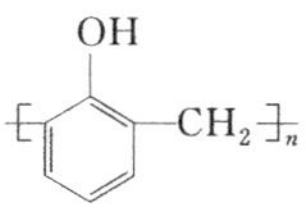 $\text{-[}C_6H_3(OH)-CH_2\text{]}_n\text{-}$	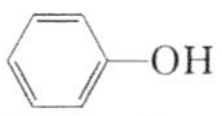 C_6H_5-OH（苯酚） $CH_2=O$ （甲醛）
丁苯橡胶	SBR		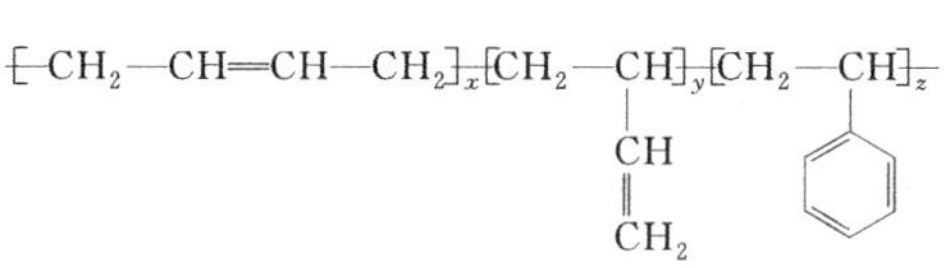 $\text{-[}CH_2-CH=CH-CH_2\text{]}_x\text{[}CH_2-CH(CH=CH_2)\text{]}_y\text{[}CH_2-CH(C_6H_5)\text{]}_z\text{-}$	$CH_2=CH-CH=CH_2$（丁二烯） 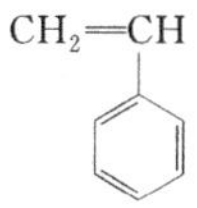 $CH_2=CH-C_6H_5$（苯乙烯）

三、高分子材料的工业生产

目前，工业上合成高分子材料的原料，主要来自石油（包括天然气）化工和煤化工。以石油、天然气、煤炭等为源头制造高分子合成材料的过程见图 5-3。

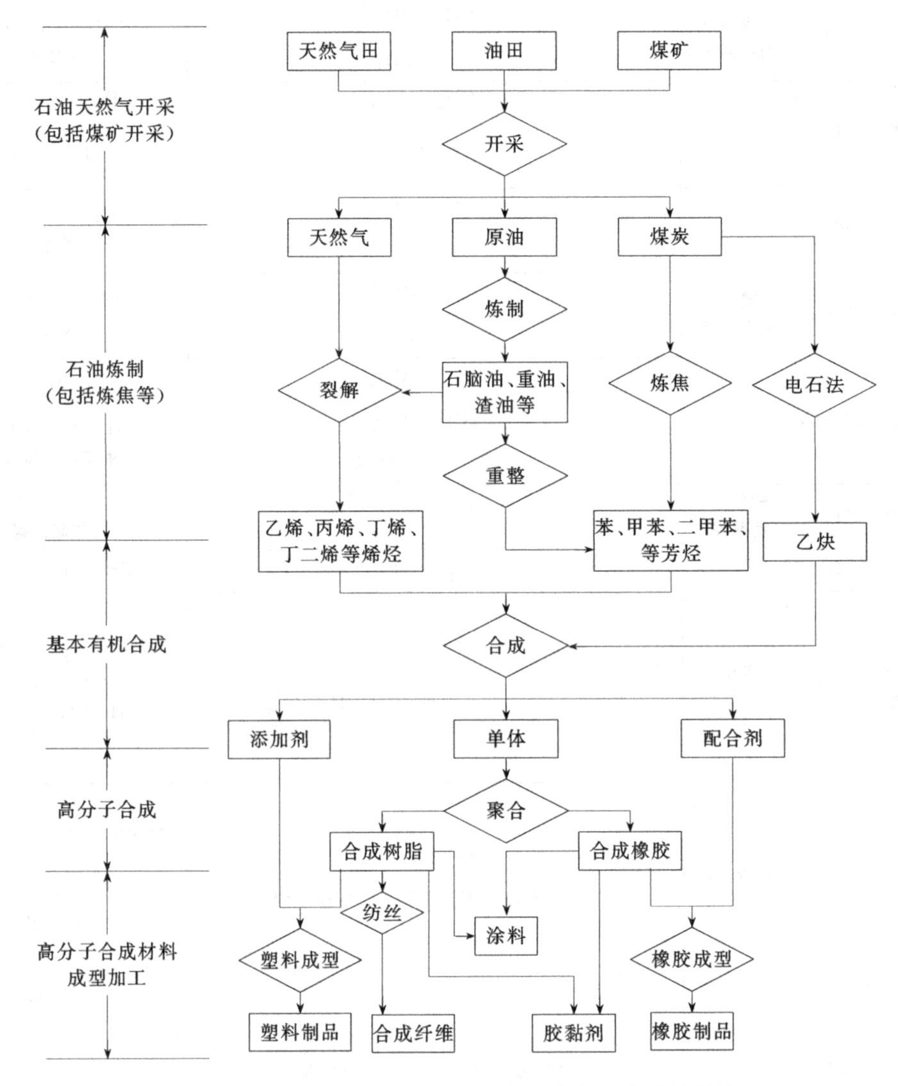

图 5-3　以石油、天然气和煤炭为源头制造高分子合成材料的过程

由图 5-3 可知，由石油、天然气和煤炭为原料到制成高分子材料制品，需要经过石油天然气开采（包括煤矿开采）、石油炼制（包括炼焦）、基本有机合成、高分子合成、高分子合成材料成型加工等工业部门，这些工业部门是密切联系的。我们将从以下几个方面介绍高分子材料的生产过程。

1. 单体的生产

生产高分子材料最主要的原料是用于聚合反应的单体。大多数单体是烯烃类化合物，少数是芳香族化合物。当前最重要的原料单体来源路线有以下三个。

（1）石油化工路线　石油是一种黏稠的、深褐色液体，被称为“工业的血液”。从油田开采出来未经加工的石油称为原油，其密度比水小，不溶于水，主要成分是碳氢化合物，还存在少量含氧、含硫、含氮的有机化合物。原油经炼制可得到石脑油、汽油、煤油、柴油等组分和炼厂气等。石脑油和炼厂气可进行高温裂解，得到乙烯、丙烯、丁二烯等烯烃化合物（天然气中的乙烷、丙烷、丁烷也可用作裂解原料制备乙烯、丙烯、丁二烯等）。产生的液体组分经加氢、催化重整后可生产出苯、甲苯、二甲苯等重要的芳烃化合物。这些烯烃化合物和芳烃化合物可直接用作聚合反应的单体，或进一步经化学加工以生产出一系列单体。石油化工路线是当前最重要的单体生产路线。

（2）煤炭路线　煤炭经炼焦生成煤气、煤焦油和焦炭。石油化工工业未发展以前，有机化工原料主要来自煤焦油和焦炭。煤焦油经分离可以得到苯、甲苯、二甲苯、萘、蒽等芳烃和苯酚、甲苯酚等。它们都是重要的有机化工原料和单体的生产原料。

焦炭与石灰石在电炉中高温反应得到电石（碳化钙），电石与水反应生成乙炔气体。乙炔是重要的有机化工原料和单体的生产原料。目前我国大部分氯乙烯单体和一部分乙酸乙烯单体、氯丁二烯单体都是以乙炔为原料生产的。由于生产电石需要大量的电能，因此以乙炔为原料，大规模生产高分子单体的路线在经济上是不合理的，考虑到历史原因和资源情况，乙炔仍是重要的高分子合成原料。

（3）其他原料路线　主要是以农副产品或木材工业副产品为基本原料，直接用作单体或经化学加工为单体。本路线原料不充足、成本较高，但它是在充分利用自然资源，变废为宝的基础上小量生产某些单体，其出发点还是可取的。以木材或棉花等天然高分子化合物为原料经化学加工可得到纤维素塑料与人造纤维。

以上三个路线得到的产品，通过基本有机合成工业进一步深加工为高分子合成所需的最终原料——单体。同时，基本有机合成工业还为高分子材料的生产提供溶剂、塑料添加剂、橡胶配合剂等辅助原料。

2. 高分子化合物的合成

高分子合成工业的任务是将原料单体，经过聚合反应（包括加聚反应、缩聚反应等）合成高分子化合物。大型化的高分子合成生产，主要包括以下生产过程和完成这些生产过程的相应设备与装置：

（1）原料准备与精制过程　包括单体、溶剂、去离子水等原料的贮存、洗涤、精制、干燥、浓度调整等。

（2）引发剂（催化剂）配制过程　包括聚合用催化剂（引发剂）和助剂的制造、溶解、贮存等。

（3）聚合反应过程　包括聚合和以聚合反应器为中心的有关热交换设备及反应物料输送过程与设备。

（4）分离过程　包括未反应单体的分离，脱除溶剂、催化剂、低聚物等。

（5）聚合物后处理过程　包括聚合物的输送、干燥、造粒、均匀化、贮存、包装等。

（6）回收过程　主要是未反应单体和溶剂的回收与精制。

此外尚有与全厂有关的三废处理和公用工程如供电、供气、供水等项目。

对于某一品种高分子化合物的生产而言，由于生产工艺条件的不同，可能不需要通过上述全部生产过程；而且各过程所占的比重也因品种的不同、生产方法的不同而有所不同。高分子化合物生产工艺流程简图见图 5-4。

聚合反应过程是高分子合成工业中最主要的生产过程。生产高分子化合物时，对聚合反应工艺条件和设备的要求很严格，主要有以下几方面：

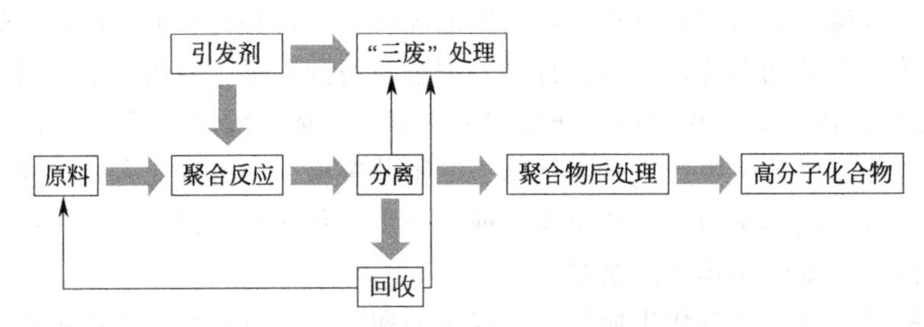

图 5-4　高分子化合物生产工艺流程简图

① 对单体、分散介质（水、有机溶剂）和助剂的纯度要求很高，它们不能含有影响聚合反应或影响聚合物色泽的杂质。

② 反应条件应当非常稳定，要求生产中反应条件的波动应非常小，为此需要采用高度自动化控制。目前，先进的 DCS 控制系统（集散控制系统）已可控制聚合反应在很小的范围内波动。

③ 聚合生产的设备在材质方面要求不能污染聚合物，因此多数情况下聚合反应器和管道应当采用不锈钢、搪玻璃或不锈钢碳钢复合材料等制成。

我们知道，聚合反应包括加聚反应和缩聚反应。而加聚反应根据反应机理的不同又分为自由基聚合和离子聚合及配位聚合反应。在工业生产中不同的聚合反应机理对于单体和反应介质以及引发剂（催化剂）等都有不同的要求，所以实现这些聚合反应的工业实施方法也有所不同。

自由基聚合的工业实施方法主要有本体聚合、乳液聚合、悬浮聚合、溶液聚合等四种方法。本体聚合是除单体外仅加有少量引发剂，甚至不加引发剂，依赖受热引发聚合而无反应介质存在的聚合方法。乳液聚合是单体在乳化剂存在下分散于水中成为乳液，然后被水溶性引发剂引发聚合的方法。悬浮聚合是在机械搅拌下使不溶于水的单体分散为油珠状悬浮于水中，经引发剂引发聚合的方法。溶液聚合是单体溶于适当溶剂中进行引发聚合的方法。这些聚合方法所用原料及产品形态见表 5-5。

表 5-5　自由基聚合的工业实施方法所用原料及产品形态

实施方法	所用原料				产品形态
	单体	引发剂	反应介质	助剂	
本体聚合	√	√			聚合物纯净，宜于生产透明浅色的板材、管材、棒材等
乳液聚合	√	√	H_2O	乳化剂等	聚合物乳液可制成胶黏剂、合成橡胶胶粒等
悬浮聚合	√	√	H_2O	分散剂等	比较纯净的粉状树脂
溶液聚合	√	√	有机溶剂		聚合物溶液可直接用作涂料、胶黏剂、纺丝液等

3. 聚合反应的操作方式

聚合反应可以按操作方式的不同，分为间歇式聚合与连续式聚合两种方式，见表 5-6。它不仅关系到聚合过程的操作方式，而且整个生产流程相应地被确定为间歇生产方式或是连续生产方式。

表 5-6　间歇式聚合与连续式聚合的比较

间歇式聚合	连续式聚合
聚合反应分批进行	聚合反应连续进行
反应条件易控制	生产效率高，成本低
适合小规模生产，不易实现全自动化操作	适合大规模生产，易实现全自动化操作

间歇式聚合操作是单体、引发剂（催化剂）和其他反应物料分批次进入聚合反应器，聚合物是分批生产的，当反应达到要求的转化率时，聚合物从聚合反应器中排出。因此间歇聚合操作不易实现操作过程的全自动化，每批产品的规格难以控制到严格一致，而且不适合大规模生产。优点是反应条件易控制，升温、恒温可精确控制在一定温度范围内，物料在聚合反应器内停留的时间相同，便于改变工艺条件。所以灵活性大，适于小批量生产，容易改变品种和牌号。

连续式聚合操作是单体、引发剂和其他反应物料连续进入聚合反应器，反应得到的聚合物则连续不断地排出聚合反应器，因此聚合反应条件是稳定的，容易实现操作过程的全自动化。如果聚合反应条件严格一致，则所得产品的质量规格稳定，适合大规模生产。因此劳动生产率高，成本较低。缺点是不宜经常改变产品牌号，所以不便小批量生产某牌号产品。目前高分子合成工业大多已实现了连续聚合生产。

4. 聚合反应器

进行聚合反应的设备称为聚合反应器。根据其形状的不同，聚合反应器可分为釜式反应器、管式反应器和塔式反应器。其中以釜式反应器应用最为普遍，它又称聚合反应釜，如图5-5所示。丙烯聚合生产聚丙烯常用双环管反应器，如图5-6所示。

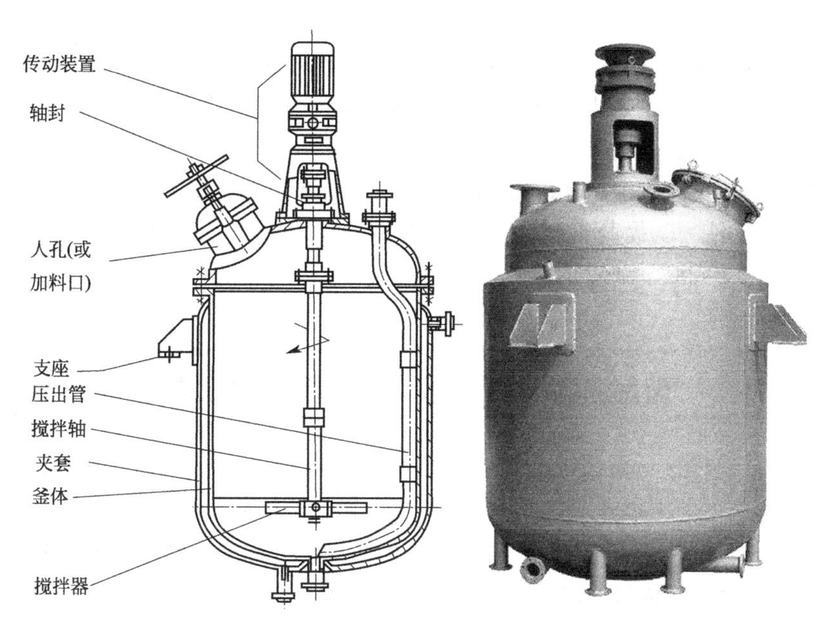

图5-5　聚合反应釜及其结构示意图

为了生产合格的高分子产品，聚合反应器应当具有良好的热交换能力和精密的温度、压力控制和安全联锁控制系统等。聚合反应多为放热反应，排除反应热的方法主要有夹套冷却、内冷管冷却、反应器外循环冷却、回流冷凝器冷却、反应器外闪蒸反应物料等。对于釜式聚合反应器，为使反应均匀和传热正常进行，反应釜中必须安装搅拌器，常见的搅拌器形式有平桨式、旋桨式、涡轮式、锚式以及螺带式等。

5. 高分子合成材料成型加工

高分子合成工业所得高分子化合物主要包括合成树脂和合成橡胶两大类，它们可能是液态的低聚物、坚韧的固态高聚物（合成树脂）或弹性体（合成橡胶），必须经过进一步的成型加工，才能够制成像塑料瓶、织物、轮胎一样有用的材料制品。这是高分子合成材料成形加工工业的主要任务。

图 5-6　双环管反应器
（图片来自湛江石化丙烯聚合装置）

合成树脂和合成橡胶是高分子合成材料成型加工工业的基本原料。纯粹的合成树脂或合成橡胶通常不能直接用来成型加工，须加入适当种类和数量的添加剂（也叫助剂或配合剂）经适当方法加以混合（或混炼），然后通过挤出、注射、压延、浇铸等成型加工工艺，制成经久耐用的高分子材料制品，如塑料制品、合成纤维制品、合成橡胶制品、涂料、黏合剂、离子交换树脂等最终产品。

为使塑料制品经久耐用，用于生产塑料的合成树脂中常加入各种添加剂，包括稳定剂、润滑剂、着色剂、增塑剂、填料以及根据不同用途而加入的防静电剂、防霉剂、紫外线吸收剂等。为解决塑料难以自然降解的问题，生产一次性塑料制品时需添加降解催化剂（如光降解催化剂等）以促进其老化和降解。

合成纤维通常由线形高分子量的合成树脂经熔融纺丝或溶液纺丝制成。合成纤维中通常要加少量消光剂、防静电剂以及油剂等，消光剂的作用可以消除合成纤维的光泽，一般为白色颜料如钛白粉，锌白粉等。

由合成橡胶制造橡胶制品时，常加入硫化剂、防老剂、软化剂、增强剂、填充剂、着色剂等各种配合剂，以提高橡胶制品的使用性能。例如，防老剂能够延缓橡胶老化的过程，从而延长橡胶制品的使用寿命；增强剂又称补强剂，可以提高橡胶制品的强度等等。

知识拓展　》》聚酰亚胺让“玉兔”“嫦娥”身上的国旗鲜红靓丽

2019 年 1 月 3 日，“嫦娥四号”月球探测器成功着陆在月球背面，月球车“玉兔二号”到达月面开始巡视探测，开启了中国探月工程的新篇章。在这振奋人心的探月行动中，是否有人注意到一个小小的细节，在极端的月球气温环境中（白天最高温度可达 160℃，夜间最低温度低到－180℃），“嫦娥四号”着陆器及“玉兔二号”巡视器身上的五星红旗依然色彩鲜艳（图 5-7）。如何让五星红旗在月面近 300℃的温差和强紫外环境下，依然鲜亮且长久不褪色？这其中大有学问！

据悉，航天科技人员选择了聚酰亚胺（PI）的有机高分子薄膜材料用于制作“嫦娥四号”着陆器及“玉兔二号”巡视器身上的五星红旗。

聚酰亚胺是综合性能最佳的有机高分子材料之一，耐高温达 400℃以上，长期使用温度范围为－200～300℃，部分无明显熔点，有高绝缘性能。这一特性，再适合在月球生存不过了！为了让国旗牢牢附着在探测器表面，采用背胶与铆钉相结合的固定方式，国旗质量从 200g 下降到 20g，最大限度地降低对卫星用载荷仪器的影响。位置也有讲究！研制团队进行了上百次模拟演练，几乎试遍了每一个可用的区域，验证了每一个可能的光线范围和拍摄角度、拍摄距离。最终选定绑定国旗的中心位，让着陆器和巡视器上的国旗，都在对方的摄像范围之内，确保清晰可见。

图 5-7 “玉兔二号”巡视器身上的五星红旗

国旗的上色工艺也是量身定制。据悉最初选用激光喷绘，表面细小的颗粒物总让人感觉色彩不均匀。最后完全更换了工艺，特别委托研制了一套高精度的丝网印刷设备，印制出的五星红旗比镜面还光滑，在阳光下熠熠生辉。可试验中还是出了问题，当真空环境模拟试验温度增加到一定水平时，红旗的色彩和图案全部蒸发，只剩下一片光秃秃的长方形材料。科研人员经过一个多月的努力，连续进行了七次热真空试验，以 5℃为一个步进单位逐步调整试验温度，终于找到了症结所在。最终，在±170℃范围内，整整一个月的真空环境试验，五星红旗都能保持本色，鲜艳如新！

第二节 塑料

一、概述

塑料（plastics），是我们再熟悉不过的物质。塑料瓶、塑料袋、塑料盒、塑料玩具……这些东西在每个人的生活中都随处可见。那么到底什么是塑料呢？顾名思义，塑料是指可以塑造的材料，或者说具有可塑性的材料，广义上它应该包括陶土和石膏之类的材料，而目前塑料的概念已经专指一大类高分子合成材料。所谓可塑性，就是指材料在一定温度和压力下可塑制成一定形状，并且在常温下形状保持不变的性质。

从 1868 年的第一种人造塑料——赛璐珞算起，塑料的历史已有 150 余年了。赛璐珞当时广泛用于制造台球和仿象牙产品，非常受人们的欢迎，不过这仍然是用天然高分子材料——纤维素加工而成的。真正由小分子通过化学合成的第一种塑料，应该是 1910 年问世的“酚醛树脂”。这里“树脂”是借用自然界有些树木所分泌的天然高分子物质——树脂的名称，以表示化学合成的原始高分子材料。发展到今天，全世界已规模生产的塑料品种达到了 300 余种之多，它们大量用于生产日用品、建筑材料、交通运输工具、化工设备、电器和机械零件，其中很多品种已代替了木材、有色金属和部分钢材。

【中国第一块有机玻璃】

王葆仁先生在新中国经济发展恢复之初，毅然选择了还处于发展初期的高分子化学作为重点发展方向，并在 20 世纪 50 年代临危受命，带领课题组完成了聚甲基丙烯酸和聚己内酰胺的研制和工业化生产这两项军工任务，首次在我国试制出第一块有机玻璃和第一根尼龙-6（聚己内酰胺）合成纤维。

1. 塑料的特点

塑料具有密度小、强度高、耐化学腐蚀、耐摩擦、电绝缘性能好、容易成型加工等优点。塑料的密度范围大致为0.9～2.3g/cm^3，仅为钢铁的1/8～1/4、铝的1/2左右。各种泡沫塑料的密度更低，为0.01～0.5g/cm^3。按单位质量计算的强度称为比强度，有些增强塑料的比强度接近甚至超过钢材。几乎所有的塑料都具有优异的电绝缘性能，表面电阻为10^9～$10^{18}\Omega$，因而广泛用作电绝缘材料。塑料中加入导电的填料，如金属粉、石墨等，或经特殊处理，可制成具有一定电导率的导体或半导体以供特殊需要。塑料也常用作绝热材料。许多塑料的摩擦系数很低，可用于制造轴承、轴瓦、齿轮等部件，且可用水作润滑剂，如聚酰胺（尼龙）、聚四氟乙烯（特氟龙）等。同时，有些塑料的摩擦系数较高，如芳香族聚酯，可用于制作制动装置的摩擦零件，如刹车片等。

塑料的缺点主要是力学性能比金属材料差，多数塑料品种能够承受的拉伸、压缩、弯曲、扭转、冲击等作用力都较小（只是相对于金属材料而言），表面硬度也较低，大多数品种易燃，耐热性较差。在外力作用下，塑料会缓慢地发生变形，我们称之为蠕变现象。此外，塑料易受大气和阳光中的氧气、水分、紫外光、臭氧等因素影响，发生老化。

2. 热塑性塑料和热固性塑料

一般根据塑料受热后的情况和是否具备反复成型加工的性能，可将塑料分为热塑性塑料和热固性塑料两大类。热塑性塑料在特定温度下受热时会熔融为流体，进而加工成塑料产品，冷却时硬化；再受热，又可熔融、加工，即具有多次重复加工性。热塑性塑料占塑料总产量的80%以上，主要品种有聚乙烯、聚丙烯、聚氯乙烯、聚苯乙烯、聚酰胺、ABS树脂、有机玻璃等，它们的分子链结构均为线形或支链形结构。热固性塑料加工成产品后再受热不能熔融，在溶剂中也不溶解，当受强热时则被分解破坏，即不具备重复加工性。热固性塑料的分子链结构均为交联网状（体形）结构，主要品种有酚醛树脂（PF）、脲醛树脂（UF）、不饱和聚酯（UP）、环氧树脂（EP）等及其改性树脂为基体制成的塑料。

3. 通用塑料和工程塑料

按塑料的使用领域分类，又可分为通用塑料（general purposed plastics）和工程塑料（engineering plastics）两大类。

通用塑料是指来源丰富、产量大、价格低、用途广、影响面宽、力学性能一般，且容易成型加工的塑料，主要作为非结构材料使用。通用塑料主要的品种有聚乙烯、聚丙烯、聚氯乙烯、聚苯乙烯、聚甲基丙烯酸甲酯、ABS树脂、酚醛树脂、氨基树脂等，其产量占塑料总产量的85%以上，构成了塑料工业的主体。随着科学技术的发展，一些通用塑料如聚丙烯，经过改性之后可以作为工程材料，因此说二者之间的界限现在已经不是很严格了。

通用塑料的用途可涉及以下几个方面：

（1）农业　各种农膜、排灌管、喷灌管、渔网、养殖箱、飘浮材料等。

（2）工业　由于塑料的电绝缘性，在电器工业上已经大量使用塑料作绝缘材料和封装材料；在电子和仪表工业中的制件、壳体；化学工业中各种防腐容器、管道、槽、罐等。

（3）建筑业　塑料门、窗、天花板、地板革、上下水管道与管件、煤气管道与管件等。

（4）包装业　各种编织袋、包装薄膜、中空容器、周转箱、瓦楞箱、打包带、泡沫塑料等。

（5）日常用品　各种塑料玩具、牙刷、雨衣、餐具、器具、拖鞋等。

（6）医疗卫生　医疗用输液袋、一次用注射用品、降解性医用材料等。

（7）电器工业　各种办公用具及家用电器绝缘、保温、防腐、防潮的壳体等。

通用塑料除了在以上领域应用比较广泛外，目前一些通用塑料通过改性扩大了应用领域，如在国防尖端工业、交通与航空工业等作为结构材料大量使用。

工程塑料，顾名思义是工程上应用的塑料或可作工程材料的塑料。显然，这里的工程通常指土木工程、机械工程、水电安装工程、矿山采掘工程、水利工程等，也可能主要是指替代金属材料和某些竹木材料的塑料，这是早期的一种宽泛的定义。实际上，工程塑料是随着汽车工业、电子电气工业、信息技术、航空航天、国防军工的特殊要求在 20 世纪 50 年代以后新兴的高分子塑料材料，一般指能在常见温度或更宽的温度范围内较长时间使用，而能保持其优良性能，并且有一定的机械强度可以作为结构材料的塑料。这个定义似乎仍然强调它代替金属作结构材料的这种意义。实际上，现代工程塑料不仅仅是代替金属，而且更加看重它具有金属所没有的特殊性能，是一种独立的而且是金属无法取代的高分子材料。比如它的密度小、质轻、强度高、耐化学腐蚀、耐磨、尺寸稳定性好、摩擦系数小、吸震、消音、绝缘、耐热、使用温度高、抗冲击、撞击不产生火花等特殊性能，金属尚不能及。所以工程塑料与金属材料或其他非金属材料不是谁替代谁的问题，而是人类使用的一类特种材料，是材料的一个进步。因而工程塑料，就是在电子电气、化工、机械、建筑、水暖、航空、航天、汽车、运输、仪器、仪表、卫生医药等工程上应用的具有特殊性能的高分子塑料材料。

最早出现并应用的塑料如聚苯乙烯、聚乙烯、聚氯乙烯、酚醛树脂以及后来居上的聚丙烯，它们实际上也具有“工程塑料”的某些特性而被用作泵、齿轮、管道、板材等。这些材料产量大、历史久，使用起来当然有一定的特殊性能，但尚不理想，不能满足一些特殊场合要求，因此把它们戏称为“大路货塑料”，雅称为通用塑料。可见，工程塑料是在它的一些特殊性能超越了通用塑料之后而问世，并得以立足、发展的，而且扩大了工程应用领域。目前人类使用的工程塑料通常包括聚碳酸酯、聚酰胺、聚甲醛、聚砜、聚芳酯、聚苯酯、聚酰亚胺、含氟塑料等类。新的工程塑料或改性的工程塑料还会不断涌现，应用领域在不断扩展，成为新型化工材料中的重要成员。

在工程塑料中，通常把使用量大、长期使用温度在 100～150℃范围内的，称为“通用工程塑料”。而将使用量较小、价格高、长期使用温度在 150℃以上的称为“特种工程塑料”或“超级工程塑料”。具体的分类如图 5-8 所示。

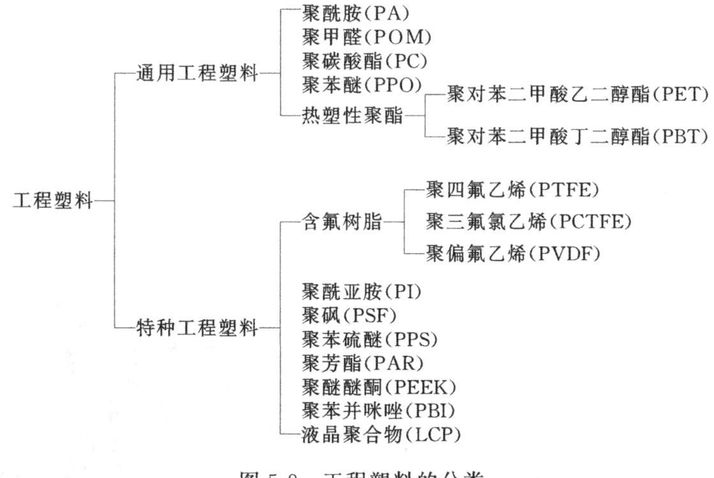

图 5-8 工程塑料的分类

4. 塑料的加工

生活中的塑料制品（如塑料瓶、塑料袋等），通常是塑料原料（包括聚合物和各种添加剂）经加热熔融（或软化）后，通过一定的机器设备塑制成一定形状，然后冷却定型、修整而成，这个过程就是塑料加工，也称为塑料成型加工。塑料制品繁多，塑料加工工艺也纷繁复杂，目前来说，主要通过配料、成型、机械加工、接合、修饰、装配这几个步骤组成。

（1）配料　这是塑料加工工艺的第一步，它需要的原料除了聚合物以外，还要添加一些稳定剂、增塑剂、着色剂等塑料助剂，这样加工成型的塑料制品使用性能会得到很大的改善，而且也可以降低生产成本。将聚合物与助剂混合在一起，分散为干混料，也可以加工成粒料。

（2）成型　这是塑料加工工艺最关键的一步，我们要将各种形态的塑料制成所需形状的胚件。成型的方法有很多，选择的时候主要还是根据塑料的类型、起始形态以及制品的尺寸和形状来决定。热塑性塑料一般采用挤出成型、注射成型、压延成型、吹塑成型和热成型方法，前四种方法是热塑性塑料的主要成型方法；热固性塑料可采用模压、铸塑模、传递模塑等方法。除此以外，还有用液态单体或聚合物为原料的浇铸等。图 5-9 为挤出吹塑生产塑料瓶的工艺过程，图 5-10 为挤出吹塑所用的吹塑机。

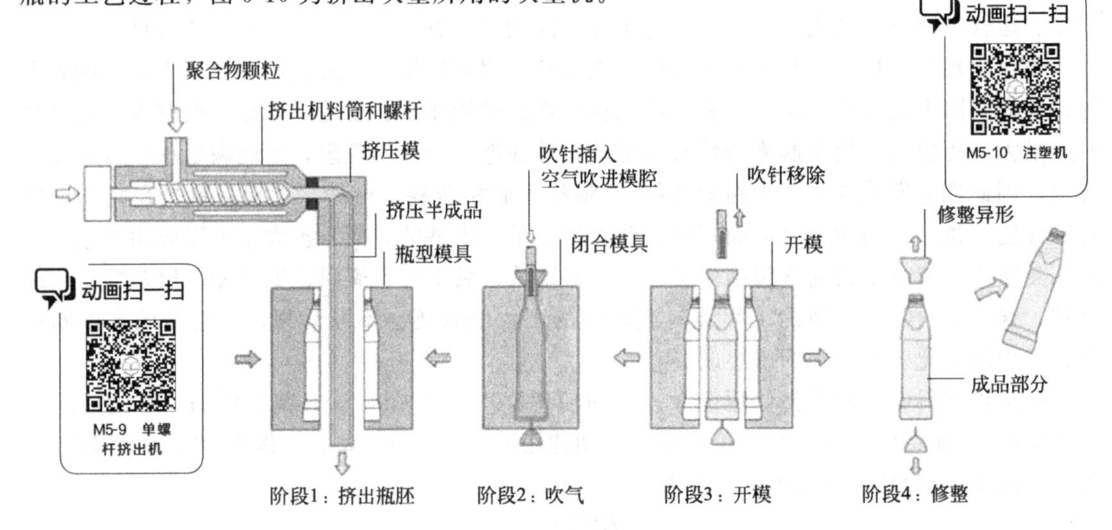

图 5-9　挤出吹塑生产塑料瓶的工艺步骤示意图

（3）机械加工　这一步可以看作成型的一道辅助工序。它可以借用金属或者木材的加工方法，制造一些尺寸精确或者数量不多的塑料制品。不过，塑料的性能和金属、木材等完全不同，在进行机械加工的时候用的工具及切削速度等都要符合塑料的特点。

（4）接合　这一步就是把塑料件接合在一起，方法主要有焊接和黏接两种。焊接法主要是热风焊接、热熔焊接、高频焊接、摩擦焊接、超声焊接等。黏接法是使用胶黏剂来完成的，如树脂溶液和热熔胶黏接。

图 5-10　吹塑机

（5）修饰　这一步的目的是为了美化塑料制品

的表面，一般通过机械修饰，也就是磨、挫、抛光等；再就是涂饰，比如用涂料涂在制件的表面，用带花纹的薄膜覆盖制品的表面等；还有施彩，如彩绘、印刷等；另外还有镀金属，包括真空镀膜、电镀以及化学法镀银等。

(6) 装配　这是塑料加工的最后一步了，也就是将加工成的单独的塑料件组合在一起成为完整的塑料制品。

二、重要的通用塑料

1. 聚乙烯

聚乙烯是以乙烯为原料聚合而成的一种热塑性聚合物，可简写为 PE (polyethylene)，分子式为 $\mathrm{-\!\![CH_2-CH_2]\!\!-}_n$ 。

乙烯单体是通过石油裂解而得到的，由于世界上石油资源非常丰富，因此聚乙烯的产量自 20 世纪 60 年代中期以来一直高居首位，约占世界塑料总量的 1/3，应用面也最广。

聚乙烯比水轻，无毒，为白色蜡状半透明材料(图 5-11)；具有优良的电绝缘性，良好的耐化学性，在 60℃以下，能耐各种浓度的盐和碱溶液，室温下一些化学物质对它不起作用；具有优异的力学性质，既有较高的强度，又有良好的柔性和弹性，并随着分子量的增加力学性能有所提高，当分子量超过 150 万时为极坚韧的材料，可作为工程材料使用。聚乙烯容易光氧化、热氧化、臭氧分解。

图 5-11　低密度聚乙烯颗粒

(1) 聚乙烯的分类和用途　聚乙烯有很多品种，按照密度和分子结构的不同，主要分为低密度聚乙烯 (LDPE)、线形低密度聚乙烯 (LLDPE) 和高密度聚乙烯 (HDPE)，除了上述几种聚乙烯外，还包括一些具有特殊性能的品种，例如分子量在 100 万以上的超高分子量聚乙烯 (UHMWPE) 等。聚乙烯的品种和相应的用途分述如下。

① 低密度聚乙烯 (LDPE)。LDPE 的密度为 0.915～0.940g/cm^3，分子呈长短支链，支化度较大。因为它是由乙烯在高压 (>250MPa) 条件下聚合制得的，所以也称为高压聚乙烯。最早出现的高压法合成的低密度聚乙烯 (LDPE) 是英国帝国化学公司 ICI (Imperial Chemical Industries Ltd.) 在 1933 年发明的，在 1939 年开始工业化生产，随后在世界范围内得到迅速发展。

LDPE 的耐热性、耐溶剂性、强度、硬度都相对较差。但是它的电绝缘性优良，柔软性好，耐冲击性能和透明性也比较好，且具有良好的透气性。LDPE 主要做成薄膜用于食品包装、商业和工业用包装、购物袋、垃圾袋等，特别是作为农用薄膜，用于生产棚膜、地膜等，这部分占 50%～60%；家用器皿、玩具、医用注射制品；牛奶及果汁饮料、冰激淋纸盒和非食品包装的涂覆等；各种电线电缆的绝缘和护套。

② 高密度聚乙烯 (HDPE)。HDPE 是由乙烯在低压 (<4MPa) 条件下聚合制得的，所以也称为低压聚乙烯。最早是 1953 年德国化学家齐格勒 (Ziegler) 在低压下合成了 HDPE，1957 年投入工业化生产。HDPE 的密度为 0.940～0.970g/cm^3，分子呈线形结构

并有少量的短支链，支化度较小。由于它的分子量比较高，支链短而且少，因此密度较高，拉伸强度、弯曲强度、硬度等力学性能都优于LDPE，但耐冲击性能比LDPE差。它的耐热性比较高，最高使用温度为100℃，最低使用温度可至－70℃。透气性为LDPE的1/5，特别适合于包装防潮物品。

HDPE可吹塑成中空制品，用作清洁用品容器、医用药瓶、汽车油箱、化学品贮罐等；饮料和食品的周转箱、机器零件等；食品和工农业产品的包装、购物袋等；制成管材类，如天然气管、煤气管、固体输送管、城市排水管、农用灌溉管等；单丝类，如渔网、建筑用安全网、民用纱窗网等；用于发泡制品，可作合成木材和合成纸。合成木材用于汽车坐板、挡板、轮船甲板，合成纸强度好，耐水、耐油、化学稳定性好，可印刷，作地图及重要文件用纸。

③ 线形低密度聚乙烯（LLDPE）。LLDPE是乙烯与少量的其他烯烃（丙烯、1-丁烯、2-己烯等均可）共聚，形成在线形乙烯主链上带有非常短小的共聚单体支链的分子结构，其结构接近于HDPE，密度为0.914～0.940g/cm^3。它的强度好，韧性好，比LDPE有更好的耐撕裂性、耐拉伸性、耐穿刺性，但是它的薄膜制品透明性差。

动画扫一扫

M5-11 低密度聚乙烯聚合

LDPE约70%用于薄膜的生产，主要是食品包装、工业用包装、农用膜、垃圾袋等；各类容器，儿童玩具；电话电线的绝缘材料，光缆和电力电缆的绝缘夹套；大型的农用贮槽、化学品贮槽；各种管材、片才和板材等。

④ 其他种类的聚乙烯。

a. 超高分子量聚乙烯（UHMWPE）。UHMWPE的分子结构和HDPE比较相似，呈线形结构。常规的HDPE分子量在5万～30万，而UHMWPE的分子量在100万以上。由于分子量大，使它具有独特的性能，如：极佳的耐磨性、高的冲击强度、良好的自润滑性、优异的耐低温性和化学稳定性，是一种价格低廉、可以和工程塑料相媲美的塑料。UHMWPE可用于农业机械、汽车、煤矿、纺织、造纸、化工、食品工业做不黏、耐磨、自润滑部件，如：导轨、泵、压滤机、阀、密封圈、轴承等，与食品接触的材质，人体内部器官、关节等器件。

b. 交联聚乙烯。交联聚乙烯是通过化学或辐射的方法在聚乙烯分子链间相互交联，形成的网状结构的热固性塑料。无论是低密度聚乙烯还是高密度聚乙烯都能进行交联，交联后的聚乙烯的拉伸强度、冲击强度、抗蠕变性、刚性等皆优于HDPE，弹性模量比HDPE高5倍；低温柔韧性好，软化点达到200℃，可在140℃下长期使用；有突出的耐磨性、耐应力开裂性；电绝缘性、化学稳定性比普通聚乙烯更优异。

（2）聚乙烯的工业生产　以北京燕山石化公司的LDPE生产装置为例。该装置是从日本住友株式会社引进的，采用釜式法生产工艺，用自由基聚合法生产高压低密度聚乙烯。工艺流程由压缩、聚合、分离、造粒、混合、包装等工序组成，如图5-12所示。

① 压缩部分。将来自总管的1.18MPa的新鲜乙烯气及装置循环使用的乙烯，经一次、二次压缩机加压至反应需要的压力（113～196.20MPa）。

② 聚合部分。将压缩送来的高压乙烯单体在聚合釜里聚合成聚乙烯。反应热由中间冷却器和反应夹套导出，反应温度为160～270℃。

③ 造粒部分。聚合部分生成的聚乙烯与未反应的乙烯经减压、冷却后在高、低分离器中分离，气体除去低聚物后回压缩循环使用，聚乙烯经挤压机造粒、干燥后得到固体颗粒。

④ 混合、包装部分。聚乙烯颗粒用压缩空气输送，经计量、检验、掺混、贮存之后包装成袋。

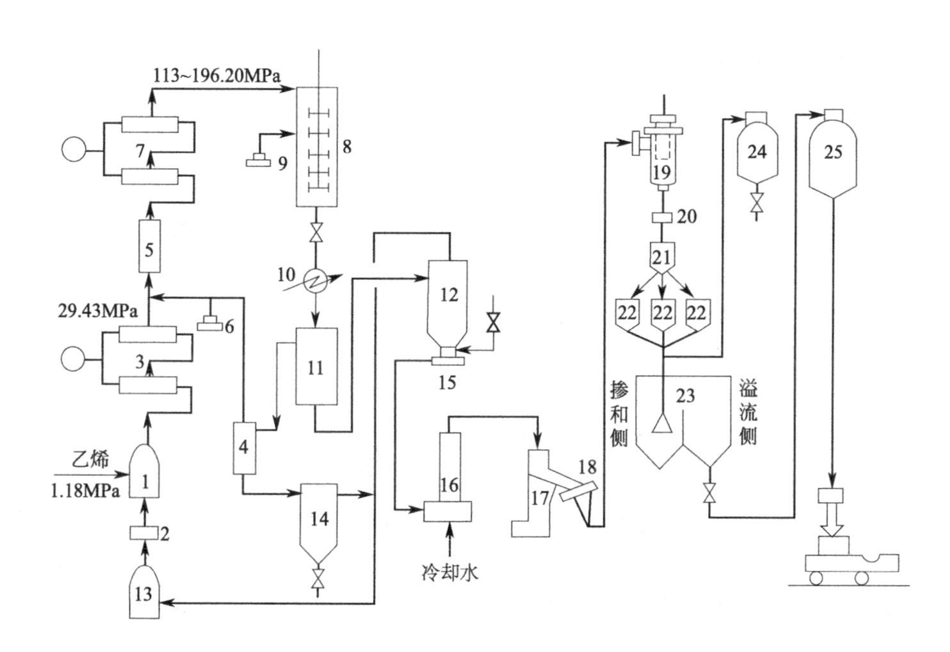

图 5-12 LDPE生产工艺流程

1，13—乙烯接收器；2—辅助压缩机；3—一次压缩机；4—低聚物分离器；5—气体混合器；6—调节剂注入泵；7—二次压缩机；8—聚合釜；9—引发剂泵；10—产物冷却器；11—高压分离器；12—低压分离器；14—低聚物分液器；15—齿轮泵；16—切粒机；17—脱水贮槽；18—振动筛；19—旋风分离器；20—磁力分离器；21—缓冲器；22—中间贮斗；23—掺和器；24—等外品贮槽；25—合格品贮槽

2. 聚丙烯

聚丙烯是丙烯在引发剂的作用下聚合而制得的热塑性聚合物，简写为 PP（polypropylene）。它的综合性能良好，原料来源丰富，生产工艺简单，而且价格低廉，因此目前已成为发展速度最快的塑料品种，其产量仅次于聚乙烯和聚氯乙烯，居第三位。聚丙烯为线形结构，分子式为 $\left[\!-CH_2-\underset{\displaystyle CH_3}{\underset{|}{CH}}-\right]_n$。

按结构不同，聚丙烯可分为等规聚丙烯（IPP）、间规聚丙烯（APP）和无规聚丙烯（SPP）三类，目前工业上 95%以上是等规聚丙烯。

（1）聚丙烯的性能和用途　聚丙烯树脂为白色蜡状物固体，无毒，极易燃烧，它的密度很低，为 0.89～0.91g/cm^3，是所有合成树脂中最轻的品种。它的一般性能简述如下。

① 力学性能。聚丙烯的力学性能与聚乙烯相比，其强度和硬度都比较高，光泽性也好。但它在低温下较脆，耐冲击性能不好，可通过与乙烯的共聚改性来提高它在常温和低温下的强度。聚丙烯还具有优良的抗弯曲疲劳性，其制品在常温下可弯折 10^6 次而不损坏。

② 电性能。聚丙烯具有优异的电绝缘性能，其电性能基本不受环境湿度及电场频率改变的影响，可作为高频绝缘材料使用。但由于低温脆性的影响，其在绝缘领域的应用远不如

聚乙烯广泛，多用于电信电缆绝缘和电气外壳。

③ 热性能。聚丙烯具有良好的耐热性，可在100℃以上长期使用，制品加热到150℃也不变形。聚丙烯的耐沸水、耐蒸汽性良好，特别适于制备医用高压消毒制品。此外，它的热导率低，是很好的绝热保温材料。

④ 耐化学药品性。聚丙烯具有很高的耐化学腐蚀性，在室温下不溶于任何溶剂，可耐除强氧化剂、浓硫酸以及浓硝酸等以外的酸、碱、盐及大多数有机溶剂（如醇、酚、醛、酮及大多数羧酸等）。

⑤ 环境性能。聚丙烯的耐候性差，对紫外线较敏感，在氧和紫外线作用下易降解，因此聚丙烯在加工时必须加入抗氧剂和光稳定剂。

另外，聚丙烯薄膜的透明度、光洁度、拉伸强度、耐热性及二次加工性能都比较优良，薄膜在单向拉伸后的强度很高，伸长率变小，可将其切成窄带或细丝用作织物和绳索材料。

由于价格低廉，综合性能良好，容易加工，因此聚丙烯的应用非常广泛。特别是近年来聚丙烯树脂改性技术的迅速发展，使它的用途日趋扩大。聚丙烯可制成家具、餐具、厨房用具、盆、桶、玩具等；可制成汽车上的很多部件，如方向盘、仪表盘、保险杠等；可制成电视机外壳、洗衣机内桶等；可制成扁丝织成编织袋、打包带，还可生产各种薄膜用作重包装袋（如粮食、糖、食盐的包装），制成透明的玻璃纸等；可制成食品的周转箱、食品包装以及香烟的过滤嘴；可制成工业用布、地毯和服装用布，特别是聚丙烯土工布广泛用于公路、水库建设，对提高工程质量有重要作用；可制成一次性注射器、手术服、个人卫生用品等。

（2）聚丙烯的工业生产　以瑞士巴塞尔公司Spheripol工艺为例介绍。目前，世界上采用Spheripol工艺生产的聚丙烯，约占世界聚丙烯总生产能力的36.8%。Spheripol工艺是一种液相预聚合与液相均聚、气相共聚相结合的聚合工艺，工艺采用高效催化剂，催化剂活性达到40kg/g cat，产品等规度为90%～99%，PP粉料呈圆球形，颗粒大而均匀，提供全范围的产品。Spheripol工艺采用的液相环管反应器具有以下优点：反应器内聚合物浆液浓度高（质量分数大于50%），反应器的单程转化率高（均聚的丙烯单程转化率为50%～60%）。生产工艺如图5-13所示。

该工序包括：丙烯精制系统、催化剂配制系统、氢气系统、丙烯系统、液相聚合系统、浆液洗涤系统、气相聚合系统、粉料分离系统、丙烯循环系统。

3. 聚氯乙烯

聚氯乙烯是由氯乙烯聚合而成的一种热塑性聚合物，英文名称为poly（vinyl—chloride），简称PVC。其分子式可表示为：$\left[CH_2-\underset{\underset{Cl}{|}}{CH} \right]_n$ 。

世界上PVC的产量仅次于PE，位居合成树脂的第二位，而我国的PVC产量则位于第一位。PVC工业上有四种聚合方法：悬浮聚合、乳液聚合、本体聚合和溶液聚合，其中以悬浮聚合为主，其产量约为PVC产量的90%。悬浮聚合时，采用不同的分散剂可以制得颗粒结构不同的两种PVC树脂，一种是紧密型的，俗称“玻璃球树脂”（XJ），一种是疏松型的，俗称“棉花球树脂”（XS），国家标准统称SG。目前工业上以生产疏松型PVC为主。

中国生产的悬浮法PVC树脂型号及用途如表5-7所示。

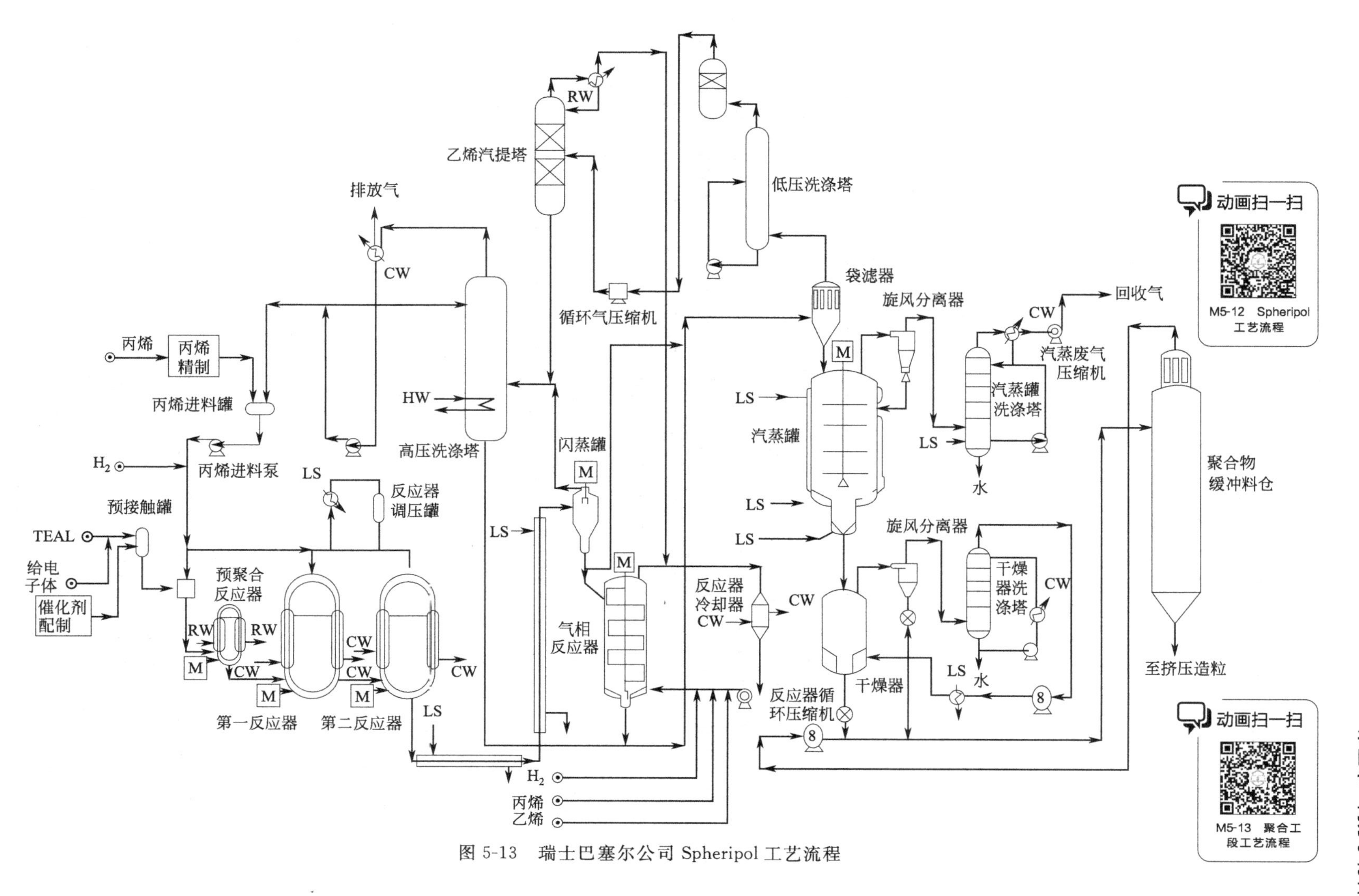

图 5-13　瑞士巴塞尔公司 Spheripol 工艺流程

表 5-7　悬浮法 PVC 树脂的型号及用途

型号	级别	主要用途
PVC-SG1	一级 A	高级电绝缘材料
PVC-SG2	一级 A 一级 B、二级	电绝缘材料、薄膜 一般软材料
PVC-SG3	一级 A 一级 B、二级	电绝缘材料、农用薄膜、人造革 全塑凉鞋
PVC-SG4	一级 A 一级 B、二级	工业和农用薄膜 软管、人造革、高强度管材
PVC-SG5	一级 A 一级 B、二级	透明制品 硬管、硬片、单丝、型材、套管
PVC-SG6	一级 A 一级 B、二级	唱片、透明制品 硬板、焊条、纤维
PVC-SG7	一级 A 一级 B、二级	瓶子、透明片 硬质注塑管件、过氯乙烯树脂

(1) 聚氯乙烯的性能和用途　PVC 树脂是白色或淡黄色的坚硬粉末，密度为 1.35～1.45g/cm^3，纯聚合物的透气性和透湿率都较低。

PVC 通常不能单独使用，一般根据不同用途加有多种不同的添加剂，如增塑剂、稳定剂等。其中增塑剂加不加或者加多少，可将 PVC 分为软、硬 PVC。不含增塑剂或含增塑剂不超过 10%的 PVC 称为硬质 PVC，含增塑剂 40%以上的称为软质 PVC，介于两者之间的为半硬质 PVC。添加剂的品种和用量对 PVC 的物理机械性能影响很大。

① 力学性能。由于氯原子的存在增大了分子链间的作用力，不仅使分子链变刚，也使分子链间的距离变小，密度增大，其结果使 PVC 宏观上比聚乙烯具有较高的强度、硬度和较低的韧性、冲击强度。与聚乙烯相比，PVC 的拉伸强度可提高到两倍以上。

② 热性能。PVC 在 80～85℃开始软化，140℃时聚合物已开始分解。在现有的塑料材料中，PVC 是热稳定性特别差的材料之一，受热分解会放出氯化氢气体，因此在加工时必须加入稳定剂，并严格控制温度。PVC 的最高连续使用温度在 65～80℃之间。

③ 电性能。PVC 的电绝缘性能不如聚乙烯，而且电性能受温度和电场频率的影响较大，一般适用于中低压及低频绝缘材料。

④ 化学性能。PVC 能耐许多化学药品，除了浓硫酸、浓硝酸对它有损害外，其他大多数的无机酸、碱、多数有机溶剂、无机盐类以及过氧化物对它均无损害，因此，适合作为化工防腐材料。

PVC 对光、氧、热及机械作用都比较敏感，在其作用下易发生降解反应，脱出 HCl，使 PVC 制品的颜色发生变化。为改善这种状态，可加入稳定剂及采用改性的手段。PVC 软制品由于添加有大量增塑剂、稳定剂，而这些添加剂大多数是有毒的，因此一般情况下饮用或者食用的高温物体不建议接触 PVC 产品（除注明无毒配方的产品外）。

PVC 的应用面极为广泛，从建筑材料到汽车制造业，从工农业制品到日常生活用品，涉及各行各业，各个方面。例如可用于电气绝缘材料，如电线的绝缘层，目前几乎完全代替了橡胶，可作电气用耐热电线、电线电缆的衬套等。用于汽车方面，可作为方向盘、顶盖板、缓冲垫等。用于建筑方面，可用作各种型材，如管、棒、异型材、门窗框架、室内装饰材料、下水管道等。用作化工设备，可加工成各种耐化学药品的管道、容器和防腐材料。软质聚氯乙烯还可制成具有韧性、耐挠曲的各种管子、薄膜、薄片等制品。可用于制作包装材料、雨具、农用薄膜等。PVC 糊可涂附在棉布、纸张上，经加热在 140～145℃很快发生凝胶，成型为薄膜，再经滚筒压紧，即成人造革，可制成各种制品。PVC 泡沫塑料还常用作衬垫、拖鞋以及隔热、隔声材料。

(2) 聚氯乙烯对环境的影响　PVC 在生产、加工、使用中的环境问题比较严重，在加工操作过程中，PVC 释放出的氯化氢（HCl）气体会刺激人的呼吸系统。目前有观点认为，PVC 中氯乙烯单体对人体有害，并产生致癌物质。PVC 在焚化处理时产生的烟气还会严重破坏臭氧层，造成二次公害。另外，PVC 本身具有一种臭味，如包装食品或化妆品时，会破坏被包装物本身的味道，影响产品质量与效果。

目前，有关 PVC 环境问题及解决方案如表 5-8 所示。

表 5-8　PVC 的环境问题及解决方案

项目	问题	解决方案
制造过程	①聚合时产生大量含分散剂或表面活性剂的废水 ②残留单体(致癌物质)	用凝聚沉淀处理、活性污泥处理等除去 用气体除去
添加剂	①使用含 Cd、Pb、Sn 等重金属的稳定剂 ②软质 PVC 大量使用增塑剂	逐步用 Ca 类、Zn 类、有机物等替代 寻求有毒性的增塑剂的替代品
燃烧性	①燃烧时产生大量烟及 HCl 气体 ②低温燃烧时(<900℃)，有生成二噁英的可能性(尤其是软质 PVC)	应予特别注意 燃烧炉温度不能太低
回收再生	①必须推进回收 ②部分废料，如农用 PVC、废电线已再生利用 ③混有 PVC 的废塑料再生利用时，有产生 HCl 的可能	研究去除 HCl 的办法

4. 聚甲基丙烯酸甲酯

聚甲基丙烯酸甲酯俗称有机玻璃，又称作亚克力，英文缩写为 PMMA，密度为 1.17～1.19 g/cm^3，具有高透明度、低价格、易于机械加工等优点，是经常使用的玻璃替代材料。PMMA 由甲基丙烯酸甲酯聚合而成，分子结构式为：

$$-\!\!\left[CH_2-\overset{\displaystyle CH_3}{\underset{\displaystyle COOCH_3}{\overset{|}{\underset{|}{C}}}}\right]\!\!_n-$$

(1) 聚甲基丙烯酸甲酯的性能和用途　PMMA 具有高度的透光性，透光率是所有塑料材料中最高的，它是迄今为止合成透明材料中质地最优异而价格又比较便宜的品种之一，是最重要的光学塑料。其主要优点有：

① 优异的光学性能。PMMA 透光率高达 92%，无色，几乎不吸收可见光，能透过 270nm 的紫外线。它着色性好，色调范围广，且在热作用下几乎不变色、褪色，折射率为 1.49，表面反射率不大于 4%，具有较好的表面光泽。

② 强度高。PMMA 相对密度小，仅为无机玻璃的一半，强度高，质轻而柔韧性高，显著优于无机玻璃。

③ 优良的耐腐蚀性。PMMA 耐强酸、强碱、无机盐、有机盐、油脂等；具有优异的耐候性，在室外长期暴露，其透明性和色泽变化较小。

④ 独特的电性能。PMMA 在很高的频率范围内具有较好的电绝缘性，适于作为长期室

外电器用具材料；良好的耐电弧性及不漏电性，表面电阻率大，适用于制作高压电流断路器。

PMMA 也有一些缺点，如表面硬度低，易划伤，需通过表面涂层加以克服；易产生静电，吸尘，破坏美观等。

良好的综合性能使得 PMMA 在工业上得到广泛应用。

① 宇宙航行和航空工业上，用于制造宇宙运载工具的零部件，如飞船、人造卫星等的透明窗、仪表和无线电信通信设备零件。航空工业上主要用于制造飞机座舱玻璃、防弹玻璃的中间夹层材料以及炮塔观察孔盖等。

② 汽车轮船制造工业上，它主要用作汽车和轮船上的窗玻璃、仪表玻璃、舵轮盘、信号灯、指示灯、油标、仪器仪表的透光绝缘配件等。在制造游艇、救生艇和快艇时，可用 PMMA 增强塑料作为部分结构材料。

③ 光学工业上的光学制品，如眼镜、放大镜、照相机、望远镜、电视屏幕、光学镜片、窥镜、光学仪器上的透镜、棱镜、镜面等都可用 PMMA 制造。

④ 建筑材料 PMMA 可制成轻而坚硬的彩色板材，用作门窗、隔板、家具、广告牌、灯箱以及日用品等。虽然成本高，但由于耐候性好，使用寿命长，在户外可使用 10 年以上，加上美观大方，在建筑上广泛使用。用作窗玻璃，既防震、防爆，而又不易破碎。

⑤ 医疗器具和文具用品。由于 PMMA 性能稳定且无毒，可用作医疗外科器具。整形外科可用作假肢、假鼻、假眼和假耳等。口腔科用作假牙、牙托等。它也可做成各种花色的笔杆、制图用具、示教模型和各种标本等。加入着色剂后，可着色成各种鲜艳的颜色，加入荧光剂可制成荧光塑料。加入珠光颜料，可制作珠光塑料，作为生产纽扣、发夹、糖果盒等的原料；也可做成高级装潢材料。

（2）聚甲基丙烯酸甲酯的工业生产　以本体聚合浇铸有机玻璃板材生产工艺为例。模具浇铸有机玻璃是 PMMA 聚合的典型产品，其工艺主要有制模、制浆、聚合、灌浆、脱模及其他辅助工序和操作。其生产流程如图 5-14 所示。

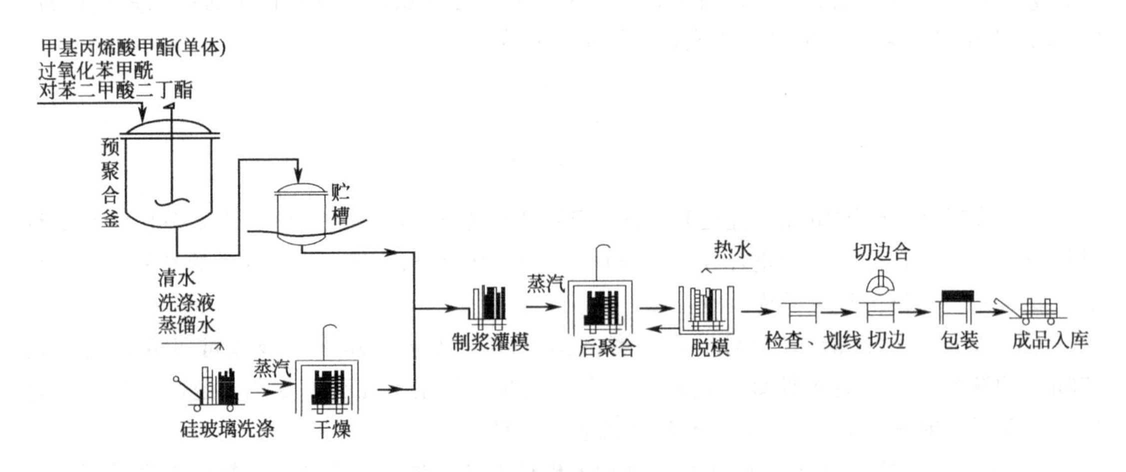

图 5-14　有机玻璃生产流程

5. 聚苯乙烯

聚苯乙烯是由单体苯乙烯聚合而成的热塑性聚合物，英文名为 polystyrene，简称 PS，是非常重要的通用塑料。它的分子结构式如下：

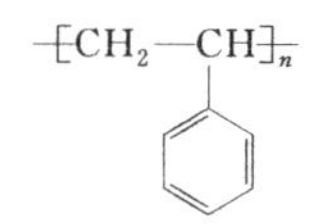

聚苯乙烯为无色、无味的透明刚性固体，无毒，易燃，燃烧时冒出浓烟并带有松节油气味。它的透明性非常好，密度为1.04～1.07g/cm^3，分子量一般为20万～30万，制品质硬且脆，落地时会有金属般的响声。

(1) 聚苯乙烯的性能

① 光学性能。透明性好是聚苯乙烯的最大特点。由于密度和折射率均一，可见光区内没有特殊的吸收，具有很强的透明性，透光率可达88%～92%（普通采光玻璃的透光率平均略高于80%），同PC（聚碳酸酯）和PMMA（有机玻璃）一样属最优秀的透明塑料品种，称为三大透明塑料。聚苯乙烯制品的表面十分光泽。但因苯环的存在，其双折射较大，不能用于高档光学仪器。

② 力学性能。聚苯乙烯属于一种硬而脆的材料，其拉伸、弯曲等常规力学性能在通用塑料中是很高的，但其冲击强度很低。

③ 热性能。聚苯乙烯的耐热性能较差，热变形温度为70～95℃，最高使用温度为60～80℃。聚苯乙烯的热导率较低，是良好的绝热保温材料，聚苯乙烯泡沫是目前广泛应用的绝热材料之一。

④ 电学性能。聚苯乙烯的电绝缘性良好。但是它易产生静电（例如，塑料尺子在头发上摩擦过后可以吸起纸屑，这就是因为产生了静电），使用时需加入抗静电剂。

⑤ 化学性能。聚苯乙烯的耐候性不好，如果长期暴露在日光下会变色、变脆，使用时应加入抗氧剂。

此外，聚苯乙烯是通用塑料中最容易加工的品种之一，可在很宽的温度范围内加工成型。

(2) 聚苯乙烯的品种和用途　聚苯乙烯有三个品种：通用型聚苯乙烯（GPPS）、高抗冲聚苯乙烯（HIPS）和可发性聚苯乙烯（EPS）。

① 通用型聚苯乙烯。GPPS是苯乙烯的均聚物，是最普通的聚苯乙烯，又称为透明聚苯乙烯（俗称透苯）。它的价格非常低廉，且具有无味、无毒、质硬、透明性极好、尺寸稳定性好、电绝缘性优良、耐辐射、着色性好等优点。缺点是质地较脆、耐热性差、耐日光性差、耐化学药品性一般。

由于GPPS价格低廉，常被做成各种日用品，如食品包装袋、文具（如尺子）、灯具、室内外装饰品、化妆品容器、果盘等。此外，它还被用于制造仪表外壳、光学零件、电讯器材、各种罩壳等。由于GPPS很难降解，在回收制度尚未完善的情况下，易造成白色污染。如今，人们越来越重视环境保护问题，因此使用这类制品时，应分类回收。

② 高抗冲聚苯乙烯。由于聚苯乙烯的脆性大、耐热性低等缺陷，因而限制了其应用范围。为改善这些缺陷，研制出了高抗冲聚苯乙烯（HIPS）。HIPS的组成为聚苯乙烯和橡胶，即在普通聚苯乙烯结构中加入橡胶结构，使其既有很好的强度又有很好的韧性，抗冲击性优异。这种聚苯乙烯产品会添加微米级橡胶颗粒并通过枝接的办法把聚苯乙烯和橡胶颗粒连接在一起。当受到冲击开裂时，裂纹扩展的尖端应力会被相对柔软的橡胶颗粒释放掉。因此裂纹的扩展受到阻碍，抗冲击性得到了提高。

HIPS除了冲击性能优异外，还具有聚苯乙烯的大多数优点，如尺寸稳定性好、刚性好、易于加工、制品光泽度高等。但因为它内部含有大量橡胶颗粒，使其透明性大大下降。HIPS适于制造各种电气零件、设备罩壳、仪表零件、冰箱内衬、容器、食品包装及一次性用具等。HIPS虽然价格略高于GPPS，但由于性能的改善，目前已大量应用。专用级高抗冲聚苯乙烯在许多应用中可代替工程塑料。

③ 可发性聚苯乙烯。聚苯乙烯还可通过发泡成型来制备包装材料及绝热保温材料，泡沫制品也是其树脂的主要用途。这种聚苯乙烯称为可发性聚苯乙烯（EPS）或发泡聚苯乙烯，其制备方法是将聚苯乙烯珠粒在加热、加压条件下把戊烷、丁烷、石油醚等低沸点物理发泡剂渗入到珠粒中去，溶胀得到可发性聚苯乙烯珠粒。

EPS质量轻，热导率低，吸水性小，并能抗震和抗冲击，广泛应用于运输材料、建筑材料、保温材料、隔热材料、防震材料以及包装材料等。

6. ABS树脂

ABS树脂是丙烯腈、丁二烯、苯乙烯的三元共聚物，英文名为acrylonitrile-butadiene-styreneresin，简称ABS树脂。ABS树脂是在对聚苯乙烯改性过程中开发出来的新型聚合物材料，它具有优异的综合性能，成为用途极为广泛的一种塑料。ABS树脂的结构式为：

$$\left[CH_2-\underset{\underset{CN}{|}}{CH}\right]_x\left[CH_2-CH=CH-CH_2\right]_y\left[CH_2-\underset{\underset{C_6H_5}{|}}{CH}\right]_z$$

ABS树脂兼有三种组分的共同性能：丙烯腈能使聚合物耐化学腐蚀，且有一定的硬度和良好的热稳定性；丁二烯使聚合物呈现橡胶状韧性，抗冲击强度提高；苯乙烯则赋予了聚合物良好的刚性和优异的加工特性。ABS树脂较聚苯乙烯具有耐热、抗冲击强度高、表面硬度高、尺寸稳定、耐化学药品性及电性能良好等特点。控制A∶B∶S的比例可以调节其性能，生产出不同型号、规格的ABS树脂，以适合各种应用的需要。例如增加组成中丙烯腈的含量时，其热稳定性、硬度及其他力学强度提高，而冲击强度和弹性降低。当树脂中丁二烯含量增加时，冲击强度提高了，而硬度、热稳定性、熔融流动性则降低。目前生产的ABS树脂中单体含量一般为：丙烯腈占20%～40%，丁二烯占10%～30%，苯乙烯占30%～60%。

ABS树脂一般不透明，外观呈浅象牙色，能配成任何颜色；无毒、无臭、坚韧、质硬，并有较好的耐温性和耐蠕变性；有极好的抗冲击强度，而且在低温下抗冲击强度也很好；耐磨性很好，可作中等负荷的轴承；有良好的电绝缘性，且很少受温度、湿度影响；水、无机盐、碱及酸类对ABS树脂几乎完全没有影响。ABS树脂的热稳定性一般，在250℃以上会分解，产生有毒的挥发性物质；ABS树脂制品的使用温度一般为−40～100℃。

ABS树脂具有良好的综合物理机械性能，广泛用于汽车工业、电器仪表工业、机械工业。ABS树脂最大的用途是用来制作家用电器及家用电子设备，如电视机、收录机、洗衣机、电冰箱、电唱机、电话机、吸尘器、电扇、空调等的壳体及部件；计算机、复印机、各种文教用品；轻工业中的自行车、照相机、时钟、缝纫机、乐器等；建筑业中的板材、管道；农业中各种农具、喷灌器材等；在机械仪表工业中常用作齿轮、叶轮泵、轴承、电机外壳、仪表壳、纺织器材等；汽车工业中，可作挡泥板、扶手、空调管道、加热器、小轿车车身、汽车配件、车灯壳等。

知识拓展　塑料制品回收标识

塑料制品回收标识，由美国塑料工业协会（Plastics Industry Association）于1988年制定。这套标识将塑料材质辨识码打在容器或包装上，从1号到7号，让民众无需费心去学习各类塑料材质的异同，就可以简单地加入回收工作的行列。每个塑料容器都有一个小小身份证——一个三角形的符号，一般就在塑料容器的底部。三角形里边有1～7数字，每个编号代表一种塑料容器，它们的制作材料不同，使用禁忌上也存在不同。

PET（聚对苯二甲酸乙二醇酯）

主要用作饮料包装，如矿泉水瓶、碳酸饮料瓶等，最高耐热温度70℃，适合装暖饮或冻饮，装热饮或反复使用有害。不可暴晒，不要装酒，油等物质。

HDPE（高密度聚乙烯）

用作承装药物、清洁剂、洗发精、沐浴乳、食用油，农药等的塑料容器，不易彻底清洁，所以建议不要循环使用。可耐110℃高温。

PVC（聚氯乙烯）

用以制造水管、雨衣、书包、建材、塑料膜等器物，可塑性优良，价格便宜，故使用很普遍，只能耐热81℃，高温时易释放有害物质，不可用于食品包装。

LDPE（低密度聚乙烯）

随处可见的塑料袋多以此材料制造，常见保鲜膜、塑料膜等，耐热性差，高温时会产生有毒有害物质。所以食物入微波炉前，先要取下包裹着的保鲜膜。

PP（聚丙烯）

用以制造豆浆瓶、优酪乳瓶、果汁饮料瓶、微波炉餐盒等。可以耐受高达167℃的高温，是唯一可以放进微波炉的塑料盒，可在小心清洁后重复使用。

PS（聚苯乙烯）

用以制造建材、玩具、文具，以及碗装泡面盒、发泡快餐盒等。要避免用快餐盒打包滚烫的食物，别用微波炉煮碗装方便面，否则会因高温而释出有害物质。

OTHER（其他塑料）

常见PC类，如水壶、太空杯、奶瓶。PA类，即尼龙，多用于纤维纺织和一些家电等产品内部的制件。PC在高温情况下易释放出有毒物质双酚A，对人体有害，使用时不要加热，不要在阳光下直晒。

第三节　橡胶

一、概述

橡胶（rubber），是人类社会不可缺少的重要材料之一，在我们的生活和工作中随处可见，无处不在。比如我们上班，不论是坐汽车，还是骑自行车，都少不了轮子，而轮胎就是橡胶制造的，即使我们步行上下班，说不定你穿的鞋底就是橡胶材料做的。作为战略物资，历经两次世界大战的巨大需求，橡胶科学技术和工业得以蓬勃发展。目前，从天然橡胶到人工合成橡胶，世界橡胶制品的种类和规格约有十万多种，在其他行业实属罕见。随着航空航天、电子和汽车产业的发展，特种橡胶得到日益广泛的应用。1770 年，英国化学家约瑟夫·普里斯特利（J. Joseph Priestley）发现橡胶可用来擦去铅笔字迹，当时将这种用途的材料称为 rubber，此词一直沿用至今。

【中国首条航空子午线轮胎】

2008 年，我国首条“三环”牌航空子午线轮胎成功通过国家标准规定的各项动态试验，达到装机要求，我国成为世界上第 4 个有能力研发、制造、试验航空子午线轮胎的国家。同年，装配该规格轮胎的国产飞机首飞成功。

1. 橡胶的发现与定义

人类应用橡胶由来已久。考古发现在 11 世纪时，南美洲印第安人最早发现天然橡胶（natural rubber），用来制作娱乐用的弹性橡胶球。这种球由当地的高大树木上割取的白色浆液“Caout-chouc”（印第安语“树的眼泪”）制得，这种树木后来被称为巴西三叶橡胶树。哥伦布第二次航行探险时将橡胶球带回欧洲，自此人们开始了解天然橡胶。19 世纪初，橡胶的工业研究和应用开始发展起来。用苯溶解橡胶制造雨衣的工厂建立，成为橡胶工业的起点。1820 年，世界上第一个橡胶工厂在英国建立。由于橡胶具有高弹性，加工困难。1823 年，双辊炼胶机问世，用机械使生胶获得塑性。随着橡胶用途的开发，1830～1876 年，天然橡胶很快在东南亚地区栽培起来。虽然橡胶产量稳步提升，但性能很差，在硫化方法出现以前，主要直接使用胶乳和生胶。经过长期探索实践，1839 年，美国人查尔斯·固特异（Charles. Goodyear）发明了橡胶纯硫黄硫化法，使得橡胶的弹性温度范围变宽，延长了橡胶的使用寿命，为橡胶制品的工业发展奠定了基础。1888 年，英国人约翰·伯德·邓禄普（John. Boyd. Dunlop）发明了用橡胶制作充气轮胎，随后建立了充气轮胎厂。到 19 世纪中叶，橡胶工业在英国初具规模，耗胶量已达 1800t。虽然纯硫黄硫化橡胶可以改善橡胶的性能，但此种方法使用硫黄多、时间长，得到的橡胶性能提高程度有限。直到 1920 年，大量的炭黑掺杂到橡胶中后，才使得橡胶的性能得到全面的提高。炭黑的应用进一步促进了橡胶工业的发展。

1879 年，化学家们在实验室第一次将异戊二烯制备成类似橡胶的弹性体，标志着合成橡胶（synthetic rubber）开始登上历史舞台。第二次世界大战期间，丁苯橡胶研制成功，德国军队就是因为有丁苯橡胶，橡胶供应才没有出现严重短缺现象。美国在战后大力研究合成橡胶，首先合成了氯丁橡胶，它具有天然橡胶所不具备的抗腐蚀性能。20 世纪 50 年代，德国人齐格勒（Zeigler）和意大利人纳塔（Natta）发明了定向聚合的规整橡胶如乙丙橡胶、顺丁橡胶、异戊橡胶等。此刻合成橡胶的总产量已经大大超过了天然橡胶。20 世纪 70 年代出现了热塑性弹性体，是橡胶领域的新突破，自此进入了橡胶分子的改性、设计以及大规模生产时期。

我国的橡胶工业已有 100 多年的历史。1915 年，广州建立了第一个橡胶厂。随后山东、辽宁、天津等地陆续建立了橡胶厂。我国海南、云南、两广等地域适于种植天然橡胶，我国是天然橡胶重要生产国之一。20 世纪 50 年代，乙炔法氯丁橡胶、乳聚丁苯橡胶及丁腈橡胶三套生产装置的建成投产，标志着我国合成橡胶工业正式步入发展阶段。我国合成橡胶工业经过 60 余年的发展，目前已形成比较完整的生产体系，年产量稳居世界第二位，进入世界合成橡胶生产、消费大国行列。随着我国经济的快速发展，橡胶工业将迎来新的发展时期。

橡胶是一种具有高弹性的高分子化合物，是当今社会所需的重要材料之一。橡胶在很宽的温度范围（−50～150℃）内均具有优异的弹性，又称为弹性体。这类物质通常为无定形态，分子量很高（几十万到几百万），分子链呈卷曲状，分子间作用力小，施加较小的外力就会发生较大的形变，去掉外力后，形变又能迅速地恢复，具有可逆性。橡胶的高弹形变与一般材料（塑料、金属、玻璃等）的普弹形变的主要区别为：

① 形变大，伸长率可达1000%以上，而一般材料的伸长率小于<1%；

② 拉伸时放热（天然橡胶），而一般的材料拉伸时吸热；

③ 弹性随温度升高而增大，而一般材料呈相反的趋势。

由于橡胶在室温上下很宽的温度范围内具有优越的高弹性、柔软性，并且具有优异的耐疲劳强度，很高的耐磨性、电绝缘性、致密性以及耐腐蚀、耐溶剂、耐高温、耐低温等特殊性能，因此成为重要的工业材料，广泛用于制造轮胎、球类、胶管、胶带、胶鞋、电线、电缆，以及其他工业制品如减震制品、密封制品、化工防腐材料、绝缘材料、胶布等。这些产品在交通运输、工业、农业、能源、医疗、体育、日常生活等方面都有着极其广泛的用途。同时，在国防军工、航天、航海、宇宙开发等现代科学技术的发展中，都离不开各种耐高低温、耐辐射、耐腐蚀、耐真空、高强度、高绝缘性、减震性和密封性优异的各种特殊性能的橡胶材料和制品。

2. 橡胶的分类

（1）按来源分　按来源分为天然橡胶与合成橡胶两大类。天然橡胶是从自然界含胶植物中制取的一种高弹性物质。含胶植物除了橡胶树外，还有橡胶草、橡胶菊等，例如有一种叫作青胶蒲公英的草本植物就产橡胶。合成橡胶是人工合成的方法制得的高分子弹性材料，具有良好的耐疲劳强度、电绝缘性、耐化学腐蚀性以及耐磨性等。近年来，天然橡胶与合成橡胶的全球产量都稳步增长，详见表5-9。

表5-9　全世界橡胶近年产量　　单位：万吨

项目	2008年	占比/%	2013年	占比/%	2018年	占比/%
橡胶总产量	21950	100	26900	100	32050	100
天然橡胶产量	10100	46.0	12450	46.3	14900	46.5
合成橡胶产量	11850	54.0	13450	53.7	17150	53.5

（2）按应用范围和用途分　合成橡胶按应用范围及用途可分为通用合成橡胶和特种合成橡胶。凡是性能与天然橡胶相同或相近、广泛用于制造轮胎及其他大量橡胶制品的（量大、面广、价格便宜），称为通用合成橡胶，如丁苯橡胶（SBR）、顺丁橡胶（BR）、丁腈橡胶（NBR）、氯丁橡胶（CR）、异戊橡胶（IR）等。凡是具有耐寒、耐热、耐油、耐臭氧等特殊性能，用于制造特定条件下使用的橡胶制品，称为特种合成橡胶，如硅橡胶（SiR）、氟橡胶（FPM）、聚氨酯橡胶（UR）等。2018年全世界通用合成橡胶相对消耗量见图5-15。图5-16为橡胶的分类。

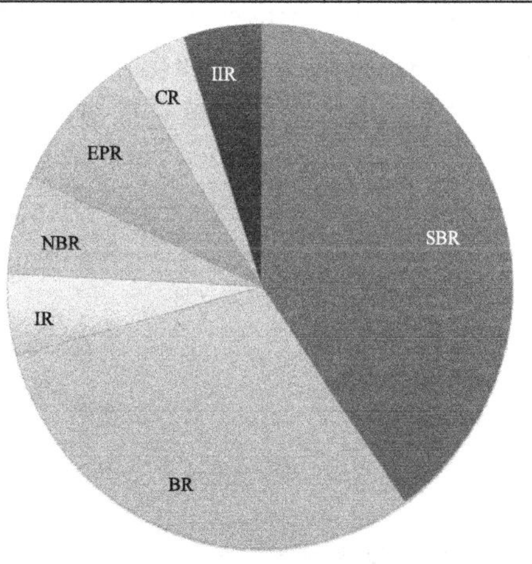

图5-15　2018年全世界通用合成橡胶相对消耗量

（3）生胶和再生胶　橡胶制品的主要原材料是生胶、再生胶以及各种配合剂。有些橡胶制品还需用纤维或金属材料作为骨架材料。

采集得到的或合成得到的、未经硫化处理的原始胶料称为生胶（crude rubber)，是制造橡胶制品的母体材料，我国习惯上把生胶和硫化胶统称为橡胶。生胶单独使用时，多数情况不能制得符合各种使用要求的橡胶制品。要制得符合实际使用要求的橡胶制品，改善橡胶加工工艺以及降低产品成本等，还必须在生胶中加入各种化学物质，如硫黄、炭黑、噻唑类等，这些化学物质统称为橡胶配合剂。生胶为分子量在10万～100万以上的黏弹性物质。生胶在室温和自然状态下有一定的弹性，在50～100℃之间开始软化，此时进行机械加工能产生很大的塑性形变，易于将配合剂均匀地混入橡胶中制成各种胶料（称为混炼胶），并能进一步加工成各种半成品。这种胶料或半成品在一定的温度下，经过一定时间的化学反应进行硫化，橡胶分子由线形转化为体形结构，从而丧失塑性，成为有使用价值的既有韧性又很柔软的弹性体。

再生胶（reclaimed rubber）是废硫化橡胶经化学、热及机械加工处理后所制得的，具有一定可塑性，可重新硫化的橡胶材料。再生过程中的主要反应称为“脱硫”，即利用热能、机械能及化学能使废硫化橡胶中的交联点及交联点间分子链发生断裂，从而破坏其体形网状结构，使再生胶恢复一定的可塑性。再生胶可部分代替生胶使用，以节省生胶使用量，降低成本。同时，再生胶还可以改善胶料工艺性能，提高产品耐油、耐老化等性能。

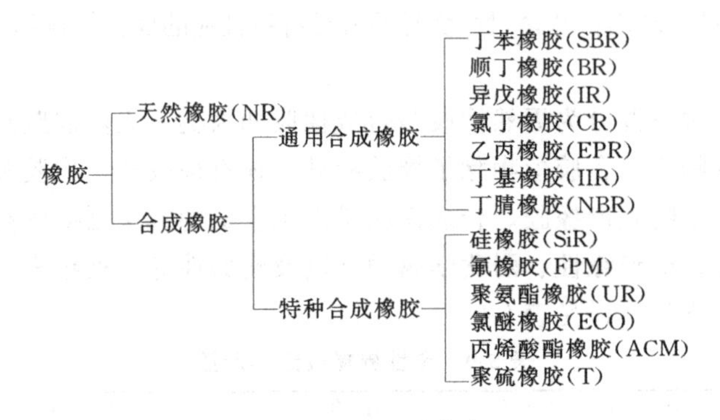

图 5-16　橡胶的分类

3. 橡胶的加工

橡胶工业历来以材料和产品品种繁多、加工工艺复杂为特点。橡胶材料和制品的加工工艺是由一系列加工单元和操作构成的复杂过程。橡胶制品的基本加工工艺过程如图 5-17 所示。其中最基本的加工单元是塑炼、混炼、压延、压出、成型、硫化等。

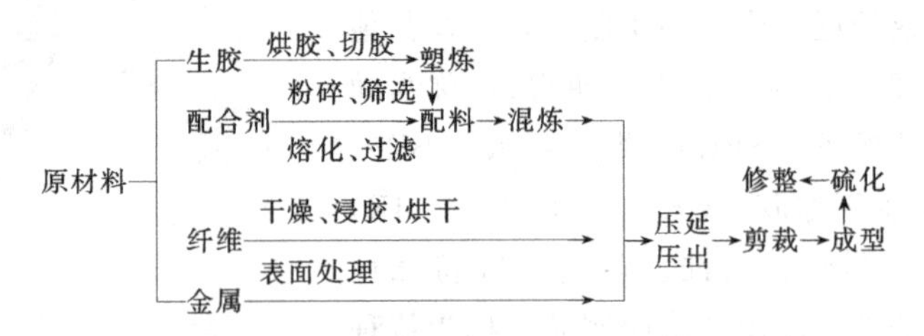

图 5-17　橡胶制品的基本加工工艺过程

二、重要的橡胶

1. 天然橡胶

天然橡胶（natural rubber，NR）是指从植物中获得的橡胶，这类植物包括巴西橡胶树

(也称三叶橡胶树)、橡胶草、橡胶菊等。世界上约有 2000 种不同的植物可生产类似天然橡胶的聚合物，已从其中 500 种中得到了不同种类的橡胶，但真正有实用价值的是三叶橡胶树。橡胶树的表面被割开时，树皮内的乳管被割断，胶乳从树上流出。从橡胶树上采集的乳胶，经过稀释后加酸凝固、洗涤，然后压片、干燥、打包，即制得市售的天然橡胶。三叶橡胶树含胶量多、质量好、产量最高、采集最容易，目前世界天然橡胶总产量的 98%以上来自三叶橡胶树。三叶橡胶树适于生长在热带和亚热带的高温地区，全世界天然橡胶总产量的 90%以上产自东南亚地区，主要是马来西亚、印度尼西亚、斯里兰卡和泰国，其次是印度、中国南部、新加坡、菲律宾和越南等。由于天然橡胶具有很好的综合性能，至今天然橡胶的消耗量仍占橡胶总消耗量的 40%以上。

(1) 天然橡胶的品种 天然橡胶的主要成分是橡胶烃，其余为蛋白质、脂肪酸、灰分、糖类等非橡胶物质。橡胶烃是由异戊二烯链节组成的天然高分子化合物，其结构式为：

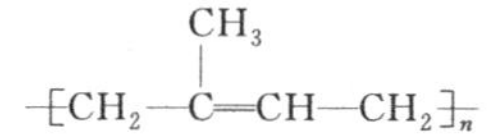

$$\left[CH_2 - \underset{}{\overset{CH_3}{\overset{|}{C}}} = CH - CH_2 \right]_n$$

该结构式有两种不同的立体形态——顺式结构和反式结构：

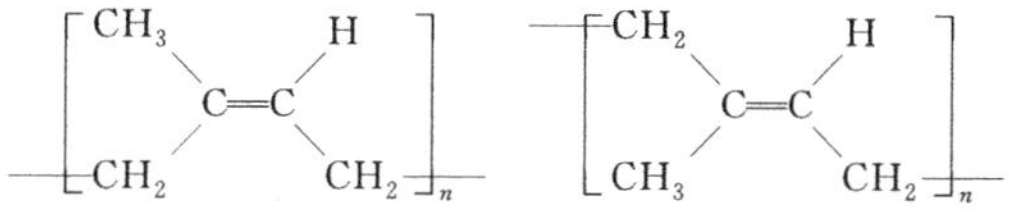

$$\left[\begin{matrix} CH_3 & & & & H \\ & \diagdown & & \diagup & \\ & & C=C & & \\ & \diagup & & \diagdown & \\ CH_2 & & & & CH_2 \end{matrix} \right]_n \qquad \left[\begin{matrix} CH_2 & & & & H \\ & \diagdown & & \diagup & \\ & & C=C & & \\ & \diagup & & \diagdown & \\ CH_3 & & & & CH_2 \end{matrix} \right]_n$$

顺式结构(天然橡胶)　　反式结构(古塔波胶)

橡胶树的种类不同，其大分子的立体结构也不同。三叶橡胶树中大分子的结构 97%以上是顺式结构，在室温下具有弹性以及柔软性，通常“天然橡胶”指的就是这种顺式聚异戊二烯橡胶。大分子结构为反式结构的称为古塔波胶（又叫马来树胶)，室温下呈硬固状态。古塔波胶，也称天然“塑料”，是野生天然橡胶的一种，取自马来西亚古塔胶树的树汁，在空气中变硬，室温下呈硬的热塑性树脂状性质，在热水中变软并容易成型。过去马来西亚土著用来做马鞭手柄和工具。20 世纪 50 年代，古塔波胶用于制造高尔夫球，称古塔胶球。目前，古塔波胶主要用作海底电缆绝缘材料和高尔夫球外壳等，也可用作橡胶制品、医用夹板、电热开关、热封涂层、压敏性胶黏剂、热塑性塑料抗冲改性剂等。

(2) 天然橡胶的性能与应用 天然橡胶具有一系列优良的物理机械性能，是综合性能最好的橡胶。

① 很好的弹性，回弹率在 0～100℃范围内可达 50%～80%；伸长率最大可达 1000%，为钢铁的 300 倍。随着温度的升高，生胶会慢慢软化，到 130～140℃时完全软化；温度降低则逐渐变硬，0℃时弹性大幅度下降，冷到－70℃以下时，弹性丧失变为脆性物质。受冷冻的生胶加热到常温，仍可恢复原状。

② 较高的机械强度，硫化后的天然橡胶，其拉伸强度可达 17～25MPa，用炭黑补强后拉伸强度可达 25～35MPa。

③ 很好的耐疲劳性能，良好的耐寒性，优良的气密性、防水性、电绝缘性和绝热性能。

天然橡胶的缺点是耐油性差，耐臭氧老化性和耐热氧老化性差。它易溶于汽油和苯有机溶剂；因含有不饱和双键，所以化学性质活泼，易与氧、臭氧、硫黄、卤化氢等反应，特别是在空气中与氧长期接触反应即发生老化现象，与臭氧接触几秒钟内即发生裂口。加入防老剂可以改善其耐老化性能。

天然橡胶是用途最广泛的橡胶品种，被广泛用于制造轮胎、胶管、胶带以及桥梁支座等各种工业橡胶制品。它可以单用制成各种橡胶制品，如胎面、胎侧、输送带等，也可与其他橡胶并用以改进其他橡胶或自身的性能。此外，它还广泛用于制造日常生活用品。

2. 丁苯橡胶

丁苯橡胶（styrene-butadiene rubber，英文简称 SBR）是丁二烯和苯乙烯共聚得到的高分子弹性体，是最早工业化的合成橡胶，1937 年德国首先实现工业化生产。目前丁苯橡胶约占合成橡胶总产量的 55%，约占天然橡胶和合成橡胶总产量的 34%，是产量和消耗量最大的合成橡胶胶种。它的分子结构式为：

$$-[CH_2-CH=CH-CH_2]_x-[CH_2-\underset{\underset{\underset{CH_2}{\|}}{CH}}{\underset{|}{CH}}]_y-[CH_2-\underset{C_6H_5}{\underset{|}{CH}}]_z-$$

（1）丁苯橡胶的性能和应用　丁苯橡胶在耐磨性、耐热性、耐油性、耐老化性等方面均比天然橡胶好，硫化时不容易烧焦和过硫，与天然橡胶、顺丁橡胶的混溶性好。缺点是弹性、耐寒性、耐撕裂性和黏着性比天然橡胶差，但是可以通过与天然橡胶的并用或调整配方得到改善。因此丁苯橡胶至今还是应用量最大的通用合成橡胶，可以部分或全部取代天然橡胶。

丁苯橡胶的抗湿滑性能好，对路面的抓着力大，且具有一定的耐磨性，是轮胎胎面胶的好材料。目前，丁苯橡胶主要应用于轮胎工业，也应用于胶管、胶带、胶鞋以及其他橡胶制品。高苯乙烯丁苯橡胶适于制造高硬度、质轻的制品，如鞋底、硬质泡沫鞋底、硬质胶管、软质棒球、打字机用滚筒、滑冰轮、铺地材料、工业制品和微孔海绵制品等。

（2）丁苯橡胶的工业生产　以低温乳液聚合生产丁苯橡胶的工艺为例介绍丁苯橡胶的工业生产方法，其工艺流程图如图 5-18 所示。

用计量泵将分子量调节剂叔十烷基硫醇与苯乙烯在管路中混合溶解，再在管路中与处理好的丁二烯混合，然后与乳化剂、去离子水、过氧化物等在管路中混合后进入冷却器，冷却至 10℃。然后从第一个聚合釜的底部进入聚合系统。聚合系统由 8～12 台聚合釜组成，采用串联操作方式。当聚合到规定转化率后，在终止釜中加入终止剂终止反应。从终止釜流出的终止后的胶液进入缓冲罐。然后经过两个不同真空度的闪蒸器回收未反应的丁二烯。回收的丁二烯经压缩液化，再冷凝除去惰性气体后循环使用。脱除丁二烯的乳胶进入苯乙烯汽提塔（高约 10m，内有十余块塔盘）上部，塔底用 0.1MPa 的蒸汽直接加热，苯乙烯与水蒸气由塔顶出来，经冷凝后，水和苯乙烯分开，苯乙烯循环使用。塔底得到含胶量 20%左右的胶乳，与防老剂在混合槽进行混合，经搅拌混匀后送入后处理工段。混合好的胶乳用泵依次送到絮凝槽、胶粒化槽、转化槽中，加工形成胶粒。经振动筛进行过滤分离后，湿胶粒进入洗涤槽用清浆液和清水洗涤，然后粉碎成 5～50mm 的胶粒，用空气输送器送到干燥箱中进行干燥。干燥至含水＜0.1%，然后经称量、压块、检测金属后包装得成品丁苯橡胶。

【丁苯橡胶技术突破】

1996 年，燕山石化建成万吨级溶聚丁苯橡胶（SSBR）生产装置，是我国第一套溶液聚合法丁苯橡胶装置。2008 年，兰州石化公司 10 万吨/年丁苯橡胶装置化工投料开始生产。这是国内生产规模最大，完全依靠自有技术建设的丁苯橡胶装置。2009 年，中国石化齐鲁分公司建设的丁苯橡胶生产装置投产，全厂丁苯橡胶装置年总产能达 23 万吨，为当时国内最大的丁苯橡胶生产基地，该装置全部采用国内自有技术。

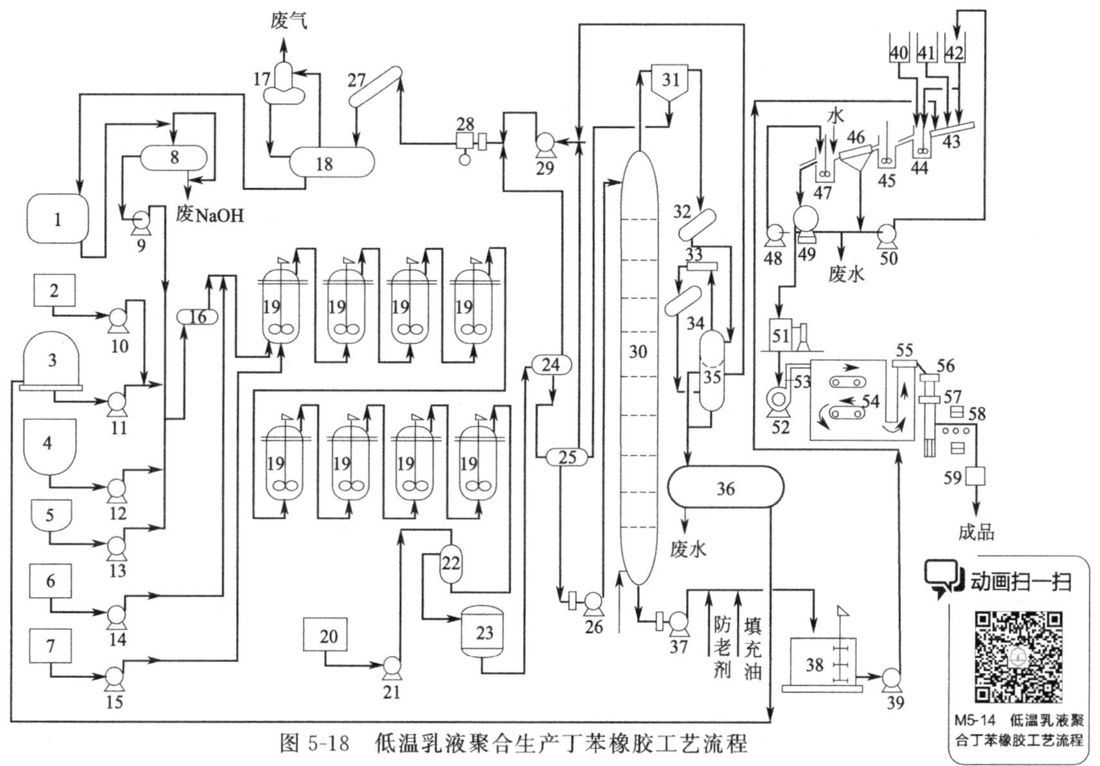

图 5-18　低温乳液聚合生产丁苯橡胶工艺流程

1—丁二烯原料罐；2—调节剂槽；3—苯乙烯贮罐；4—乳化剂槽；5—去离子水贮罐；6—活化剂槽；
7—过氧化物贮罐；8～15，21，39，48，49—输送泵；16—冷却器；17—洗气罐；18—丁二烯贮罐；
19—聚合釜；20—终止剂贮罐；22—终止釜；23—缓冲罐；24，25—闪蒸器；26，37—胶液泵；27，32，34—冷却器；
28—压缩机；29—真空泵；30—苯乙烯汽提塔；31—气体分离器；33—喷射泵；35—升压器；36—苯乙烯罐；
38—混合槽；40—硫酸贮槽；41 —食盐水贮槽；42—清浆液贮槽；43—絮凝槽；44—胶粒化槽；45—转化槽；
46—筛子；47—再胶浆化槽；50—真空旋转过滤器；51—粉碎机；52—鼓风机；53—空气输送带
54—干燥机；55—输送器；56—自动计量器；57—成型机；58—金属检测器；59—包装机

3. 顺丁橡胶

顺丁橡胶（BR）是以 1,3-丁二烯为单体聚合而得到的顺式聚丁二烯高分子弹性体。由于制造顺丁橡胶的原料来源丰富，价格低廉，以及顺丁橡胶的优异性能，顺丁橡胶是合成橡胶中发展较快的一个品种，在全世界合成橡胶的产量和耗量上仅次于丁苯橡胶，居第二位。其大分子结构式为：

$$\left[\begin{array}{c} \mathrm{H} \qquad\quad \mathrm{H} \\ \diagdown \quad \diagup \\ \mathrm{C}{=}\mathrm{C} \\ \diagup \quad \diagdown \\ -\mathrm{CH_2} \qquad\quad \mathrm{CH_2} \end{array} \right]_n$$

顺丁橡胶同天然橡胶及丁苯橡胶相比，主要优点是弹性高，它是当前所有通用橡胶中弹性最高的，能在很宽的温度范围内显示高弹性，甚至在－40℃时还能保持弹性；耐低温性能好，最低使用温度可达－105℃左右，是通用橡胶中最好的（天然橡胶最低使用温度－73℃，丁苯橡胶最低使用温度－60℃左右）；此外是耐磨性优异，动负荷下生热低，耐屈挠龟裂性能好，适用于制造汽车轮胎及耐寒橡胶制品。其主要缺点是撕裂强度和拉伸强度较低，掺用该种橡胶的轮胎胎面多不耐刺，较易刮伤；抗湿滑性不好，所生产的轮胎在车速高、路面平滑或湿路面上易打滑。这些缺点可通过与其他橡胶并用等方法来弥补。

顺丁橡胶主要用于制造轮胎中的胎面胶和胎侧胶，可显著改善轮胎的耐磨性、耐屈挠龟裂性能，提高轮胎的使用寿命。顺丁橡胶还可以制造胶管、运输管、胶板、胶鞋、胶辊、文体用品及其他橡胶制品，也可作为合成树脂的增韧补强改性剂，如用来生产高抗冲聚苯乙烯（HIPS）以提高其抗冲击强度、耐候性和耐热性，并改善耐低温性能和耐应力开裂性能。

4. 异戊橡胶

异戊橡胶是以异戊二烯为单体定向聚合得到的高分子弹性体，其分子结构和性能与天然橡胶相似，又称为“合成天然橡胶”，是世界上产量和用量次于丁苯橡胶、顺丁橡胶而居于第三位的合成橡胶。

异戊橡胶是综合性能最好的一种通用合成橡胶，具有优良的弹性、耐磨性、耐热性、抗撕裂及低温屈挠性。与天然橡胶比，又具有生热小、抗龟裂的特点，且吸水性小、电性能及耐老化性能好。缺点是硫化速度比天然橡胶慢，炼胶时容易黏辊、成型黏度大，而且价格较高。

用途方面，异戊橡胶可以在除要求极为严格的航空或重型轮胎的生产外的一切领域代替天然橡胶，且在耐磨性能、耐寒性能方面优于天然橡胶。此外还可以用于制造帘布胶、输送带、胶管、海绵、胶黏剂、电线电缆、机械制品、医疗用具、胶鞋等。

异戊橡胶有两个主要品种，一个是充油异戊橡胶，成本低，流动性好，适用于复杂的模型制品；另一个是反式异戊橡胶，也称合成的巴拉塔橡胶，常温下是结晶状态，具有高的拉伸强度和硬度，可以制作高尔夫球皮层，做海底电缆、电线、医用夹板等。

5. 丁腈橡胶

丁腈橡胶是以耐油性和耐非极性溶剂而著称的通用合成橡胶，以丁二烯和丙烯腈为单体经乳液共聚而制得的高分子弹性体，1937 年德国首先投入工业化生产。其大分子结构式为：

$$\text{-}[CH_2-CH=CH-CH_2]_x\text{-}[CH_2-\underset{\displaystyle CN}{\underset{|}{CH}}]_y\text{-}$$

丁腈橡胶以耐油性和耐非极性溶剂而著称，广泛用于各种耐油制品。高丙烯腈含量的丁腈橡胶一般用于直接与油类接触、耐油性要求比较高的制品，如油封、输油胶管、化工容器衬里、垫圈等。中丙烯腈含量的丁腈橡胶一般用于普通耐油制品，如耐油胶管、油箱、印刷胶辊、耐油手套等。低丙烯腈含量的丁腈橡胶用于耐油性要求较低的制品，如低温耐油制品和耐油减震制品等。丁腈橡胶具有半导电性，因此可用于需要导出静电、以免引起火灾的地方，如纺织皮辊、皮圈、阻燃运输带等。丁腈橡胶还可与其他橡胶或塑料并用以改善各方面的性能，最广泛的是与聚氯乙烯并用，以进一步提高它的耐油、耐臭氧老化性能。

【丁腈橡胶技术突破】

2009 年，中石油兰州石化公司 5 万吨/年丁腈橡胶生产装置建成投产，该装置全部采用国内自主知识产权技术。2015 年，千吨级氢化丁腈橡胶装置在浙江嘉兴建成投产，结束了氢化丁腈橡胶依赖进口的历史，中国成为世界第三个拥有自主知识产权工业生产氢化丁腈橡胶的国家。

特种丁腈橡胶是在丁腈橡胶的基础上改性后引入新的性能以满足特殊应用需求。如羧基丁腈橡胶是由含羧基的单体（丙烯酸或甲基丙烯酸）和丁二烯、丙烯腈三元共聚制得的。在羧基丁腈橡胶的三种结构单元中，丁二烯链段赋予分子链柔性，使聚合物具有弹性和耐寒性；丙烯腈链段主要赋予聚合物优异的耐油性能；羧基的引入进一步增加了聚合物的极性，提高了耐油性和与金属的黏接性能。另外，羧基丁腈橡胶具有很高的强度，又称为高强度橡胶。

知识拓展 》》 神奇的航空橡胶

在航空工业中，橡胶的应用非常广泛。不仅仅是我们一眼就能看到的起落架机轮是橡胶做的，实际上还有我们表面看不到的、成千上万的橡胶制品应用在飞机的各个地方，可以说橡胶材料在航空装备上无处不在，而且是不可或缺、不可替代的重要配套材料。

航空装备为什么离不开橡胶呢？众所周知，人要在高空中生存和工作，首先必须具备维持生命的基本条件，如一定的氧气浓度、环境温度和可承受的振动、噪声限度等。随着飞行高度的增加，氧气浓度和温度都在急剧下降，当高度超过6000m时，空气中的氧气分压低于人类呼吸的最低允许值，此时人就会感到缺氧，思维能力和机体功能开始被破坏，进入生命的危险区域；而飞行高度超过10000m时，环境温度将降至−56.5℃，长期处于过冷状态，人会因血液系统停滞而死亡。所以，高空飞行时必须有气密座舱，并配置氧气增压、加温装置以及空调系统，因此座舱和各系统管路都离不开密封技术。

图5-19　战斗机座舱

一架远程飞机要带大量的燃料，如果起飞重量为180t，其中燃料贮量就会占100t以上。这么多燃料都贮存在机翼、机身的结构空间内，这需要用密封剂（液体橡胶）将机翼和机身未占用的结构空间封闭起来贮存燃油，形成机翼、机身整体油箱。此外，液压、冷气、氧气、润滑系统都装配大量密封件，保证操作系统有效地执行其功能。大功率的航空发动机会产生强烈的振动和噪声，从而造成受力结构的多级共振，仪器和仪表失灵，机械零部件疲劳破坏，并损害人的神经系统，使人疲劳、烦躁和器官病变。所以泄漏、振动和噪声对航空装备带来的后果是灾难性的。

为了解决这些问题，设计人员自然而然地想到了橡胶材料。据统计，一架飞机使用橡胶制品达8000～13000项（其重量为300～500kg），密封胶超过1t。

航空装备有许多零部件是用于贮存和传输流体的（如燃油），零件间连接处的间隙就是泄漏通路，借助橡胶的弹性使连接件紧密贴合，堵塞间隙、阻止流体渗出和逃逸，就起到了密封作用。舱体、门窗、口盖结构则是采用各种截面形状的橡胶型材，借助型材凸缘、空腔的弹性压紧，在被密封表面形成的接触应力起密封作用。战斗机座舱（图5-19）采用充气密封胶带，充气后胶带凸起压在机身的边框内，保证座舱的气密性；放气后胶带恢复至原形状，座舱与机身出现间隙很容易打开座舱。对于飞机的成形板材、加强肋和桁条通过铆接、螺栓连接和焊接组装的结构件，其形状复杂、尺寸大，很难用橡胶密封件进行密封，而用密封剂涂覆在接口的缝内和表面经室温硫化，形成黏附在接口间的弹性胶膜，就可达到密封作用。如果零部件刚度大、变形小，可在金属结构件上加工出沟槽，在沟槽内充填不硫化密封剂（俗称腻子），叫作沟槽密封。这种密封形式应用十分广泛，除飞机客舱和整体油箱、宇宙飞船壳体结构外，火车和船舶厢体、房屋建筑、污水处理沉淀池密封等，都采用膏状密封剂涂覆于接触的结构表面和间隙内，借助优异的黏接力确保结构密封。

另外，由于航空发动机功率增大，会带来强烈的振动和噪声。最初主要用垫橡胶板隔离振源，用羊毛毡降低噪声。为了进一步提高减振降噪效果，当前采用黏弹阻尼器、液弹阻尼器吸收振动能，而直升机旋翼系统为消除振动和噪声，常采用橡胶与金属件复合的弹性轴承和频率匹配器。隔离振源、消除共振多用各种结构形状的仪表减振垫。在薄壳结构表面贴覆约束阻尼片，借助黏弹胶层与铝箔间剪切变形以耗损薄壁振动能，即降低机身蒙皮高频噪声，并可提高疲劳寿命。为了创造一个安静舒适的环境，还用多孔疏松纤维毡和橡胶黏合剂制成隔音板，贴附于舱体壁上，以吸收振动减小噪声的干扰。

由此可见，橡胶材料的应用尤以航空装备使用的密封结构最为典型，且具有多样性，而且仍在不断发展进步。

第四节 纤维

一、概述

纤维（fiber）是制造织物和绳线的原料，这是一类发展比较早的高分子化合物，我们所熟悉的一些物质，比如棉花、动物的毛（如羊毛、兔毛等）、蚕丝等都属于纤维。从科学角度讲，纤维是指细而长的且具有一定柔韧性的物质。所谓“细”，是指其直径为几微米至几十微米；所谓“长”，是指其长度一般超过 25mm。纤维是最常用的纺织材料，供纺织应用的纤维长径比（L/D）一般大于 1000。纤维的形状决定了它的可编织性、可纺织性，并使纤维在复合材料中得到广泛应用。随着新材料的发展，形式多样的纤维增强复合材料，在现代复合材料开发应用中的地位日益重要。

【新中国的合成纤维】

1958 年，锦西化工厂年产 1000 吨苯酚法己内酰胺（即聚酰胺—6 纤维的单体）生产装置建成投产。所产己内酰胺经锦州合成纤维厂纺丝成功，命名为“锦纶”。1985 年，中国自行设计、研制的涤纶短纤维成套设备在上海石油化工总厂涤纶二厂建成投产，通过国家级技术鉴定，年产涤纶短纤维 1.5 万吨。1991 年，“七五”国家重点科技攻关项目新型复合材料研究取得重大成果，碳纤维、芳纶已突破制造技术难关。2012 年，浙江大学高分子系高超课题组采用纳米级氧化石墨烯片纺成数米长的宏观石墨烯纤维，为国内首例。

1. 纤维的分类

纤维根据化学结构可以分为无机纤维和有机纤维；根据来源可以分为天然纤维（natural fiber）和化学纤维（chemical fiber）。天然纤维主要有棉、麻、羊毛、蚕丝等。化学纤维就是用天然或合成的高分子化合物经化学加工制得的纤维。化学纤维又分为人造纤维和合成纤维。人造纤维是以天然高分子化合物为原料，经过化学处理与机械加工而制得的纤维，最常见的如粘胶纤维、人造蛋白纤维、乙酸纤维、玻璃纤维等。合成纤维是用石油、天然气、煤为原料合成的聚合物经加工制成的纤维，是伴随着煤化工和石油化工而出现的。

合成纤维诞生于 20 世纪 30 年代。1931 年，美国化学家华莱士·休姆·卡罗瑟斯（Wallace Hume Carothers）合成出聚酰胺 66（尼龙 66）并投入工业化生产。1938 年，德国化学家合成出尼龙 6，此后，合成纤维工业开始蓬勃发展。1940 年至 1961 年期间，聚氯乙烯纤维（氯纶）、聚对苯二甲酸乙二醇酯纤维（涤纶）、聚丙烯腈纤维（腈纶）、聚乙烯醇纤维、聚丙烯纤维（丙纶）和聚乙烯醇缩甲醛纤维（维尼纶）、聚对苯二甲酰对苯二胺纤维（芳纶）相继问世。发展至今，各式各样的特种高性能纤维又加入了纺织工业的行列。合成纤维不仅为人类提供了“衣”，而且也广泛应用到国民经济的各个领域。2016 年全球共生产了 11052 万吨纤维，合成纤维产量为 5968 万吨（54%），其中涤纶为 3647 万吨（33%），丙纶为 995 万吨（9%），锦纶为 663 万吨（6%），腈纶为 442 万吨（4%）。

一般来讲，合成纤维可分为通用合成纤维和特种合成纤维两类。通用合成纤维产量大、价格低、应用广，生活中一般的织物（如衣物、窗帘、地毯等）都是用这类纤维制成的，其中涤纶、尼龙、腈纶和丙纶被称为四大通用合成纤维。特种合成纤维除了具有纤维的一般性能外，还具有许多特殊性能，如低磨损、耐高温、耐辐射、耐高电压、高强度、高弹性、耐强腐蚀、阻燃、反渗透、高效过滤、吸附、离子交换、导光、导电以及多种医学功能等，这些纤维大都应用于工业、国防、医疗、环境保护和尖端科学各方面。纤维具体的分类如图 5-20 所示。

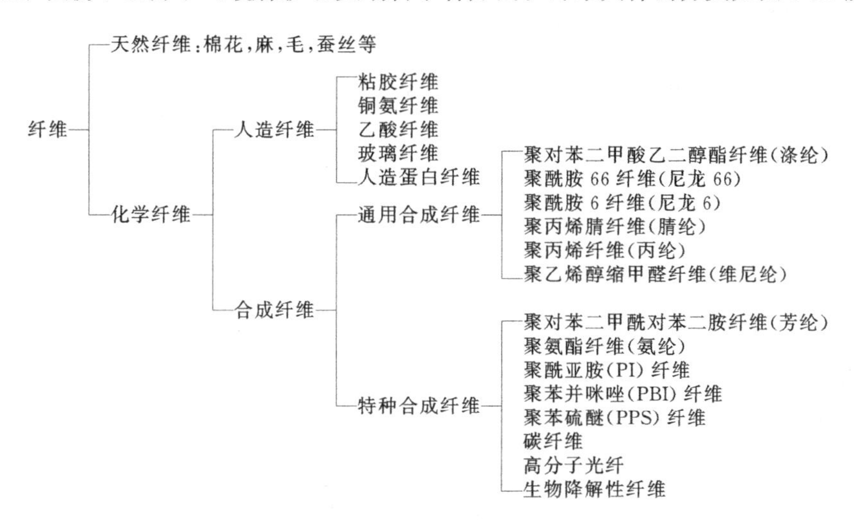

图 5-20　纤维的分类

按照加工所得纤维丝的长度不同，合成纤维又分为长丝和短纤维。长丝一般像蚕丝一样纤细柔软连续不断，长度以千米计，通常有单丝、复丝、帘线丝等。单丝是指以单孔喷丝头纺制而成的一根连续纤维或以 3～6 根单纤维组成的连续纤维。复丝一般是指由 8～100 根单纤维组成的丝条。帘线丝是指以数百根单纤维组成的丝条，如制造轮胎帘子布的丝条。短纤维是指被切断成长度为几厘米至十几厘米的纤维，主要用于生产一般织物。又分为棉型、毛型、中长型。棉型短纤维指长度在 25～38mm 的较细纤维，类似于棉花，主要用于和棉混纺，如“涤棉”织物等。毛型短纤维指长度在 70～150mm 的较粗纤维，类似于羊毛，主要用于和羊毛混纺，如“毛涤”织物等。中长纤维指长度在51～76mm，介于棉、毛之间，主要用于织造中间纤维织物，如“中长毛涤”织物等。

2. 合成纤维的加工

合成纤维的制造过程包括成纤聚合物的制备和纺丝。纺丝（fiber spinning）是将成纤聚合物的熔体或者溶液，经纺丝泵连续、定量而均匀地从喷丝头小孔压出，形成黏稠的细流，细流在空气、水或凝固浴中进行冷却固化或相分离固化形成初生纤维的过程。纺丝是合成纤维生产过程中的核心工序。改变纺丝工艺条件可以在很宽范围内调节纤维的结构，从而改变所得纤维的各项性质。

工业上常用的合成纤维纺丝工艺主要有两种——熔融纺丝法和溶液纺丝法。

熔融纺丝法是将聚合所得的高聚物加热熔融制成熔体，并经喷丝头喷成细流，然后凝固而形成纤维的方法。熔融纺丝过程包括四个步骤：(a) 纺丝熔体的制备；(b) 熔体经喷丝头的孔眼压出形成熔体细流；(c) 熔体细流被拉长变细并冷却凝固（拉伸和热定型）；(d) 固态纤维上油和卷绕。熔融纺丝所用喷丝头的孔径为0.2～0.4mm，一般纺丝速率为1000～2000m/min，高速纺丝速率为4000～6000m/min。涤纶、尼龙、丙纶的生产采用熔融纺丝法。

溶液纺丝法是将聚合物溶解于溶剂中制成黏稠的纺丝液（聚合物溶液），由喷丝头小孔压出黏液细流，然后通过凝固介质使之凝固成纤维。喷丝头孔径为0.05～0.1mm。在溶液纺丝过程中，根据凝固介质不同有干法和湿法两种工艺。湿法纺丝以液体为凝固介质，湿法纺丝过程包括四个步骤：a 纺丝液的制备；b 纺丝液经过纺丝泵计量进入喷丝头的毛细孔压出形成细流；c 细流进入凝固浴，其中的溶剂向凝固浴扩散，聚合物在凝固浴中析出形成初生纤维；d 纤维拉伸和热定型，上油和卷绕。如图5-21所示。湿法纺丝液的浓度为12%～25%，纺丝速率为1000～2000m/min。

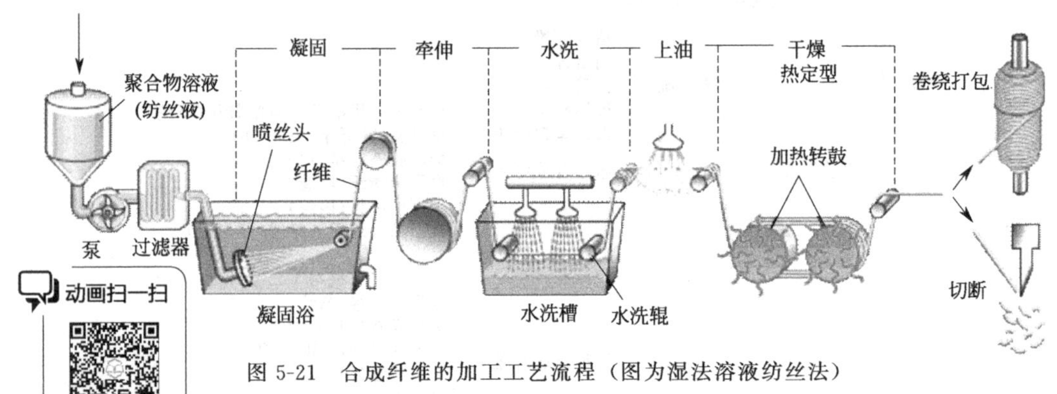

图5-21 合成纤维的加工工艺流程（图为湿法溶液纺丝法）

动画扫一扫

M5-15 水溶液法生产尼龙-66盐工艺流程

在干法纺丝中，纺丝液细流不是进入凝固浴，而是进入纺丝甬道，由于通入甬道中的热空气流的作用，使细流中的溶剂挥发、聚合物凝固并伸长变细形成初生纤维。干法纺丝液的浓度为25%～35%，一般纺丝速率为200～500m/min，较高的纺丝速率为700～1500m/min。溶液纺丝用的喷丝头孔径为0.05～0.1mm。腈纶的生产就采用溶液纺丝（干或湿）法。

3. 合成纤维的应用

合成纤维具有优良的物理性能、机械性能和化学性能，如强度大、密度小、弹性高、耐磨性好、吸水性低、保暖性好、耐酸碱性好、不会发霉或者虫蛀等。某些特种合成纤维还有耐高温、耐辐射、高弹力、高模量等特殊性能。因此合成纤维应用广泛，已经远远超出了纺织工业的传统领域范围，深入到国防工业、航空航天、交通运输、医疗卫生、海洋水产、通信等重要领域，成为不可缺少的重要材料。除了可以纺制轻暖、耐穿、易洗快干的各种衣料，合成纤维还可用作轮胎帘子线、运输带、传送带、渔网、绳索、耐酸碱的滤布和工作服等。高性能的特种合成纤维则用作高空降落伞，飞行服，飞机、导弹和雷达的绝缘材料，原子能工业中的特殊防护材料等。

二、重要的合成纤维

1. 聚酯纤维

聚酯（polyester）是分子链中含有酯基的聚合物的总称，一般为二元羧酸和二元醇缩聚的产物。聚酯纤维即是由聚酯经纺丝而得到的纤维。

用于纤维生产的聚酯是对苯二甲酸与二元醇的缩聚产物。二元醇可以是乙二醇、丙二醇和丁二醇等，其对应的聚酯分别是聚对苯二甲酸乙二醇酯，聚对苯二甲酸丙二醇酯和聚对苯二甲酸丁二醇酯。聚酯分子结构对称，是不含支链的线形大分子，具有成纤聚合物的结构特点。

我国将聚对苯二甲酸乙二醇酯含量大于85%的纤维简称为涤纶，俗称“的确良”。通常的聚酯纤维指的就是聚对苯二甲酸乙二醇酯（PET）纤维，其大分子结构式为：

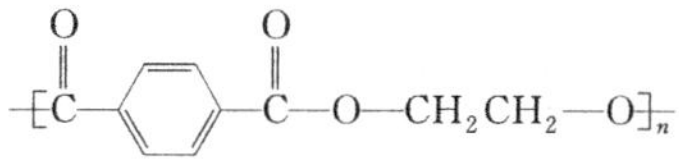

$$\left[\overset{O}{\overset{\|}{C}}-C_6H_4-\overset{O}{\overset{\|}{C}}-O-CH_2CH_2-O\right]_n$$

涤纶纤维于1949年在英国、1953年在美国相继实现工业化生产。由于其性能优良，用途广泛，是合成纤维中发展最快的品种，产量居第一位。它是由对苯二甲酸与乙二醇缩聚合成的聚合物，再经纺丝制成，主要采用熔融纺丝法。

涤纶的一系列优异性能包括以下几个方面。

(1) 外观　单纯的涤纶纤维一般为乳白色，生产过程中添加增白剂可制得纯白纤维，也可用染料染成各种不同的颜色制成有色纤维。随着消光剂二氧化钛加入量的不同，形成超有光纤维、有光纤维、半消光纤维、全消光纤维等。

(2) 密度　一般涤纶的密度在1.38～1.40g/cm^3。在制备中空纤维时，密度可降低到0.6～1.2g/cm^3，比羊毛还轻，但是却很保暖。这种纤维可用于棉织物或棉被絮片，枕头、玩具的填充物。

(3) 弹性　涤纶的弹性好，接近羊毛，而且耐皱性超过其他纤维。

(4) 强度　强度大是涤纶的一大优点，在湿态下强度不变。它的抗冲击强度比聚酰胺纤维高4倍，比粘胶纤维高20倍。

(5) 吸湿性　涤纶的吸湿率很低，在相对湿度为65%时，吸湿率为0.4%～0.5%，即使相对湿度为100%时，吸湿率也仅为0.6% ～0.8%，这也是涤纶织物易洗快干的原因。

(6) 耐热性　涤纶纤维的软化点在230～240℃，熔点为255～ 265℃，与其他纤维相比，涤纶纤维在受热条件下耐热性能较好。

此外，涤纶的耐磨性仅次于尼龙，耐光性仅次于腈纶。涤纶的电绝缘性也较好，但是作为服装在加工与穿着时，由于摩擦而容易产生静电，容易吸灰尘，这是涤纶纤维的缺点。

由于涤纶的弹性好，织物具有易洗易干、保形性好等特点，所以是理想的纺织材料。石油工业的飞速发展，也为涤纶的生产提供了更加丰富和廉价的原料；近年化工、机械、电子自控等技术的发展，使其原料生产、纤维成型和加工等过程逐步实现短程化、连续化、自动化和高速化。目前，涤纶已成为发展速度最快、产量最大的合成纤维品种。涤纶可以纯纺或与其他纤维混纺制作各种服装和针织品。在工业上，由于涤纶有良好的机械性能，特别是初始模量高、强度大、弹性好，可以用于制造轮胎用帘子线、工业用绳索和皮带等。涤纶的化学稳定性好，可以用来制作工作服、滤布以及渔网。涤纶的耐光性也较好，可以用于制作窗帘、船帆、帐篷等。

2. 聚酰胺纤维

聚酰胺（polyamide；nylon）纤维是世界上最早投入工业化生产的合成纤维，是合成纤维中的主要品种之一。它是以聚酰胺合成树脂为原料，经过熔融纺丝而制得的纤维。中国最早在辽宁锦西化工厂成功制出聚酰胺纤维，命名为锦纶，国际上称为尼龙。

尼龙一般分为两类。一类是以二元酸和二元胺缩聚所得聚合物为原料制得的，如已二酸与已二胺缩聚得到聚已二酰已二胺（聚酰胺 66），然后纺丝得到的合成纤维称为聚酰胺 66 纤维（即尼龙 66 纤维）。另一类是由氨基酸缩聚或由内酰胺开环聚合所得聚合物为原料制得的，如已内酰胺开环缩聚得到聚已内酰胺（聚酰胺 6），然后纺丝得到的合成纤维称为聚酰胺 6 纤维（即尼龙 6 纤维）。尼龙 66 纤维的分子结构式为：

$$\left[\overset{\overset{\Large O}{\|}}{C} - (CH_2)_4 - \overset{\overset{\Large O}{\|}}{C} - NH - (CH_2)_6 - NH \right]_n$$

尼龙具有一系列优异性能，主要表现在以下几个方面：

（1）耐磨性好　尼龙的耐磨性居于合成纤维之首，它的耐磨性比棉花高 10 倍，比羊毛高 20 倍，适合于做绳索、袜子等。

（2）强度高　尼龙的强度高于天然纤维，比棉花高 1～2 倍，比羊毛高 4～5 倍，比较适合制作轮胎帘子布等。

（3）弹性好　尼龙的弹性高，耐多次变形性和疲劳性接近涤纶，可经受数万次曲挠，比棉花高 7～8 倍。

（4）吸湿性良好　尼龙具有良好的吸湿性，在合成纤维中其吸湿性仅次于维尼纶，另外它的染色性能好，可使用酸性染料、分散染料等。

尼龙的缺点是耐光性较差，在长时间的日光或紫外线照射下，强度下降，颜色发黄，通常在纤维中加入紫外线吸收剂可以改善其耐光性能。尼龙的耐热性较差，在 150℃、经历 5h 即变黄，强度、伸长率明显下降，收缩率增大。

由于尼龙具有诸多优良性能，以及改性及新品种的不断涌现，使之广泛用于人类生活的各个方面。其主要用途可以分为三大领域，即衣料服装、工业和装饰地毯。尼龙可以纯纺和混纺制作各种衣料和针织品，特别适用于制造单丝、复丝弹力丝袜，耐磨又耐穿。工业上主要用作轮胎帘子线、渔网、运输带、绳索以及降落伞、宇宙飞行服等物品。

3. 聚丙烯腈纤维

聚丙烯腈（polyacrylonitrile，PAN）纤维是以丙烯腈为原料聚合形成聚丙烯腈，而后纺制成的合成纤维，商品名为腈纶，也称“奥纶”“开司米纶”，其大分子结构式为：

$$\left[CH_2 - \underset{\underset{\Large CN}{|}}{CH} \right]_n$$

自 1950 年投入工业化生产以来，腈纶纤维的发展速度一直很快，目前产量仅次于涤纶和尼龙，居合成纤维第三位。腈纶的品种可以按纤维的长度划分为腈纶短纤维和腈纶长丝，腈纶短纤维又称切断纤维，是腈纶的主要品种，包括棉型和毛型两大类；腈纶长丝是指未经切断或拉断的腈纶丝束，由于用途所限，品种比较少。按照功能来划分，分为常规品种和差别化品种，常规品种有短纤维、长丝和毛条；差别化品种有异形、高收缩、复合、超细、阻燃、抗起球、亲水、有色、易染色、中空、混纤、导电、防污等腈纶纤维品种。目前大量生产的腈纶，是由 85%以上的丙烯腈和少量其他单体的共聚物纺制而成的。单纯的丙烯腈均聚物，由于大分子链上的氰基极性大，大分子间作用力强、分子排列紧密，纺制出的纤维硬脆，而且难以染色。为了改善这一缺点，常常加入第二单体进行共聚改性。第二单体一般为5%～10%的丙烯酸甲酯、乙酸乙烯酯，为改善染色性加入1%～2%的丙烯磺酸钠等。

腈纶的性能优良，无论外观或者手感都很像羊毛，因此有“合成羊毛”之称；某些性能指标已经超过羊毛，如纤维强度比羊毛高1～2.5倍，密度（1.14～1.17g/cm^3）比羊毛（1.30～1.32g/cm^3）小，保暖性以及弹性均较好，织物不容易变形。腈纶的耐热性很好，在120～130℃下受热数星期后强度不会降低，通常可以在190℃下使用，加热至220℃时软化并发生分解。它的热稳定性比尼龙和涤纶好，耐寒性也较好，在－20～－30℃下才变脆。腈纶的耐光性和耐气候性，是天然纤维和合成纤维中最好的（除了含氟纤维外）。在室外曝晒一年强度仅降低20%，而尼龙、粘胶纤维等的强度则完全损失。腈纶还有柔软、弹性恢复力强、不刺激皮肤、耐细菌微生物侵蚀力强等许多优良性能。它的缺点是性脆、易裂，其耐磨性也比尼龙和涤纶差，同时由于吸湿性低，易起静电。

腈纶适宜于制作化工厂用的工作服，耐腐蚀、耐高温的滤布、绳索，经常受到淋晒的帐篷、天幕、炮衣、船帆、渔具和电绝缘品等。在民用方面，可以制成雨伞、窗帘等户外用品。又因其性能酷似羊毛，腈纶广泛用来代替羊毛或者与羊毛混纺，制成毛织物、棉织物等。

4. 聚丙烯纤维

聚丙烯（polypropylene，PP）纤维是以丙烯聚合得到的等规聚丙烯为原料纺制而成的合成纤维，在我国的商品名为丙纶。

早期，丙烯聚合只能得到低聚合度的支化产物，无实用价值。1954年齐格勒（Ziegler）和纳塔（Natta）发明了齐格勒-纳塔催化剂并合成了结晶性聚丙烯，具有较高的规整性，称为等规聚丙烯，为聚丙烯大规模的工业化生产和在塑料制品以及纤维生产等方面的广泛应用奠定了基础。此后，聚丙烯纤维异军突起。

丙纶是四大主要合成纤维品种中最年轻的一员。具有密度小、熔点低、强度大、耐酸碱等特点，而且与涤纶、腈纶相比，具有原料生产和纺丝过程简单、工艺路线短、原料和综合能耗低、成本低廉、无污染和应用广泛等优点。丙纶的年均增长率达12%以上，远远超过其他合成纤维品种的增长速度，目前产量已超过尼龙而成为第二大合成纤维品种。聚丙烯纤维产品主要为普通长丝、短纤、膜裂纤维、膨体长丝、烟用丝束、工业用丝、纺粘法和熔喷法非织造布等。

随着丙烯聚合和丙纶生产新技术的开发，丙纶的产品品种日新月异，越来越多。各类新品种纤维包括高强耐温的高性能丙纶和纱线、地毯纱，汽车上应用的共混聚合体的精纺织物，以及用于高档服装领域的抗菌纤维、保暖纤维、超吸湿纤维、温敏性变色纤维、香味纤维、远红外细旦纤维、阻燃纤维、高强高模纤维以及高回弹立体卷曲短纤维等不断出现。

丙纶不同于其他纤维的主要性能如下。

（1）质轻　丙纶密度为0.9～0.92g/cm^3，在合成纤维中最轻，比涤纶轻30%，比尼龙轻20%，比粘胶纤维轻40%，因而丙纶质轻、覆盖性好。

（2）强度高、耐磨、耐腐蚀　丙纶强度高，耐磨性和回弹性好，抗微生物，不霉、不蛀，耐化学性优于其他纤维。

（3）电绝缘性和保暖性好　丙纶的电阻率很高，热导率小，因此与其他化学纤维相比，丙纶的电绝缘性和保暖性较好。

（4）耐热及耐老化性能差　丙纶的熔点低（165～173℃），对光、热稳定性差，耐热性、耐老化性差。

（5）吸湿性及染色性差　丙纶的吸湿性和染色性在化学纤维中最差，普通的染料均不能使其着色，有色丙纶多数是采用纺前着色生产的。

丙纶的几种主要用途如下。

（1）产业用途　丙纶具有高强度、高韧性、良好的耐化学性和抗微生物性以及低价格等优点，广泛用于绳索、渔网、安全带、箱包带、缝纫线、过滤布、电缆包皮等。

（2）室内装饰用途　用丙纶制成的地毯、沙发布和贴墙布等装饰织物，不仅价格低廉，而且具有抗沾污、抗虫蛀、易洗涤、回弹性好等优点。

（3）服装用途　丙纶可制成针织品，如内衣、袜类等；可制成长毛绒产品，如鞋衬、大衣衬、儿童大衣等；可与其他纤维混纺用于制作儿童服装、工作衣、内衣、起绒织物及绒线等。随着聚丙烯生产和纺丝技术的进步及改性产品的开发，其在服装领域的应用日渐广泛。

（4）其他用途　聚丙烯烟用丝束可作为香烟过滤嘴填料；丙纶的非织造布可用于一次性卫生用品，如卫生巾、手术衣、帽子、口罩、床上用品、尿片面料等；丙纶替代黄麻编织成的麻袋（俗称蛇皮袋），成为粮食、工业原料、化肥、食品、矿砂、煤炭等最主要的包装材料。

知识拓展 》》 由无纺布面膜认识无纺布

现如今面膜已经成为当今爱美人士必不可少的护肤品。面膜纸的材质多种多样，目前，市面上比较常见的主要有无纺布、纤维、纯棉、蚕丝等。其中无纺布材质因其质地均匀、柔软，价格实惠，性价比较高等优点，成为面膜材质中的佼佼者。需要注意的是由于无纺布面膜（图 5-22）并没有很好的清洁能力，其功效通常是滋润、保湿和美白，比较适合中性皮肤和干性皮肤。

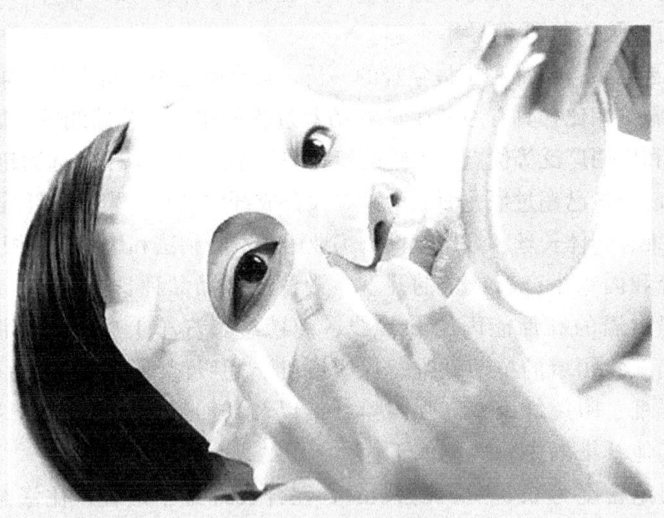

图 5-22　无纺布面膜

那么，什么是无纺布呢？无纺布又称不织布，是直接利用高聚物切片、短纤维或长丝将纤维通过气流或机械成网，然后经过水刺、针刺，或热轧加固，最后经过后整理形成的无编织的布料。

无纺布有哪些特点？

① 质轻。质轻是无纺布最大的特点之一，因为无纺布以聚丙烯树脂为主要生产原料。

② 抗菌性。由于聚丙烯属化学钝性物质，不虫蛀，并能隔离存在于液体内细菌及虫类的侵蚀，因此无纺布具有一定的抗菌性。

③ 拔水、透气。聚丙烯切片不吸水，含水率为零，成品拔水性佳，由100%纤维组成，具有多孔性，透气性佳，易保持布面干爽、易洗涤。此外，无纺布还是非常环保的材料。

无纺布的主要原材料有哪些？

① 聚丙烯：无毒、无臭、无味的乳白色高结晶的聚合物。

② 聚酯纤维：俗称“涤纶”，最大的优点是抗皱性和保形性很好，具有较高的强度与弹性恢复能力。

③ 粘胶纤维：以“木”作为原材料，从天然木纤维素中提取并重塑纤维分子而得到的纤维素纤维。

无纺布有哪些应用？

① 水刺无纺布：将高压微细水流喷射到一层或多层纤维网上，使纤维相互缠结在一起，从而使纤网得以加固而具备一定强力。水刺无纺布应用于医用帘、手术服、化妆棉、湿巾、口罩包覆材料等。

② 热合无纺布：是指在纤网中加入纤维状或粉状热熔黏合加固材料，纤网再经过加热熔融冷却加固成的布。热合无纺布用于生产婴儿尿片和女性卫生巾包覆材料、药膏基布等。

③ 湿法无纺布：将置于水介质中的纤维原料开松成单纤维，同时使不同纤维原料混合，制成纤维悬浮浆，悬浮浆输送到成网机构，纤维在湿态下成网再加固成布。湿法无纺布用作过滤器、绝缘材料、吸音材料等。

第五节　其他高分子材料

一、涂料

涂料（coating）是指用于涂覆在物体表面起保护、装饰作用或赋予物体某些特殊功能的材料。涂料的俗名为油漆，因为中国古代用漆树的树脂作涂覆层用于涂覆木制家具和其他器物，称为漆、大漆或生漆。后来用合成树脂和干性油、半干性油熬制成涂料可代替大漆使用，把这种合成的涂料称为油漆，习惯使然这一名称仍沿用至今。涂料施工时，用于底涂层、面涂层的很少称涂料，还是叫底漆、面漆。

涂料应用的场合很多，被涂覆的表面材料常称基材，基材有金属材料、非金属材料，以及其他材料，如钢铁、铝、合金、木材、混凝土、砖石、塑料、皮革、纸张等。

涂料涂覆在物体表面，形成一层涂膜，涂膜的组成不同，就有不同的作用。通常，涂料或涂膜、涂层主要是起保护、装饰等作用。由于涂层膜的隔绝，使大气中的氧气、水气、CO_2、微生物、盐雾、污垢物以及紫外线、昆虫等不能直接接触到被涂覆的竹、木、纸、皮革、金属、砖石等，从而起保护作用或者起到防腐作用，这在工业上的应用是屡见不鲜的。有些场合称为防锈漆、防腐漆等。

涂料的功能作用可分为装饰性、标志性和特殊功能性三种。

装饰性是人类运用得较早的一种功能，许多涂料也许初期大多作为装饰性材料，后来“意外”地发现它们还有其他用途，因此，涂料从一开始就特别注意颜色和颜料的运用。随着人们对生活质量的注重，对美化工作环境、生活环境的涂料提出了高的要求，既要求绚丽多彩的外观，又要求无毒、不脱落等。这些都有赖于彩色涂料。涂料的标志作用，已广泛用于道路、路标、警示牌、信号牌等，而化工产品的包装和管道、容器大都有标准规定的色彩标志，如氧气钢瓶为天蓝色，氯气钢瓶为墨绿色，危险物管道涂上红色，氢气钢瓶要涂有红色条杠等。现在，功能涂料已层出不穷，如迷彩涂料、伪装涂料、防辐射涂料、防火涂料、防水涂料、耐高温涂料、导电涂料、防污涂料、防结露涂料、静电屏蔽涂料、发射红外线的涂料、干扰红外线的涂料、干扰电磁波的涂料、示温涂料等，不一而足。涂料的运用与环境协调的问题已引起人们的重视。许多“绿色”的或者水性的涂料纷纷被开发应用，人类对涂料的基础研究还在不断深入。

目前，国内外厂家常把涂料按用途来分，如建筑涂料、汽车涂料、桥梁涂料、排风管涂料、飞机涂料、船舶涂料、家电涂料、机床涂料、塑料涂料、罐头涂料、彩钢涂料、伪装涂料、抗干扰涂料、木器涂料、家具涂料、地板涂料、仿瓷涂料、外墙涂料、内墙涂料、玩具涂料、纸张涂料、喷塑涂料、道路涂料等。

【中国的涂料】

1931年“永明漆”成为中国涂料工业的第一个名牌产品。1960年，上海染料涂料所、化工部天津化工研究院涂料室研制成功聚醋酸乙烯类乳胶涂料，标志着建筑乳胶涂料在国内正式问世。1963年，上海市涂料研究所试制成功306有机氟涂料，应用于火箭发射，为国内首创。1991年，化工部主持的“七五”国家重点科技攻关课题“涂料新品种技术开发”，在北京通过国家验收。该课题经过攻关，开发了近百种汽车涂料、建筑涂料、工业防腐涂料、节能低污染涂料等新品种。1996年，武汉双虎涂料集团公司改制，“双虎涂料”股票在上海证券交易所正式上市，为涂料上市企业第一家。2017年，GB/T 35602—2017《绿色产品评价　涂料》发布。

1. 涂料的组成

涂料为多组分体系，是由成膜物质和颜料、填充剂、溶剂、催干剂、增塑剂等组分构成。成膜物质为聚合物或者能形成聚合物的物质，它是涂料的基本组分，决定了涂料的主要性能。根据不同的聚合物品种和使用要求，需另外添加各种不同的添加剂如颜料、溶剂等。

成膜物质必须与物体表面和颜料具有良好的结合力（附着力）。原则上各种天然的和合成的聚合物都可作为成膜物质。与塑料、纤维、橡胶等所用聚合物的主要差别是，涂料用聚合物的平均分子量一般较低。一般的成膜物质有植物油、天然树脂、环氧树脂、醇酸树脂、氨基树脂、乙烯基聚合物、丙烯酸树脂等。

颜料加入涂料中主要起装饰作用，并对物体表面起抗腐蚀的保护作用。常用的颜料有：无机颜料，如铬黄、铁黄、镉黄、铁红、氧化锌、钛白粉、铁黑等；防锈颜料，如红丹、锌铬黄、铝粉、磷酸锌等；金属颜料如铝粉、铜粉等；有机颜料如炭黑、酞菁蓝、耐光黄、大红粉等；特种颜料如夜光粉、荧光颜料等。

填充剂又称增量剂，在涂料工业中亦称为体质颜料，如重晶石粉、碳酸钙、滑石粉、石棉粉、云母粉、石英粉等。它们不具有遮盖力和着色力，而是起改进涂料的流动性能、提高膜层的力学性能和耐久性、光泽等作用，并可降低涂料的成本。

溶剂是用以溶解成膜物质的易挥发性液体，虽不直接参与固化成膜，但它对涂膜的形成和最终性能起到非常关键的作用。常用的溶剂有甲苯、二甲苯、丁醇、丁酮、乙酸乙酯，以及混合溶剂，如主要用作喷漆溶剂的香蕉水（乙酸乙酯、乙酸丁酯、苯、甲苯、丙酮、乙醇、丁醇按一定质量分数配制成的混合溶剂）等。

2. 涂料的类型

当前，涂料的品种有上千种，可从不同的角度进行分类。

最早出现的涂料是清油和厚漆。清油是单纯植物油熬炼而成。清油加颜料、填充剂制成的糊状物称为厚漆。最初的调和漆是厚漆加清油调制而成的，其目的是为了便于涂布。后来，为提高漆膜的光泽度和改进漆膜的性能，加入了天然树脂或合成树脂。加有树脂的清油称为清漆；清漆加颜料后即成为色漆，因为漆膜光亮，和搪瓷一般，因而又称为磁漆。

根据施工的层次，涂料可分为腻子、底漆、面漆、罩光漆等。根据稀释介质的不同可分为溶剂型、水溶型、水乳型等。根据漆膜的光泽可分为无光漆、半光漆、有光漆等。根据用途可分为防锈漆、绝缘漆、耐高温漆、地板漆、罐头漆、船舶漆、铅笔漆、美术漆等。根据施工方法可分为喷漆、烘漆、电泳漆等。但是，一般按成膜物质中所包含的树脂类型进行分类，如下。

（1）油性涂料　这是一种低档漆，包括油脂类漆、天然树脂类漆、沥青漆等。

（2）合成树脂类漆　包括酚醛树脂漆、醇酸树脂漆、氨基树脂漆、纤维素漆、过氯乙烯漆、乙烯树脂漆、丙烯酸酯树脂漆、聚酯树脂漆、环氧树脂漆、聚氨酯漆及元素有机聚合物漆等。合成树脂类漆都属于高档漆。

（3）水性涂料　又称水基性涂料，主要是指以水为溶剂的水溶性聚合物涂料和以水为介质的乳胶型涂料。与传统的溶剂型涂料相比，水性涂料具有价格低、使用安全、节省资源和能源、减少环境污染和公害等优点，现已成为当前涂料工业的重要发展方向。

（4）粉末涂料　为固体粉末状的涂料，由高分子树脂、颜料、固化剂、填料和各种助剂组成，全部组分都是固体。其颜料须经研磨，与树脂配合，不是在溶剂中搅混，而是像塑料加工一样，将树脂、颜料、添加剂、填料搅混捏合送入螺杆挤出机熔融挤出，冷却后加以粉碎筛分。粉末涂料采用喷涂、静电喷涂等工艺施工，再经加热熔化成膜。最早出现的粉末涂料有聚乙烯、聚氯乙烯和尼龙粉末涂料。早在20世纪60年代德国就开始粉末涂料的生产。20世纪80年代以来我国也大力发展粉末涂料，2015年全国涂料累计产量达1717万吨，其中粉末涂料总产量已达185万吨。

二、胶黏剂

胶黏剂（adhesive）又称黏合剂，是一种靠界面作用能把各种材料紧密结合在一起的物质。借助胶黏剂将各种物件连接起来的技术称为胶接（黏接、黏合）技术。胶黏剂是具有良好黏接能力的物质，其中最有代表性的是高分子材料。

最早使用的合成胶黏剂是酚醛树脂，1909年实现工业化，主要用于胶合板的制造。随着其他高分子材料的合成和应用，又出现了脲醛树脂、丁腈橡胶、聚氨酯、环氧树脂、聚乙酸乙烯酯、丙烯酸树脂等胶黏剂。

合成胶黏剂最早用于木材加工业，大量用于胶合板、纤维板和刨花板的制造中，主要选用脲醛树脂、酚醛树脂和三聚氰胺树脂。木材胶黏剂用量日益扩大，全世界木材胶黏剂用量占胶黏剂总产量的3/4，如美国约60％的合成胶黏剂用于木材加工业，俄罗斯为79％，日本为75％，我国为60％～70％。随着科学技术的迅速发展，胶黏剂的应用领域不断扩大，品种和用量急剧增加。例如，航空工业中，飞行器结构采用黏接工艺，可明显减轻结构重量、提高疲劳寿命，简化工艺过程。航空工业中常用的胶黏剂有酚醛-缩醛、酚醛-环氧树脂胶黏剂等。新近开发的第二代丙烯酸酯胶黏剂已经实用化并用于飞机的制造中。建筑业也是胶黏剂消耗大户，室内的装修和密封，如大理石、瓷砖、天花板、塑料护墙板、地板、预构件的密封，地下建筑的防水密封等都大量用到胶黏剂。在轻工业方面胶黏剂的应用同样广泛，如制鞋、包装、装订、家具、皮革制品、橡胶和塑料用品、家用电器、玻璃制品等。

我国目前已有1200多家胶黏剂生产企业，品种牌号达3000多个，胶黏剂年生产能力700万吨左右。其中产量最大的仍然是三醛胶（酚醛、脲醛和三聚氰胺甲醛）和乳液型胶，二者分别占总产量的45.2%和29.2%。

1. 胶黏剂的组成

胶黏剂通常由几种材料配制而成。这些材料按其作用不同，一般分为基料和辅助材料两大类。基料是在胶黏剂中起黏接作用并赋予胶层一定力学强度的物质，如各种树脂、橡胶、淀粉、蛋白质、磷酸盐、硅酸盐等。

在胶黏剂配方中，基料是使被粘物体结合在一起时起主要作用的成分，是构成胶黏剂的主体材料。胶黏剂的性能如何，主要与基料有关。一般来讲，基料应是具有流动性的化合物，包括天然高分子物质、合成高分子化合物、无机化合物等。天然高分子物质如淀粉、蛋白质、天然树脂等，由于受多种自然条件的影响，性能、质量不稳定，且品种单纯、黏接力较低，现在大部分被合成高分子代替，热塑性高分子、热固性高分子、合成橡胶等高分子现已广泛应用在胶黏剂中，是当代胶黏剂中最重要的基料。合成高分子的迅速发展为胶黏剂的研制和生产提供了丰富的物质基础，促进了黏接强度高、综合性能优良、耐久性好的胶黏剂的快速研制，新型胶黏剂不断出现，使胶黏剂的应用渗透了国民经济的各个领域。

辅助材料是胶黏剂中用以改善主体材料性能或为便于施工而加入的物质。根据配方及用途的不同，可包含以下辅料中的一种或数种。

（1）固化剂　用以使黏合剂交联固化，提高黏合剂的黏接强度、化学稳定性、耐热性等，是以热固性树脂为主要成分的黏合剂所必不可少的成分。

（2）硫化剂　与固化剂的作用类似，是使以橡胶为主要成分的黏合剂产生交联的物质。

（3）促进剂　可加速固化剂或硫化剂的固化反应或硫化反应的物质。

（4）增韧剂及增塑剂　主要用于改善胶层的脆性，提高韧性。

（5）填料　具有降低固化时的收缩率、提高尺寸稳定性、耐热性和力学强度、降低成本等作用。

（6）溶剂　溶解主料及调节黏度，便于施工。

（7）其他辅料　如稀释剂、偶联剂、防老剂等。

2. 胶黏剂的类型

胶黏剂品种繁多，其化学组成各异，性能、形态、外观以及应用范围、固化方式、黏接强度也不相同。可按多种方法进行分类。

（1）按基体材料来源分　按照黏合剂基体材料的来源可分为无机黏合剂和有机黏合剂。无机黏合剂具有耐高温、不燃烧的特点，但受冲击容易脆裂，用量很少。有机黏合剂包括天然黏合剂和合成黏合剂。天然黏合剂来源丰富，价格低廉、毒性低，但耐水、耐潮和耐微生物作用较差，主要在家具、包装、木材综合加工和工艺品制造中广泛应用。合成黏合剂具有良好的电绝缘性、隔热性、抗震性、耐腐蚀性、耐微生物作用和良好的黏接强度，而且能根据不同的用途要求方便地配制不同的黏合剂。合成黏合剂品种多、用量大，占总量的60%～70%。

（2）按固化形式分　黏接首先是液体胶黏剂在被黏物表面上浸润，然后通过各种物理的、化学的作用固化而产生黏附力。按照固化形式的不同可以将胶黏剂分为溶剂挥发型、化学反应型和热熔型三大类。

溶剂挥发型是将热塑性高聚物溶于适当的溶剂，制成流动性的溶液，涂在被黏物的表面上，将溶剂挥发掉形成胶膜而固化黏接。如聚乙酸乙烯酯胶黏剂、聚异氰酸酯胶黏剂等。乳液胶黏剂是高聚物胶体颗粒在乳化剂的包围下分散在水中的体系。黏接时乳液中的水分逐渐渗透到多孔性被黏材料中并且挥发掉，促使乳液中的乳胶颗粒凝聚形成连续的胶膜而固化，达到黏接目的。

化学反应型胶黏剂一般是由多官能团的单体或者预聚体，通过催化或者加热固化成三维交联的热固性胶黏剂。亦可将线形高分子交联起来，如橡胶的硫化。此类胶黏剂，主要包括热固性树脂胶黏剂、聚氨酯胶黏剂、橡胶类胶黏剂及混合型胶黏剂。

热熔型胶黏剂是以热塑性高聚物为基本成分的无溶剂型固态胶黏剂，当加热时可熔融呈流动性液体，并且浸润被黏物的表面，冷却后即可固化，达到黏接目的。如乙烯-乙酸乙烯酯共聚物热熔胶、低分子聚酰胺热熔胶等。

（3）按黏接处受力要求分　按黏接处受力要求可以把胶黏剂分为结构型胶黏剂和非结构型胶黏剂。结构型胶黏剂用于能承受载荷或受力结构件的黏接，黏合接头具有较高的黏接强度。如用于汽车、飞机上的结构部件的连接。目前，结构型胶黏剂基本上是以热固性树脂为基料，由多官能团的单体或预聚体聚合成为网状交联结构的树脂。其中，环氧树脂胶黏剂性能好、品种多，应用最广。

非结构型胶黏剂用于不受力或受力不太大的结构部件，通常为橡胶型黏合剂和热塑性黏合剂。此外根据其特定的应用和特殊的性能要求还有些特种胶，如应变胶、导电胶、导磁胶、耐碱胶、光学胶和医用胶等。

知识拓展 》》 聚脲涂料——强度不够，涂料来凑！

有一种涂料，当一次性纸杯喷涂了它，纸杯能像石头那样承受成年人的重量；碟子喷涂了它，可以承受榔头的敲打；鸡蛋喷涂了它，即便被汽车碾过也毫发无损，好似装上了一副铁甲。这种涂料究竟是什么呢？它就是先前多用于军工，现在被开发为民用的聚脲涂料（图 5-23）。

图 5-23　高铁专用聚脲防水涂料

聚脲是异氰酸酯组分和氨基化合物组分反应生成的一种弹性体物质，也称聚脲弹性体。聚脲涂层是由半预聚体、端氨基聚醚、胺扩链剂等原料现场喷涂而成。它疏水性极强，对环境湿度不敏感，甚至可以在水（或者冰）上喷涂成膜，在极端恶劣的环境条件下可正常施工，表现特别突出。聚脲的出现，完全打破了传统的防腐和防护观念，为材料保护行业树立了一个更高的标准。聚脲涂层柔韧有余、刚性十足、色彩丰富，它致密、连续、无接缝，完全隔绝空气中水分和氧气的渗入，防腐和防护性能无与伦比。它同时具有耐磨、防水、抗冲击、抗疲劳、耐老化、耐高温、耐核辐射等多种功能，因此应用领域十分广泛。

聚脲技术将为中国未来的大型基础设施的建设，如化工防护、管道防腐、海洋防腐、隧道防水、大坝维护、桥梁防护、基础加固、屋面种植、道具制作、护舷制造、高铁桥梁等，提供一种最先进的超重防腐、防水、耐磨和装饰材料以及最方便、快捷的施工。

想一想，练一练

1. 简述高分子材料的定义和分类。
2. 简要说明合成高分子化合物的两类聚合反应。
3. 简述高分子链的几何形状。
4. 什么是单体、结构单元、聚合度？
5. 合成高分子材料的原料单体有哪几种来源？
6. 简述以石油、天然气和煤炭为原料制造高分子合成材料的过程。
7. 什么是热塑性塑料和热固性塑料？
8. 常用的通用塑料有哪些？通用塑料和工程塑料有什么区别？
9. 简述塑料成型加工的步骤。
10. 聚乙烯有哪几类？各有什么用途？
11. 简要描述LDPE的生产工艺流程。
12. 简述聚丙烯的性能和用途。
13. 合成橡胶分为哪几类？各有哪些重要的品种？
14. 简述天然橡胶的性能与应用。
15. 纤维是如何分类的？所谓的四大通用合成纤维指的是哪些？
16. 简述湿法溶液纺丝法的步骤。
17. 简述聚酯纤维的性能和应用。

参 考 文 献

[1] 韩冬冰，王慧敏．高分子材料概论．北京：中国石化出版社，2003.
[2] 张晓黎．高聚物产品生产技术．北京：化学工业出版社，2010.
[3] 高长有．高分子材料概论．北京：化学工业出版社，2018.
[4] 韩冬冰．高分子科学与工艺学基础．北京：中国石化出版社，2009.
[5] 赵德仁，张慰盛．高聚物合成工艺学．第3版．北京：化学工业出版社，2015.
[6] 黄丽．高分子材料．第2版．北京：化学工业出版社，2010.
[7] 侯文顺．高聚物生产技术．第2版．北京：化学工业出版社，2012.
[8] 刘旦初．化学与人类．第3版．上海：复旦大学出版社，2007.